网页设计

包装设计

DM广告设计

海报设计

POP广告设计

标志设计

书籍设计

VI设计

报纸广告设计

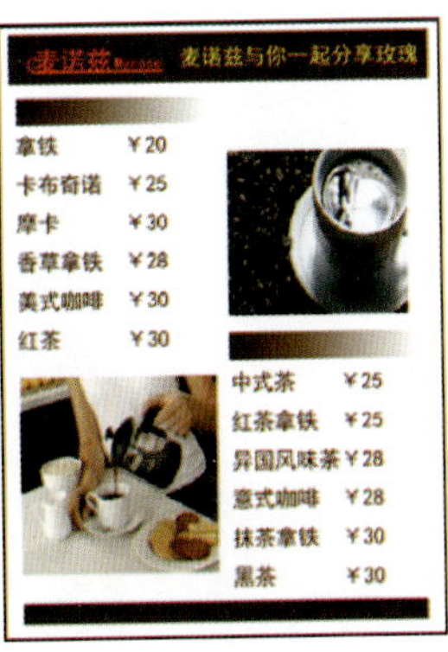

宣传单设计

宣传单设计参考范例一

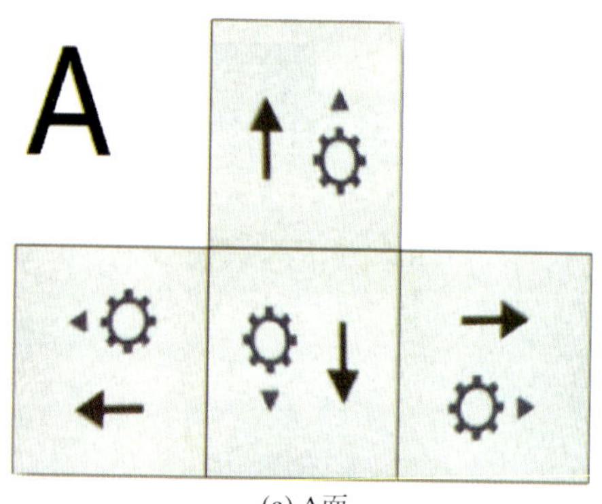

(a) A面

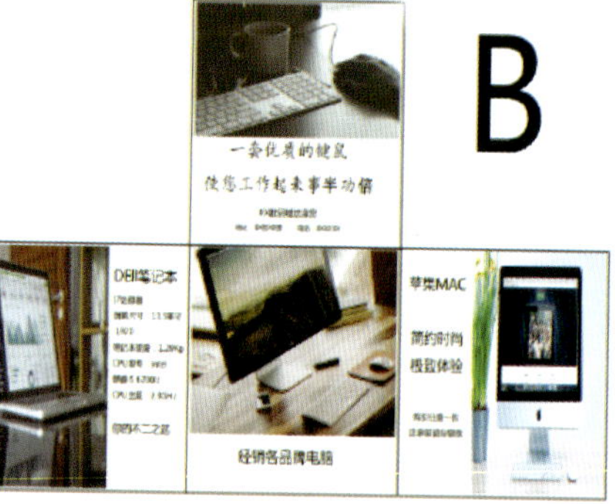

(b) B面

宣传单设计参考范例二

海报设计

海报设计参考范例一

海报设计参考范例二

折页设计

折页设计参考范例一

折页设计参考范例二

户外广告设计

户外广告设计参考范例一

户外广告设计参考范例二

台历设计

台历设计参考范例一

台历设计参考范例一

书籍封面设计

书籍封面设计参考范例一

书籍封面设计参考范例二

书籍内文设计

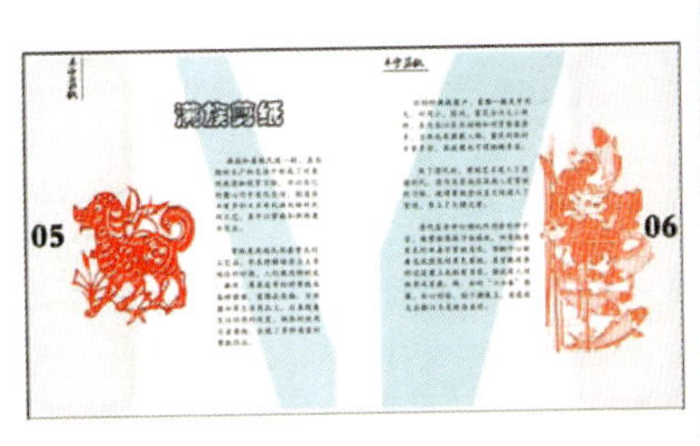

书籍内文设计参考范例一

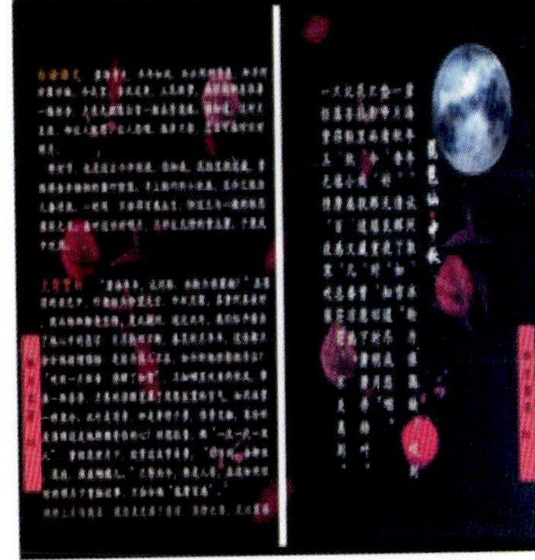

书籍内文设计参考范例二

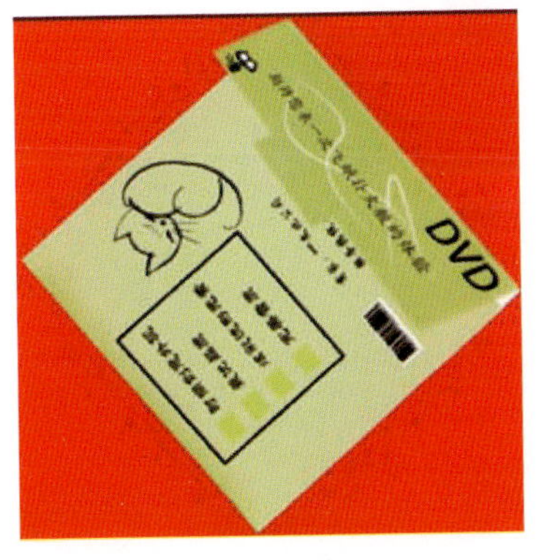

封套设计

(a) 封套封面

(b) 封套内里

封套设计参考范例一

(a) 邀请函封套外

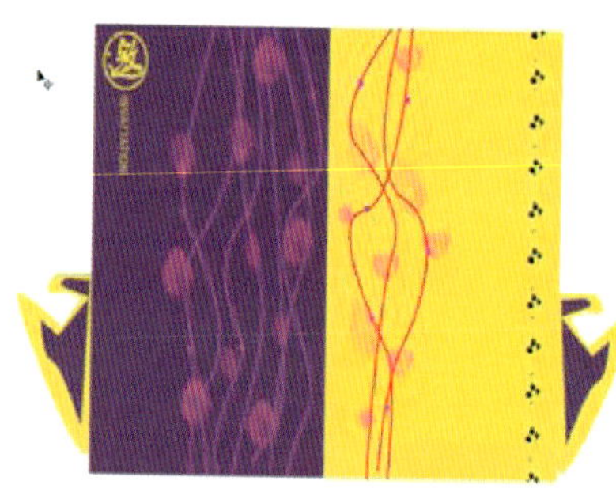

(b) 邀请卡_外

(c) 邀请卡_内

封套设计参考范例二

手提袋设计

手提袋设计参考范例一

手提袋设计参考范例二

包装盒设计

鼠标绘制卡通图像

鼠标绘制卡通图像参考范例一

21世纪高等学校计算机
应用技术规划教材

平面设计项目实训教程
——Photoshop CS6

◎ 蔡永华 主编
胡新月 傅冬颖 房 健 副主编

清華大學出版社
北京

内容简介

本书是一本讲解平面设计的专业教材，从实用、易用的角度出发，强调实际操作，面向教学、选材新颖、图文并茂、版面活泼，通过11种基本项目实训设计与制作范例和两个拓展项目实训范例对平面设计的基本知识进行举例、分析和实践，从而使读者能够轻松地掌握各种平面设计的规则和制作。

本书从平面设计初步知识、Photoshop CS6基础、设计基础讲起，然后讲解了大量基本项目实训和拓展项目实训等内容。书中选取了客户要求的实际项目进行讲解，每个项目都对项目描述、客户需求及分析、设计流程、设计制作步骤进行详细讲解，最后提供两个参考范例。本书通过实际项目平面产品的设计与制作，提高读者的实战经验和操作技能，真正实现"教""学""做"一体化。

本书适合作为高等学校学生、印制人员、平面设计者的教材，也适合作为其他读者的平面设计培训教材或自学用书。

本书配有电子教案、项目实训素材和制作实例源文件，使用者可以从清华大学出版社网站下载。

图书在版编目(CIP)数据

平面设计项目实训教程：Photoshop CS6/蔡永华主编. —北京：清华大学出版社，2017（2021.2重印）
（21世纪高等学校计算机应用技术规划教材）
ISBN 978-7-302-47082-3

Ⅰ. ①平… Ⅱ. ①蔡… Ⅲ. ①图象处理软件－高等学校－教材 Ⅳ. ①TP391.413

中国版本图书馆CIP数据核字(2017)第119296号

责任编辑：刘　星　张爱华
封面设计：刘　键
责任校对：徐俊伟
责任印制：杨　艳

出版发行：清华大学出版社
网　　址：http://www.tup.com.cn，http://www.wqbook.com
地　　址：北京清华大学学研大厦A座　**邮　　编：**100084
社 总 机：010-62770175　**邮　　购：**010-83470235
投稿与读者服务：010-62776969，c-service@tup.tsinghua.edu.cn
质量反馈：010-62772015，zhiliang@tup.tsinghua.edu.cn
课件下载：http://www.tup.com.cn，010-83470236
印 装 者：三河市龙大印装有限公司
经　　销：全国新华书店
开　　本：185mm×260mm　**印　张：**21.75　**插　页：**2　**字　　数：**550千字
版　　次：2017年7月第1版　**印　　次：**2021年2月第3次印刷
印　　数：3001～3500
定　　价：45.00元

产品编号：068404-01

出版说明

随着我国改革开放的进一步深化，高等教育也得到了快速发展，各地高校紧密结合地方经济建设发展需要，科学运用市场调节机制，加大了使用信息科学等现代科学技术提升、改造传统学科专业的投入力度，通过教育改革合理调整和配置了教育资源，优化了传统学科专业，积极为地方经济建设输送人才，为我国经济社会的快速、健康和可持续发展以及高等教育自身的改革发展做出了巨大贡献。但是，高等教育质量还需要进一步提高以适应经济社会发展的需要，不少高校的专业设置和结构不尽合理，教师队伍整体素质亟待提高，人才培养模式、教学内容和方法需要进一步转变，学生的实践能力和创新精神亟待加强。

教育部一直十分重视高等教育质量工作。2007 年 1 月，教育部下发了《关于实施高等学校本科教学质量与教学改革工程的意见》，计划实施"高等学校本科教学质量与教学改革工程(简称'质量工程')"，通过专业结构调整、课程教材建设、实践教学改革、教学团队建设等多项内容，进一步深化高等学校教学改革，提高人才培养的能力和水平，更好地满足经济社会发展对高素质人才的需要。在贯彻和落实教育部"质量工程"的过程中，各地高校发挥师资力量强、办学经验丰富、教学资源充裕等优势，对其特色专业及特色课程(群)加以规划、整理和总结，更新教学内容、改革课程体系，建设了一大批内容新、体系新、方法新、手段新的特色课程。在此基础上，经教育部相关教学指导委员会专家的指导和建议，清华大学出版社在多个领域精选各高校的特色课程，分别规划出版系列教材，以配合"质量工程"的实施，满足各高校教学质量和教学改革的需要。

本系列教材立足于计算机专业课程领域，以专业基础课为主、专业课为辅，横向满足高校多层次教学的需要。在规划过程中体现了如下一些基本原则和特点。

(1) 反映计算机学科的最新发展，总结近年来计算机专业教学的最新成果。内容先进，充分吸收国外先进成果和理念。

(2) 反映教学需要，促进教学发展。教材要适应多样化的教学需要，正确把握教学内容和课程体系的改革方向，融合先进的教学思想、方法和手段，体现科学性、先进性和系统性，强调对学生实践能力的培养，为学生知识、能力、素质协调发展创造条件。

(3) 实施精品战略，突出重点，保证质量。规划教材把重点放在公共基础课和专业基础课的教材建设上；特别注意选择并安排一部分原来基础比较好的优秀教材或讲义修订再版，逐步形成精品教材；提倡并鼓励编写体现教学质量和教学改革成果的教材。

(4) 主张一纲多本，合理配套。专业基础课和专业课教材配套，同一门课程有针对不同层次、面向不同应用的多本具有各自内容特点的教材。处理好教材统一性与多样化，基本教材与辅助教材、教学参考书，文字教材与软件教材的关系，实现教材系列资源配套。

(5) 依靠专家，择优选用。在制定教材规划时要依靠各课程专家在调查研究本课程教材建设现状的基础上提出规划选题。在落实主编人选时，要引入竞争机制，通过申报、评审确定主题。书稿完成后要认真实行审稿程序，确保出书质量。

繁荣教材出版事业，提高教材质量的关键是教师。建立一支高水平教材编写梯队才能保证教材的编写质量和建设力度，希望有志于教材建设的教师能够加入到我们的编写队伍中来。

21世纪高等学校计算机专业实用规划教材

联系人：魏江江 weijj@tup.tsinghua.edu.cn

前　言

平面设计是沟通传播、风格化并通过文字和图像解决问题的艺术。平面设计通过使用多种不同的方法创造和组合文字，利用符号和图像产生视觉思想和信息。平面设计师也会利用字体编排、版面技术使产品设计达到预期的效果。其实平面设计并不像人们想象的那么复杂，那么深奥，当掌握了它的基本方式方法，再加上灵活运用就会设计出美好的作品。

本书从实用、易用的角度出发，强调实际操作，面向教学、选材新颖、图文并茂、版面活泼，通过11种基本项目实训设计与制作范例和两个拓展项目实训范例对平面设计的基本知识进行举例、分析和实践，从而使读者能够轻松地掌握各种平面设计的规则和制作。

本书特色如下：

1）新颖的编写方式

从平面设计初步知识、Photoshop CS6基础、设计基础讲起，然后讲解了大量基本项目实训和拓展项目实训等内容。

2）实用的精粹项目

书中选取了客户要求的实际项目（主要包括报纸广告、宣传单、海报、折页、户外广告、台历、书籍封面、书籍内文、封套、手提袋、包装盒、鼠标绘制卡通图像和将真实照片转换成卡通图像制作等）进行讲解。每个项目都对项目描述、客户需求及分析、设计流程、设计制作步骤进行详细讲解，最后提供两个参考范例。本书通过实际项目平面产品的设计与制作，提高读者的实战经验和操作技能，真正实现"教""学""做"一体化。

本书适合作为高等学校学生、印制人员、平面设计者的教材，也适合作为其他读者的平面设计培训教材或自学用书。

本书的写作大纲、统稿和审稿工作由蔡永华完成。本书第1～3章由蔡永华编写，第4章的4.1～4.6节由胡新月编写，4.7～4.8节由傅冬颖编写，第5章由房健编写。在编写过程中，得到许多高校专家、学者的关心和支持，部分手绘图像由蔡宇航提供，在此向他们表示由衷的感谢。

本书配有电子教案、素材和制作实例源文件，读者可从清华大学出版社网站下载或与作者联系。作者联系方式：河北民族师范学院数学与计算机科学学院；E-mail：cyhcyh_sjz@126.com。

由于时间仓促，加之作者水平有限，书中难免有不足或疏漏之处，恳请读者不吝指正。

编　者

2016年11月

目　　录

第1章 平面设计初步知识

设计一词来源于"Design"，包括广泛的设计范围和门类，如建筑、工业、环艺、展示、服装的平面设计等。设计是一种具有美感、使用与纪念功能的造型活动。

平面设计是通过文字、符号和图像解决问题的艺术。平面设计通过使用多种不同的方法去创造和组合文字、符号及图像以产生视觉思想和信息。

1.1 平面设计概述

1.1.1 平面设计基本概念

平面设计(Graphic Design)又称视觉传达设计，是以视觉作为沟通和表现的方式，通过多种方式来创造和结合符号、图片及文字，借此做出用来传达想法或信息的视觉表现。平面设计是在二维空间上，对图形、文字、色彩和标识等元素，在形式美法则的基础上，进行组合和编排的处理和设计。平面设计师根据创作计划和想法，利用字体排印、视觉艺术、版面(Page Layout)、计算机软件等方面的专业技巧，达到创作设计的目的。

平面设计的常见用途包括标识(商标和品牌等)、出版物(杂志、报纸和书籍等)、平面广告、海报、广告牌、网站图形元素、标志和产品包装等。

1.1.2 平面设计分类

目前常见的平面设计可以归纳为八大类：网页设计、包装设计、DM广告设计、海报设计、POP广告设计、标志设计、书籍设计和VI设计等。

1. 网页设计

网页设计主要是网页的美工设计，即网页的版面设计，通过平面设计从美学角度来设计网页的结构，实现网页制作的艺术性，使得网页设计走向专业化、艺术化和个性化。图1-1所示为网页设计效果。

2. 包装设计

包装设计是指选用合适的包装材料，运用巧妙的工艺手段，为包装商品进行的容器结构造型和包装的美化装饰设计。包装作为实现商品价值和使用价值的手段，在生产、流通、销售和消费领域中，发挥着极其重要的作用，它是品牌理念、产品特性、消费心理的综合反映，是企业设计不得不关注的重要课题，包装设计是市场销售竞争中重要的一环。图1-2所示为包装设计效果。

图 1-1　网页设计效果

3. DM 广告设计

DM(Direct Mail)广告即直接邮寄广告或称直投广告，通过邮寄、赠送等形式，将宣传品送到消费者手中。DM 广告除了邮寄外，还可以借助于传真、杂志、电视、电话、电子邮件或直播网络、柜台散发、专人派送、来函索取、随商品包装发出等发送。图 1-3 所示为 DM 广告设计效果。

图 1-2　包装设计效果

图 1-3　DM 广告设计效果

4. 海报设计

海报是视觉传达的表现形式之一，通过版面的构成在第一时间内将人们的目光吸引，并获得瞬间的刺激，这要求设计者要将图片、文字、色彩、空间等要素进行完美的结合，以恰当的形式向人们展示出宣传信息。海报是指在公共场所，以张贴或散发的形式发布的一种广告。它属于户外广告，分布在各街道、影剧院、商业闹区、展览会、车站、码头、公园等公共场所。图 1-4 所示为海报设计效果。

5. POP 广告设计

POP(Point of Purchase)广告又称售卖场所广告，是一切购物场所内外如百货公司、购物中心、商场、超市、便利店等所做的现场广告的总称。POP 广告能激发顾客的随机购买力，也能有效地促使计划性购买的顾客果断决策，实现即时就地购买。POP 设计主要包括产品标签 POP 设计、促销 POP 设计和卖场 POP 设计等。POP 广告具有很高的广告价值，而且其成本不高，适用于一切商品销售的场所。图 1-5 所示为 POP 广告设计效果。

图 1-4　海报设计效果

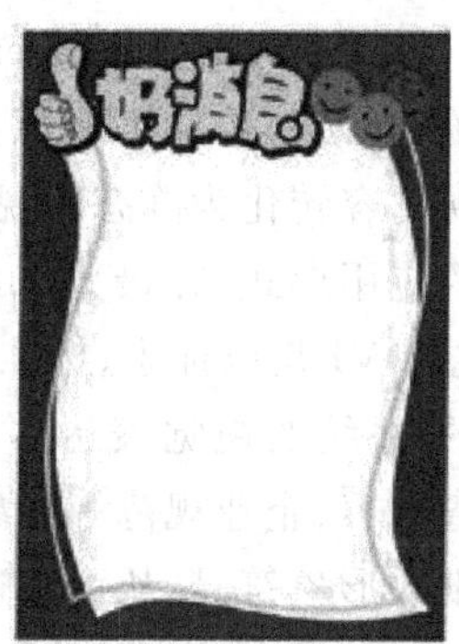

图 1-5　POP 广告设计效果

6. 标志设计

标志又称徽标、商标，英文俗称为 LOGO，是现代经济的产物，是一种具有象征性的大众传播符号，它以精炼的形象表达一定的含义，并借助人们的符号识别、联想等思维能力，传达特定的信息。标志将具体的事物、事件、场景和抽象的精神、理念、方向，通过特殊的图形固定下来，使人们在看到企业 LOGO(标志)的同时，自然地产生联想，从而对企业产生认同。企业 LOGO 是企业视觉识别系统中的核心部分，是一种系统化的形象归纳和形象的符号化提炼，经过抽象和具象的结合与统一，最后创造出高度简洁的图形符号。图 1-6 所示为标志设计效果。

7. 书籍设计

书籍设计又称书籍装帧设计，就是对图书的装订、包装设计，设计过程包含了印前、印中、印后对书的形态与传达效果的分析，从书籍的文稿到编排出版的整个过程。完成书籍形式从平面化到立体化的过程。它包含艺术思维、构思创意和技术手法的系统设计，包括书籍的开本、装帧形式、封面、腰封、字体、版面、色彩、插图，以及纸张材料、印刷、装订与工艺等各个环节的艺术设计。图 1-7 所示为书籍设计效果。

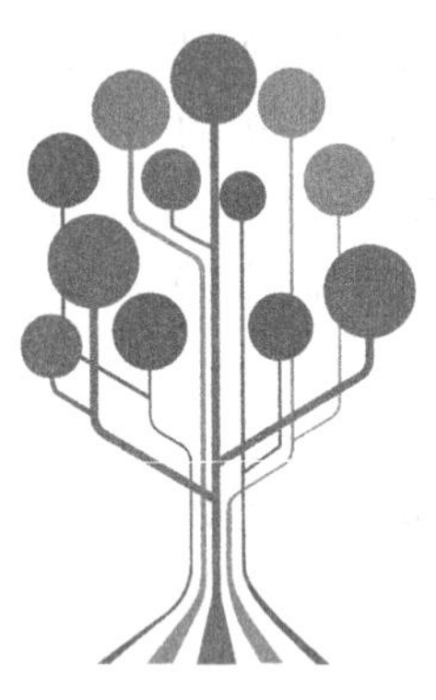

图 1-6 标志设计效果

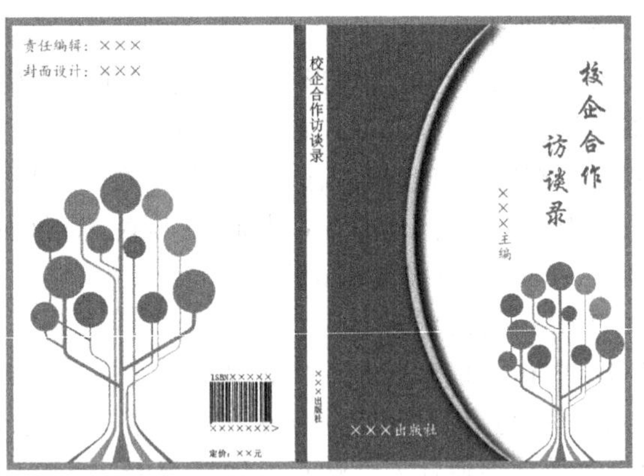

图 1-7 书籍设计效果

8. VI 设计

VI(Visual Identity)设计译为视觉识别系统设计，是 CIS(Corporate Identity System，企业形象识别系统)中最具传播力和感染力的部分，是将 CIS 的非可视内容转化为静态的视觉识别符号，以无比丰富多样的应用形式，在最为广泛的层面上，进行最直接的传播。VI 是以标志、标准字、标准色为核心展开的完整的、系统的视觉表达体系，将企业理念、企业文化、服务内容、企业规范等抽象概念转换为具体记忆和可识别的形象符号，从而塑造出排他性的企业形象。VI 系统包括基本要素系统(如企业名称、企业标志、企业造型、标准字、标准色、象征图案、宣传口号等)和应用系统(产品造型、办公用品、企业环境、交通工具、服装服饰、广告媒体、招牌，包装系统、公务礼品、陈列展示以及印刷出版物等)。图 1-8 所示为 VI 设计效果。

图 1-8 VI 设计效果

1.1.3 平面设计一般流程

平面设计的过程是有计划、有步骤地渐进式不断完善的过程，设计的成功与否很大程度上取决于理念是否准确，考虑是否完善。平面设计的一般流程如下。

1. 前期沟通

客户提出要求，并提供公司的背景、企业文化、企业理念以及其他相关资料，以便更好地进行设计。设计师一般要做前期市场调查，以做到心中有数。

2. 达成合作意向

通过沟通，达成合作意向，然后签订合作协议，这时，客户一般要支付少量的预付款，以便开始设计工作。

3. 分析设计

根据前期的沟通和市场调查，分析客户提供的相关信息，制作出初稿，一般要有两到三个方案，以供客户选择。

4. 第一次客户审查

将前面设计的几个方案，提交给客户进行审查，以满足客户的要求。

5. 客户提出修改意见

客户在提交的方案中，提出修改意见或建议，以供设计师修改。

6. 第二次客户审查

根据客户的要求，设计师再次进行分析修改，确定最终的方案，完成该设计。

7. 包装印刷

双方确定设计方案，然后经设计师处理后，提交给印刷厂进行印刷，完成设计。

1.1.4 平面设计常用尺寸

1. 纸张开数

在设计时，要注意纸张的开本，以免造成不必要的浪费。印刷常用纸张开数如表 1-1 所示。

表 1-1 印刷常用纸张开数 (mm)

正度纸张：787×1092		大度纸张：889×1194	
开数(正度)	尺寸	开数(大度)	尺寸
2 开	540×780	2 开	590×880
3 开	360×780	3 开	395×880
4 开	390×543	4 开	440×590
6 开	360×390	6 开	395×440
8 开	270×390	8 开	295×440
16 开	195×270	16 开	220×295
32 开	195×135	32 开	220×145
64 开	135×95	64 开	110×145

2. 名片的常用尺寸

名片又称卡片，是标示姓名及其所属组织、单位和联系方式的卡片。名片是新朋友互相认识、自我介绍的最快捷、最有效的方法。名片的常用尺寸如表 1-2 所示。

表 1-2 名片的常用尺寸 (mm)

类　　别	方　　角	圆　　角
横版	90×55	85×54
竖版	50×90	54×85
方版	90×90	90×95

3. 常用印刷品尺寸

(1) IC 卡：85mm×54mm。

(2) 三折页广告标准尺寸：(A4)210mm×285mm。

(3) 普通宣传册标准尺寸：(A4)210mm×285mm。

(4) 文件封套标准尺寸：220mm×305mm。

(5) 招贴画标准尺寸：540mm×380mm。

(6) 挂旗标准尺寸：8开(376mm×265mm)、4开(540mm×380mm)。

(7) 手提袋标准尺寸：400mm×285mm×80mm。

(8) 信纸便条标准尺寸：185mm×260mm、210mm×285mm。

(9) 信封尺寸(国内信封标准)。

① B6号(176mm×125mm)与现行3号信封一致。

② DL号(220mm×110mm)与现行5号信封一致。

③ ZL号(230mm×120mm)与现行6号信封一致。

④ C5号(229mm×162mm)与现行7号信封一致。

⑤ C4号(324mm×229mm)与现行9号信封一致。

(10) CD一般设计尺寸。

① 内页：123mm×126mm。

② 底封：157mm×124mm。

③ 碟面：外圈(118mm)、内圈(36mm或25mm)。

(11) 照片规格。照片规格如表1-3所示。

表1-3 照片规格

规格	尺寸/cm	分辨率/像素	数码相机类型/10^4万像素
1寸	2.5×3.5	413×295	
身份证大头照	3.3×2.2	390×260	
2寸	3.5×5.3	626×413	
小2寸(护照)	4.8×3.3	567×390	
5寸(5×3.5)	12.7×8.9	1200×840以上	100
6寸(6×4)	15.2×10.2	1440×960以上	130
7寸(7×5)	17.8×12.7	1680×1200以上	200
8寸(8×6)	20.3×15.2	1920×1440以上	300
10寸(10×8)	25.4×20.3	2400×1920以上	400
12寸(12×10)	30.5×20.3	2500×2000以上	500
15寸(15×10)	38.1×25.4	3000×2000	600

(12) 常见证件照对应尺寸。

① 1英寸：25mm×35mm。

② 2英寸：35mm×49mm。

③ 3英寸：35mm×52mm。

④ 港澳通行证：33mm×48mm。

⑤ 赴美签证：50mm×50mm。

⑥ 日本签证：45mm×45mm。

⑦ 大二寸：35mm×45mm。

⑧ 护照：33mm×48mm。

⑨ 毕业生照：33mm×48mm。

⑩ 身份证：22mm×32mm。

⑪ 驾照：21mm×26mm。

1.1.5 平面设计中的出血

出血线是用来界定图片或色地的哪些部分需要被裁切掉的线(出血线以外的部分会在印刷品装订前被裁切掉,所以也叫裁切线。)

出血就是出血线以外的图片或色地,也就是会被裁切掉的部分。出血和出血线的位置如图 1-9 所示。

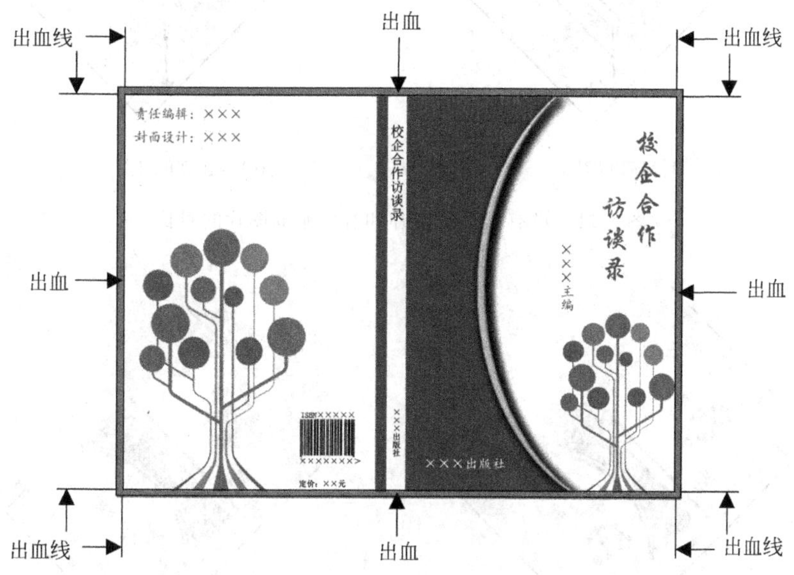

图 1-9 出血和出血线的位置

出血的宽度一般是 3mm。出血线的粗细为 0.1mm,长度按实际需要而定,一般是 10mm,如图 1-10 所示。

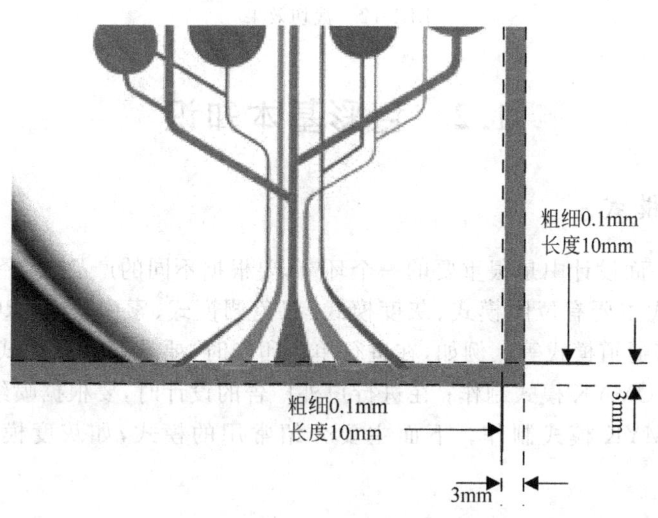

图 1-10 出血宽度和出血线粗细及长度

没有出血的图片和有出血的图片的对比,如图 1-11 所示。切刀沿出血线进行裁切。由于切刀裁切时的精度问题,没有出血的图片可能会留下飞白,裁切效果如图 1-12 所示。

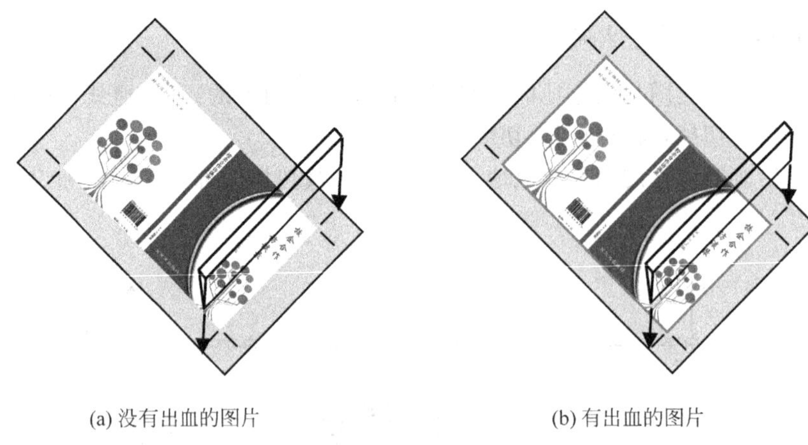

(a) 没有出血的图片　　(b) 有出血的图片

图 1-11　没有出血的图片和有出血的图片的对比

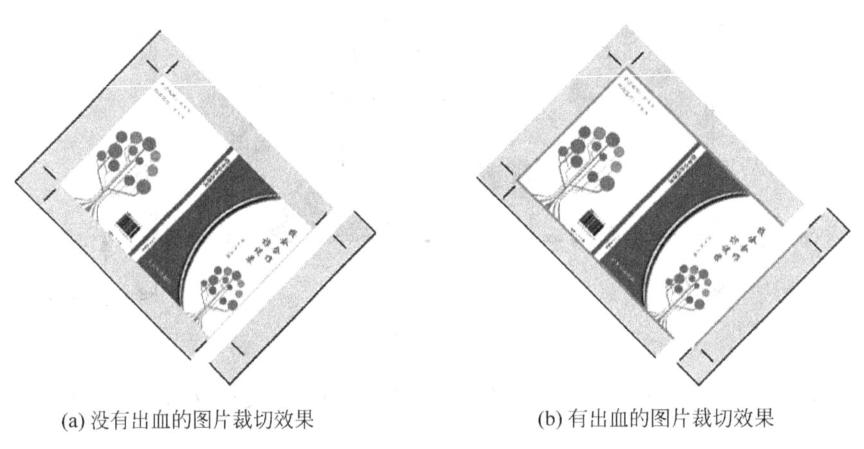

(a) 没有出血的图片裁切效果　　(b) 有出血的图片裁切效果

图 1-12　裁切效果

1.2　色彩基本知识

1.2.1　颜色模式

颜色模式在平面设计中是很重要的一个环节，要根据不同的产品，选择与它相对应的颜色模式。颜色模式主要有位图模式、灰度模式、双色调模式、索引模式、RGB 模式、CMYK 模式、Lab 模式、多通道模式等。例如，在进行单色印刷时，要采用灰度模式制作；在进行多色印刷时，要选择 CMYK 模式制作；在进行户外广告的设计时，要根据喷绘机的不同，选择 RGB 模式或者 CMYK 模式制作。下面主要介绍常用的模式，如灰度模式、RGB 模式和 CMYK 模式。

1. 灰度模式

灰度模式使用多达 256 级灰度。灰度图像中的每个像素都有一个 0(黑色)～255(白色)的灰度值。灰度值也可以用黑色油墨覆盖的百分比度量(0%等于白色，100%等于黑色)。一般制作单色印刷时，选用灰度模式进行制作，如图 1-13 所示。

图 1-13 灰度模式效果

2. RGB 模式

RGB 模式是由红、绿、蓝三种色光构成的，主要应用于显示器屏幕的显示，因此又称色光模式。在平面印刷中，不能采用此模式。在某些喷绘制作中，可以根据喷绘机的性能，选择运用此种模式进行设计制作。人的眼睛是根据所看见的光的波长识别颜色的，可见光谱中的大部分颜色可以由三种基本色光(红、绿、蓝)按不同的比例混合而成。RGB 颜色是利用加色原理，当 R=255、G=255、B=255 时为纯白色，当 R=0、G=0、B=0 时为黑色。加色原理如图 1-14 所示。由于 RGB 的颜色值与 CMYK 颜色值的范围不同，因此，往往显示的色彩艳丽，印刷的效果要暗。这就是不要让客户以屏幕的颜色作为印刷标准的原因。

3. CMYK 模式

CMYK 模式是由青、洋红、黄、黑四种颜色的油墨构成的，主要应用于印刷品，因此又称印刷模式。与显示器的原理不同，在打印、印刷、油漆、绘画等靠介质表面的反射被动发光的场合，物体所呈现的颜色是光源中被颜料吸收后所剩余的部分，其成色原理叫做减色原理。打印机使用减色原理通过减色混合来产生颜色，减色原理广泛应用于各种被动发光的场合。减色原理每一种油墨的使用量从 0%～100%，由 C、M、Y 三种油墨混合而产生更多的颜色，两两相加形成的正好是红、绿、蓝三色。由于 CMY 三种油墨在印刷中并不能形成纯正的黑色，因此需要单独的黑色油墨 K，由此形成 CMYK 这种色料模式。减色原理如图 1-15 所示。

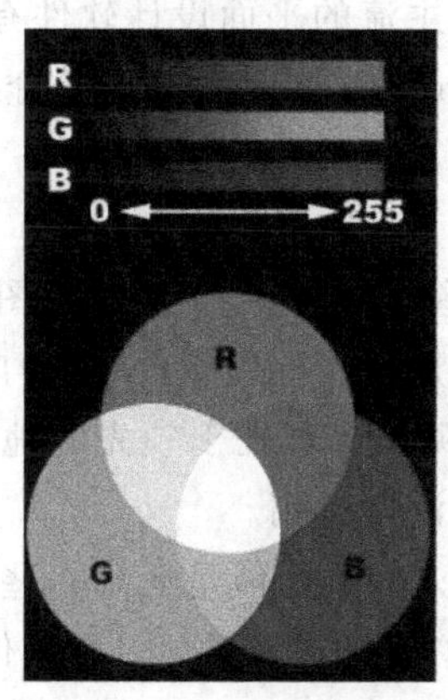

图 1-14 加色原理

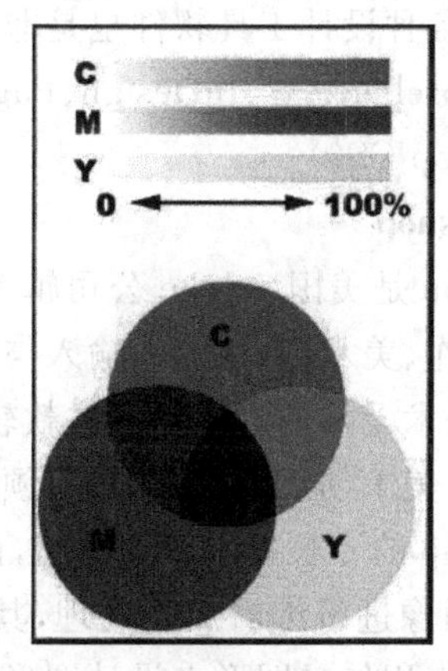

图 1-15 减色原理

1.2.2 色彩混合

颜色混合分为加色法和减色法两类。加色法的颜色混合又称为色光混合。减色法的颜色混合是指色料混合。

1. 色光混合

红、绿、蓝(蓝紫)是加色混合的色光三原色。加色混合可得出:

红光＋绿光＝黄光

红光＋蓝紫光＝品红光

蓝紫光＋绿光＝青光

红光＋绿光＋蓝紫光＝白光

如果改变三原色的混合比例,还可得到其他不同的颜色。如红光与不同比例的绿光混合可以得出橙、黄、黄绿等色;红光与不同比例的蓝紫光混合可以得出洋红、红紫、紫红蓝;紫光与不同比例的绿光混合可以得出绿蓝、青、青绿。如果蓝紫、绿、红三种光按不同比例混合可以得出更多的颜色,一切颜色都可通过加色混合得出。

2. 色料混合

理想的色料三原色应当是洋红(明亮的玫红)、黄(柠黄)、青(湖蓝),因为洋红、黄、青混色的范围要比大红、中黄、普蓝宽得多。用减色混合法可得出:

洋红＋黄＝红(白光－绿光－蓝光)

青＋黄＝绿(白光－红光－蓝光)

青＋洋红＝蓝(白光－红光－绿光)

洋红＋青＋黄＝黑(白光－绿光－红光－蓝光)

从图 1-14 和图 1-15 所示的叠色混色图中可以看出:加色混合的三原色,恰是减色混合的三间色,而减色混合的三原色又恰是加色混合的三间色。

1.3 平面设计常用软件

工欲善其事必先利其器。要想成为一名合格的平面设计师,除了锻炼自身艺术创意能力之外,熟练各种设计工具软件也是非常重要的。目前主流的平面设计软件有 Photoshop、Illustrator、CorelDRAW、InDesign、Pagemaker、Freehand 等,下面分别简单介绍(本书重点讲解 Photoshop CS6)。

1. Photoshop

Photoshop 是美国 Adobe 公司旗下最为著名的图像处理软件之一,是集图像扫描、编辑修改、图像制作、美术创意、图像输入与输出于一体的图形图像处理软件,深受广大平面设计人员和电脑美术爱好者的喜爱。这款软件在图像处理领域一直处于领先的地位,在出版印刷、广告设计、美术创意、图像编辑等领域得到了极为广泛的应用。

Photoshop 的专长在于图像处理,而不是图形创作。图像处理是运用一些特殊效果,对已有的位图图像进行编辑加工处理,其重点在于对图像的处理加工;图形创作是按照自己的构思创意,使用矢量图形来设计图形,主要通过 Adobe Illustrator 和 Freehand 完成。

平面设计是 Photoshop 应用最为广泛的领域,无论是正在阅读的图书封面,还是大街上看到的招贴、海报，这些具有丰富图像的平面印刷品，基本上都需要使用 Photoshop 软件对图像进行处理。

2. Illustrator

Illustrator 是美国 Adobe 公司推出的专业矢量绘图工具，是出版、多媒体和在线图像的工业标准矢量插画软件。

无论对于生产印刷出版线稿的设计者和专业插画家、生产多媒体图像的艺术家，还是对于网页或在线内容的制作者，Illustrator 都是一个功能强大的艺术产品设计工具，能适合大部分的小型设计，甚至是大型的复杂项目。

3. CorelDRAW

CorelDRAW 是一款由世界顶尖公司之一的加拿大的 Corel 公司开发的图形图像软件，它集矢量图形设计、矢量动画、页面设计、网站制作、位图编辑、印刷排版、文字编辑处理和图形高品质输出于一体，深受广大平面设计人员的喜爱，目前主要应用于广告制作、图书出版等方面。

CorelDRAW 是一款屡获殊荣的图形、图像编辑软件，它包含两个绘图应用程序：一个用于矢量图及页面设计，另一个用于图像编辑。CorelDRAW 的设计能力广泛地应用于商标设计、标志制作、模型绘制、插图描画、排版及分色输出等诸多领域。

4. InDesign

InDesign 是一款定位于专业排版领域的全新软件，由 Adobe 公司于 1999 年 9 月 1 日发布，InDesign 博取众家之长，从多种桌面排版技术中吸取精华，为杂志、书籍、广告等灵活多变、复杂的设计工作提供了一系列更完善的排版功能。尤其该软件是基于一个创新的、面向对象的开放体系(允许第三方进行二次开发扩充加入功能)，大大增强了专业设计人员用排版工具软件表达创意和观点的能力。

5. Pagemaker

Pagemaker 是由创立桌面出版概念的公司之一 Aldus 于 1985 年推出，升级至 5.0 版本时被 Adobe 公司在 1994 年收购。Pagemaker 提供了一套完整的工具，用来制作专业、高品质的出版物。它的稳定性、高品质及多变化的功能特别受到使用者的赞赏。

6. Freehand

Freehand 是 Adobe 公司软件中的一员，简称 FH，是一款功能强大的平面矢量图形设计软件，无论要做广告创意、书籍海报、机械制图，还是要绘制建筑蓝图，它都是一件强大、实用而又灵活的利器。目前，该软件在印刷排版、多媒体、网页制作等领域得到广泛的应用。

1.4 常用图像格式

图像文件格式是记录和存储影像信息的格式。对数字图像进行存储、处理、传播，必须采用一定的图像格式，也就是把图像的像素按照一定的方式进行组织和存储，把图像数据存储成文件就得到图像文件。图像文件格式决定了应该在文件中存放何种类型的信息，文件如何与各种应用软件兼容，文件如何与其他文件交换数据。有效地了解各种图像格式，是设计者必备的素质之一。图像格式主要有 PSD、BMP、PDF、JPEG、GIF、TIFF、PCX、TGA、EXIF、FPX、SVG、CDR、PCD、DXF、UFO、EPS、AI、PNG、HDRI、RAW 等。下面介绍一些常用的图像格式。

1. PSD 格式

PSD(Photoshop Document)格式是 Photoshop 图像处理软件的专用文件格式,文件扩展名是.psd,可以支持图层、通道、蒙版和不同色彩模式的各种图像特征,是一种非压缩的原始文件保存格式。PSD 文件有时容量会很大,但由于可以保留所有原始信息,在图像处理中对于尚未制作完成的图像,选用 PSD 格式保存是最佳的选择。在 Photoshop 所支持的各种图像格式中,PSD 的存取速度比其他格式快很多,功能也很强大。

2. BMP 格式

BMP(Bit Map)格式是一种与硬件设备无关的图像文件格式,使用非常广泛。它采用位映射存储格式,除了图像深度可选以外,不采用其他任何压缩,因此,BMP 文件所占用的空间很大。BMP 文件存储数据时,图像的扫描方式按从左到右、从下到上的顺序。

由于 BMP 文件格式是 Windows 环境中交换与图有关的数据的一种标准,因此在 Windows 环境中运行的图形图像软件都支持 BMP 图像格式。

BMP 是 Windows 位图,Windows 位图可以用任何颜色深度(从黑白到 24 位颜色)存储单个光栅图像。Windows 位图文件格式与其他 Microsoft Windows 程序兼容。它不支持文件压缩,也不适用于 Web 页,不能应用于印刷。

3. PDF 格式

PDF(Portable Document Format)格式是由 Adobe Systems 创建的一种可携式文件格式。它的文件可以在网络上传输、浏览、打印等。很多电子图书都采用 PDF 格式。

PDF 文件既可包含矢量图形,也可包含点阵图像和文本,并且可以进行链接和超文本链接。它可以通过 Acrobat Reader 软件进行阅读。它的图像清晰,占用空间小,适用于网络浏览和传输。

4. JPEG 格式

JPEG(Joint Photographic Expert Group,联合图像专家组)格式也是最常见的一种图像格式,文件扩展名为.jpg 或.jpeg,是最常用的图像文件格式,由一个软件开发联合会组织制定,是一种有损压缩格式,能够将图像压缩在很小的储存空间,图像中重复或不重要的资料会被丢失,因此容易造成图像数据的损伤。尤其是使用过高的压缩比例,将使最终解压缩后恢复的图像质量明显降低,如果追求高品质图像,不宜采用过高压缩比例。但是 JPEG 压缩技术十分先进,它用有损压缩方式去除冗余的图像数据,在获得极高的压缩率的同时能展现十分丰富生动的图像,换句话说,就是可以用最少的磁盘空间得到较好的图像品质。而且 JPEG 格式是一种很灵活的格式,具有调节图像质量的功能,允许用不同的压缩比例对文件进行压缩,支持多种压缩级别,压缩比率通常为 10∶1～40∶1,压缩比越大,品质就越低;相反地,压缩比越小,品质就越好。当然,也可以在图像质量和文件尺寸之间找到平衡点。JPEG 格式压缩的主要是高频信息,对色彩的信息保留较好,适合应用于互联网,可减少图像的传输时间,可以支持 24 位真彩色,也普遍应用于需要连续色调的图像。

5. GIF 格式

GIF(Graphics Interchange Format,图形交换格式)是 CompuServe 公司在 1987 年开发的图像文件格式。GIF 文件的数据,是一种基于 LZW 算法的连续色调的无损压缩格式。其压缩率一般在 50%左右,它不属于任何应用程序。目前几乎所有相关软件都支持它,公共领域有大量的软件在使用 GIF 图像文件。

GIF 图像文件的数据是经过压缩的，而且是采用了可变长度的压缩算法。所以 GIF 的颜色深度从 1bit～8bit，也即 GIF 最多支持 256 种色彩的图像。GIF 格式的另一个特点是其在一个 GIF 文件中可以存多幅彩色图像，如果把存于一个文件中的多幅图像数据逐幅读出并显示到屏幕上，就可构成一种最简单的动画。另外 GIF 图像还支持透明背景。

6. TIFF 格式

TIFF(Tag Image File Format，标签图像文件格式)是由 Aldus 和 Microsoft 公司为桌上出版系统研制开发的一种较为通用的图像文件格式。TIFF 格式灵活易变，它又定义了四类不同的格式：TIFF-B 适用于二值图像；TIFF-G 适用于黑白灰度图像；TIFF-P 适用于带调色板的彩色图像：TIFF-R 适用于 RGB 真彩图像。TIFF 支持多种编码方法，其中包括 RGB 无压缩、RLE 压缩、JPEG 压缩等。

第2章　Photoshop CS6 基础

Adobe 公司开发的 Photoshop 软件一直受到广大平面设计工作者的青睐，它拥有实用且强大的功能，灵活直观的操作方式，并且根据用户需要不断地发展和更新。本书将重点介绍 Photoshop CS6 软件的使用方法和技术。

2.1　安装 Photoshop CS6

在学习 Photoshop CS6 之前，首先要安装 Photoshop CS6 软件。下面介绍在 Windows 7 系统中安装 Photoshop CS6 软件的方法。

2.1.1　安装 Photoshop CS6 系统要求

系统的要求主要是为了提高图像处理的运行速度，在配置较低的机器上虽然也能安装并运行软件，但软件的运行速度大大低于配置较高的机器。安装 Photoshop CS6 的系统要求如表 2-1 所示。

表 2-1　系统要求

项目	PC 系统	Macintosh 系统
操作系统	Microsoft® Windows® XP Service Pack 3 或 Microsoft Windows 7 Service Pack 1。Adobe® Creative Suite® 5.5 和 CS6 应用程序还支持 Windows 8 和 Windows 8.1	Mac OS X v10.6.8 或 v10.7。Adobe Creative Suite 3、4、5、CS5.5 和 CS6 应用程序在基于 Intel 的系统上安装时，支持 Mac OS X v10.8 或 v10.9
CPU	Intel® Pentium® 4 或 AMD Athlon® 64 处理器	具有 64 位支持的多核 Intel 处理器
内存	1GB RAM	1GB RAM
硬盘空间	安装需要 1GB 可用硬盘空间；安装过程中需要额外可用空间（无法在可移动闪存设备上安装）	安装需要 2GB 可用硬盘空间；安装过程中需要额外可用空间（无法在使用区分大小写的文件系统的卷或可移动闪存设备上安装）
显示器	1024×768 显示器（推荐使用 1280×800），带有 16 位颜色和 512MB（推荐使用 1GB）VRAM	1024×768 显示器（推荐使用 1280×800），带有 16 位颜色和 512MB（推荐使用 1GB）VRAM
GPU 加速	支持 OpenGL 2.0 的系统	支持 OpenGL 2.0 的系统
光盘驱动器	DVD-ROM 驱动器	DVD-ROM 驱动器
联机服务	需要宽带 Internet 连接（此软件需要激活才能使用）	需要宽带 Internet 连接（此软件需要激活才能使用）

2.1.2 Photoshop CS6 的安装

Photoshop CS6 是专业的设计软件，其安装方法比较简单，具体安装步骤如下：运行 Adobe Photoshop CS6 文件夹下的 QuickSetup.exe 文件，将打开 Adobe Photoshop CS6 安装初始窗口，如图 2-1 所示；单击“安装”按钮，安装过程自动完成。

图 2-1 初始窗口

2.1.3 Photoshop CS6 的启动和退出

1. 启动 Photoshop CS6

启动 Photoshop CS6 的方法主要有以下几种。

(1) 选择“开始”→“所有程序”→Adobe→Adobe Photoshop CS6 命令。

(2) 双击桌面快捷方式图标。

(3) 在 Windows 资源管理器中双击 Photoshop CS6 的文件(扩展名为.psd)。

2. 退出 Photoshop CS6

退出 Photoshop CS6 的方法主要有以下几种。

(1) 通过“文件”菜单退出。在 Photoshop CS6 菜单栏中选择“文件”→“退出”命令，可以退出 Photoshop CS6。

(2) 通过控制菜单退出。单击 Photoshop CS6 窗口左上角的图标 Ps，弹出控制菜单，选择“关闭”命令，可以退出 Photoshop CS6，如图 2-2 所示。

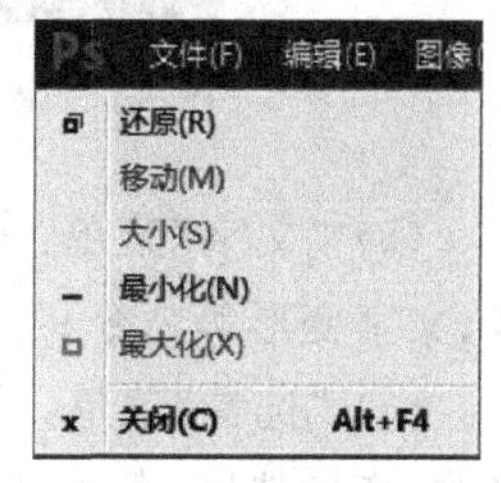

图 2-2 控制菜单

(3) 通过“关闭”按钮退出。单击 Photoshop CS6 窗口右上角的“关闭”按钮，可以退出 Photoshop CS6。此时若用户的文件没有保存，程序会弹出一个对话框提示用户是否保存；若用户的文件已经保存过，程序则会直接关闭。

(4) 利用快捷键退出。按 Alt+F4 快捷键，可以退出 Photoshop CS6。此时若用户的文件没有保存，程序会弹出一个对话框提示用户是否保存；若用户的文件已经保存过，程序则会直接关闭。

2.2 Photoshop CS6 的工作界面

启动 Photoshop CS6 软件后，工作界面如图 2-3 所示。

1. 菜单栏

Photoshop CS6 中有 11 个主菜单，每个主菜单内都包含一系列的命令，这些命令按照不同的功能采用分割线进行分离，如图 2-4 所示。

(1) “文件”菜单：包含用于处理文件的基本操作命令，如新建、保存、退出等命令。

(2) “编辑”菜单：包含用于进行基本编辑操作的命令，如填充、定义图案等命令。

(3) “图像”菜单：包含用于处理画布图像的命令，如模式、调整、图像大小、画布大小等命令。

(4) “图层”菜单：包含用于处理图层的命令，如新建、图层样式、合并图层等命令。

图 2-3　Photoshop CS6 工作界面

文件(F)　编辑(E)　图像(I)　图层(L)　文字(Y)　选择(S)　滤镜(T)　3D(D)　视图(V)　窗口(W)　帮助(H)

图 2-4　菜单栏

(5)“文字”菜单：包含用于处理文字的命令，如转换为形状、文字变形等命令。

(6)“选择”菜单：包含用于处理选取的命令，如取消选择、修改、变换选区、载入选区等命令。

(7)“滤镜”菜单：包含用于处理滤镜效果的命令，如滤镜库、风格化、模糊等命令。

(8)“3D”菜单：包含用于处理和合并现有的 3D 对象、创建新的 3D 对象、编辑和创建 3D 纹理等的命令。

(9)“视图”菜单：包含一些基本的视图编辑命令，如放大、打印尺寸、标尺等命令。

(10)“窗口”菜单：包含一些基本的面板启用命令。

(11)“帮助”菜单：包含一些帮助命令。

2. 工具箱

工具箱中存放着用于创建和编辑图像的工具，如图 2-5 所示。

默认情况下，工具箱将出现在屏幕的左侧，可通过拖移来移动它，也可以通过选择“窗口”→“工具”命令，显示或隐藏工具箱。

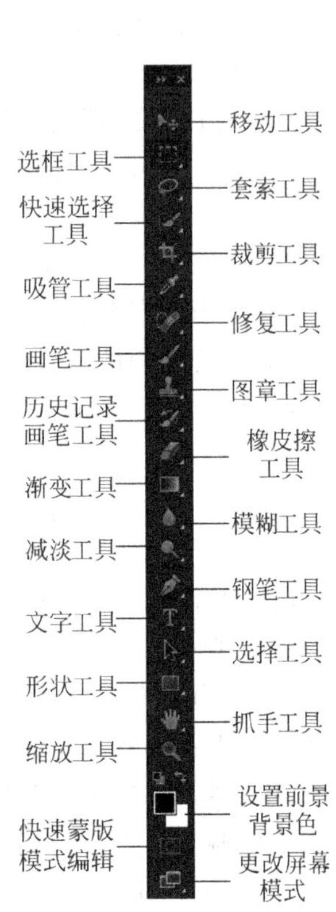

图 2-5　工具箱

用户可以展开某些工具以查看它们后面的隐藏工具。工具图标右下角的小三角形表示存在隐藏工具。通过将鼠标指针放在任何工具上,用户可以查看有关该工具的信息,工具的名称将出现在指针下面的工具提示中。

3. 工具选项栏

工具选项栏提供与所使用的工具有关的选项。例如在工具箱中选择“矩形选框工具”,则在工具选项栏中显示“矩形选框工具”的相关属性参数,如图 2-6 所示。

图 2-6 “矩形选框工具”选项栏

特别提示:使用工具箱中的工具时的基本操作顺序是,先在工具箱中选择要使用的工具,再在选项栏中进行适当设置,最后才是使用工具对图像进行编辑修改操作。

4. 面板组

在这里用户可以自定义显示在面板组的内容。通过菜单栏选择“窗口”菜单中的某一命令,把需要的面板打勾,面板就会出现在面板组中。用鼠标左键按住某面板不放可以进行拖动,可以将其放置在任意地方。右击面板,在弹出的快捷菜单中可以选择“关闭”命令,关闭该面板。面板组可以帮助使用者组织和管理面板,辅助查看和修改图像。“图层”面板和“通道”面板如图 2-7 所示。

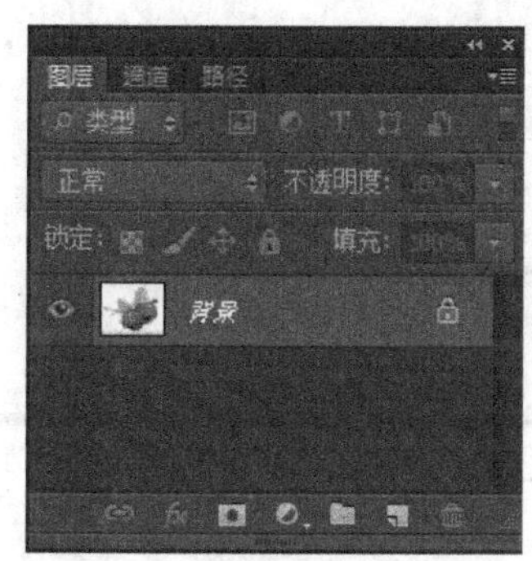

(a)“图层”面板

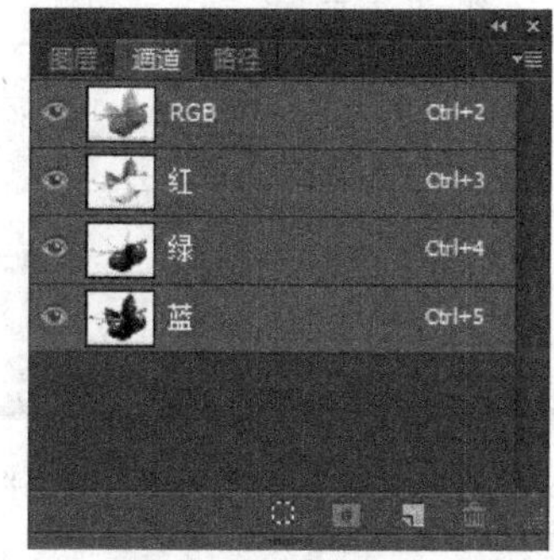

(b)“通道”面板

图 2-7 面板组

5. 选项卡式窗口

选项卡式窗口显示当前打开的图像文件,打开的图像文件窗口称为当前窗口。可以通过鼠标单击或按 Tab 键选择某窗口为当前窗口。

6. 状态栏

状态栏位于每个窗口的底部,用于显示诸如当前图像的放大率和文件大小、分辨率等有用的信息。

7. 工作区切换器

工作区切换器用来设置适合自己的工作方式。可以通过从多个预设工作区中进行选择或创建自己的工作区来调整各个应用程序,以适合自己的工作方式。工作区主要包括“基本功能(默认)”“CS6 新增功能”“3D”“动感”“绘画”“摄影”“排版规则”“复位基本功能”“新建工作区”和“删除工作区”等。

2.3 设置 Photoshop CS6 的首选项

在进行平面设计之前，启动 Photoshop CS6 后，需要进行“首选项”的设置，使其更加符合我们的工作习惯，可以提高软件的运行速度和工作效率。

选择“编辑”→“首选项”→“常规”命令，打开“首选项”对话框，如图 2-8 所示。

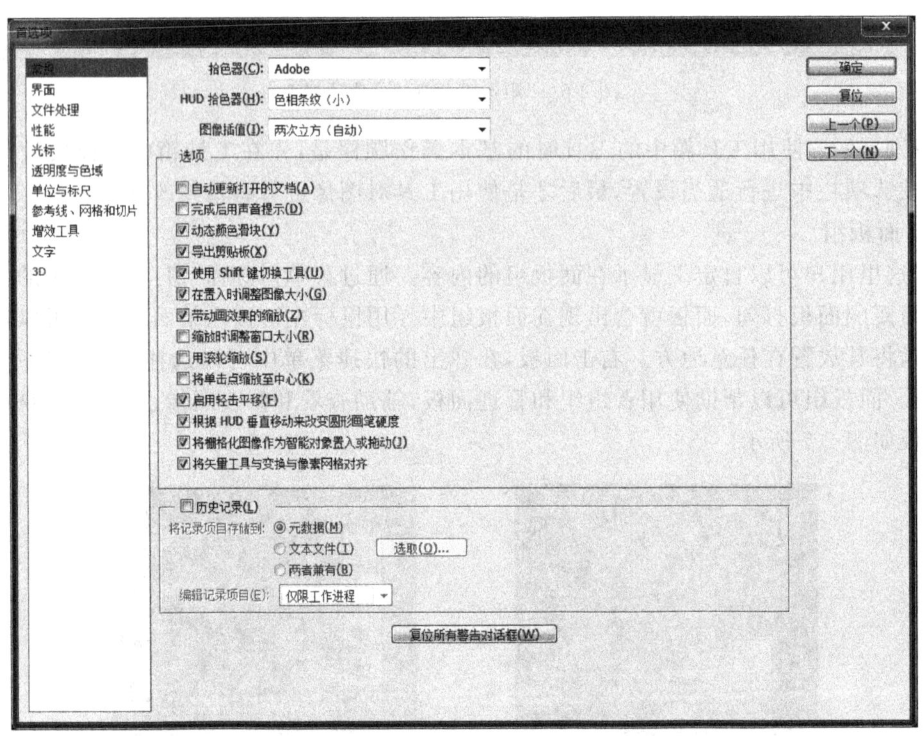

图 2-8 “首选项”对话框

首选项设置主要包括常规、界面、文件处理、性能、光标、透明度与色域、单位与标尺、参考线、网络和切片、增效工具、文字和 3D 等。下面主要介绍“性能”和“单位与标尺”首选项设置。

1. 性能

性能参数的设置主要是为了提高软件的运行速度和工作效率，包括设置内存使用情况、暂存盘、历史记录与高速缓存和图形处理器，如图 2-9 所示。

（1）内存使用情况：如果在运行 Photoshop CS6 的同时，不运行其他较大程序，可以适当调高，但不要超过 80%，要给其他程序留一些内存空间。

（2）暂存盘：若果 C 盘空间较小，就不要选中 C 盘，否则会使系统越来越慢，这是由于系统盘空间会被 Photoshop CS6 的暂存文件占用的结果，可以将计算机其他空闲空间比较大的盘设置为暂存盘。

（3）历史记录与高速缓存：在处理图像的过程中，系统会自动记录每步操作过程，可以让使用者还原或重做多个步骤。默认的步骤是 20 步，提高这个数字就可以提高还原的步骤数量。将高速缓存级别设置为 2 或更高以获得最佳的 GPU 的性能。

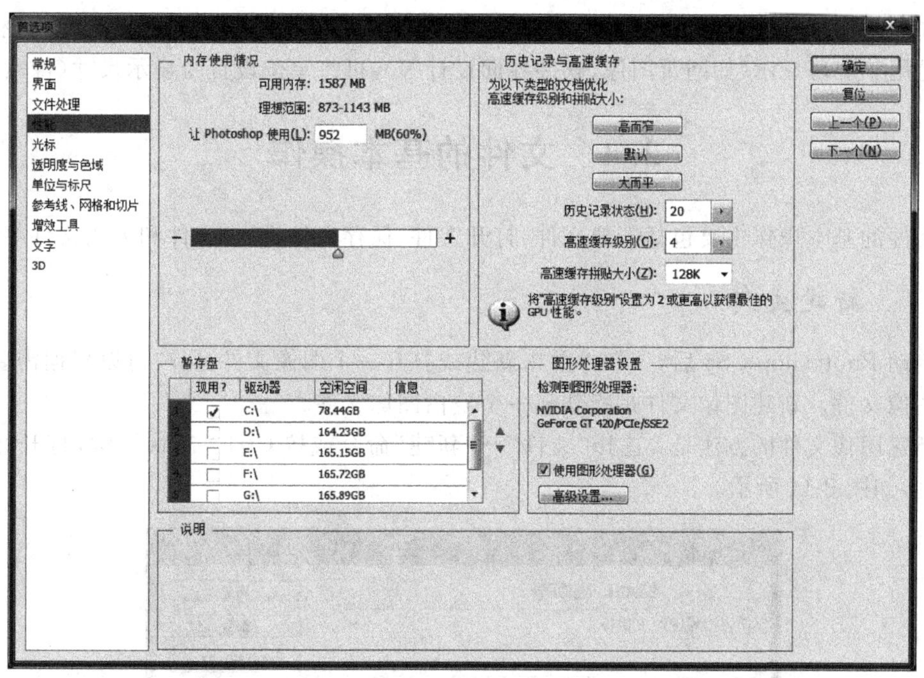

图 2-9 "首选项"对话框—性能

(4) 图形处理器设置：最好选中"使用图形处理器"复选框，以获得更快的处理速度。

上述所有设置，需重新启动 Photoshop CS6 后，才能生效。

2. 单位与标尺

标尺出现在当前窗口的顶部和左侧，可根据图像处理的需要，进行标尺文字的单位设置，如图 2-10 所示。

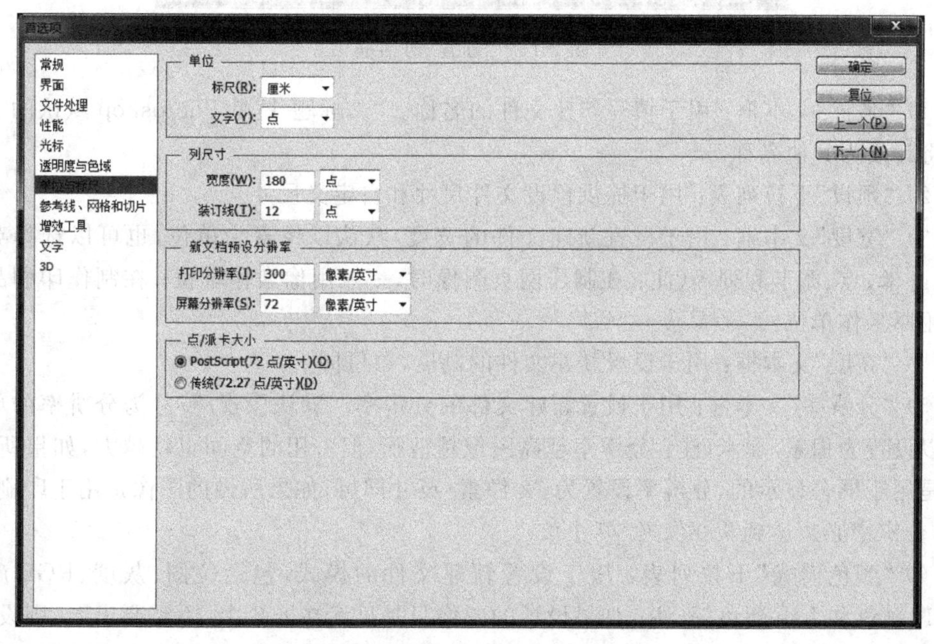

图 2-10 "首选项"对话框—单位与标尺

如果是用于印刷，可将标尺和文字的单位设置为通用尺寸单位（英寸、厘米、毫米等）；如果是用于屏幕显示（如网页图像、软件界面设计等），可将单位设置为显示尺寸（像素）。

2.4 文件的基本操作

文件的基本操作主要包括新建文件、打开文件、保存文件、置入文件和关闭文件等。

2.4.1 新建文件

启动 Photoshop CS6 后，该软件并未新建或打开一个图像文件，用户可以根据需要新建一个图像文件。新建图像文件是指新建一个空白图像文件。

新建图像文件的方法是：选择“文件”→“新建”命令或按 Ctrl＋N 快捷键，打开“新建”对话框，如图 2-11 所示。

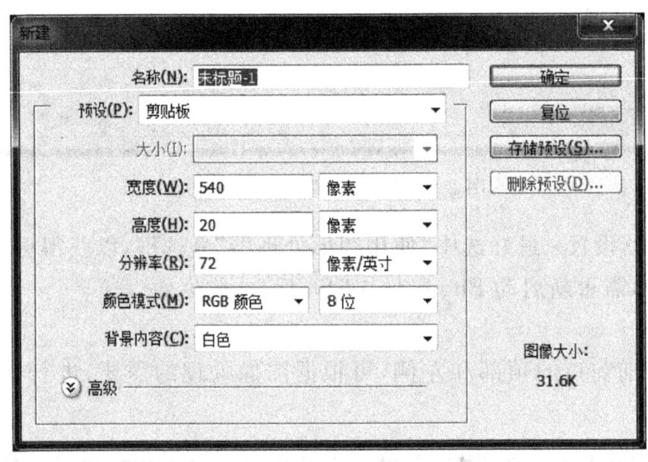

图 2-11 “新建”对话框

(1)“名称”文本框：用于填写新建文件的名称。“未标题-1”是 Photoshop 默认的名称，可以将其改为其他名称。

(2)“预设”下拉列表：用于提供预设文件尺寸和自定义尺寸。

(3)“宽度”文本框：用于设置新建文件的宽度，默认以像素为单位，也可以选择英寸、厘米、毫米、点、派卡和列等（注：在制作网页图像时，一般用像素作单位；在制作印刷品时，一般用厘米作单位）。

(4)“高度”文本框：用于设置新建文件的高度，单位同上。

(5)“分辨率”文本框：用于设置新建文件的分辨率。默认像素/英寸为分辨率的单位，也可以设置为像素/厘米（注：分辨率越高图像越清晰，但占用的空间也就越大，如果所做的图像是用于屏幕显示的，分辨率设置为 72 像素/英寸即可，如果所做的图像是用于印刷或喷绘的，分辨率必须达到 300 像素/英寸）。

(6)“颜色模式”下拉列表：用于设置新建文件的模式，包括位图、灰度、RGB 颜色、CMYK 颜色和 Lab 颜色等（注：如果设计的图像只是显示在屏幕上，不需要出图，则设置为 RGB 颜色；如果设计的图像用于印刷或户外写真等，需要出图的，则设置为 CMYK 颜色）。

颜色深度包括 1 位($2^1=2$,即黑、白两种颜色)、8 位($2^8=256$ 种颜色)、16 位($2^{16}=65\,536$ 种颜色)和 32 位(2^{32} 种颜色)。人的眼睛最多只能识别的颜色估计为 1000 万种,而一般显示器和印刷也只能是 8 位的,16 位和 32 位等颜色深度只能是研究用的,所以,一般选择 8 位颜色深度。

(7)"背景内容"下拉列表:用于选择新建文件的背景内容,包括白色背景、透明的背景(以灰色和白色交错的格子表示)、背景色(以所设定的背景为新文件的背景,相对于前景色)三种。

根据实际需要设置完成后,单击"确定"按钮,新建文件。

2.4.2 打开文件

对已有文件进行编辑操作时,首先要打开文件。打开文件的方法主要有如下几种。

(1) 选择"文件"→"打开"命令或按 Ctrl+O 快捷键,打开"打开"对话框,如图 2-12 所示。选择要打开的文件,单击"打开"按钮,即可打开该文件。

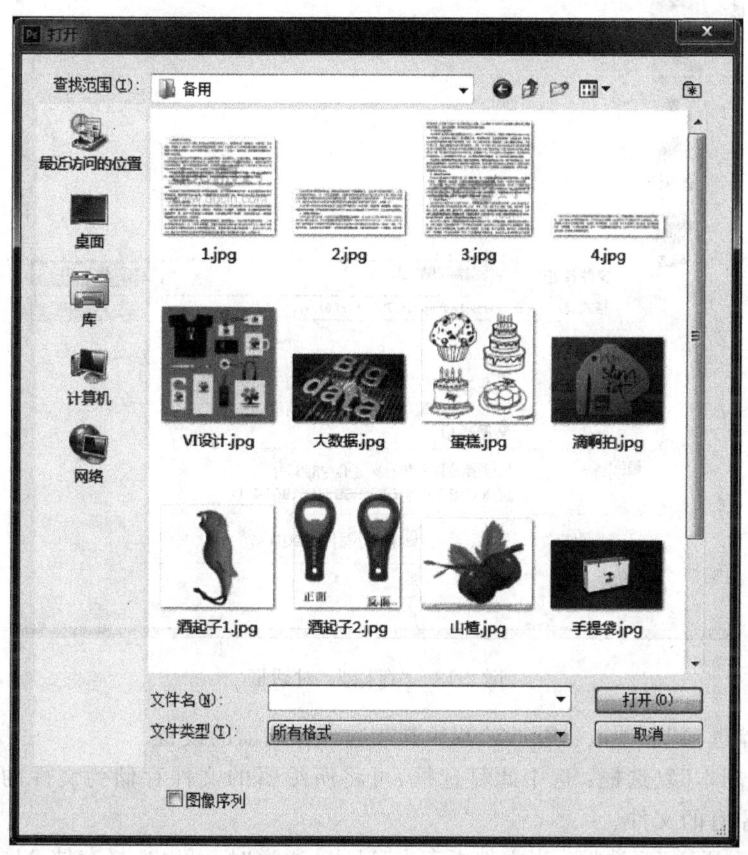

图 2-12 "打开"对话框

(2) 双击 Photoshop CS6 空白的画布底板,打开"打开"对话框,如图 2-12 所示。选择文件,单击"打开"按钮,即可打开文件。

(3) 拖曳文件到 Photoshop CS6 中,即可打开该文件。若 Photoshop CS6 中已经有打开的文件,则需要拖曳到标签栏上释放鼠标左键,否则会置入该拖曳的文件。

2.4.3 保存文件

设计过程中或完成后，需要保存文件，留待以后使用。保存文件的方法主要有如下几种。

1. 新建文件的保存

若该文件是新建的，具体操作方法如下：选择"文件"→"存储"命令或按 Ctrl+S 快捷键，打开"储存为"对话框，如图 2-13 所示。在"文件名"文本框中输入文件的名称，可以不输入文件的扩展名，Photoshop CS6 默认的文件扩展名为.psd。选择好保存的位置。

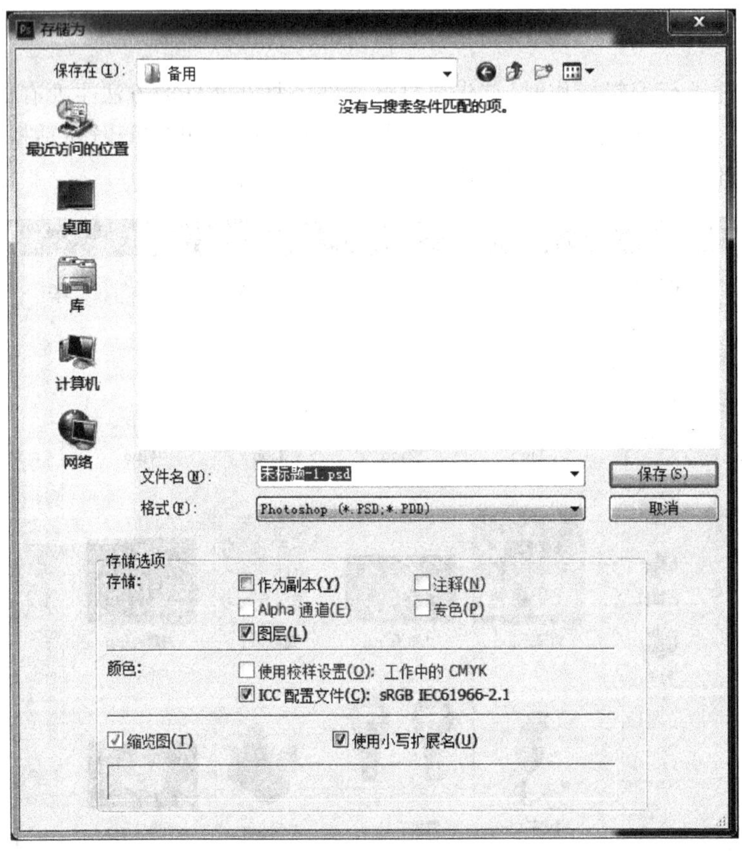

图 2-13 "存储为"对话框

(1)"存储选项"选项区：用于对各种要素进行存储前的设置。

- "作为副本"复选框：选中此复选框，可将所编辑的文件存储为文件的副本，并且不影响原有的文件。
- "Alpha 通道"复选框：当文件中存在 Alpha 通道时，可以选择存储 Alpha 通道（选中此复选框）或不存储 Alpha 通道（取消选中此复选框）。
- "图层"复选框：当文件中存在多图层时，可以保持各图层独立进行存储（选中此复选框）或将所有图层合并为同一图层存储（取消选中此复选框）。
- "注释"复选框：当文件中存在注释时，可以通过选中或取消选中此复选框对其存储或忽略。

- “专色”复选框：当图像中存在专色通道时，可以通过选中或取消选中此复选框对其存储或忽略。

(2) “颜色”选项区：用于对存储的文件配置颜色信息。

(3) “缩览图”复选框：用于为存储文件创建缩览图，该选项为灰色，表明系统自动地为其创建缩览图。

(4) “使用小写扩展名”复选框：选中此复选框，则用小写字母创建文件的扩展名。

单击“保存”按钮，完成保存。

2. 再次保存

若该文件是一个已经保存过的文件，但做了一些修改，按如下操作方法。

选择“文件”→“存储”命令或按 Ctrl+S 快捷键，可以将当前文件用原文件名保存在原文件夹中，不再打开“存储为”对话框。

当需要重新更换文件夹或更改文件名时，选择“文件”→“存储为”命令或按 Shift+Ctrl+S 快捷键，打开“存储为”对话框，如图 2-13 所示。选择新的文件夹或输入新的文件名后，单击“保存”按钮完成再次保存。

3. 存储为 Web 所用格式

当所设计的文件是用作网页显示的，则需要选择“存储为 Web 所用格式”。“存储为 Web 所用格式”目的是输出展示在网页上的图片，在维持图片质量的同时尽可能地缩小文件大小。具体操作方法如下。

选择“文件”→“存储为 Web 所用格式”命令或按 Alt+Shift+Ctrl+S 快捷键，打开“存储为 Web 所用格式”对话框，如图 2-14 所示。

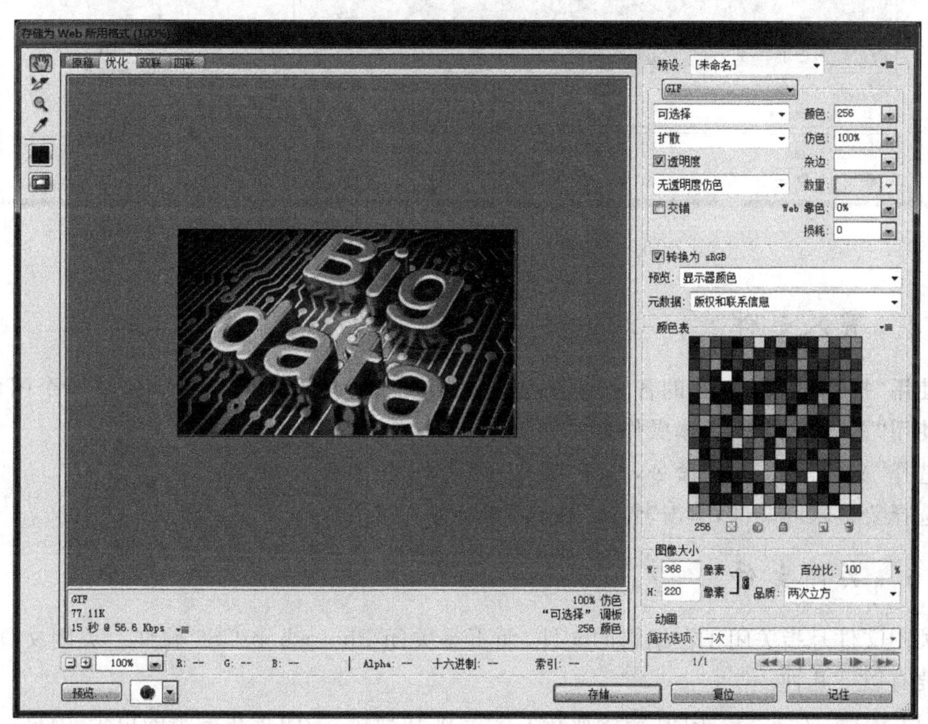

图 2-14 “存储为 Web 所用格式(GIF)”对话框

“存储为 Web 所用格式”支持保存图像文件的格式较少，每种格式都可以进行灵活的设置。支持的格式包括：GIF，通过设置调色盘大小(2～256 色)和颜色抖动来确定保存图片的质量，并支持单色透明度，可以设置损耗值，如图 2-14 所示。JPEG，可以设置图像保存质量(1%～100%)，不支持透明度，如图 2-15 所示。PNG-8，通过设置调色盘大小(2～256 色)和颜色抖动来确定保存图片的质量，并支持单色透明度，不可以设置损耗值，如图 2-16 所示。PNG-24，无损 24 位质量，支持透明度，如图 2-17 所示。WBMP，黑白抖动输出，如图 2-18 所示。

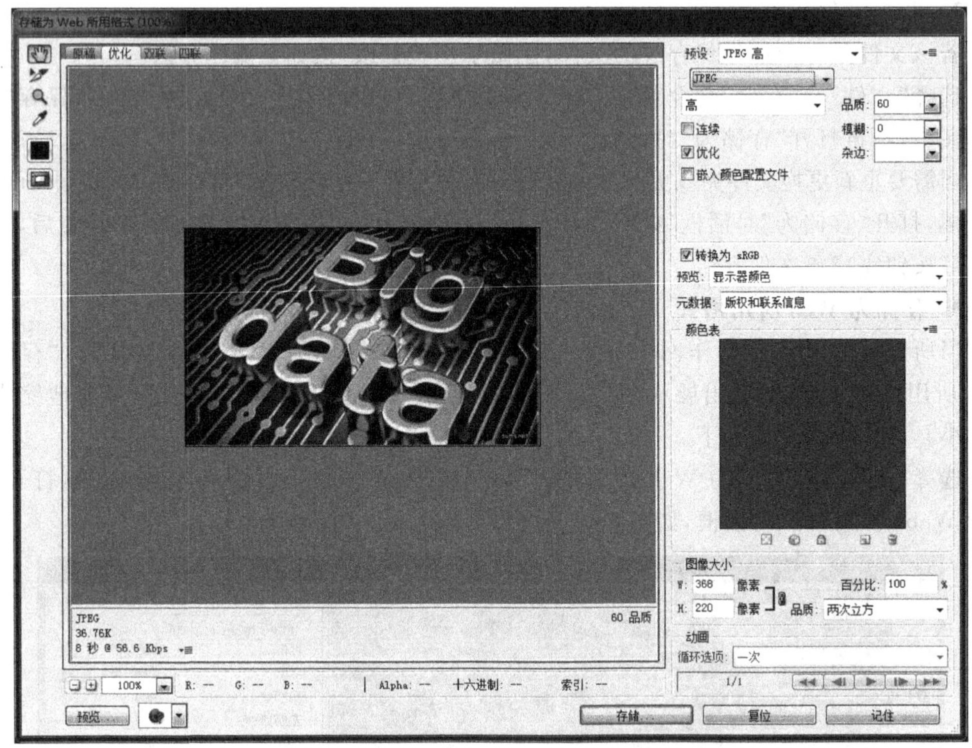

图 2-15 “存储为 Web 所用格式(JPEG)”对话框

2.4.4 置入文件

使用“打开”命令，打开的各个图像之间是独立的，如果想让图像导入到另一个图像上，需要使用“置入”命令。具体操作方法如下。

选择“文件”→“置入”命令，打开“置入”对话框，如图 2-19 所示。

选择要置入的文件，单击“置入”按钮，即可置入该图像。

2.4.5 关闭文件

关闭文件是指关闭正在编辑的文件，而不是关闭 Photoshop CS6 软件。关闭文件的方法主要有以下几种。

(1) 选择“文件”→“关闭”命令或按 Ctrl+W 快捷键，关闭正在编辑的单个文件。

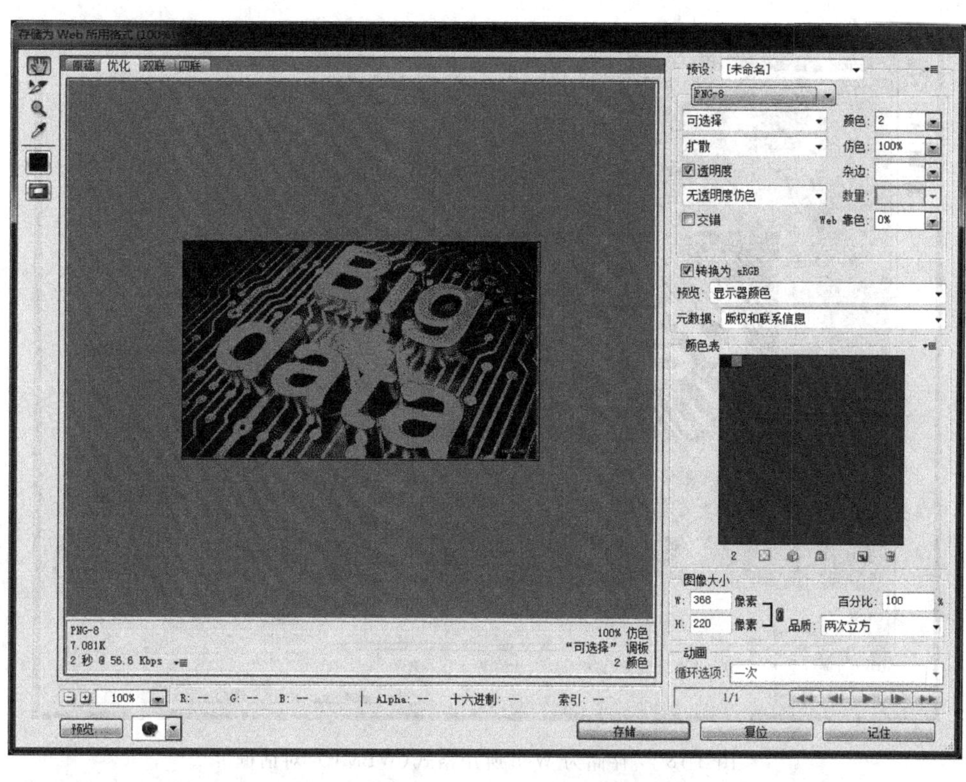

图 2-16 “存储为 Web 所用格式(PNG-8)”对话框

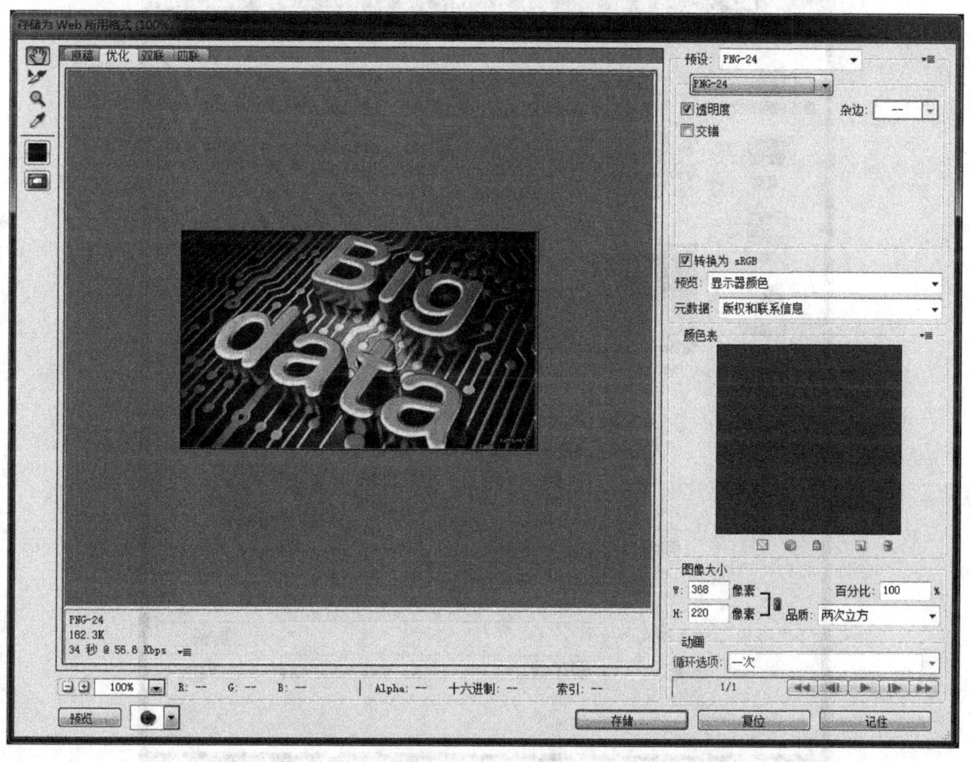

图 2-17 “存储为 Web 所用格式(PNG-24)”对话框

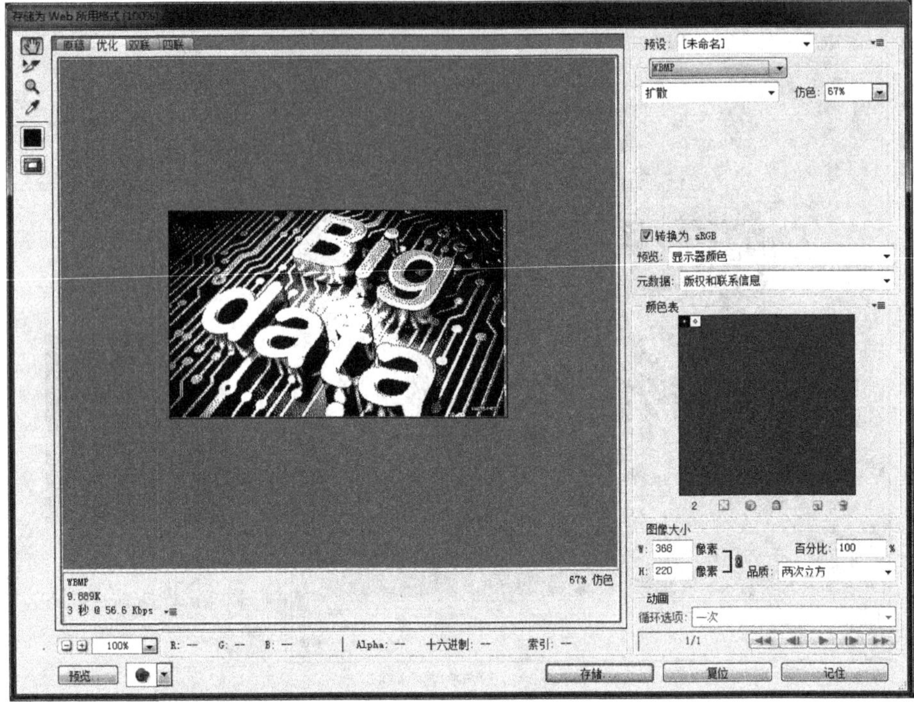

图 2-18 “存储为 Web 所用格式(WBMP)”对话框

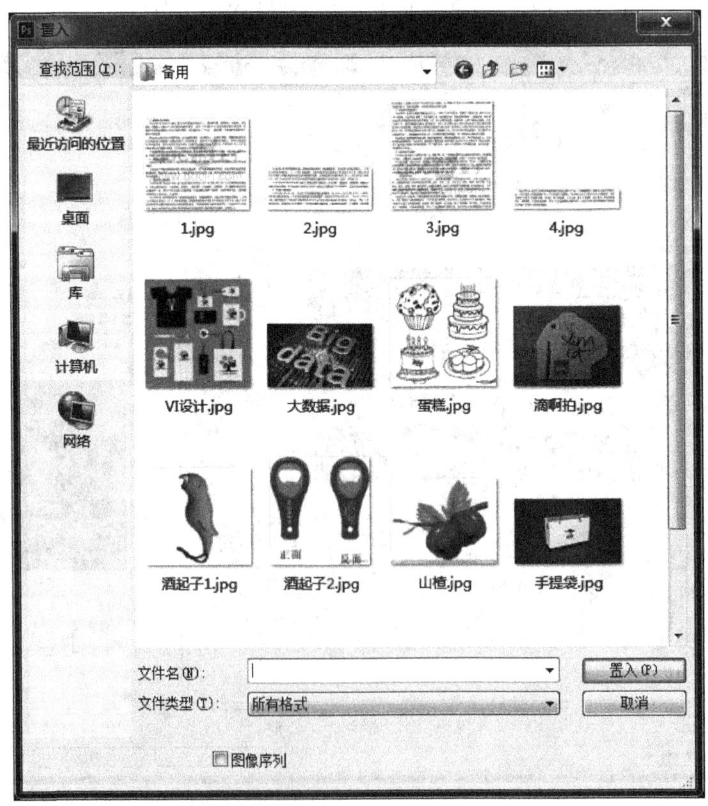

图 2-19 “置入”对话框

（2）选择“文件”→“关闭全部”命令或按 Alt＋Ctrl＋W 快捷键，关闭正在编辑的所有文件。

（3）单击编辑窗口标题右侧的 × 按钮，既可关闭正在编辑的单个文件。

（4）在标题上右击，在弹出的快捷菜单中选择“关闭”或“关闭全部”命令，关闭正在编辑的单个或所有文件。

在关闭文件时，如果有编辑后没有保存的文件，则提示是否保存该文件，如图 2-20 所示。

图 2-20　提示是否保存该文件

第3章　平面设计基础

进行平面设计，首先要掌握基本的理论知识和基本工具的使用。本章主要讲述有关图像的简单编辑、图层、选区、图像编辑与绘制、蒙版、路径、滤镜和 Photoshop CS6 自动化处理等基本知识和技术。

3.1　图像的简单编辑

图像的简单编辑包括查看图像、辅助工具的应用和调整图像的内容等。

3.1.1　查看图像

在 Photoshop CS6 中查看图像的方式有很多种，这里介绍主要的几种。

1. 利用"视图"菜单命令查看图像

(1) 放大：按 Ctrl+"+"快捷键。

(2) 缩小：按 Ctrl+"−"快捷键。

(3) 按屏幕大小缩放：按 Ctrl+"0"(零)快捷键。

(4) 实际像素显示：以 100%比例显示当前图像，按 Ctrl+"1"快捷键。

2. 使用"导航器"面板查看图像

"导航器"面板包含图像的缩览图和各种窗口缩放工具，如果图像文件尺寸比较大，画面中不能显示完整的图像，通过"导航器"面板定位图像的查看区域会比较方便。打开"导航器"面板的方法：选择"窗口"→"导航器"命令，打开"导航器"面板，如图 3-1 所示(以"素材\第 3 章\3.1\图 1.jpg"文件为例)。

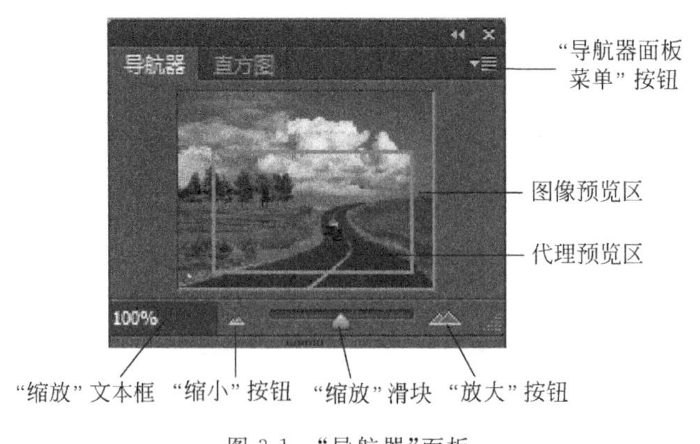

图 3-1　"导航器"面板

（1）在“导航器”面板中单击“放大”按钮，可以放大窗口的显示比例，如图 3-2(a)所示；单击“缩小”按钮，可以缩小窗口的显示比例，如图 3-2(b)所示。

(a) 单击“放大”按钮

(b) 单击“缩小”按钮

图 3-2　单击“放大”“缩小”按钮显示比例

（2）通过拖动“缩放”滑块也可以放大或缩小图像窗口。

（3）“缩放”文本框中显示了窗口显示比例，在文本框中输入数值并按 Enter 键，即可按照设定的比例缩放窗口。

（4）当窗口中不能显示完整的图像时，将光标移动到代理预览区，光标将会变成手状，按住鼠标左键拖动可移动画面，代理预览区域内的图像会位于文档窗口的中心。

（5）单击“导航器”面板右上角的“导航器面板菜单”按钮，在弹出的菜单中选择“面板选项”命令，打开“面板选项”对话框，在该对话框中修改预览区矩形框的颜色，如图 3-3 所示。

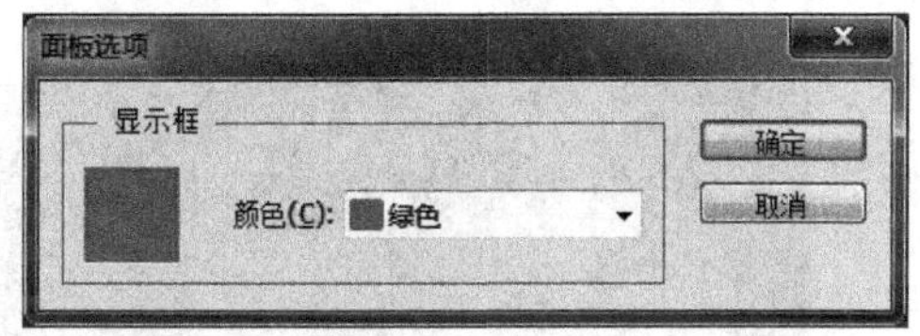

图 3-3　“面板选项”对话框

3. 使用“缩放工具”查看图像

在处理图片过程中，想要查看图像中的某个区域中的图像细节，就需要使用缩放工具来进行查看。

实例：利用“缩放工具”查看图像。

（1）打开“素材\第 3 章\3.1\图 2.jpg”文件，如图 3-4 所示。

（2）在工具箱中单击“缩放工具”按钮（默认：放大功能），在画布中连续单击，可以不断地放大图像的显示比例，如图 3-5 所示。

（3）在选项栏中单击“缩小”按钮，然后在画布中单击，可以不断地缩小图像的显示比例，如图 3-6 所示。

注：当选择“缩放工具”后，按 Alt 键，可以在放大与缩小之间进行切换。

（4）如果要以“实际像素”显示图像的缩放比例，可以在选项栏中单击“实际像素”按钮，或在画布中右击，然后在弹出的快捷菜单中选择“实际像素”命令，如图 3-7 所示。

（5）如果要以“适合屏幕”的方式显示图像，可以在选项栏中单击“适合屏幕”按钮，或在画布中右击，然后在弹出的快捷菜单中选择“按屏幕大小缩放”命令，如图 3-8 所示。

图 3-4 "图 2.jpg"文件

图 3-5 放大图像

图 3-6　缩小图像

图 3-7　以“实际像素”显示图像

图 3-8　以“适合屏幕”的方式显示图像

(6) 如果以“屏幕范围内最大化”显示完整的图像，可以在选项栏中单击“填充屏幕”按钮，如图 3-9 所示。

图 3-9　以“屏幕范围内最大化”显示图像

(7) 如果要以实际“打印尺寸”显示图像，可以在选项栏中单击“打印尺寸”按钮，或在画布中右击，然后在弹出的快捷菜单中选择“打印尺寸”命令，如图 3-10 所示。

图 3-10　以实际“打印尺寸”显示图像

4. 使用“抓手工具”查看图像

使用“抓手工具”可以在图像窗口中移动整个画布，移动时不能影响图层间的位置，“抓手工具”常常配合导航器面板一起使用。

选择工具箱中的“抓手工具”，此时鼠标光标变成手的形状，按住鼠标左键，在图像窗口中拖动即可移动图像。

“抓手工具”的选项栏中的“实际像素”“适合屏幕”“填充屏幕”和“打印尺寸”等按钮的使用与“缩放工具”相同，在此不再重复。

注：

(1) 在任何一个工具下，按住空格键不放，均可以转换为“抓手工具”使用。

(2) 除缩放工具、抓手工具之外，在使用其他工具时，可以按 Alt 键，然后滚动鼠标中间的滚轮也可以缩放图像。

5. 使用“旋转视图工具”查看图像

使用“旋转视图工具”即可平稳地旋转画布，以所需的任意角度无损查看图像。

实例：使用“旋转视图工具”查看图像。

(1) 打开“素材\第 3 章\3.1\图 3.jpg”文件，如图 3-11 所示。

(2) 选择工具箱中的“旋转视图工具”，在图像窗口中按住鼠标左键拖动，图像中出现罗盘指针，即可任意旋转视图图像，如图 3-12 所示。

(3) “旋转视图工具”选项栏，如图 3-13 所示。

“旋转角度”文本框：可直接输入角度值，以达到精确旋转视图的目的。

图 3-11 “图 3.jpg”文件

图 3-12 使用“旋转视图工具”旋转图像

图 3-13　“旋转视图工具”选项栏

“设置视图的旋转角度”按钮：在按钮上按住鼠标左键进行移动，可以旋转视图图像。

“复位视图”按钮：可以复位还原视图，也可以按 Esc 键复位视图。

“旋转所有窗口”复选框：默认不选中此项，选中此项后对一个窗口图像进行旋转操作时，其他窗口的图像也一起旋转。

3.1.2　辅助工具

在 Photoshop CS6 中处理图像时，通常都会应用到一些辅助功能。

1. 使用标尺

标尺和标尺工具统称为标尺，前者主要用于整个图像画布的测量和精确操作，而后者用于测量图像中的具体部分，操作上更加灵活。本节主要介绍前者。

(1) 选择“视图”→“标尺”命令或按 Ctrl+R 快捷键，可显示和关闭标尺，如图 3-14 所示(以“素材\第 3 章\3.1\图 4.jpg”文件为例)。

图 3-14　标尺

(2) 标尺具有多个单位以适应不同大小的图像操作，默认标尺单位为厘米。在标尺上右击，在弹出的快捷菜单中可更改标尺单位，如图 3-15 所示。

图 3-15　更改标尺单位

(3) 指定标尺原点：在垂直和水平标尺的相交位置处，有一个含有虚线的矩形小框，双击该小框将垂直和水平标尺的 0 刻度对齐到画布的边缘，如图 3-16 所示。

(4) 可以从该矩形小框沿对角线向画布内拖动，确定垂直和水平标尺原点的新位置，标尺的原点也确定了网格的原点，如图 3-17 所示。

(5) 将鼠标放在垂直(或水平)标尺上，向右(或向下)拖动，会出现蓝色辅助线，辅助绘制图像。

(6) 辅助线知识在设计阶段起到辅助功能，对图像无任何影响。可以通过选择“视图”→“显示额外内容”命令取消辅助线，再次选择“显示额外内容”命令将显示辅助线。

实例：借助辅助线绘制红色圆环。

① 新建一文档。宽度为 16 厘米，高度为 16 厘米，分辨率为 72 像素/英寸，颜色模式为 RGB 颜色，8 位，背景内容为白色，如图 3-18 所示，单击“确定”按钮。

② 从垂直和水平标尺的相交位置处即矩形小框沿对角线向画布内拖动，确定垂直和水平标尺原点的新位置，如图 3-19 所示。

③ 从标尺上拖动出辅助线，如图 3-20 所示。

④ 利用“椭圆选框工具”绘制正圆选区(“羽化”值为 0)，如图 3-21 所示。

图 3-16　指定标尺原点

图 3-17　确定标尺原点的新位置

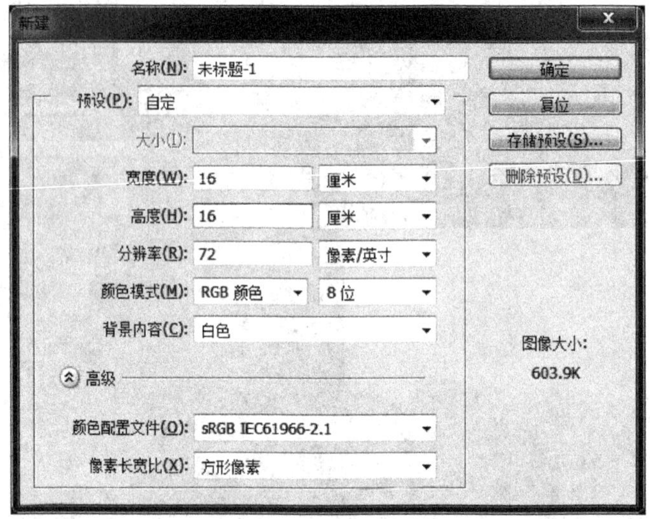

图 3-18 “新建”对话框

图 3-19 确定新建文档标尺原点的新位置

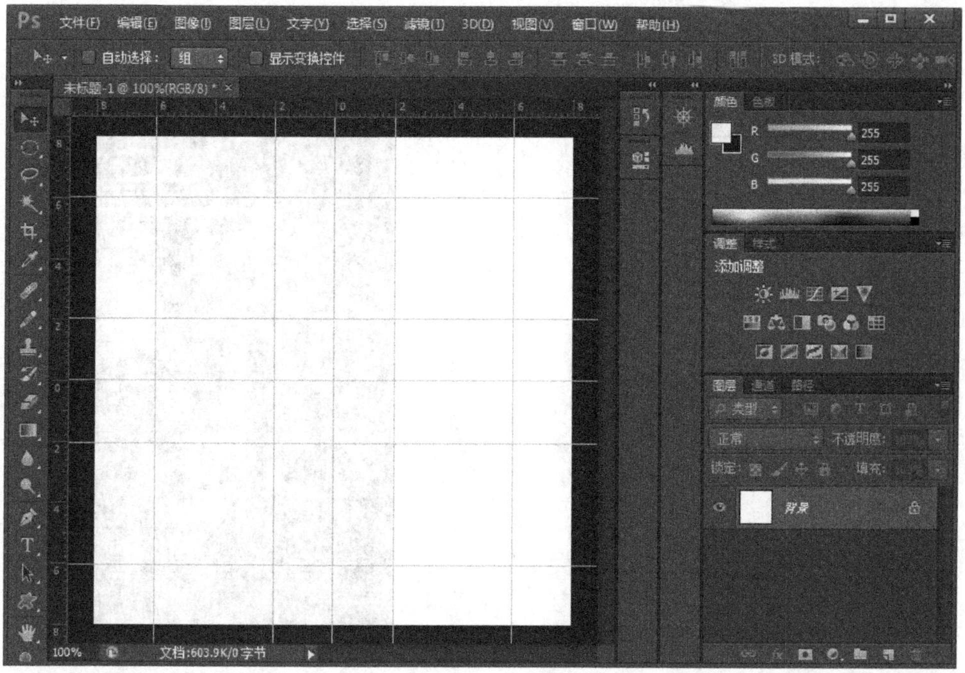

图 3-20　拖动出辅助线

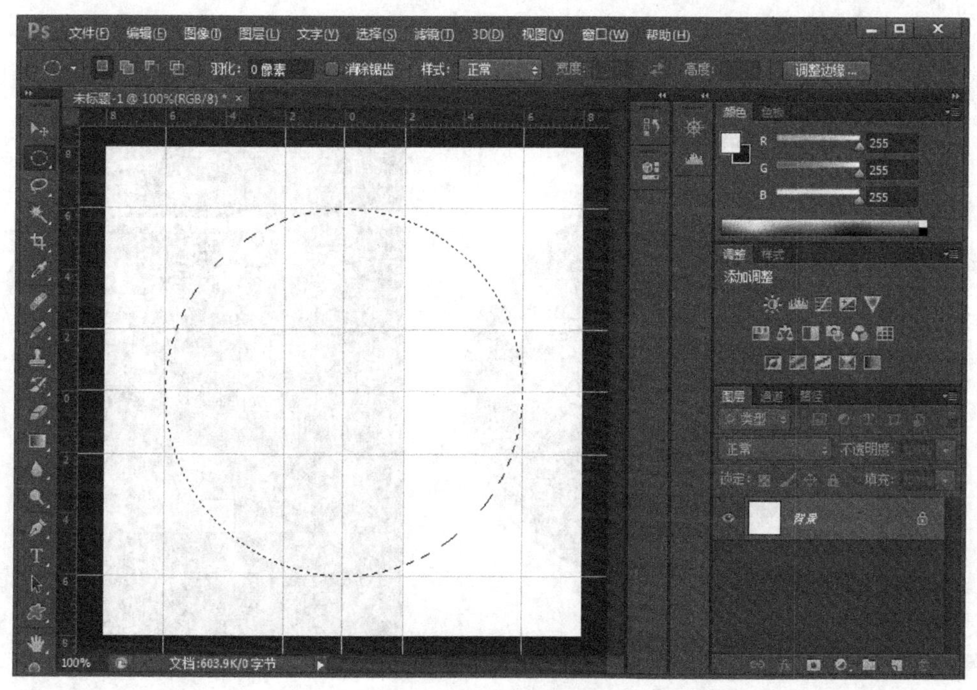

图 3-21　绘制正圆选区

⑤ 再利用“椭圆选框工具”从原正圆选区中间位置减去一个小正圆选区(“羽化”值为0),形成一个圆环选区,如图 3-22 所示。

⑥ 设置前景色为红色,选择“油漆桶工具”,填充圆环选区,如图 3-23 所示。

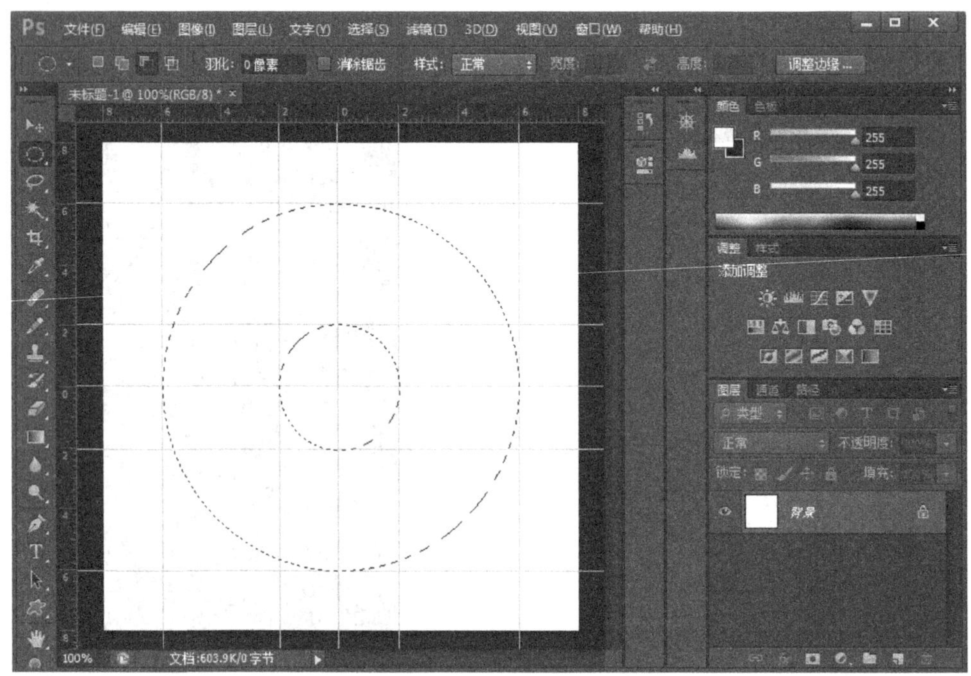

图 3-22　绘制圆环选区

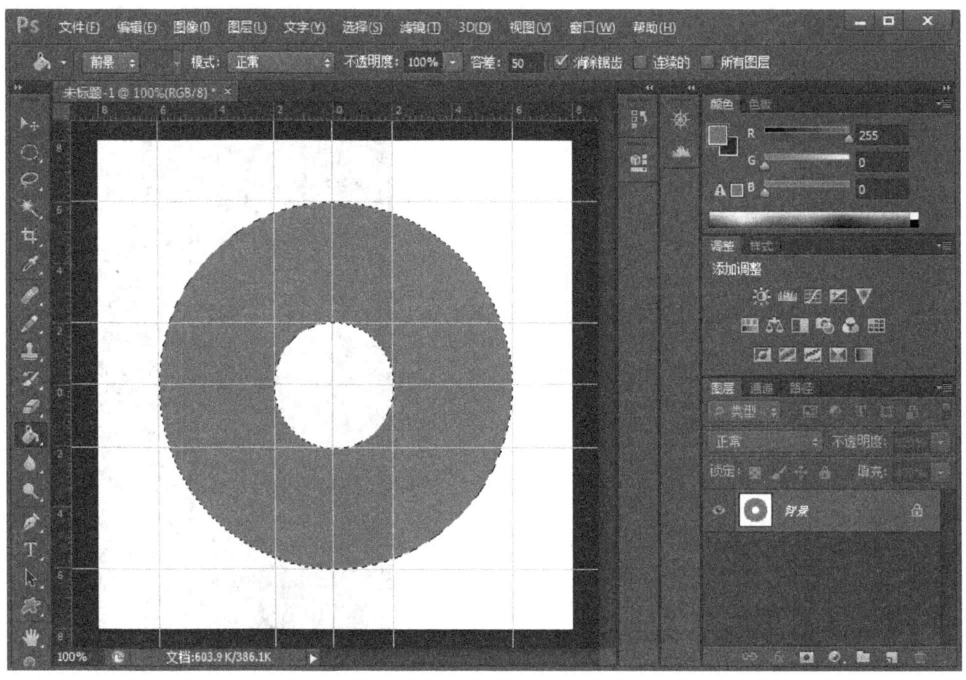

图 3-23　填充圆环选区

⑦ 按 Ctrl+D 快捷键取消选区，并选择“视图”→“显示额外内容”命令，取消辅助线的显示，如图 3-24 所示。

⑧ 保存文档至“PSD 文件\第 3 章\3.1”文件夹中，文件名为“圆环.psd”。

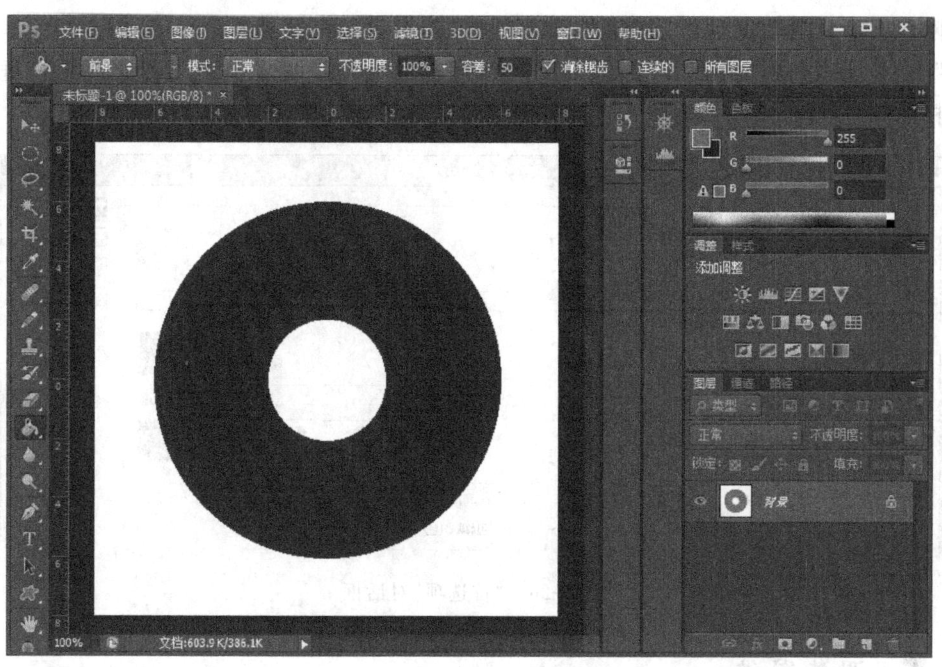

图 3-24　取消“选区”和“辅助线”

2. 使用网格

网格对于对称地布置图像很有帮助，使用网格可以查看和跟踪图像扭曲的情况。选择“视图”→“显示”→“网格”命令或按 Ctrl+“'”快捷键，显示网格，如图 3-25 所示(以“素材\第 3 章\3.1\图 5.jpg”文件为例)。

图 3-25　显示网格

网格在默认的情况下显示为不打印的线条,但也可以设置为点。可以选择"编辑"→"首选项"→"参考线、网格和切片"命令,打开"首选项"对话框,如图 3-26 所示。在对话框中设置网格的颜色、样式、网格线间隔和子网格数等。

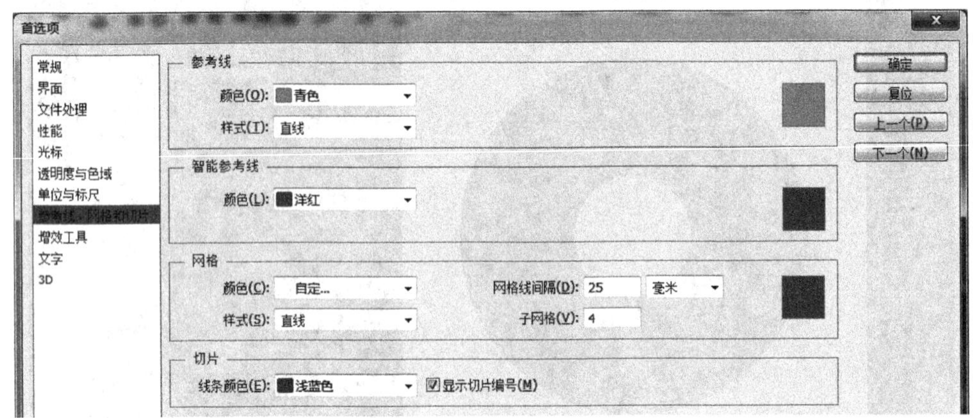

图 3-26 "首选项"对话框

3.1.3 调整图像

1. 调整图像的大小

在 Photoshop CS6 中,可以使用"图像大小"对话框来调整图像的像素大小、文档大小和分辨率等。选择"图像"→"图像大小"命令或按 Ctrl+Alt+I 快捷键,打开"图像大小"对话框,如图 3-27 所示。

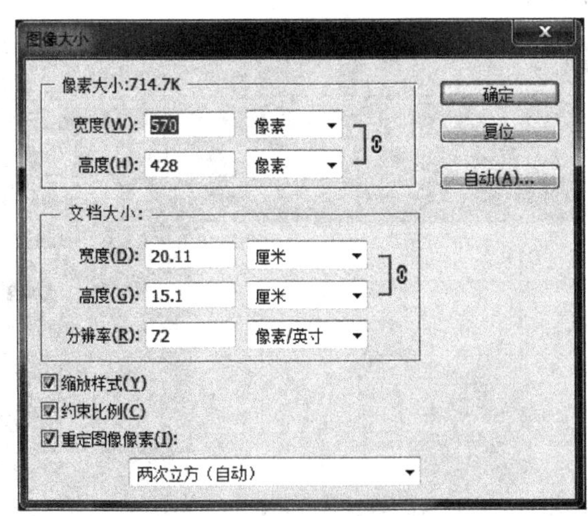

图 3-27 "图像大小"对话框

像素大小:通常用于对显示屏显示的图片大小的调整。通常以"宽度"为标准调整即可。

文档大小:通常用于对打印输出的图片大小的调整。根据输出设备的需要,设定"分辨率"值(用于打印机打印或冲洗照片的图片,通常建议设为 300 像素/英寸),再根据打印需求,设置宽度或高度(通常以厘米为单位)。

"缩放样式"复选框:根据设计需要选中。

“约束比例”复选框：根据设计需要选中。

“重定图像像素”复选框后面的下拉列表框中包括“临近(保留硬边缘)”“两次线性”“两次立方(适用于平滑渐变)”“两次立方较平滑(适用于扩大)”“两次立方较锐利(适用于缩小)”和“两次立方(自动)”等 6 个选项。

(1) 临近(保留硬边缘)：选择此项，速度快但精度低。建议对包含未消除锯齿边缘的插图使用此方法，以保留硬边缘并产生较小的文件。但是，该方法可能导致锯齿状效果，在对图像进行扭曲或缩放时或在某个选区上执行多次操作时，这种效果会变得非常明显。

(2) 两次线性：对于中等品质方法可使用两次线性插值。

(3) 两次立方(适用于平滑渐变)：将周围像素值加以分析，以分析的结果作为依据，在插补像素时会依据插入点像素的颜色变化情况插入中间色，速度较慢，但精度较高。产生的色调渐变，比邻近或两次线性更为平滑。

(4) 两次立方较平滑(适用于扩大)：有效的图像放大方法。它是一种基于两次立方插值，并且能够产生更平滑效果的方法。

(5) 两次立方较锐利(适用于缩小)：有效的图像缩小方法。它是一种基于两次立方插值，并且具有增强锐化效果的方法。如果锐化程度过高，请使用“两次立方(自动)”项。

(6) 两次立方(自动)：这是默认选项。这是让 Photoshop 自动进行选择的方法。

“自动”按钮：单击“自动”按钮，打开“自动分辨率”对话框，如图 3-28 所示。

在“挂网”右侧的文本框中输入输出设备的网点频率，Photoshop 根据输出设备的网点频率来确定建议使用的图像分辨率。

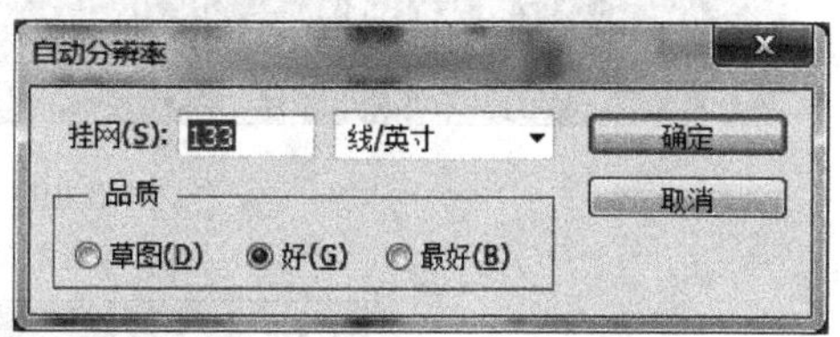

图 3-28 “自动分辨率”对话框

“品质”选项组用来设置印刷的品质：选择“草图”单选按钮，则产生的分辨率与网点频率相同；选择“好”单选按钮，则产生的分辨率是网点频率的 1.5 倍；选择“最好”单选按钮，则产生的分辨率是网点频率的 2 倍。

“复位”按钮：回复到初始设置。

注：

① 如果一个图像的分辨率较低且模糊，即使增加它的分辨率也不会使它变得清晰。这是因为，Photoshop 只能在原始数据的基础上进行调整，无法生成新的原始数据。

② Photoshop CS6 在修改图像大小的同时，也修改了画布的大小。

2. 调整画布的大小

画布大小是指整个文档的工作区域的大小，并且包括图像以外的文档区域。修改画布大小不影响图像尺寸，而只是将画布的大小改变，一般用来增加工作区域。

实例：调整画布的大小。

(1) 打开“素材\第 3 章\3.1\图 6.jpg”文件，如图 3-29 所示。

(2) 选择“图像”→“画布大小”命令，打开“画布大小”对话框，如图 3-30 所示。

当前大小：显示了图像当前的宽度、高度以及文档的实际大小。

新建大小：通过“宽度”和“高度”设置或修改画布的大小。如果设置的宽度和高度大于图像的尺寸，Photoshop 就会在原图的基础上增加画布尺寸；反之，将减小画布尺寸，减小画布会裁剪图像。

图 3-29 “图 6.jpg”文件

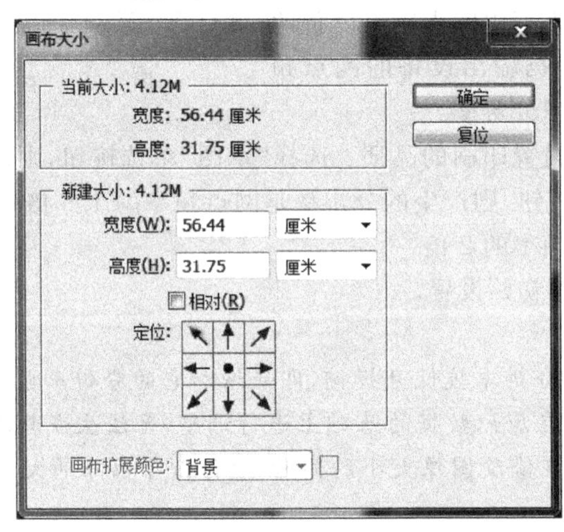

图 3-30 “画布大小”对话框

相对：选中此复选框，“宽度”和“高度”选项中的数值将表示为实际增加或者减少的区域的大小，而不再代表整个文档的大小。此时，输入的正值表示增加画布尺寸，输入的负值表示缩小画布尺寸。

定位：单击不同的方格，可以确定图像在修改后的画布中的相对位置，有 9 个位置可以选择，默认为水平、垂直都居中。例如：如果单击向左的箭头“←”所在的方格，如图 3-31 所示，图像在修改后的画布中，就处于画布中左边的位置上。如果单击右下角的箭头“↘”所在的方格，如图 3-32 所示，图像就处于修改后的画布中的右下角的位置上。

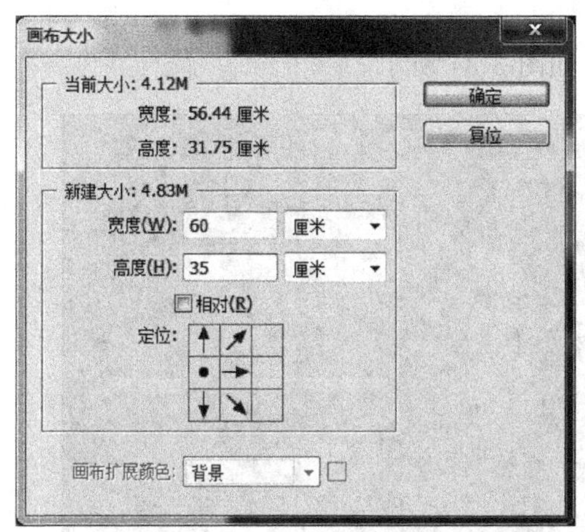

图 3-31　单击“←”所在方格“画布大小”对话框

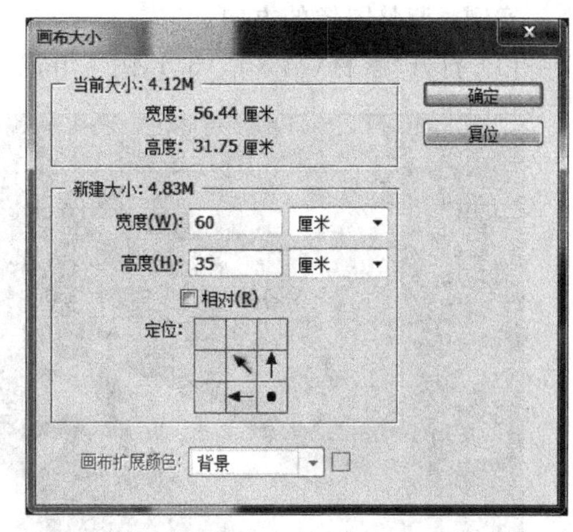

图 3-32　单击“↘”所在方格“画布大小”对话框

画布扩展颜色：设置扩展以后的那部分画布的颜色，可以设置背景或前景的颜色。如果图像的背景是透明的，则“画布扩展颜色”选项将不可用，添加的画布也是透明的。

(3) 修改宽度为 60 厘米，高度为 35 厘米，定位选择右下角的箭头“↘”所在的方格，设置完成后，单击“确定”按钮，即可完成画布大小的修改，如图 3-33 所示。

图 3-33　“画布大小”修改效果

注：如果减小画布大小，就能起到裁切图像的效果。

(4) 保存文档至“PSD 文件\第 3 章\3.1”文件夹中，文件名为“图 6. psd”。

3. 调整图像方向

调整图像方向主要是通过旋转画布进行操作。

实例：调整图像的方向。

(1) 打开"素材\第 3 章\3.1\图 7.jpg"文件，如图 3-34 所示。

图 3-34 "图 7.jpg"文件

(2) 选择"图像"→"图像旋转"命令，如图 3-35 所示。"图像旋转"子菜单中的命令是针对整个画布的，因此执行时不需选择范围。

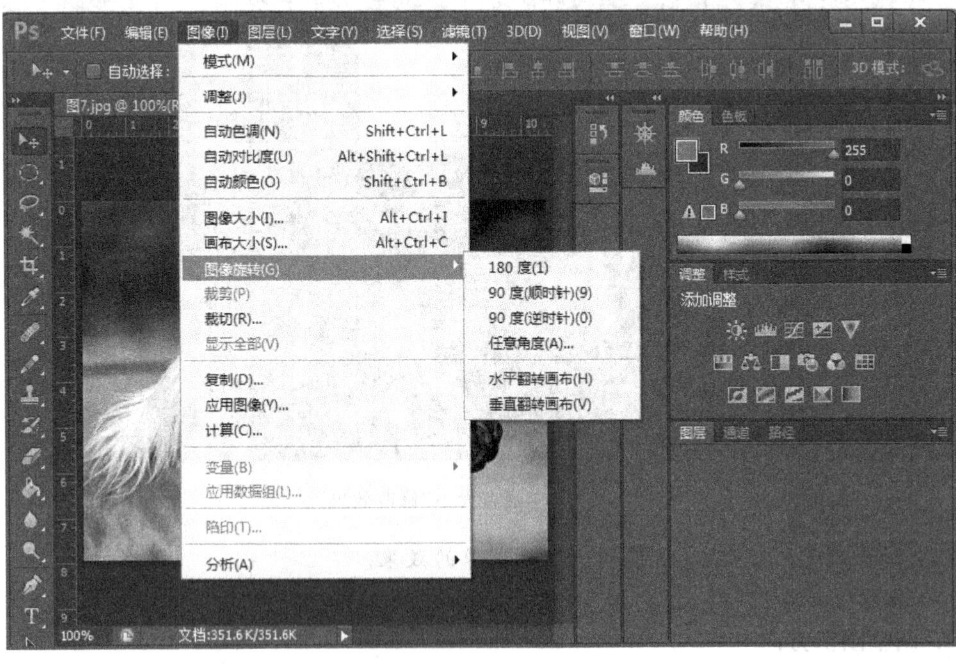

图 3-35 "图像旋转"子菜单

选择“180 度”命令，翻转图像，如图 3-36 所示。

图 3-36　图像旋转 180 度效果

选择“90 度(顺时针)”命令，翻转图像，如图 3-37 所示。

图 3-37　图像旋转 90 度(顺时针)效果

选择“90 度(逆时针)”命令，翻转图像，如图 3-38 所示。

图 3-38　图像旋转 90 度(逆时针)效果

选择“任意角度”命令,打开“旋转画布”对话框,输入角度值(如 45),选择“度(逆时针)”单选按钮,如图 3-39 所示。单击“确定”按钮,完成旋转。翻转图像,如图 3-40 所示。

图 3-39　“旋转画布”对话框

图 3-40　图像旋转任意角度效果

选择“水平翻转画布”命令，翻转图像，如图 3-41 所示。

图 3-41 水平翻转画布效果

选择“垂直翻转画布”命令，翻转图像，如图 3-42 所示。

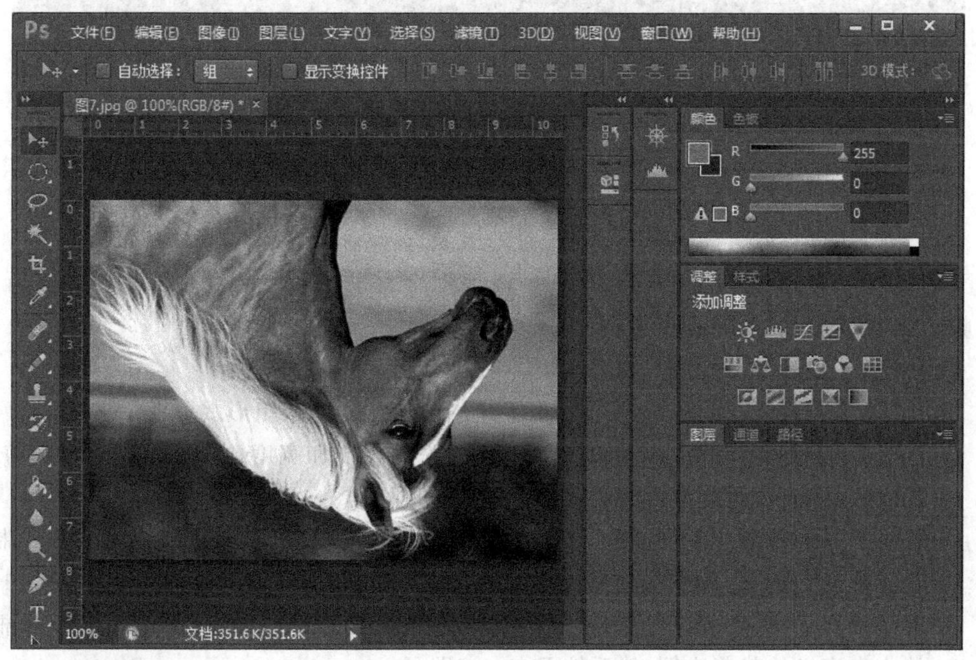

图 3-42 垂直翻转画布效果

4. 裁剪图像

在处理图像时，如果图像的边缘有多余的部分，可以通过裁剪将其修整。常见的裁剪图像的方法主要有三种，即使用裁剪工具、使用裁剪命令和使用裁切命令。

1）使用"裁剪工具"裁切图像

裁剪工具可以对图像进行裁剪，重新定义画布的大小。选择该工具以后，在画面中单击并拖出一个矩形定界框，按 Enter 键，将定界框以外的图像裁掉。

实例：使用"裁剪工具"将图片多余部分裁剪掉。

(1) 打开"素材\第 3 章\3.1\图 8.jpg"文件，如图 3-43 所示。

图 3-43 "图 8.jpg"文件

(2) 选择工具箱中的"裁剪工具"，裁剪框会自动出现在图像中，如图 3-44 所示。"裁剪工具"的选项栏如图 3-45 所示。

裁剪框大小设置如下。

- 选择"不受约束"命令：可以在图像上绘制出任意比例的矩形裁剪框。
- 选择"原始比例"命令：只能按照该图像原来的长度和宽度比例来绘制矩形裁剪框。同时，也只能按照这个比例对裁剪框进行缩放操作。
- 选择"1×1(方形)"命令：在长宽比文本框中显示出来。同时，只能在图像中绘制出正方形的裁剪框，即使是进行缩放操作，也是这样。同样，可以选择 4×5(8×10)、8.5×11、4×3、5×7、2×3(4×6)和 16×9 等比例。当然，也可以在长宽比文本框中输入自定义的裁剪比例，然后按 Enter 键即可。
- 选择"存储预设"命令：打开"新建裁剪预设"对话框，可以将刚才的设置保存起来，以便下次使用。
- 选择"删除预设"命令：可以将保存的预设删除掉。

图 3-44 选择“裁剪工具”

- 在图像中绘制出一个裁剪框以后，可以设置这个裁剪框的具体尺寸。选择“大小和分辨率”命令，打开“裁剪图像大小和分辨率”对话框，设置高度、宽度和分辨率即可。
- 选择“旋转裁剪框”命令：可以将裁剪框的长宽比进行互换。

按钮：纵向与横向旋转裁剪框。

拉直 按钮：通过在图像上画一条线来拉直该图像。按下此按钮，在图像的任意位置上按下鼠标左键，然后拖动鼠标到另外一个位置上，例如从左上角到右下角的方向上画一条直线，然后释放鼠标左键，图像即可旋转。

视图: 三等分 下拉框：单击右侧的按钮，打开下拉框，如图 3-46 所示。

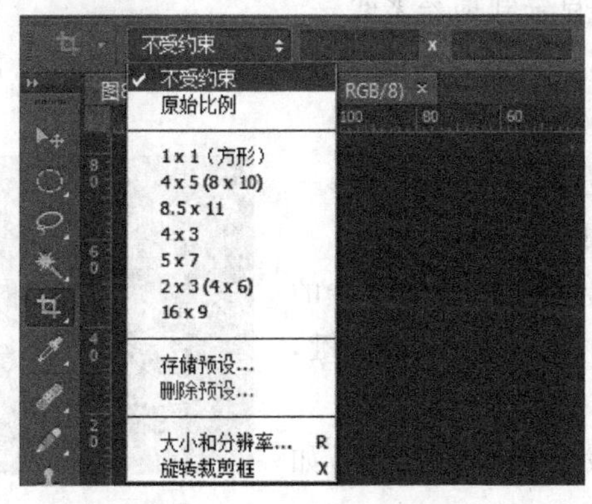

图 3-45 “裁剪工具”选项栏

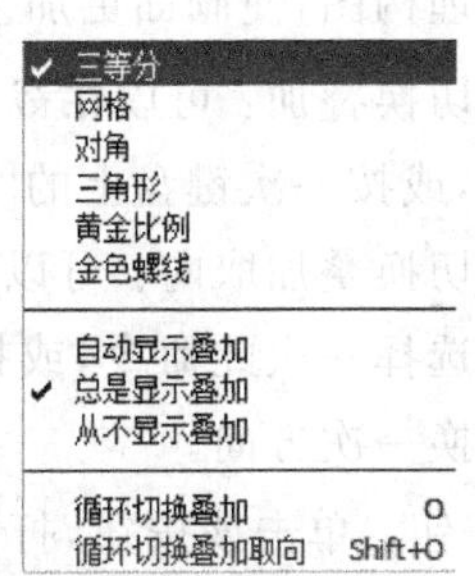

图 3-46 “裁剪视图”下拉框

设置裁剪工具的视图选项：三等分、网格、对角、三角形、黄金比例和金色螺线等是常见的六种裁剪参考线。其中，“三等分”参考线基于三分法则。三分法则是摄影师构图时使用的一种技巧。简单地说，就是把画面按水平方向在 1/3、2/3 位置画两条水平线，按垂直方向在 1/3、2/3 位置画两条垂直线，然后把景物尽量放在交点的位置上，如图 3-47 所示。

图 3-47 “三分法”裁剪视图

三等分中间的标记，始终位于三分法则的中间位置，应该是法则的重心，不论三等分参考线如何缩放，标记永远保持在重心的位置上。其他的参考线，如网格、对角、三角形、黄金比例和金色螺线等同理。

自动显示叠加：只有在裁剪框内移动图像时，才会显示裁剪参考线。

总是显示叠加：不论是否移动图像，总是显示裁剪参考线。

从不显示叠加：不论是否移动图像，都不会显示裁剪参考线。裁剪参考线可以帮助我们进行合理构图，使画面更加艺术、美观。

循环切换叠加：可以在裁剪参考线之间进行切换。每选择一次此命令，或按一次键盘上的“O”字母键，都可以进行切换。

循环切换叠加取向：可以切换三角形、金色螺线等参考线的方向。每选择一次此命令，或按一次键盘上的 Shift＋O 快捷键，都可以切换一次方向。

按钮：单击该按钮，打开“设置其他裁切选项”列表框，如图 3-48 所示。

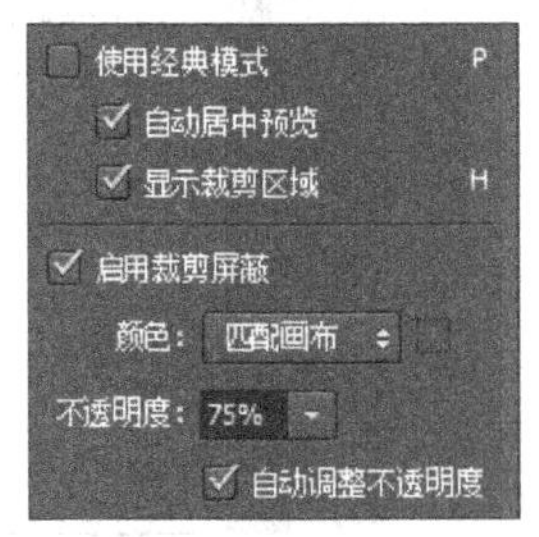

图 3-48 “设置其他裁切选项”列表框

删除裁剪的像素：确定是保留还是删除裁剪框外部的像素数

据。选中该复选框，则删除被裁剪的图像，如果取消该项的选择，则可以调整画布的大小，但不会删除图像。

按钮：复位裁剪框、图像旋转以及长宽比设置。

按钮：取消当前裁剪操作。

按钮：提交当前裁剪操作，和按 Enter 键的结果一样。

(3) 裁切图像。

在图像上的裁剪区域边框上拖动鼠标左键，绘制出一个裁剪区域，如图 3-49 所示。

图 3-49 绘制裁剪区域

按 Enter 键即可完成图像的剪切，如图 3-50 所示。

(4) 保存文档至"PSD 文件\第 3 章\3.1"文件夹中，文件名为"图 8.psd"。

2) 使用"裁剪"命令裁切图像

使用"裁剪"命令可以方便地裁剪图片中的任意区域。

实例：使用"裁剪命令"将图片多余部分裁剪掉。

(1) 打开"素材\第 3 章\3.1\图 9.jpg"文件，如图 3-51 所示。

(2) 在工具箱中选择"矩形选框工具"，在画面中创建一个矩形区域，这个矩形区域内的图像就是要保留下来的图像，如图 3-52 所示。

(3) 选择"图像"→"裁剪"命令，即可将矩形区域以外的图像裁剪掉，只保留下来矩形区域内的图像，如图 3-53 所示。

(4) 在上面的图像中，还保留着矩形的选择区域，按 Ctrl＋D 快捷键可以取消矩形区域。

图 3-50　裁剪图像效果

图 3-51　“图 9.jpg”文件

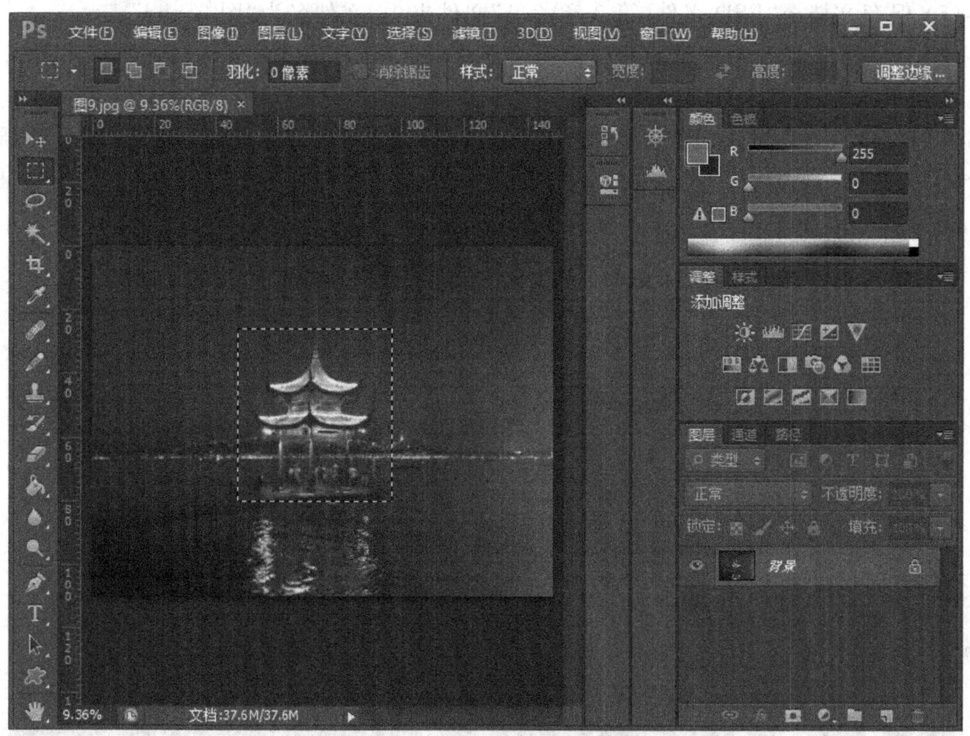

图 3-52　创建"矩形"选区

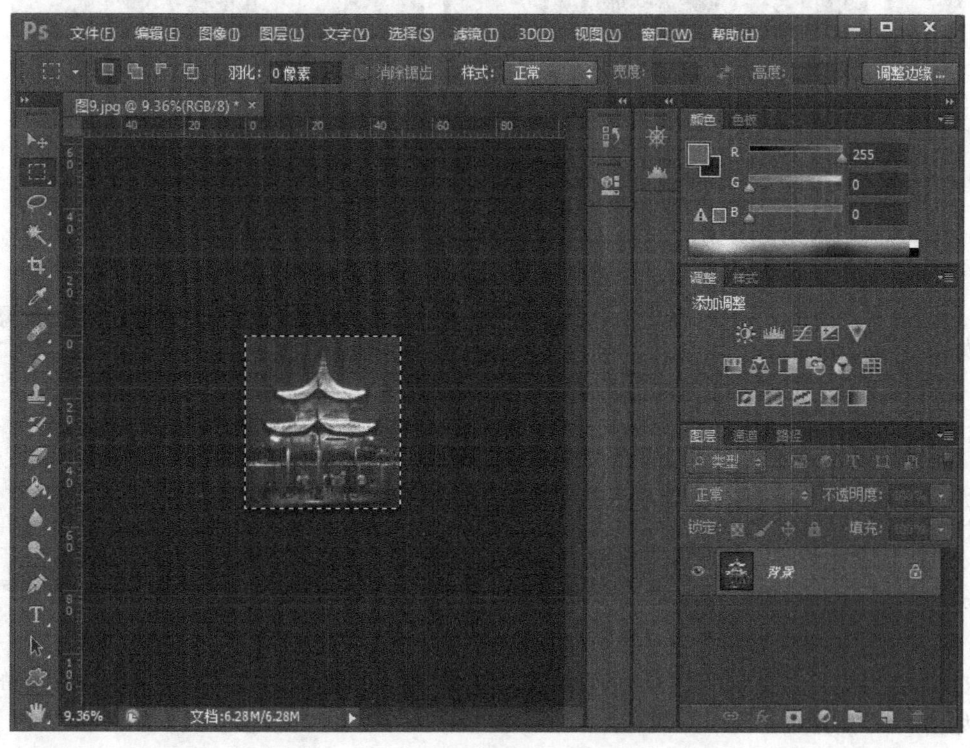

图 3-53　裁剪后的图像

(5) 保存文档至“PSD 文件\第 3 章\3.1”文件夹中,文件名为“图 9.psd”。

注: 即使在图像上创建的是椭圆区域或多边形区域,裁剪后的图像仍然为矩形图像。

3) 使用“裁切”命令裁切图像

使用“裁切”命令可以很方便地删除掉多余的画布。“裁切”命令只能裁切掉图片四周的部分。

实例: 使用“裁剪”命令将图片多余部分裁剪掉。

(1) 打开“素材\第 3 章\3.1\图 10.jpg”文件,如图 3-54 所示。

图 3-54 “图 10.jpg”文件

(2) 选择“图像”→“裁切”命令,打开“裁切”对话框,如图 3-55 所示。

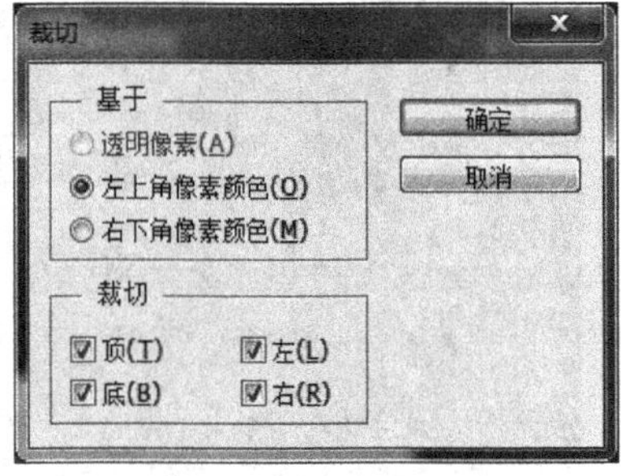

图 3-55 “裁切”对话框

透明像素:可以删除图像边缘的透明区域,留下包含非透明像素的最小图像。

左上角像素颜色:从图像中删除左上角像素颜色的区域。

右下角像素颜色:从图像中删除右下角像素颜色的区域。

裁切:用来设置要修整的图像区域。

(3) 在“裁切”对话框中设置好各个选项以后,单击“确定”按钮,即可完成该图像的裁切,如图 3-56 所示。

(4) 保存文档至“PSD 文件\第 3 章\3.1”文件夹中,文件名为“图 10.psd”。

图 3-56　裁切后的图像

5. 图像的变换与变形

图像的变换与变形主要包括对图像的变换和自由变换。

1) 变换

变换包括缩放、旋转、斜切、扭曲、透视、变形、旋转 180 度、旋转 90 度(顺时针)、旋转 90 度(逆时针)、水平翻转和垂直翻转等。其中变换中的旋转 180 度、旋转 90 度(顺时针)、旋转 90 度(逆时针)、水平翻转和垂直翻转等操作与选择"图像"→"图像旋转"中的子菜单命令完全相同,在此不再重复。

实例:对图像进行缩放、旋转、斜切、扭曲、透视和变形操作。

(1) 打开"素材\第 3 章\3.1\图 11.jpg"文件,如图 3-57 所示。

(2) 选择"编辑"→"变换"中的子菜单命令(包括缩放、旋转、斜切、扭曲、透视和变形),即可在图像的边缘显示出变换框,"缩放"变换框如图 3-58 所示。

(3) 将光标移动到变换框四周的控制点上,当光标显示为↔、↕、⤢和⤡四种形状中的一种时,按下鼠标左键不要释放,然后拖动鼠标即可缩放图像。其中缩放、旋转、斜切、扭曲、透视、变形效果分别如图 3-59～图 3-64 所示。

(4) 操作完成后,可以按 Enter 键确认,或者按 Esc 键取消操作。

2) 自由变换

图像的自由变换可以看作是图像的缩放、旋转、斜切、扭曲、透视等的快捷操作方式。只不过在操作过程中,斜切、扭曲、透视等需要快捷键的配合。

图 3-57 “图 11.jpg”文件

图 3-58 “缩放”变换框

图 3-59 缩放效果

图 3-60 旋转效果

图 3-61 斜切效果

图 3-62 扭曲效果

图 3-63　透视效果

图 3-64　变形效果

斜切：选择"自由变换"命令后，将光标移动到变换框水平方向的中间部位的控制点位置上（斜切控制点是水平和垂直方向的中间点），按住 Shift＋Ctrl 快捷键，光标会变成形状，此时，按下鼠标左键拖动，即可沿水平（垂直）方向斜切变换。

扭曲：选择"自由变换"命令后，将光标移动到变换框四周的控制点上，按住 Ctrl 键，光标会变成形状，此时，按下鼠标左键拖动，即可扭曲变换。

透视：选择"自由变换"命令后，将光标移动到变换框的四个角部的控制点上，按住 Shift＋Ctrl＋Alt 快捷键，光标会变成形状，此时，按下鼠标左键不拖动，即可进行透视变换。

3.2　图　　层

通俗地讲，图层就像是含有文字或图形等元素的胶片，一张张按顺序叠放在一起，组合起来形成画面的最终效果。图层可以将画面上的元素精确定位。图层中可以加入文本、图片、表格、插件等，也可以在里面再嵌套图层。例如，在一张张透明的玻璃纸上作画，透过上面的玻璃纸可以看见下面纸上的内容，但是无论在上一层上如何涂画都不会影响到下面的玻璃纸，上面一层会遮挡住下面的图像。最后将玻璃纸叠加起来，通过移动各层玻璃纸的相对位置或者添加更多的玻璃纸即可改变最后的合成效果。图层效果如图 3-65 所示。

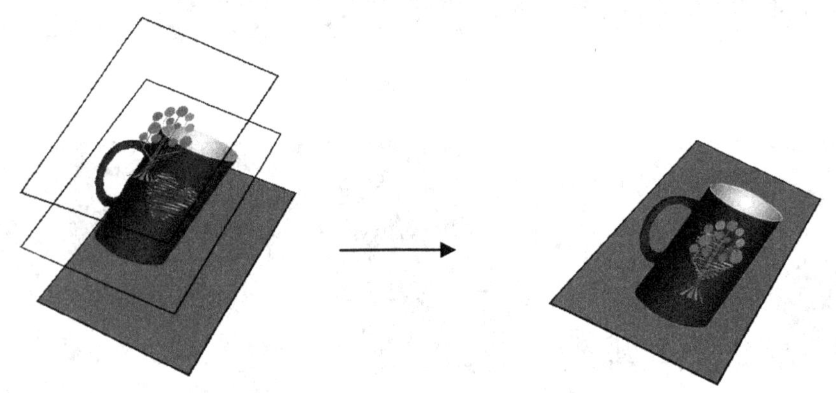

图 3-65　图层效果

3.2.1　"图层"面板和"图层"菜单

"图层"面板是进行图层编辑操作时必不可少的工具，它显示当前图像的图层信息，可以调节图层的叠放顺序，设置图层不透明度以及图层混合模式等参数。

1. "图层"面板

选择"窗口"→"图层"命令或按 F7 快捷键，弹出"图层"面板，如图 3-66 所示。

（1）图层名称：每一个图层都可以定义出不同的名称以便区分。如果在建立图层时没有命名，Photoshop 会自动从下到上依序命名为背景、图层 1、图层 2 等，依次类推。

（2）图层缩览图：在图层名称的左侧有一个缩览图，其中显示的是当前图层中图像缩览图，通过它可以迅速辨识每一个图层。

（3）眼睛图标：用于显示或隐藏该图层。

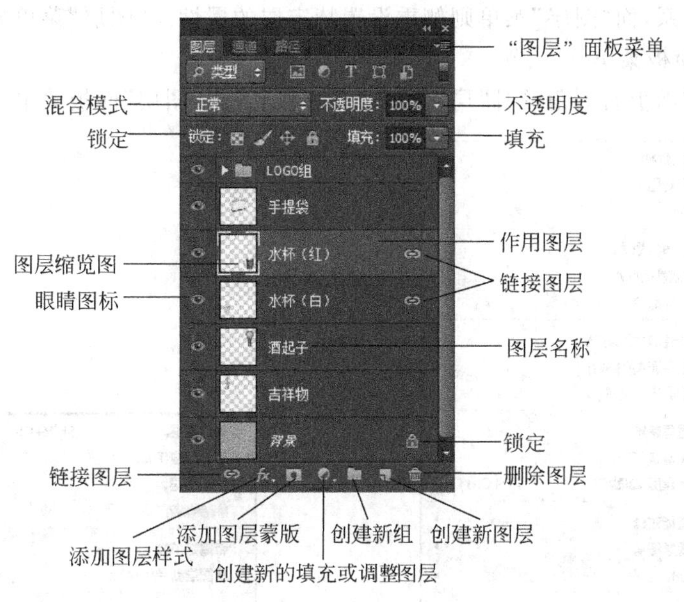

图 3-66 "图层"面板

(4) 作用图层：在"图层"面板中以蓝色标示的图层，如图 3-64 所示中的"水杯(红)"层，表示正在被用户编辑修改，所以称之为作用图层。

(5) 链接图层：当图层中出现链条形图标时，表示这一图层与作用图层链接在一起，如图 3-66 所示中"水杯(白)"图层与"水杯(红)"图层链接在一起，因此可以与作用图层同时进行移动、旋转和变换等。

(6) 添加图层样式：单击此按钮可以打开一个菜单，从中选择一种图层效果以应用于当前所选图层。

(7) 添加图层蒙版：单击此按钮可建立一个图层蒙版。

(8) 创建新的填充或调整图层：单击此按钮可以打开一个菜单，从中创建一个填充图层或者调整图层。

(9) 创建新组：单击此按钮可以创建一个新组。

(10) 创建新图层：单击此按钮可以建立一个新图层。

(11) 删除图层：单击此按钮可将当前所选图层删除，或者用鼠标拖动图层到该按钮上也可以删除该图层。

(12) 不透明度：用于设置每一个图层的不透明度，当切换作用图层时，不透明度显示也会随之切换为当前作用图层的设置值。

(13) 填充：用于设置每一个图层的填充值，当切换作用图层时，填充值显示也会随之切换为当前作用图层的设置值。

(14) 混合模式：在此列表框中可以选择不同色彩混合模式来决定这一图层图像与其他图层叠合在一起的效果。

(15) 锁定：指定要锁定的图层内容。

2. "图层"菜单

"图层"菜单和"图层"面板的内容基本相似，只是侧重略有不同："图层"面板偏向控制层与层之间的关系，而“图层”菜单则侧重设置特定层的属性。“图层”菜单如图 3-67 所示。

3. “图层”面板菜单

单击“图层”面板右上角的“图层”面板菜单按钮，弹出“图层”面板菜单，如图 3-68 所示。

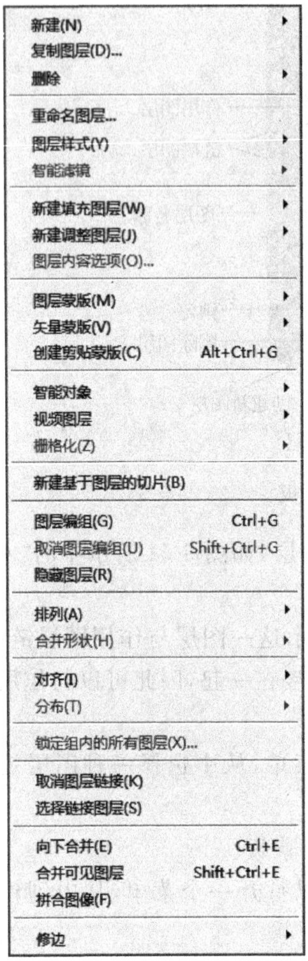

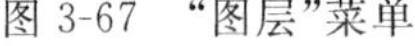

图 3-67 “图层”菜单

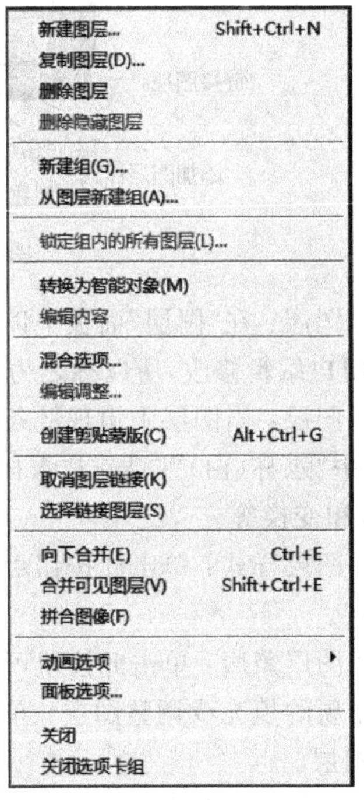

图 3-68 “图层”面板菜单

除了“图层”面板、“图层”菜单和“图层”面板菜单之外，还可以使用快捷菜单完成图层操作。

3.2.2 图层类型

Photoshop CS6 中的图层分为多种类型，主要有普通图层、“背景”图层、文本图层、调整图层、填充图层和形状图层，如图 3-69 所示。不同的图层，其应用场合和实现的功能也有所差别，操作使用方法也各有不同。

1. 普通图层

普通图层是指用一般方法建立的图层，是一种最常用的图层，几乎所有的 Photoshop 功能都可以在普通图层上得到应用。普通图层可以通过混合模式来实现同其他图层的融合，如图 3-69 所示。

2. “背景”图层

“背景”图层是一种不透明的图层，用于图像的背景，如图 3-69 所示。

“背景”图层的特点：

(1) “背景”图层是一个不透明的图层，它有一个以背景色为底色的颜色。

(2) “背景”图层不能进行图层不透明度和混合模式的设置。

(3) “背景”图层的图层名称始终以“背景”为名，在“图层”面板的底层。

(4) 用户无法移动“背景”图层的叠放次序，无法对“背景”图层进行解锁操作。

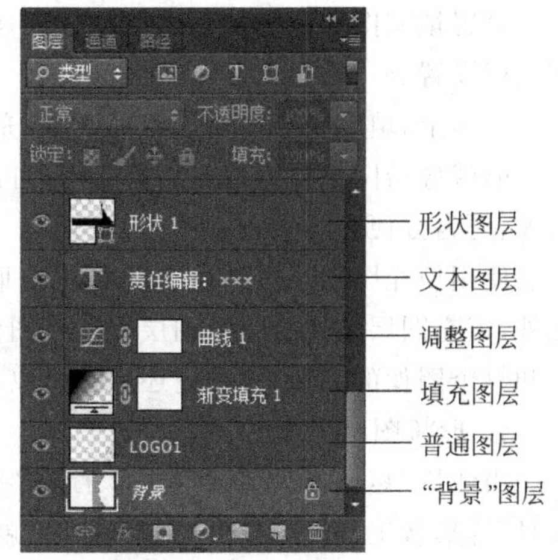

图 3-69 图层类型

如果一定要更改“背景”图层的不透明度、混合模式或叠放次序，则可以先将它转换成普通图层。

3. 文本图层

文本图层就是用文本工具建立的图层。一旦在图像中输入文字，就会自动生成一个文本图层，如图 3-69 所示。

文本图层的特点：

(1) 文本图层含有文字内容和文字格式，可以单独保存在文件中，并且可以反复修改和编辑。

(2) 文本图层的名称默认以当前输入的文本作为图层名称，以便于辨识。

(3) 在文本图层上不能使用众多的工具着色和绘图，如油漆桶、画笔、历史记录画笔、铅笔等。

(4) Photoshop 中的许多命令都不能直接在文本图层上应用。

注：文本图层转换为普通图层后，将无法还原为文本图层(但可以使用 Ctrl+Z 快捷键立即撤销操作)，此时将失去文本图层反复编辑和修改的功能，所以在转换时要慎重考虑。

虽然文本图层不能使用众多的工具和命令，但可以选择“编辑”→“自由变换”命令或“编辑”→“变换”子菜单中的命令，从而可对文字进行旋转、翻转和倾斜等操作，但不能进行扭曲、透视和变形变换。将文本图层中的文本倾斜后，可以制作出文字斜体效果。

4. 调整图层

调整图层是一种比较特殊的图层，这种类型的图层主要用来控制色调和色彩的调整。

设置调整图层的方法：选择“图层”→“新建调整图层”子菜单中的命令，打开相应调整框进行设置。

注：在使用调整图层进行色彩或色调调整时，如果不想对在调整图层下方的所有图层都起作用，则可以将调整图层与在其下方的图层编组，这样该调整图层就只对编组的图层起作用，而不会影响其他没有编组的图层了。

5. 填充图层

填充图层可以在当前图层中填入一种颜色(纯色或渐变色)或图案，并结合图层蒙版的功能，从而产生一种遮盖特效，如图 3-69 所示。

设置填充图层的方法：选择“图层”→“新建填充图层”子菜单中的命令，打开相应填充框进行设置。

实际上，填充图层的功能就等于“填充”命令再加上图层蒙版的功能。因此，使用填充图层功能就像给图像执行填充功能一样，可以产生一种填充效果，只不过填充图层的功能更为强大、更为方便而已。

使用填充图层不但可以在图像或选取范围中填入纯色和图案，还可以填充渐变颜色。此外，填充图层是作为一个图层保存在图像中的，无论如何修改和编辑，都不会影响其他图层和整个图像的品质，并且它还具有可以反复修改和编辑的功能。

6. 形状图层

当使用“矩形工具”“圆角矩形工具”“椭圆工具”“多边形工具”“直线工具”或“自由形状工具”等形状工具在图像中绘制图形时，就会在“图层”面板中自动产生一个形状图层，并自动命名为“形状 1”，如图 3-69 所示。

形状图层具有可以反复修改和编辑的特性。在“图层”面板中单击选中剪辑路径预览缩览图，Photoshop 就会在“路径”面板中自动选中当前路径，随后即可开始利用各种路径编辑工具进行编辑。

3.2.3 图层编辑操作

图层的编辑操作主要包括创建图层、编辑图层、用图层组管理图层及设置图层样式等。

3.2.3.1 创建图层

创建图层包括创建普通图层、创建“背景”图层、“背景”图层与普通图层相互转换等。

1. 创建普通图层

在 Photoshop CS6 中，普通图层就是空白图层，在处理或编辑图像时经常要建立空白图层，然后在图层内绘制内容。可以使用“图层”面板中的“创建新图层”按钮和菜单命令创建图层等。

1）使用“图层”面板中的“创建新图层”按钮创建普通图层

（1）打开“素材\第 3 章\3.2\图 1.jpg”文件，如图 3-70 所示。

图 3-70 “图 1.jpg”文件

(2) 单击“图层”面板底部的“创建新图层”按钮，如图 3-71 所示，即可在当前图层上面新建一个空白图层(图层 1)，如图 3-72 所示。

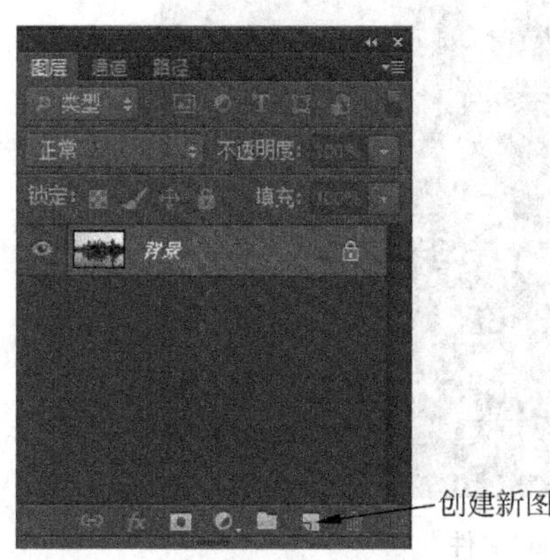

图 3-71 “图层”面板

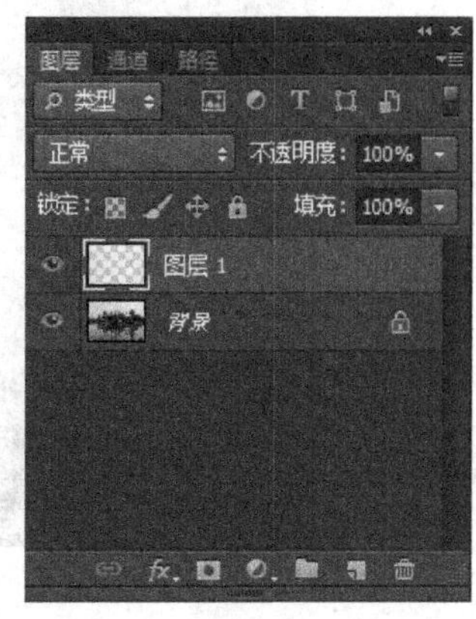

图 3-72 新建“图层 1”

(3) 双击“图层 1”，可以修改图层名称，输入“烟雨楼”，如图 3-73 所示。

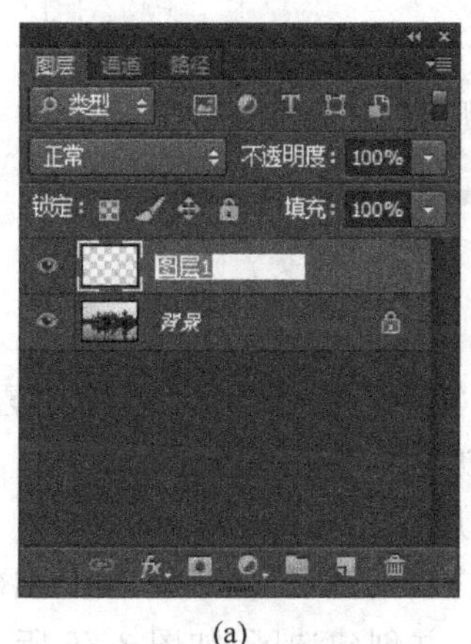

(a)

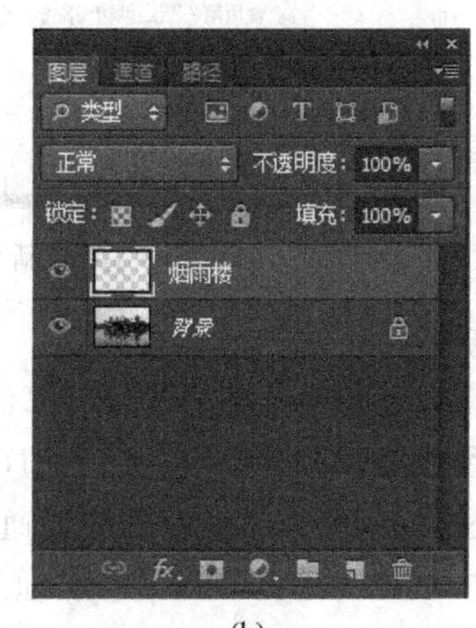

(b)

图 3-73 修改“图层”名称

2) 使用“新建”命令创建普通图层

如果要在创建图层的同时设置图层的属性，如图层的名称、颜色或混合模式等，可以使用“新建”命令创建图层。

主要步骤如下：

(1) 打开“素材\第 3 章\3.2\图 2.jpg”文件，如图 3-74 所示。

(2) 选择“图层”→“新建”→“图层”命令或者按住 Alt 键，在“图层”面板中单击“创建新图层”按钮，即可打开“新建图层”对话框，如图 3-75 所示。

名称：可以输入所需的图层名称。

选中“使用前一图层创建剪贴蒙版”复选框，可以将新建的图层与下面的图层创建为一个剪贴蒙版组。

颜色：在“颜色”下拉列表中选择一种颜色后，可以使用颜色标记图层，可以有效地区分不同用途的图层。

图 3-74 “图 2.jpg”文件

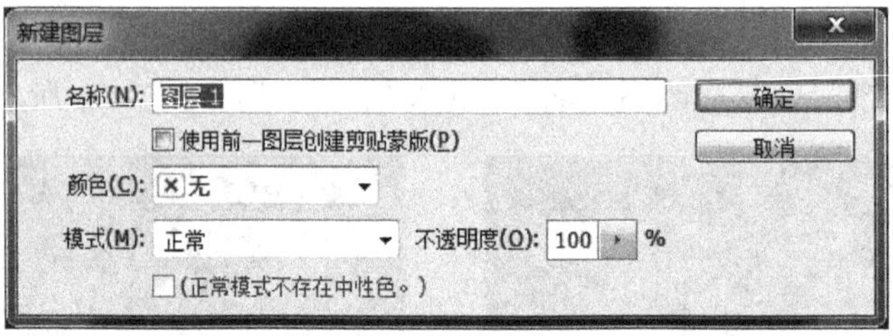

新建图层

名称(N): 图层 1　　确定

使用前一图层创建剪贴蒙版(P)　　取消

颜色(C): 无

模式(M): 正常　不透明度(O): 100 %

(正常模式不存在中性色。)

图 3-75 “新建图层”对话框

模式：设置新建图层的混合模式。

不透明度：设置新建图层的透明度。0%为完全透明，100%为完全不透明。

(3) 设置好参数后，单击“确定”按钮，即可创建一个新的图层。

3) 使用“通过拷贝的图层”命令创建普通图层

如果在图像中创建了选区，可以使用“通过拷贝的图层”命令创建普通图层。

(1) 打开“素材\第 3 章\3.2\图 3.jpg”文件，并创建选区，如图 3-76 所示。

图 3-76 “图 3.jpg”文件创建选区

(2) 选择“图层”→“新建”→“通过拷贝的图层”命令，即可将选中的图像复制到一个新的图层中，而原来的图层内容将保持不变，如图 3-77 所示。

注：如果没有创建选区，则选择该命令可以快速复制当前图层。

4) 使用“通过剪切的图层”命令创建普通图层

如果在图像中创建了选区，也可以使用“通过剪切的图层”命令创建普通图层。

(1) 打开“素材\第 3 章\3.2\图 4.jpg”文件，并创建选区，如图 3-78 所示。

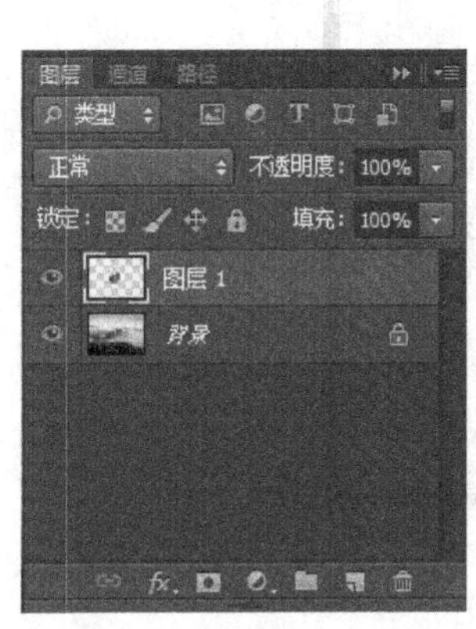

图 3-77　创建新图层

图 3-78　“图 4.jpg”文件创建选区

(2) 选择“图层”→“新建”→“通过剪切的图层”命令，即可将选中的图像剪切到一个新的图层中，而原来的图层内容将被剪掉，如图 3-79 所示。

(3) 将“图层 1”隐藏后，“背景”图层中所能显示的图像如图 3-80 所示。

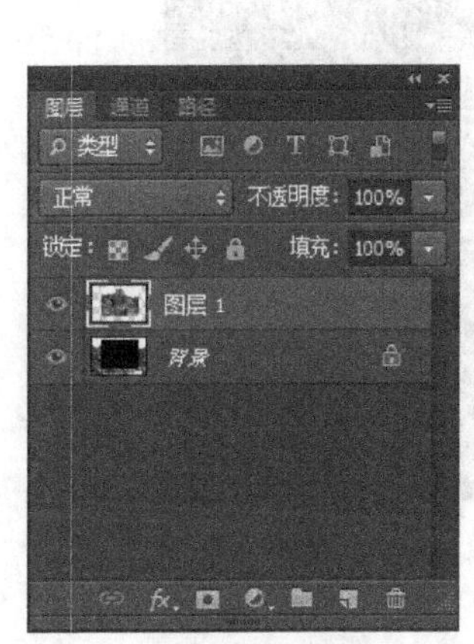

图 3-79　创建新图层

图 3-80　“背景”图层“显示”的图像

2. 创建“背景”图层

一个图像中可以没有“背景”图层，但是最多只能有一个“背景”图层。“背景”图层只能处在最底层，不可以进行位移等操作，但可以使用绘画工具、滤镜等进行编辑。

创建“背景”图层的方法如下：

(1) 选择“文件”→“新建”命令，打开“新建”对话框，如图 3-81 所示。

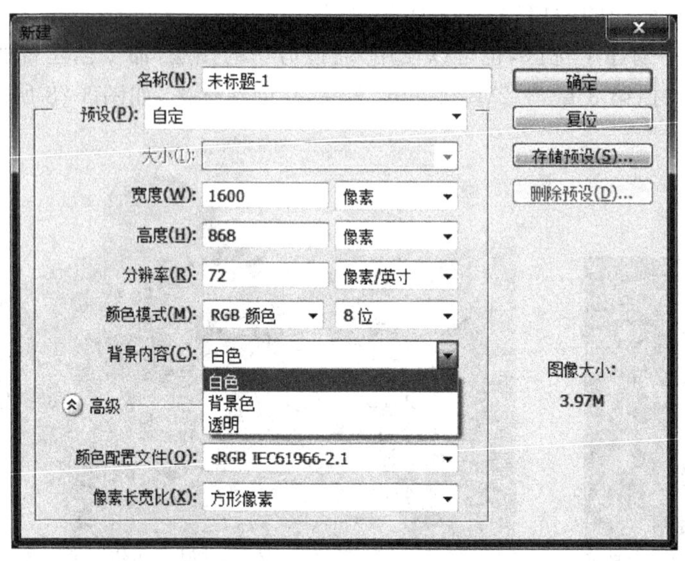

图 3-81 “新建”对话框

(2) 在“背景内容”下拉列表中，如果选择了“白色”或者“背景色”选项，那么建立的图像都是不透明的“背景”图层，如图 3-82 所示。

默认状态下，“背景”图层是全部锁定的，这是对原图像的保护，默认的“背景”图层不能进行图层不透明度、混合模式和顺序的更改，但可以复制“背景”图层。

在“背景内容”下拉列表中，如果选择了“透明”选项，那么建立的图像则是图层名为“图层 1”的透明图层，如图 3-83 所示。

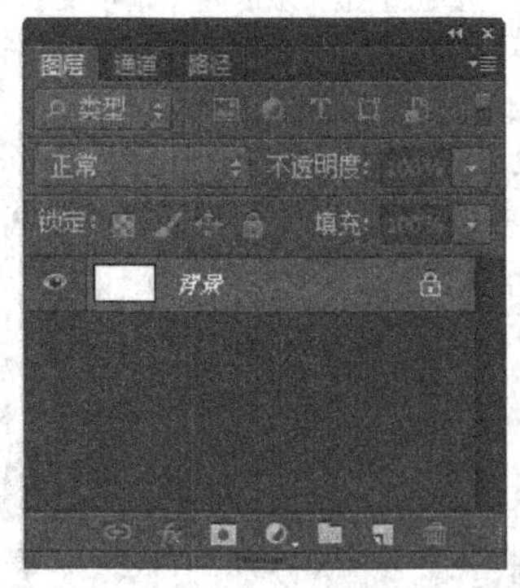

图 3-82 不透明的“背景”图层面板

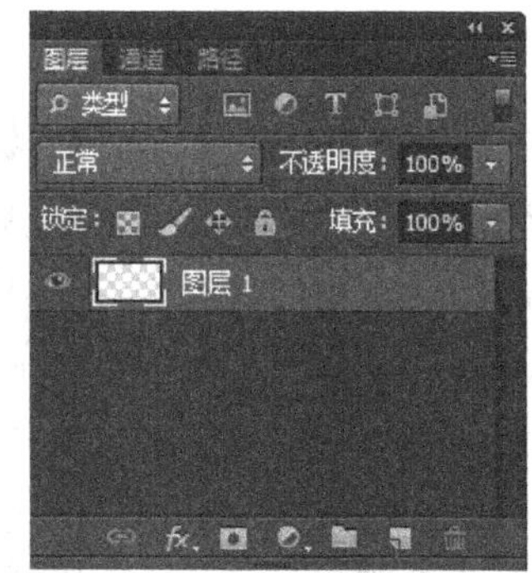

图 3-83 透明的图层面板

3. “背景”图层与普通图层相互转换

在实际编辑过程中，经常会遇到对“背景”图层进行位移等操作，也会遇到将普通图层作为背景来使用的情况，这就需要进行“背景”图层与普通图层相互转换的操作。

1）将普通图层转换为“背景”图层

当文档中没有“背景”图层时，如果需要，可以将某一个普通图层转换为“背景”图层。操作方法如下：

（1）在“图层”面板中选择一个普通图层，如“图层 1”。

（2）选择“图层”→“新建”→“图层背景”命令，即可将普通图层转换为“背景”图层。

2）将“背景”图层转换为普通图层

“背景”图层永远在“图层”面板的最底层，不能调整堆叠顺序，不能设置不透明度、混合模式，也不能添加效果。如果要进行这些操作，或者想删除“背景”图层，则需要将“背景”图层转换为普通图层。操作方法如下：

（1）在“图层”面板中选择“背景”图层。

（2）选择“图层”→“新建”→“背景图层”命令或者在“图层”面板中，双击“背景”图层，打开“新建图层”对话框，如图 3-84 所示。

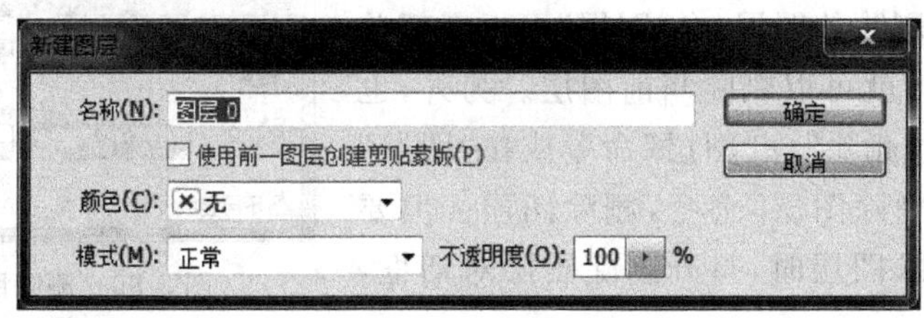

图 3-84 “新建图层”对话框

（3）在“名称”文本框中输入一个新的名称，或者使用默认的名称，然后单击“确定”按钮，即可将“背景”图层转换为普通图层。

注：按住 Alt 键双击“背景”图层，可以直接将“背景”图层转换为普通图层。

3.2.3.2 编辑图层

编辑图层主要包括移动、复制和删除图层、调整图层的叠放次序、锁定图层内容及图层的链接与合并等操作。

1. 移动、复制和删除图层

1）移动图层

移动图层中的图像，可以使用“移动工具”来移动。移动整个图层的内容时，先将要移动的图层设为作用图层，然后使用“移动工具”移动图像。移动图层中的某一块区域：先选取范围后，再使用“移动工具”进行移动。

2）复制图层

复制图层是较为常用的操作，可以将某一图层复制到同一图像中，也可以将其复制到另一幅图像中。当在同一图像中复制图层时，最快捷的方法就是将图层拖动至“创建新图层”按钮上，复制后的图层将出现在被复制图层的上方。

除了上述复制图层的操作方法之外，还可以使用菜单命令来复制图层。先选中要复制的图层，然后选择“图层”→“复制图层”命令或在“图层”面板菜单中选择“复制图层”命令，来复制图层。但要注意，使用命令复制图层时，打开“复制图层”对话框，如图 3-85 所示。

• 为：设置复制后的图层名称。

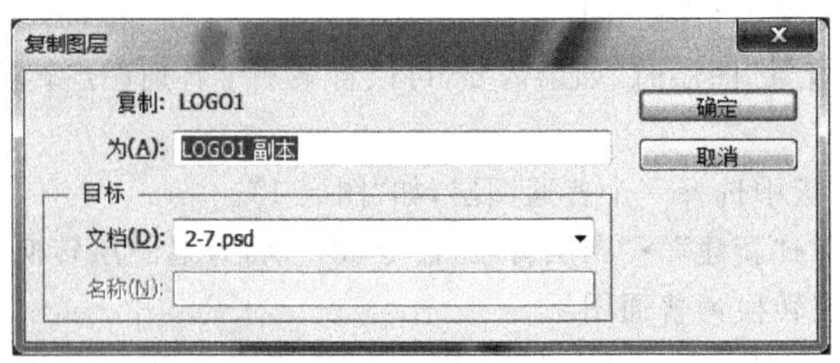

图 3-85 “复制图层”对话框

• 目标文档：是指要复制到哪一个图像文件组中，默认是同一图像中。

单击“确定”按钮，完成复制图层操作。

3）删除图层

对于没有作用的图层，可以将其删除。删除图层的方法：选中要删除的图层，在“图层”面板底部单击“删除图层”按钮，就可以删除当前图层。另外，也可以选择“图层”→“删除”→“图层”命令或在“图层”面板菜单中选择“删除图层”命令，删除图层。但要注意，使用命令删除图层时，打开删除图层对话框，如图 3-86 所示。

图 3-86 删除图层对话框

单击“是”按钮，完成删除图层操作。也可以直接用鼠标拖动要删除的图层到“图层”面板底部的“删除图层”按钮上来直接删除。

2. 调整图层的叠放次序

图像一般由多个图层组成，而图层的叠放次序直接影响图像显示的真实效果，上方的图层总是遮盖其下方的图层。因此，在编辑图像时，可以调整各图层之间的叠放次序来实现最终的效果。在“图层”面板拖动要调整次序的图层至适当的位置既可。此外，也可以选择“图层”→“排列”子菜单中的命令来调整图层次序。

3. 锁定图层内容

Photoshop 提供了锁定图层的功能，可以锁定某一个图层和图层组，使它在编辑图像时不受影响，从而给编辑图像带来方便。在“图层”面板上，其中“锁定”选项组中的 4 个选项用于锁定图层内容，如图 3-87 所示。

锁定图像像素　锁定位置

锁定:

锁定透明像素　锁定全部

图 3-87 “锁定”选项组

它们的功能分别如下。

(1) 锁定透明像素：会将透明像素保护起来。因此在使用绘图工具绘图时(以及填充和描边时)，只对不透明的部分作用。

(2) 锁定图像像素：可以将当前图像保护起来，不受任何填充、描边及其他绘图操作的影响。

(3) 锁定位置：不能够对锁定的图层进行移动、旋转、翻转和自由变换等编辑操作。

(4) 锁定全部：将完全锁定这一图层，此时任何绘图操作、编辑操作(包括删除图像、色彩混合模式、不透明度、滤镜功能和色彩、色调调整等功能)均不能在这一图层上使用，只能在“图层”面板中调整这一层的叠放次序。

4. 图层的链接与合并

图层的链接功能可以方便地移动多个图层图像，同时对多个图层中的图像进行旋转、翻转和自由变形，以及对不相邻的图层进行合并等。

注：只要链接的图层中有一个图层被锁定编辑动作，那么就不能对所有图层进行移动、旋转、翻转和自由变形等操作。

使几个图层成为链接的图层，方法如下：先选定一个图层使它成为作用图层，然后按住Shift（选中多个连续图层）或Ctrl（选中多个不连续图层）键，选中其他要链接的图层，单击"图层"面板中的"链接图层"按钮即可。当要将链接的图层取消链接时，首先选中要取消链接的图层，单击"图层"面板中的"链接图层"按钮即可。

在一幅图像中，建立的图层越多，该文件所占用的磁盘空间也就越大。因此，对一些不必要分开的图层可以将它们合并以减少文件所占用的磁盘空间，同时也可以提高操作速度。

图层合并有三种操作方式，即合并图层、合并可见图层和拼合图像。

(1) 合并图层：可以将所有选中的多个图层（连续或非连续）进行合并，其他未选中图层保持不变。合并图层的操作方法：先选中多个图层（连续或非连续），再选择"图层"→"合并图层"命令或在"图层"面板菜单中选择"合并图层"命令。

(2) 合并可见图层：可将图像中所有显示的图层合并，而隐藏的图层则保持不变。合并可见图层的操作方法：先设置好可见图层（连续或非连续），再选择"图层"→"合并可见图层"命令或在"图层"面板菜单中选择"合并可见图层"命令。

(3) 拼合图像：可将图像中所有图层合并，并在合并过程中丢弃隐藏的图层。拼合图像的操作方法：选择"图层"→"拼合图像"命令或在"图层"面板菜单中选择"拼合图像"命令。

3.2.3.3 用图层组管理图层

若内存或磁盘空间允许，Photoshop 允许在一幅图像中创建将近 8000 个图层，而在一个图像中创建了数十个或上百个图层之后，对图层的管理就变得非常困难。所以在 Photoshop CS6 中可以通过"图层组"功能进行图层管理。

使用图层组，与使用 Windows 的资源管理器创建文件夹一样。创建图层组的方法：在"图层"面板底部单击"创建新组"按钮，就可以在当前图层上方建立一个图层组。另外，也可以选择"图层"→"新建"→"组"命令或在"图层"面板菜单中选择"新建组"命令，来创建图层组。但要注意，使用命令创建图层组时，打开"新建组"对话框，如图 3-88 所示。

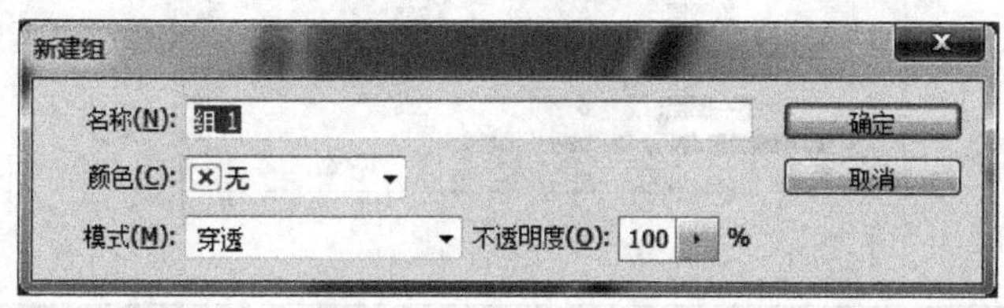

图 3-88 "新建组"对话框

- 名称：设置图层组的名称。若不设置，默认为组 1、组 2 等。
- 颜色：设置图层组的颜色。与图层颜色一样，只是用来标注而已，对图像没有任何影响。

- 模式：设置图层组的混合模式。
- 不透明度：设置图层组的不透明度。

单击“确定”按钮，完成“新建组”操作。

3.2.3.4 设置图层样式

图层样式是 Photoshop CS6 中一个用于制作各种效果的强大功能。利用此功能，可以简单快捷地制作出各种立体投影、各种质感以及光影效果的图像特效。图层样式不能应用在“背景”图层、全部被锁定的图层或者图层组上面。与不用图层样式的传统操作方法相比较，图层样式具有速度更快、效果更精确、可编辑性更强等无法比拟的优势。

1. 添加图层样式

首先选择要添加样式的图层，然后可以使用下面的任意一种方法打开“图层样式”对话框。

方法一：菜单命令法。选择“图层”→“图层样式”子菜单中的一个效果命令，即可打开“图层样式”对话框。

方法二：单击“添加图层样式”按钮法。在“图层”面板底部单击“添加图层样式”按钮 fx.，在打开的下拉菜单中选择一个效果命令，即可打开“图层样式”对话框。

方法三：双击需要添加效果的图层。在“图层”面板中双击需要添加效果的图层，即可打开“图层样式”对话框。

打开的“图层样式”对话框，如图 3-89 所示。

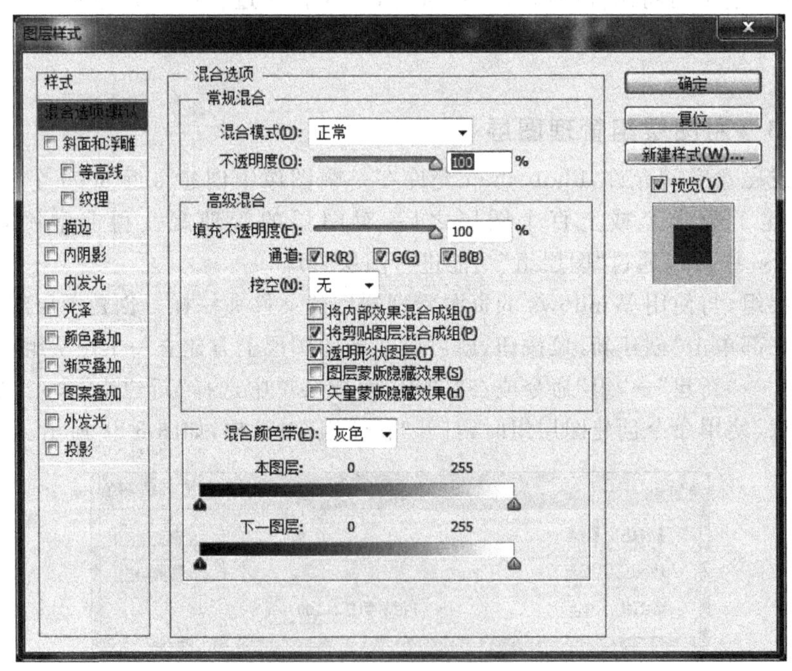

图 3-89 “图层样式”对话框

在对话框的左侧列出了 10 种样式。

(1) 斜面和浮雕：为图层添加高亮显示和阴影的各种组合效果。

“斜面和浮雕”对话框样式参数解释如下。

- 外斜面：沿对象、文本或形状的外边缘创建三维斜面。
- 内斜面：沿对象、文本或形状的内边缘创建三维斜面。
- 浮雕效果：创建外斜面和内斜面的组合效果。
- 枕状浮雕：创建内斜面的反相效果，其中对象、文本或形状看起来下沉。
- 描边浮雕：只适用于描边对象，即在应用描边浮雕效果时才打开描边效果。

(2) 描边：使用颜色、渐变颜色或图案描绘当前图层上的对象、文本或形状的轮廓，对于边缘清晰的形状(如文本)，这种效果尤其有用。

(3) 内阴影：将在对象、文本或形状的内边缘添加阴影，让图层产生一种凹陷外观，内阴影效果对文本对象效果更佳。

(4) 内发光：将从图层对象、文本或形状的边缘向内添加发光效果。

(5) 光泽：将对图层对象内部应用阴影，与对象的形状互相作用，通常创建规则波浪形状，产生光滑的磨光及金属效果。

(6) 颜色叠加：将在图层对象上叠加一种颜色，即用一层纯色填充到应用样式的对象上。"设置叠加颜色"选项可以通过"选取叠加颜色"对话框选择任意颜色。

(7) 渐变叠加：将在图层对象上叠加一种渐变颜色，即用一层渐变颜色填充到应用样式的对象上。通过"渐变编辑器"还可以选择使用其他的渐变颜色。

(8) 图案叠加：将在图层对象上叠加图案，即用一致的重复图案填充对象。从"图案拾色器"还可以选择其他的图案。

(9) 外发光：将从图层对象、文本或形状的边缘向外添加发光效果。设置该参数可以让对象、文本或形状更精美。

(10) 投影：将为图层上的对象、文本或形状后面添加阴影效果。投影参数由"混合模式""不透明度""角度""距离""扩展"和"大小"等各种选项组成，通过对这些选项的设置可以得到需要的效果。

样式名称前面的复选框内有对号"√"标记的，表示在图层中添加了该样式。取消一个样式前面的"√"标记，则可以停用该样式，但保留样式参数。单击某一个样式的名称，可以选中该样式，同时在对话框的中间部位会显示与之对应的选项。如果只是选中样式名称前面的复选框，则可以应用该样式，但是不会显示该样式选项。

在对话框中设置好样式参数后，单击"确定"按钮即可为图层添加样式。那么，该图层会显示出一个图层样式图标和一个效果列表。

2. 设置"混合选项"

在"图层"面板中选择一个图层，打开"图层样式"对话框中的"混合选项：默认"样式，如图 3-89 所示。

(1) 常规混合。

- 混合模式：设置当前图层与其下方图层的混合模式，可产生不同的混合效果。
- 不透明度：拖动右侧的滑块，可以设置当前图层产生效果的透明程度，以便制作出朦胧效果；也可以直接在滑块右侧的文本框中输入数值。

(2) 高级混合。

- 填充不透明度：拖动右侧的滑块，可以设置填充颜色或图案的不透明度，也可以直接在滑块右侧的文本框中输入数值。

- 通道：通过选中其右侧的复选框 R(R)、G(G)、B(B)通道，用以确定参与图层混合的通道。
- 挖空：用于控制混合后图层色调的深浅，通过当前图层看到其他图层中的图像。包括无、浅和深三个选项。
- 将内部效果混合成组：可以将混合后的效果编为一组，将图像内部制作成镂空效果，以便以后使用或修改。
- 将剪贴图层混合成组：选中该复选框，挖空效果将对编组图层有效，如果取消选中该复选框，将只对当前图层有效。
- 透明形状图层：添加图层样式的图层有透明区域时，选中该复选框，可以产生蒙版效果。
- 图层蒙版隐藏效果：添加图层样式的图层有蒙版时，选中该复选框，生成的效果如果延伸到蒙版中，将会被遮盖。
- 矢量蒙版隐藏效果：添加图层样式的图层有矢量蒙版时，选中该复选框，生成的效果如果延伸到图层蒙版中，将会被遮盖。

(3) 混合颜色带。

- 混合颜色带：在它右侧的下拉列表中可以选择和当前图层混合的颜色，包括灰色、红、绿、蓝四个选项。
- 本图层：在下面的颜色条两侧有两个小直角三角形组成的三角形，拖动它们可以调整当前图层的颜色深浅。按下 Alt 键，三角形会分开为两个小直角三角形，拖动其中一个，可以精确地调整当前图层颜色的深浅。
- 下一图层：与“本图层”的使用方法一样，只不过它调整的是下一图层颜色的深浅。

3.3 选　　区

在 Photoshop 中处理图像时，进行选区的选取是一项比较重要的工作。选区选取得优劣、准确与否，都与图像编辑的成败有着密切的关系。

在 Photoshop 中不管是执行滤镜、色彩或色调的高级功能，还是进行简单的复制、粘贴、删除等编辑操作，都与当前的选区有关，即图像操作只对选区范围以内的区域才有效，而对选区范围以外的图像区域不起作用。因此，编辑图像时必须选定要执行功能的选区范围，才能有效地进行编辑。

选区选取的方法有很多种，可以使用工具箱中的工具，也可以使用菜单命令，还可以通过图层、通道、路径来制作选区范围。

3.3.1 选框工具

选框工具包括矩形选框工具、椭圆选框工具、单行选框工具、单列选框工具，如图 3-90 所示。按 Shift+M 快捷键可以在矩形选框工具和椭圆选框工具之间进行切换。矩形选框工具在图像中建立矩形选区。椭圆选框工具在图像中建立椭圆选区。单行选框工具在图像中建立一个高度为 1 像素的单行选区。单列选框工具在图像中建立一个宽

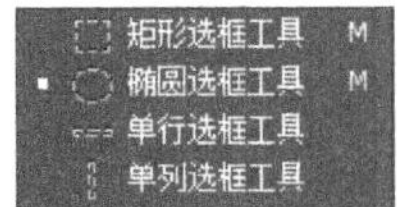

图 3-90　选框工具

度为 1 像素的单列选区。

选框工具的使用方法：选取选框工具，然后在页面上直接拖动即可绘制选区。如果按 Shift 键辅助，则可以绘制正方形或者正圆选区；如果按 Alt 键可以从中心点绘制矩形或椭圆选区。

如果按 Alt＋Shift 快捷键则可以从中心点绘制正方形或者正圆的选区。如果想取消选区，选择"选择"→"取消选区"命令或者按 Ctrl＋D 快捷键。按 Alt＋Delete 快捷键可填充前景色，按 Ctrl＋Delete 快捷键可填充背景色。

1. 选项栏

矩形选框工具、椭圆选框工具、单行选框工具、单列选框工具的选项栏相同，所以以"矩形选框工具"为例进行讲解。

在工具箱中选择"矩形选框工具"，选项栏如图 3-91 所示。

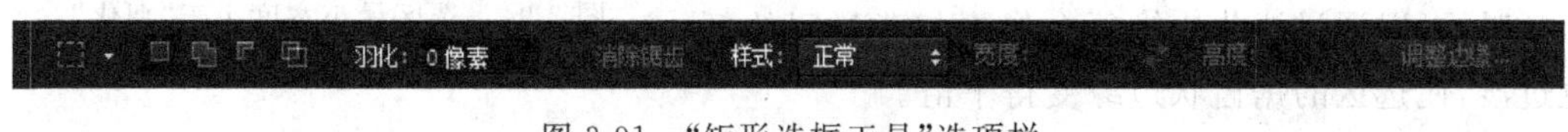

图 3-91 "矩形选框工具"选项栏

在图像中已经存在选区的情况如下。

(1) "新选区"按钮：单击此按钮将其选择，再在图像中建立选区，新的选区代替原来的选区。

(2) "添加到选区"按钮：单击此按钮将其选择，再在图像中建立选区，后建立的选区与原选区合并成为新的选区。"添加到选区"操作也可以通过按 Shift 快捷键辅助。

(3) "从选区减去"按钮：单击此按钮将其选择，再在图像中建立选区，如果后建的选区与原选区有重叠部分，将从原选区中减去重叠部分，剩余的原选区作为新的选区。"从选区减去"操作也可以通过按 Alt 快捷键辅助。

(4) "与选区交叉"按钮：单击此按钮将其选择，再在图像中建立选区，如果后建的选区与原选区有重叠部分，重叠的部分作为新的选区。

实例：以矩形选区和椭圆选区进行计算。

先在图像中建立一个矩形选区，在选项栏中依次单击"新选区"按钮、"添加到选区"按钮、"从选区减去"按钮和"与选区交叉"按钮，再在图像中建立椭圆选区，选区效果如图 3-92 所示。

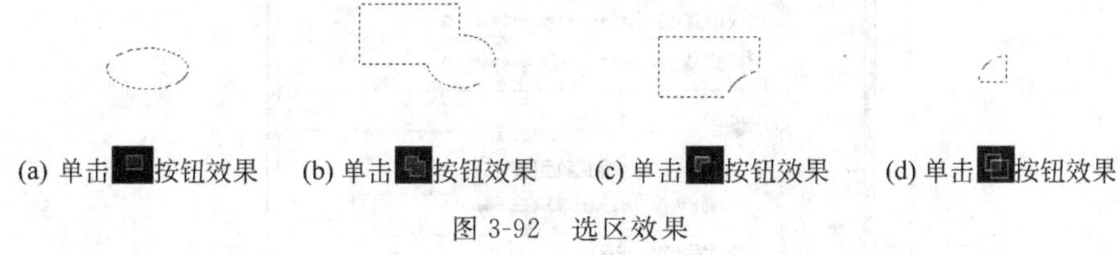

(a) 单击按钮效果 (b) 单击按钮效果 (c) 单击按钮效果 (d) 单击按钮效果

图 3-92 选区效果

(5) "羽化"值：决定选区边缘的羽化程度，也就是在选区的边缘产生一个影响过度消失的范围。

实例：建立四个大小相同、"羽化"值不同的正方形选区，然后按 Alt＋Delete 快捷键在其内部填充前景色，效果如图 3-93 所示。

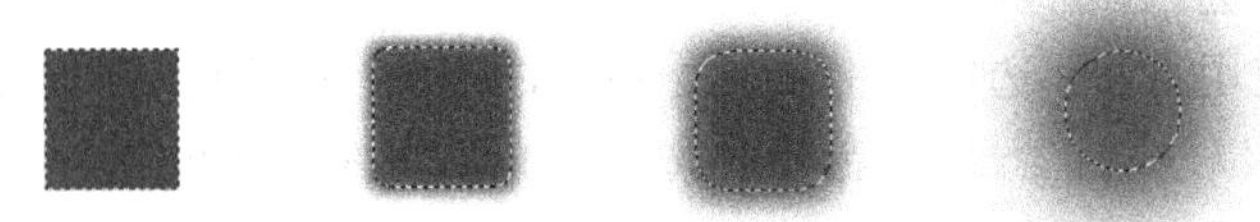

(a)"羽化"值为0 (b)"羽化"值为10 (c)"羽化"值为20 (d)"羽化"值为50

图 3-93 "羽化"值对选区的影响

注：给选框工具设置了"羽化"值后，新建立的选区范围必须足够大，选区的最小宽度至少为"羽化"值的两倍以上，否则 Photoshop 软件会弹出提示框，如图 3-94 所示。

图 3-94 选区最小宽度小于"羽化"值两倍提示框

(6)"消除锯齿"复选框：选中此复选框，建立选区时，可以通过淡化边缘每个像素与背景间的颜色过渡，使选区的锯齿状边缘变得平滑。

(7)"样式"列表框：有"正常""固定比例"和"固定大小"三个选项。选择"正常"选项，可以在图像中建立任意大小与比例的选区；选择"固定比例"选项，可以在"样式"列表框右侧的"宽度"和"高度"框中设置将要创建选区的宽度和高度的比例；选择"固定大小"选项，可以在"样式"列表框右侧的"宽度"和"高度"框中设置将要创建选区的宽度和高度值，其单位为像素。

(8)"调整边缘"按钮：建立选区后，单击此按钮，打开"调整边缘"对话框，如图 3-95 所示。设置好相应项，单击"确定"按钮即可。

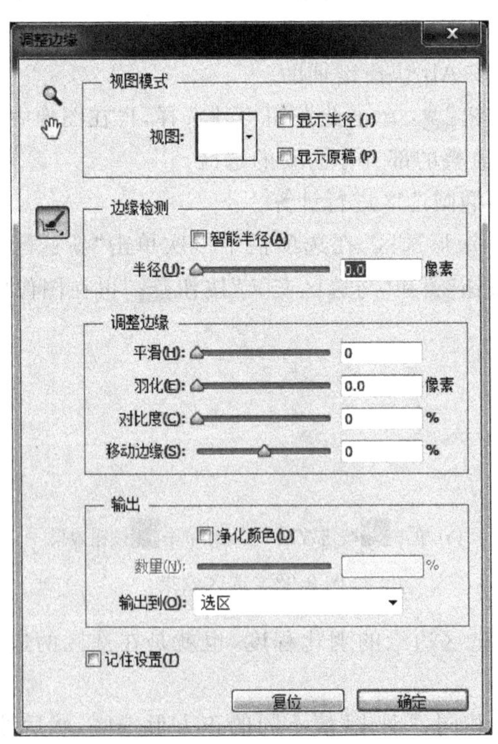

图 3-95 "调整边缘"对话框

2. 取消选区

选区不需要以后，还要将它从图像中取消。取消选区常用的方法有两种：选择"选择"→"取消选择"命令；按 Ctrl+D 快捷键。

3. 实例

1）利用"矩形选框工具"选择照片

很多图片拍摄完成后，所摄取的图像并不一定完美，可能会拍摄到不需要的或影响效果的内容，用户可以使用"矩形选框工具"将满意的图像区域放到选区中，其他区域可以删除，保存一个新的文件。具体操作步骤如下。

（1）打开"素材\第 3 章\3.3\图 1.jpg"文件，如图 3-96 所示。

图 3-96 "图 1.jpg"文件

（2）整个图像下方留得偏大，不太协调。使用"矩形选框工具"选择需要保留的图像选区，"羽化"值为 0，如图 3-97 所示。

图 3-97 需要保留的图像选区

(3) 选择"编辑"→"拷贝"命令或按 Ctrl+C 快捷键,将选区内容放到剪贴板中。

(4) 选择"文件"→"新建"命令或按 Ctrl+N 快捷键,打开"新建"对话框,如图 3-98 所示。

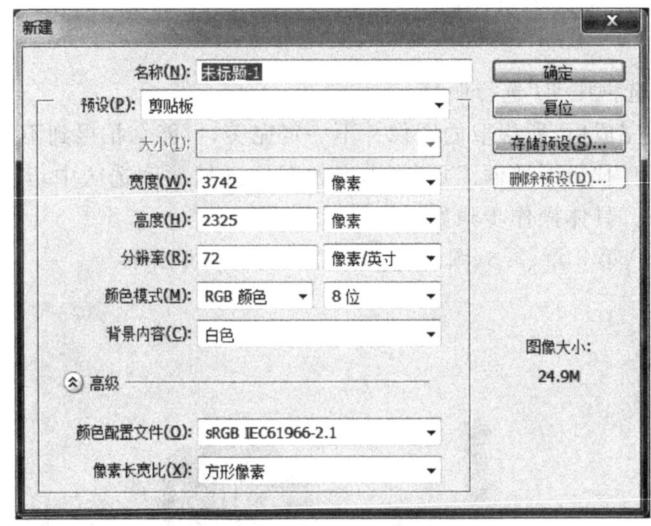

图 3-98 "新建"对话框

(5) 直接单击"确定"按钮,新建一文档。选择"编辑"→"粘贴"命令或按 Ctrl+V 快捷键,将剪贴板中的内容复制到新文档中,如图 3-99 所示。

图 3-99 "新文档"内容

注:通过"拷贝"命令将选区内容放到剪贴板后,新建文件的"宽度"和"高度"与选区的大小一致,不用修改,直接单击"确定"按钮即可。

(6) 选择"文件"→"存储"命令或按 Ctrl+S 快捷键,保存文档至"PSD 文件\第 3 章\3.3"文件夹中,文件名为"图 1.psd"。

2) 利用"椭圆选框工具"选择图像,对图像进行组合

将"图 2.jpg"与"图 3.jpg"进行组合,设计一款杯垫。具体操作步骤如下。

(1) 打开"素材\第 3 章\3.3\图 2.jpg"文件,如图 3-100 所示。

(2) 使用“椭圆选框工具”将图像中的花选中,“羽化”值设置为50,如图3-101所示。

(3) 选择“编辑”→“拷贝”命令或按Ctrl+C快捷键,将选区内容放到剪贴板中。

(4) 打开“素材\第3章\3.3\图3.jpg”文件,如图3-102所示。

图3-100 “图2.jpg”文件

图3-101 椭圆选区

图3-102 “图3.jpg”文件

(5) 选择“编辑”→“粘贴”命令或按Ctrl+V快捷键,将剪贴板中的内容复制到“图3.jpg”图像中,如图3-103所示,并为该图层命名为“花”。

(6) 选中“花”图层,选择“编辑”→“自由变换”命令或按Ctrl+T快捷键,进行大小调整,调整合适后,单击选项栏右侧的 ✓ 或直接按Enter键确认。杯垫效果图如图3-104所示。

图3-103 复制“椭圆选区”内容后的效果

图3-104 杯垫效果图

(7) 选择“文件”→“存储”命令或按Ctrl+S快捷键,保存文档至“PSD文件\第3章\3.3”文件夹中,文件名为“杯垫.psd”。

3.3.2 套索工具

套索工具是一种常用的选区选取工具,工具箱中包含了三种类型的套索工具:套索工具、多边形套索工具和磁性套索工具,如图3-105所示。

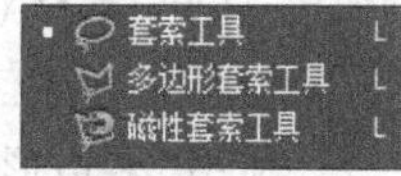

图3-105 套索工具

套索工具 :使用“套索工具”,可以选取不规则形状的曲线区域,也可以设定消除锯齿和羽化边缘的功能。使用方法:按住鼠标左键在图像上拖动,鼠标移动的轨迹就是选区的边界。它的优点是操作简单，缺点是选择较难控制。所以此工具一般用于选区精度要求不高的选择。

多边形套索工具：使用“多边形套索工具”可以选择不规则形状的多边形，如三角形、梯形或五角星等区域。使用方法：沿选择的图像边界多次单击鼠标，新的鼠标落点与前一个落点间会出现一条连线。最后，鼠标回到起点，鼠标右下角会出现一个小圆圈，此时，单击鼠标，闭合折线，构成选区。它的优点是选择较精确，缺点是操作比较烦琐。所以此工具适用于边界多为线段或边界由线段组成的图案。

注： *若在选取时按下 Shift 键，则可按水平、垂直或 45 度角的方向选取线段。*

磁性套索工具：一个新型的、具有选取功能的套索工具。该工具具有方便、准确、快速选取的特点，任何一个选框工具和其他套索工具无法与它相比。

1. 选项栏

“套索工具”和“多边形套索工具”的选项栏相同，如图 3-106 所示。这些选项在“选框工具”中已经介绍过，此处不再重复。

图 3-106 “套索工具”和“多边形套索工具”选项栏

“磁性套索工具”的选项栏如图 3-107 所示。选项栏中除图 3-106 所示的内容外，还多出“宽度”“对比度”和“频率”三项参数及“使用绘图板压力以更改钢笔宽度”按钮。

图 3-107 “磁性套索工具”选项栏

宽度：此选项用于设置“磁性套索工具”，在选取时指定检测的边缘宽度，其值范围为 1～40 像素，值越小检测越精确。

对比度：用于设定选取时的边缘反差(范围为 1%～100%)。值越大反差越大，选取的范围越精确。

频率：用于设置选取时的定点数。

“使用绘图板压力以更改钢笔宽度”按钮：用于设定绘图板的光笔压力。该选项只有安装了绘图板及其驱动程序时才有效。在某些工具中还可以设定大小、颜色及不透明度。这些光笔压力选项会影响磁性套索工具、磁性钢笔工具、铅笔工具、画笔工具、喷枪工具、橡皮擦工具、橡皮图章工具、图案图章工具、历史记录画笔工具、涂抹工具、模糊工具、锐化工具、减淡工具、加深工具和海绵等工具。

2. 取消选区

所有操作同“选框工具”中取消选区操作，此处不再重复。

3. 实例

1) 利用“套索工具”选择图像中部分内容

具体操作步骤如下：

(1) 打开“素材\第 3 章\3.3\图 4.jpg”文件，如图 3-108 所示。

(2) 利用“套索工具”选取图像中的圆盘部分，如图 3-109 所示。

2) 利用“多边形套索工具”选择图像中部分内容

具体操作步骤如下。

图 3-108 “图 4.jpg”文件

图 3-109 “套索工具”制作的选区

(1) 打开“素材\第 3 章\3.3\图 5.jpg”文件，如图 3-110 所示。

(2) 利用“多边形套索工具”选取图像中的黄色建筑部分，如图 3-111 所示。

图 3-110 “图 5.jpg”文件

图 3-111 “多边形套索工具”制作的选区

3) 利用“磁性套索工具”选择图像中部分内容

具体操作步骤如下。

(1) 打开“素材\第 3 章\3.3\图 6.jpg”文件，如图 3-112 所示。

(2) 利用“磁性套索工具”选取图像中上面的那条鱼，如图 3-113 所示。

图 3-112 “图 6.jpg”文件

图 3-113 “磁性套索工具”制作的选区

3.3.3 魔棒工具

魔棒工具的主要功能是用来选取选区。在进行选取时，魔棒工具能够选择出颜色相同或相近的区域。使用“魔棒工具”选取时，用户还可以通过选项栏设定颜色值的近似范围，即容差值，默认为32。

1. 选项栏

“魔棒工具”的选项栏如图3-114所示。

图3-114 “魔棒工具”选项栏

容差：在此文本框输入0～255的数值来确定选取范围。输入的值越小，则选取的颜色范围越近似，选取范围也就越小。

消除锯齿：设定所选取范围域是否具备消除锯齿的功能。

连续：选中此复选框，表示只能选中单击处邻近区域中的相同像素；而取消选中此复选框，则能够选中符合该像素要求的所有区域。在默认情况下，该复选框总是被选中的。

对所有图层取样：该复选框用于具有多个图层的图像。未选中复选框时，魔棒只对当前选中的图层起作用，若选中此复选框则对所有图层起作用，即可以选取所有图层中相近的颜色区域。

注：魔棒工具配合选框工具和反选命令，更容易选取选区。

2. 取消选区

所有操作同“选框工具”中取消选区操作，此处不再重复。

3. 实例：利用“魔棒工具”选择图像中部分内容

具体操作步骤如下。

(1) 打开“素材\第3章\3.3\图7.jpg”文件，如图3-115所示。

(2) 利用“魔棒工具”选取图像中浅绿色的区域，设置“容差”值为50。在选取过程中，可以配合使用选项栏中的“添加到选区”按钮，多次选取选区，如图3-116所示。

图3-115 “图7.jpg”文件

图3-116 “魔棒工具”制作的选区

3.3.4 钢笔工具

一些不太规范的图形无法使用直接选择工具进行选择图像，这时候可以使用“钢笔工具”进行绘制选区。对于规则光滑的图形，可以使用“钢笔工具”；如果不太规则的图形，就需要使用“自由钢笔工具”。

1. 选项栏

“钢笔工具”的选项栏如图 3-117 所示。

图 3-117 “钢笔工具”选项栏

“类型”：包括形状、路径和像素三个选项。每个选项所对应的工具选项也不同(选择“矩形工具”后,“像素”选项才可使用)。

“建立”：是 Photoshop CS6 新加的选项,可以使路径与选区、蒙版和形状间的转换更加方便、快捷。绘制完路径后单击“选区”按钮,可以打开“建立选区”对话框,在对话框中设置完参数后,单击“确定”按钮即可将路径转换为选区；绘制完路径后,单击“蒙版”按钮可以在图层中生成矢量蒙版；绘制完路径后,单击“形状”按钮可以将绘制的路径转换为形状图层。

“绘制模式”：其用法与选区相同,可以实现路径的相加、相减和相交等运算。

“对齐方式”：可以设置路径的对齐方式(文档中有两条以上的路径被选择的情况下可用)与文字的对齐方式类似。

“排列顺序”：设置路径的排列方式。

“橡皮带”：可以设置路径在绘制的时候是否连续。

“自动添加/删除”：如果选中此复选框,当“钢笔工具”移动到锚点上时,“钢笔工具”会自动转换为删除锚点样式；当移动到路径线上时,“钢笔工具”会自动转换为添加锚点的样式。

“对齐边缘”：将矢量形状边缘与像素网格对齐(选择“形状”选项时,“对齐边缘”可用)。

2. 实例：对图像利用“钢笔工具”建立选区

具体操作步骤如下：

(1) 打开“素材\第 3 章\3.3\图 8.jpg”文件,如图 3-118 所示。

(2) 选择“钢笔工具”,绘制路径,如图 3-119 所示。当绘制到起点时,闭合路径,锚点消失。

(3) 选择“路径”面板,单击“将路径作为选区载入”按钮,形成选区,如图 3-120 所示。

图 3-118 “图 8.jpg”文件

图 3-119 绘制路径

图 3-120 形成选区

3.3.5 快速蒙版工具

快速蒙版是一个编辑选区的临时环境，可以辅助用户创建选区。“快速蒙版工具”操作时不影响图像，只会生成相应的选区。单击“以快速蒙版模式编辑”按钮，进入快速蒙版状态后，前景色、背景色会变成黑白状态，同时在“通道”面板生成一个快速通道。用“画笔工具”或“橡皮擦工具”等进行涂抹，会留下一些红色透明的区域，这些区域就是需要的选区部分。当单击“以标准模式编辑”按钮后，返回到标准模式状态，会把涂抹的部位变成反选的选区。快速蒙版应用较为广泛，尤其在制作一些颓废效果时非常实用。

实例：使用“快速蒙版工具”对图片中的背景进行模糊虚化处理，突出人物的鲜明主题。

具体操作步骤如下：

(1) 打开“素材\第3章\3.3\图9.jpg”文件，如图3-121所示。

(2) 复制“背景”图层，单击工具箱中的“以快速蒙版模式编辑”按钮，进入“快速蒙版编辑”模式。

(3) 选择工具箱中的“画笔工具”，设置合适的画笔大小，在需要凸显的主题区域“郁金香”上来回涂抹，如图3-122所示。

图3-121 “图9.jpg”文件

图3-122 用“画笔工具”涂抹主题区域

(4) 红色所覆盖区域，即表示该区域图像为受保护状态，也就是选区以外的区域。在涂抹过程中，根据需要调整画笔大小。

(5) 涂抹完毕后，再次单击工具箱中“以标准模式编辑”按钮，进入“标准编辑”模式，如图3-123所示。可以看到图像中产生了选区，涂抹区域为选区以外的区域。

(6) 这时可以对选区进行编辑等操作。这里选择“滤镜”→“模糊”→“场景模糊”命令，打开“场景模糊”对话框，并设置“模糊”参数值，如图3-124所示。

(7) 设置完成“模糊”参数值后，单击顶部的“确定”按钮，出现模糊“进程”框，如图3-125所示。

(8) 按Ctrl+D快捷键取消选区，完成制作，效果如图3-126所示。

图 3-123　创建选区

图 3-124　“场景模糊”对话框

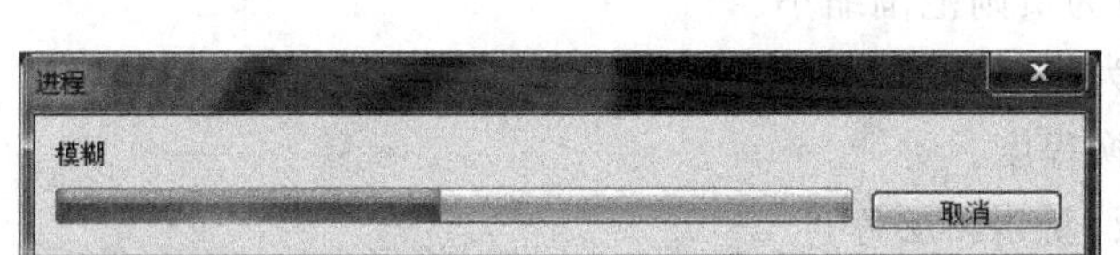

图 3-125　模糊“进程”框

图 3-126　效果图

(9) 保存文档至“PSD 文件\第 3 章\3.3”文件夹中,文件名为“图 9.psd”。

3.3.6　调整边缘

调整边缘主要提高选区边缘的准确度,可以对照不同的背景查看选区,便于编辑选区,还可以使用它来调整图层蒙版。

在图像中绘制选区后,单击“调整边缘”按钮,打开“调整边缘”对话框,如图 3-127 所示。

视图模式:分为闪烁虚线、叠加、黑底、白底、黑白、背景图层、显示图层,可以随时变换,按 F 键循环切换视图,按 X 键暂停所有视图,默认为“白底”,如图 3-128 所示。

调整半径工具:使用这种工具可以精确地调整选区的边缘区域,以增加选择或涂抹选区。

智能半径:可以自动调整区域中发现的硬边缘和柔滑边缘的半径。

半径:调整边缘的区域范围,数值大则涂抹到的有效范围更大,但更不精确。

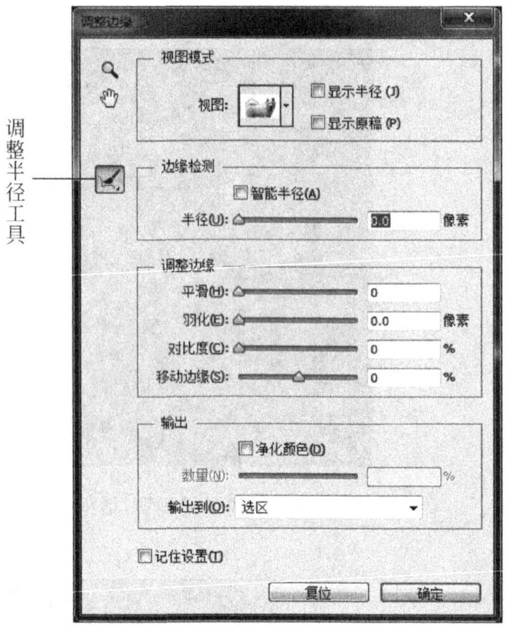

图 3-127 “调整边缘”对话框

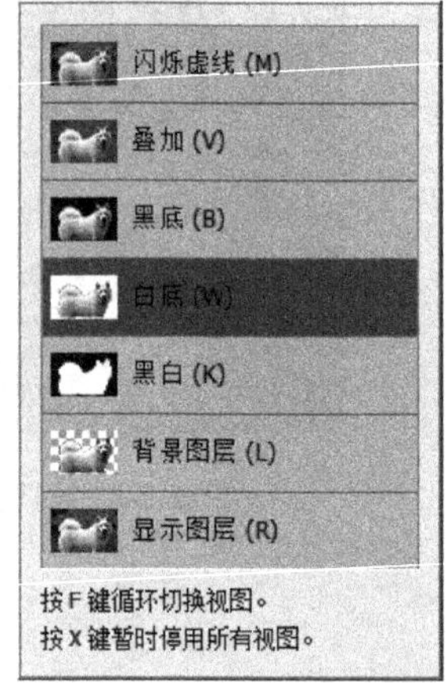

图 3-128 视图模式

平滑：边缘平滑的程度，范围为 0～100，数值越大，越平滑，不利于调整毛刺边缘。

羽化：柔滑过度边缘，范围为 0～250，值越大，柔滑过度会更好，但更模糊。

对比度：剔除边缘的不自然感，范围为 0～100，值越大，越锋利。

移动边缘：移动选择的范围，值为负则范围缩小。

净化颜色：将彩色边完全替换为附近选中的像素的颜色。

数量：更改净化和彩色边的替换程度。

输出到：有输出选区、图层蒙版、新建图层等。

实例：使用“调整边缘”将图中的主体部分从背景中抠出。

具体操作步骤如下：

(1) 打开“素材\第 3 章\3.3\图 10.jpg”文件，如图 3-129 所示。

(2) 利用“磁性套索工具”选取“狗”图像为选区，如图 3-130 所示。发现狗的尾巴的毛没有很好地选取。

图 3-129 “图 10.jpg”文件

图 3-130 “狗”图像选区

(3) 单击“调整边缘”按钮，打开“调整边缘”对话框，如图 3-127 所示。视图选择“黑底”，其他不用更改。在狗的身体周边涂抹，直到狗周围的毛已经很好地与背景区分出来，如图 3-131 所示。

(4) 单击“确定”按钮，查看选区，如图 3-132 所示。

图 3-131　调整边缘

图 3-132　选区效果

(5) 打开“素材\第 3 章\3.3\图 11.jpg”文件，如图 3-133 所示。

(6) 将“狗”选区复制到“图 11.jpg”中，调整图像大小，效果如图 3-134 所示。

图 3-133　“图 11.jpg”文件

图 3-134　最终效果

(7) 保存文档至“PSD 文件\第 3 章\3.3”文件夹中，文件名为“图 10-11.psd”。

3.3.7　通道

通道的最主要的功能是保存图像的颜色数据。通道除了能够保存颜色数据外，还可以用来保存蒙版，即将一个选取范围保存后，就会成为一个蒙版保存在一个新增的通道中，称这些新增的通道为 Alpha 通道。本节主要介绍利用 Alpha 通道制作选区的基本操作，有关通道的具体内容后面章节再详细讲解。

实例：利用 Alpha 通道选择特殊图像，制作“在草原上放置一棵树”效果。

具体操作步骤如下：

(1) 打开“素材\第 3 章\3.3\图 12.jpg”文件，如图 3-135 所示。

(2) 在“图层”面板中，双击“背景”图层，将其转换为普通图层。

(3) 选择“通道”面板，如图 3-136 所示。

图 3-135 “图 12.jpg”文件

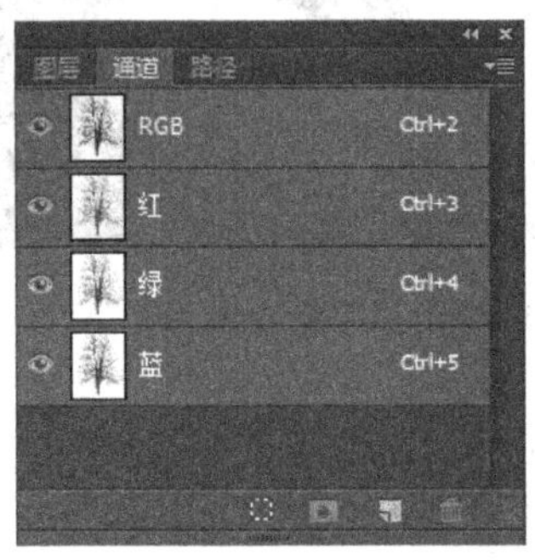

图 3-136 “通道”面板

(4) 观察“通道”面板中的各颜色通道效果，发现“蓝”通道中的大树与其他部分分界最明显，因此，利用“蓝”通道来选择大树的图像。选择“蓝”通道，右击，在弹出的快捷菜单中选择“复制通道”命令，打开“复制通道”对话框，如图 3-137 所示。

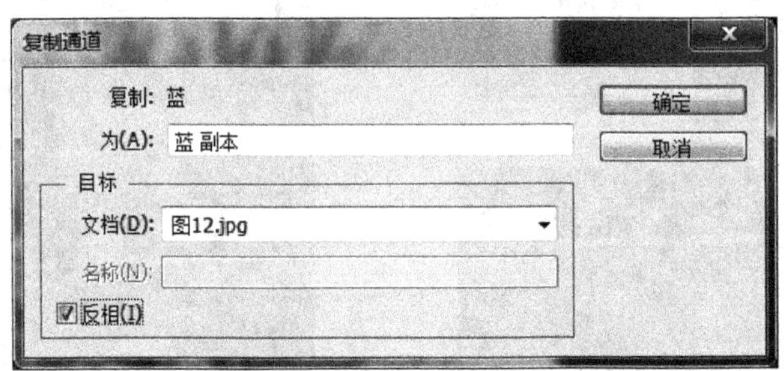

图 3-137 “复制通道”对话框

在“复制”下面的“为”文本框中设置新复制的 Alpha 通道的名称。在“文档”下拉列表中可以选择将当前通道复制到哪一个文档中，默认当前文档。选中“反相”复选框，新复制的通道与原通道的亮度相反。

注：*利用 Alpha 通道制作选区，白色区域是被选择的对象。若要选择的对象是黑色或灰色的，一定要选中“反相”复选框。*

(5) 单击“确定”按钮，复制一个名为“蓝 副本”的 Alpha 通道，如图 3-138 所示。

(6) 调整“蓝 副本”通道，使大树与背景分别更大、更清晰。选中“蓝 副本”通道，选择“图像”→“调整”→“亮度/对比度”命令，打开“亮度/对比度”对话框，如图 3-139 所示。

(7) 根据实际情况，调整合适后，单击“确定”按钮，图像中的“蓝 副本”通道的效果如图 3-140 所示。

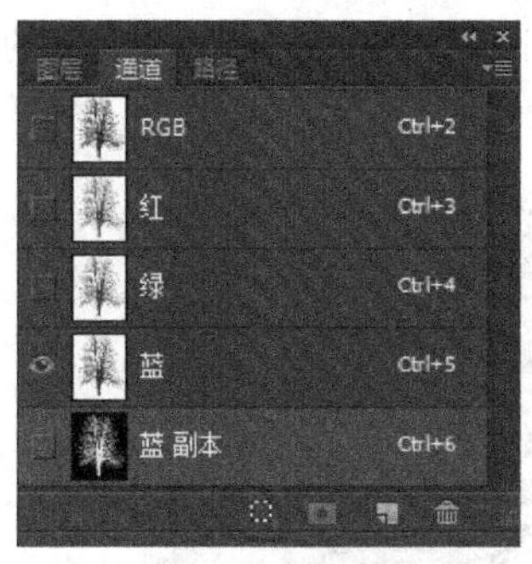

图 3-138 Alpha 通道

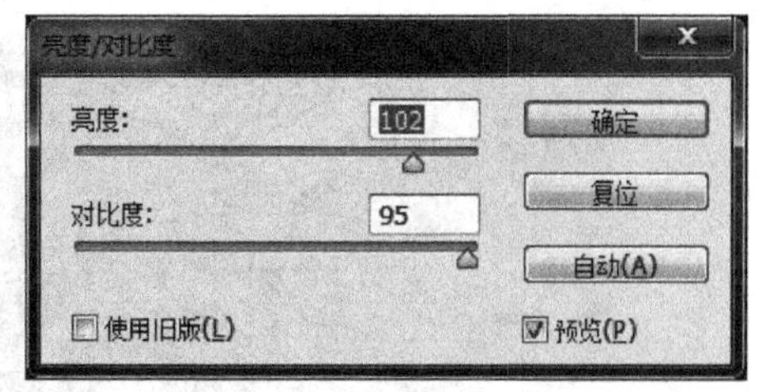

图 3-139 “亮度/对比度”对话框

(8) 选择 RGB 混合通道,按住 Ctrl 键不放,单击“蓝 副本”通道,在图像中载入“蓝 副本”通道保存的选区,如图 3-141 所示。

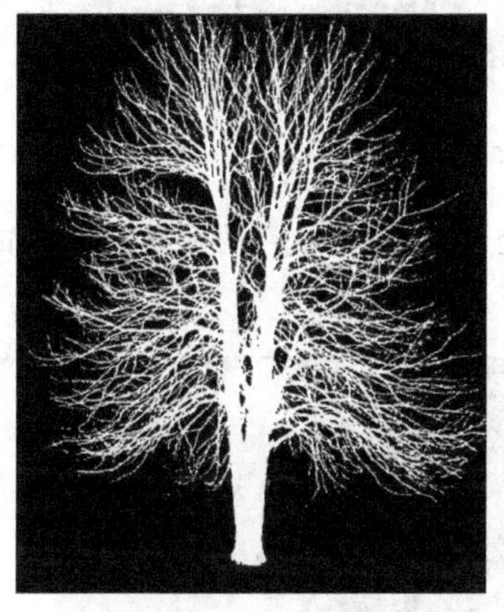

图 3-140 “蓝 副本”通道效果

图 3-141 载入的选区

(9) 打开“素材\第 3 章\3.3\图 13.jpg”文件,如图 3-142 所示。

图 3-142 “图 13.jpg”文件

(10) 将"图 12.jpg"中的选区大树图像复制到"图 13.jpg"文件中，生成一个新的图层，命名为"大树"，如图 3-143 所示。

图 3-143　复制选区图像

(11) 自由变换"大树"图层，使大树在图像中处于"图 13.jpg"的合适位置，如图 3-144 所示。

图 3-144　调整大树图层后效果

(12) 保存文档至"PSD 文件\第 3 章\3.3"文件夹中，文件名为"图 13.psd"。

实例：制作"水从隧道中涌出"效果。

具体操作步骤与利用 Alpha 通道选择特殊图像的实例相同。在这里仅介绍需要注意的一些细节。

利用"素材\第 3 章\3.3\图 14.jpg"文件(如图 3-145 所示)和"素材\第 3 章\3.3\图 15.jpg"文件(如图 3-146 所示)设计制作"水从隧道中涌出"效果，如图 3-147 所示。

图 3-145　"图 14.jpg"文件

图 3-146 “图 15.jpg”文件

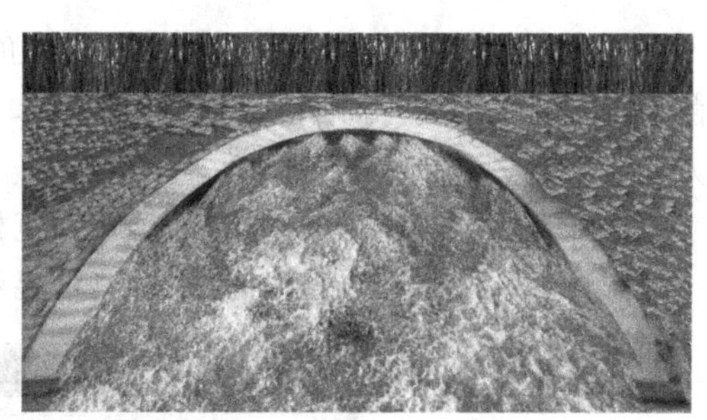

图 3-147 “水从隧道中涌出”效果

注意：复制通道时，不必选中“反相”复选框，因为水花本身是白色的；复制水花到“图 15.jpg”文件中时，多复制一些，并做适当的变换。

保存文档至“PSD 文件\第 3 章\3.3”文件夹中，文件名为“图 15.psd”。利用通道也可以选取蓝天上的白云，这里不再赘述。

3.3.8 选择特定的颜色范围

魔棒工具能够选取具有相同颜色的图像，但是它不够灵活，当选取不满意时，只好重新选取。因此，Photoshop 又提供了一种比魔棒工具更具有弹性的选择方法——用特定的颜色范围选取，应用于所有图层。用此方法选择不但可以一边预览一边调整，还可以随心所欲地完善选取的范围。

具体操作方法：

(1) 选择“选择”→“颜色范围”命令，打开“色彩范围”对话框，如图 3-148 所示。

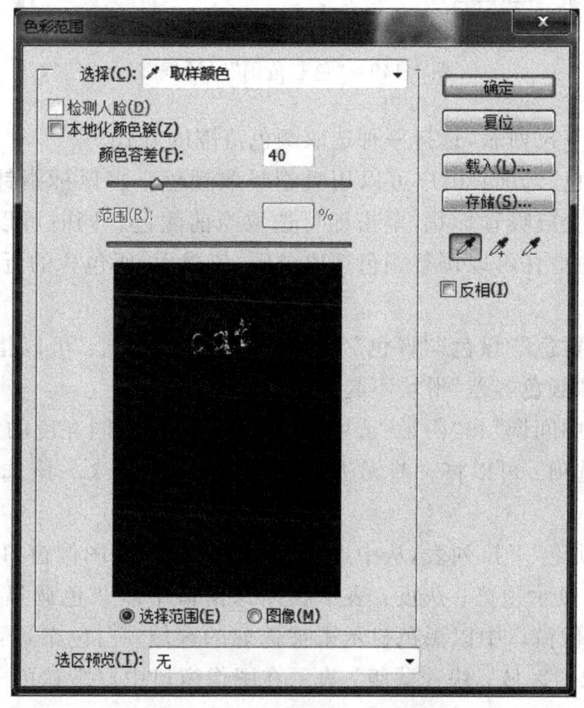

图 3-148 “色彩范围”对话框 1

(2) 在“色彩范围”对话框中间有一个预览框,显示当前已经选取的图像范围。如果当前尚未进行任何选取,则会显示整个图像。该框下面的两个单选按钮用来显示不同的预览方式。

选择范围:选择此单选按钮时,在预览框中只显示被选取的范围,如图 3-148 所示。

图像:选择此单选按钮时,在预览框显示整个图像,如图 3-149 所示。

图 3-149 “色彩范围”对话框 2

(3) 打开“选择”下拉列表,选择一种选取颜色范围的方式。

- 选择“取样颜色”选项:用户可以用吸管吸取颜色。当鼠标指针移向图像窗口或预览框中时,会变成吸管形状,单击即可选取当前颜色。同时可以配合“颜色容差”滑杆进行使用。滑杆可以调整颜色选取范围,值越大,所包含的近似颜色越多,选取的范围就越大。
- 选择“红色”“黄色”“绿色”“青色”“蓝色”和“洋红”选项:可以指定选取图像中的六种颜色,此时“颜色容差”滑块不起作用。
- 选择“高光”“中间调”和“阴影”选项:可以选取图像不同亮度的区域。
- 选择“溢色”选项:可以将一些无法印刷的颜色选取出来。该选项只用于 RGB 模式下的图像。

(4) 打开“选区预览”下拉列表,从中选择一种选取范围在图像窗口中显示的方式。无:表示在图像窗口中不显示预览;灰度:表示在图像窗口中以灰色调显示未被选取的区域;黑色杂边:表示在图像窗口中以黑色显示未被选取的区域;白色杂边:表示在图像窗口中以白色显示未被选取的区域;快速蒙版:表示在图像窗口中以默认的蒙版颜色显示未被选取的区域。

(5) 利用"色彩范围"对话框中的其他两个吸管按钮，可以增加或减少选取的颜色范围。当要增加一个选取范围时，选择吸管；当要减少选取范围时，选择吸管，然后移动鼠标指针至预览框或图像窗口中单击即可完成。

(6) 选中"反相"复选框可反转选取范围与非选取范围，效果同选择"选择"→"反向"命令。

(7) 当一切设定完毕后，单击"确定"按钮即可完成范围选取。

注：“色彩范围”对话框中的“载入”和“存储”按钮可以用来装入或保存“色彩范围”对话框中的设定。保存后的文件扩展名为.AXT。

3.3.9 控制选区

当选取了一个图像区域后，可能因它的位置、大小不合适而需要进行移动和改变，也可能需要增加或删减选区，以及对选区进行旋转、翻转和自由变换等。

1. 移动选区

在 Photoshop CS6 中，用户可以任意移动选区，而不影响图像的任何内容。移动选区的方法有两种。

(1) 用鼠标拖动：建立好选区后，将鼠标指针移到选区内，此时指针形状会变成，然后按下鼠标左键并拖动即可。

(2) 用键盘移动：用鼠标很难准确地移动到相应的位置，可以用键盘来辅助移动。用键盘的上、下、左和右四个方向键能够非常精确地移动选区，按一下可以移动一个像素点的距离。

注：不管是用鼠标移动，还是用键盘上的方向键移动，如果在移动时按下 Shift 键，则会按垂直、水平和 45 度角的方向移动。

2. 增减选区

在实际工作中经常会碰到扩大选区范围或缩小选区范围的情况。在 Photoshop CS6 中增减选区时，可以使用工具箱上的"新选区"按钮、"添加到选区"按钮、"从选区减去"按钮和"与选区交叉"按钮来完成，也可以使用 Shift 或 Alt 快捷键辅助完成。所有操作同"选框工具"中的操作，此处不再重复。

3. 选区的旋转、翻转和自由变换

Photoshop CS6 不仅能够对整个图像、某个图层或者是某个选区内的图像进行旋转、翻转和自由变换处理(按 Ctrl+T 快捷键)，而且还能够对选区进行任意的旋转、翻转和自由变换。

注：只变换选区本身，对于选区内的图像不做任何处理。

1) 选区的旋转或翻转

要对选区进行旋转或翻转，同样需要先选择"选择"→"变换选区"命令进入自由变换的状态。

实例：对某选区进行旋转或翻转。

具体操作步骤如下：

(1) 打开"素材\第 3 章\3.3\图 16.jpg"文件，选择图像中粉色及其黑色边框作为选区，选择"选择"→"变换选区"命令进入自由变换的状态，如图 3-150 所示。

图 3-150 选区进入自由变换状态

(2) 选择"编辑"→"变换"子菜单中的命令，进行选区的旋转或翻转。

旋转180度：执行此命令可将当前选区旋转180度，如图3-151(a)所示。旋转90度(顺时针)：执行此命令可将当前选区顺时针旋转90度，如图3-151(b)所示。旋转90度(逆时针)：执行此命令可将当前选区逆时针旋转90度，如图3-151(c)所示。水平翻转：执行此命令可将当前选区水平翻转，如图3-151(d)所示。垂直翻转：执行此命令可将当前选区垂直翻转，如图3-151(e)所示。

(a) 选区旋转180度效果

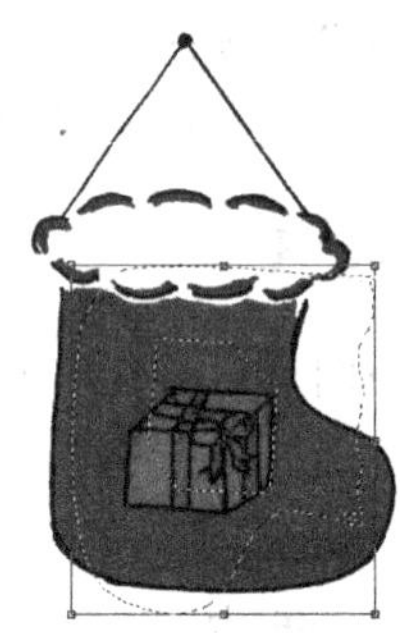

(b) 选区旋转90度(顺时针)效果

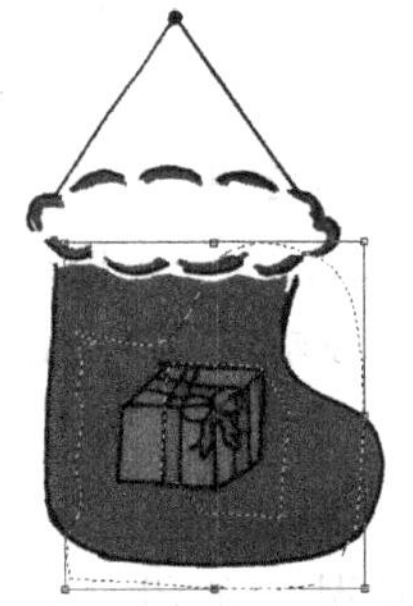

(c) 选区旋转90度(逆时针)效果

(d) 选区水平翻转效果

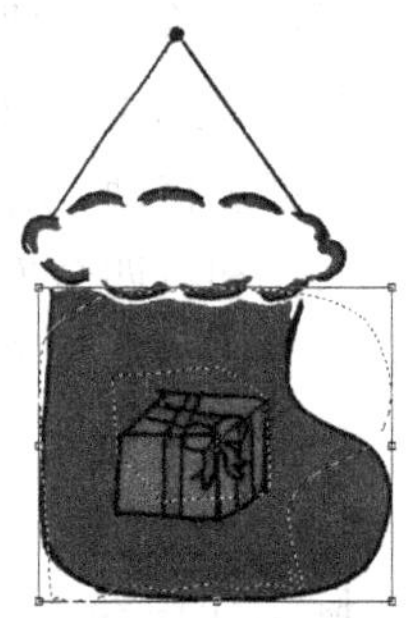

(e) 选区垂直翻转效果

图3-151　选区的旋转或翻转效果

注：在自由变换状态下，可以自由指定选取范围的旋转中心，方法是将选取对象的中心点移到一个所需的位置。

2) 选区的自由变换

选取一个选区，然后选择“选择”→“变换选区”命令，此时进入选区自由变换状态，用户可以任意移动、缩放、旋转选区等。

实例：对某选区进行移动、缩放、任意角度旋转等自由变换。

具体操作步骤如下：

(1) 打开“素材\第3章\3.3\图17.jpg”文件，选择图像中帽子作为选区，选择“选择”→“变换选区”命令进入自由变换的状态，如图3-152所示。

图3-152　选区进入自由变换状态

(2) 对该选区进行手动移动、缩放、任意角度旋转，效果如图3-153所示。

实例：对上述“图17.jpg”图像中帽子选区进行斜切、扭曲、透视和变形等自由变换。

(a) 选区移动效果　　(b) 选区缩放效果　　(c) 选区任意角度旋转效果

图 3-153　选区移动、缩放、旋转效果

具体操作步骤如下：

(1) 使帽子选区处于自由变换状态。

(2) 选择“编辑”→“变换”子菜单中的命令，进行选区的斜切、扭曲、透视和变形等。

斜切：将选区变换为平行四边形，如图 3-154(a)所示。扭曲：将选区变换为任意四边，如图 3-154(b)所示。透视：将选区变换为对称梯形，如图 3-154(c)所示。变形：将选区变换为任意图形，如图 3-154(d)所示。

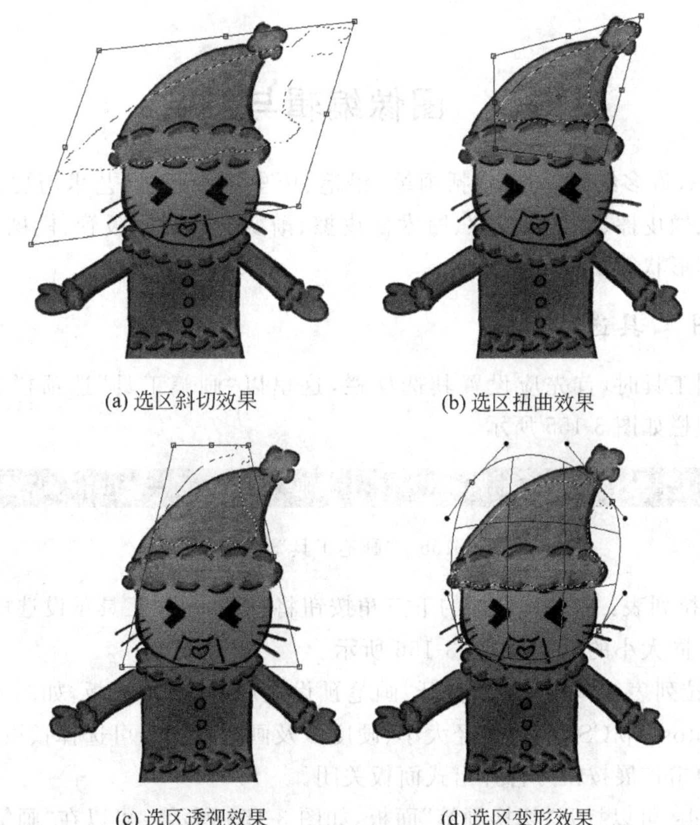

(a) 选区斜切效果　　(b) 选区扭曲效果

(c) 选区透视效果　　(d) 选区变形效果

图 3-154　选区斜切、扭曲、透视、变形效果

注：对选区进行的变换操作，对选区内的图像不做任何处理。如果不在自由变换状态下，以上变换操作将处理选区内的图像。

4. 控制选区的其他命令

(1) 全选：在实际工作中，经常要选择一幅完整的图像，此时用鼠标选择是一件很难的事情。所以，Photoshop 又提供了一个全选的命令供用户使用。选择“选择”→“全部”命令或按 Ctrl+A 快捷键即可将一幅图像全部选中。

(2) 取消选择：执行该命令可以取消选区。快捷键为 Ctrl+D。

(3) 重新选择：执行该命令可以重复上一次的选区。快捷键为 Ctrl+Shift+D。

(4) 反向：执行该命令可将当前选区反转，即以相反的范围进行选定。

5. 活用选区

精密的选区往往是来之不易的，需要花费很多时间才能完成。因此，在使用完之后，应将它保存起来，以备日后重复使用。保存后的选区将成为一个蒙版显示在“通道”面板中，当需要时可以从“通道”面板中载入。

(1) 保存选区有两种方法：选择“选择”→“存储选区”命令；利用“通道”面板中的“将选区存储为通道”按钮。

(2) 载入选区有两种方法：选择“选择”→“载入选区”命令；利用“通道”面板中的“将通道作为选区载入”按钮。

注：不同图像之间的选取范围可以互相载入使用，但是必须符合尺寸和分辨率相同的条件。

3.4 图像编辑与绘制

Photoshop 有许多绘图工具，包括画笔、铅笔、历史记录画笔、艺术历史记录画笔、仿制图章、图案图章、橡皮擦、背景橡皮擦、魔术橡皮擦、渐变、油漆桶、吸管、模糊、锐化、涂抹、加深、减淡、海绵和形状等工具。

3.4.1 绘图工具选项栏

在使用绘图工具时，首先应设置其选项栏，这里以“画笔工具”选项栏为例进行介绍。“画笔工具”选项栏如图 3-155 所示。

图 3-155 “画笔工具”选项栏

(1) 下拉列表：单击其右侧的下三角按钮将打开一个“工具预设选取器”下拉面板，从中可以选择不同大小的画笔，如图 3-156 所示。

(2) 下拉列表：单击该按钮打开“画笔预设选取器”下拉面板，如图 3-157 所示。从中选择调整 Photoshop CS6 画笔直径大小、硬度以及画笔形式。可选择预设的各种画笔，选择画笔后再次单击扩展按钮可将弹出式面板关闭。

(3) 按钮：可以打开“切换画笔”面板，如图 3-158 所示。可以在“画笔”面板和“画笔预设”面板中选择画笔样式。

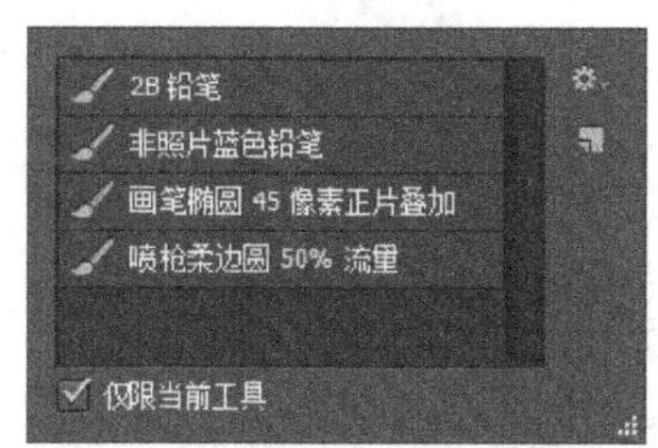

图 3-156 “工具预设选取器”下拉面板

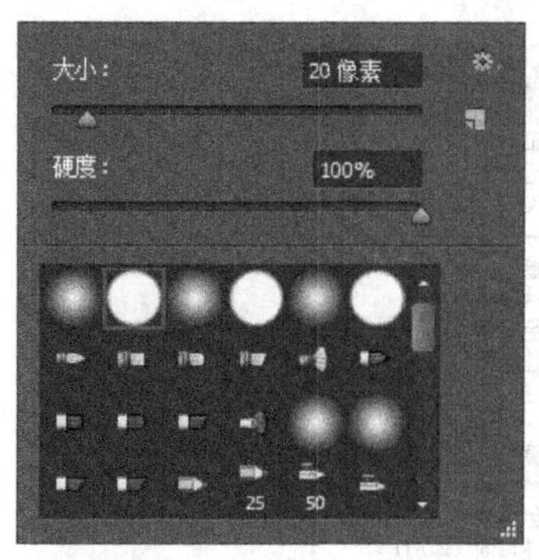

图 3-157 “画笔预设选取器”下拉面板

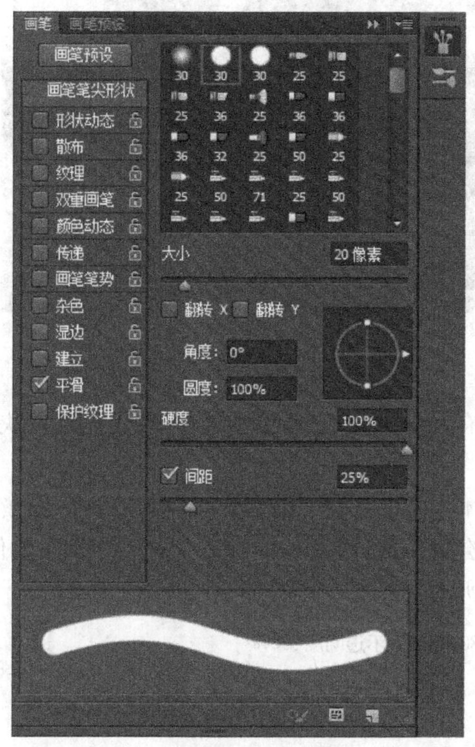

(a)“画笔”面板

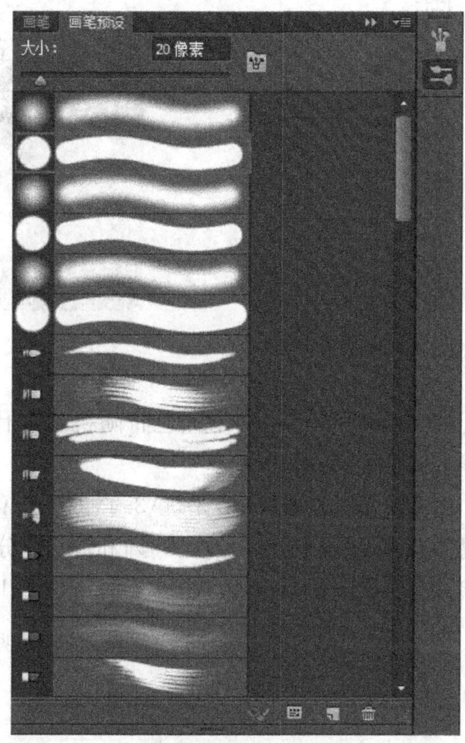

(b)“画笔预设”面板

图 3-158 “切换画笔”面板

(4) 模式：正常 按钮：单击“模式”右侧的按钮，弹出“绘画模式”菜单，如图 3-159 所示。从中可选择不同的混合模式，进行色彩混合。色彩混合是指用当前绘画或编辑工具应用的颜色与图像原有的底色进行混合，从而产生一种结果颜色。

① “正常”模式：Photoshop 默认模式为“正常”模式。在“正常”模式下调整上面图层的不透明度，可以使当前图层与底层图像产生混合效果。

实例：打开“素材\第 3 章\3.4\图 1.jpg”文件，选择“枫叶”画笔工具，模式选择“正常”，不透明度分别设置为 100%、80%和 50%，分别绘制一片红色枫叶，保存文档为“PSD 文件\第 3 章\3.4\图 1(正常模式).psd”，如图 3-160 所示。

正常

正常
溶解
背后
清除

变暗
正片叠底
颜色加深
线性加深
深色

变亮
滤色
颜色减淡
线性减淡（添加）
浅色

叠加
柔光
强光
亮光
线性光
点光
实色混合

差值
排除
减去
划分

色相
饱和度
颜色
明度

图 3-159 “绘画模式”菜单

图 3-160 “正常”模式效果

② “溶解”模式：结果颜色将随机地取代具有底色或混合颜色的像素，取代程度取决于像素位置的不透明度。

实例：打开“素材\第 3 章\3.4\图 1.jpg”文件，选择“枫叶”画笔工具，模式选择“溶解”，不透明度分别设置为 100%、80%和 50%，分别绘制一片红色枫叶，保存文档为“PSD 文件\第 3 章\3.4\图 1(溶解模式).psd”，如图 3-161 所示。

图 3-161 “溶解”模式效果

③“背后”模式：只对透明底色的图层有效。

实例：新建一个透明背景的文档，选择“枫叶”画笔工具，模式选择“背后”，不透明度分别设置为100%、80%和50%，分别绘制一片红色枫叶，保存文档为“PSD 文件\第 3 章\3.4\图 1(背后模式).psd”，效果如图 3-162 所示。

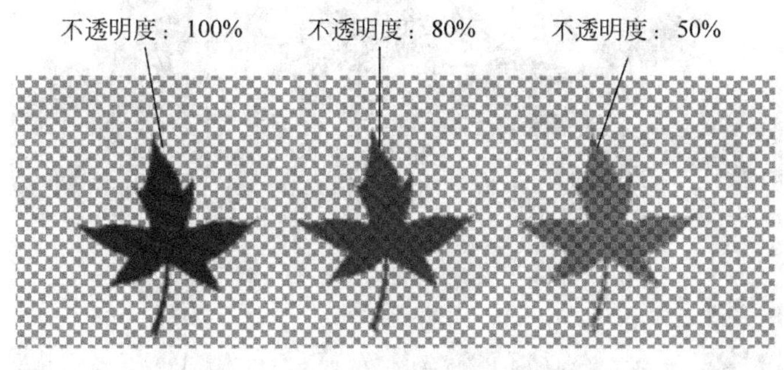

图 3-162 “背后”模式效果

④“清除”模式：与“背后”模式一样，只能用于透明底色的图层。

实例：打开“PSD 文件\第 3 章\3.4\图 1(背后模式).psd”文件，选择“枫叶”画笔工具，模式选择“清除”，不透明度分别设置为100%、80%和50%，分别在原有枫叶附近绘制一片红色枫叶，保存文档为“PSD 文件\第 3 章\3.4\图 1(清除模式).psd”，效果如图 3-163 所示。

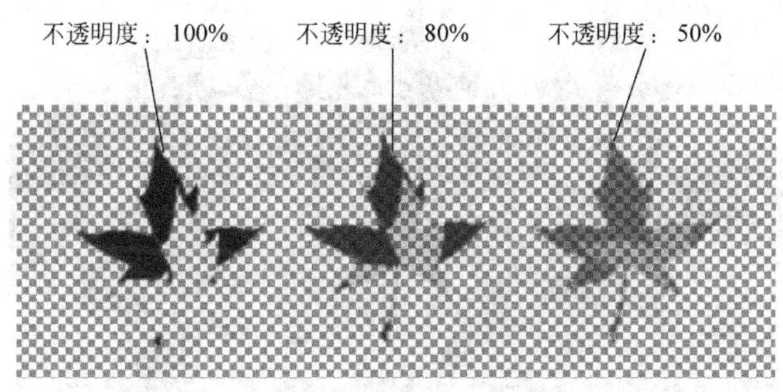

图 3-163 “清除”模式效果

⑤“变暗”模式：混合时会比较绘制的颜色与底色之间的亮度，较亮的像素被较暗的像素取代，而较暗的像素不变。

实例：打开“素材\第 3 章\3.4\图 1.jpg”文件，选择“枫叶”画笔工具，模式选择“变暗”，不透明度分别设置为100%、80%和50%，分别绘制一片红色枫叶，保存文档为“PSD 文件\第 3 章\3.4\图 1(变暗模式).psd”，如图 3-164 所示。

⑥“正片叠底”模式：选择此模式时，可以查看每个通道中的颜色信息，并将底色与混合颜色相乘，结果颜色总是较暗的颜色。

实例：打开“素材\第 3 章\3.4\图 1.jpg”文件，选择“枫叶”画笔工具，模式选择“正片叠底”，不透明度分别设置为100%、80%和50%，分别绘制一片红色枫叶，保存文档为“PSD 文件\第 3 章\3.4\图 1(正片叠底模式).psd”，如图 3-165 所示。

⑦“颜色加深”模式：降低像素色彩亮度，以显示出绘制的颜色。

图 3-164 “变暗”模式效果

图 3-165 “正片叠底”模式效果

实例：打开“素材\第 3 章\3.4\图 1.jpg”文件，选择“枫叶”画笔工具，模式选择“颜色加深”，不透明度分别设置为 100%、80%和 50%，分别绘制一片红色枫叶，保存文档为“PSD 文件\第 3 章\3.4\图 1(颜色加深模式).psd”，如图 3-166 所示。

⑧“线性加深”模式：使用此模式减小底层的颜色亮度从而反映当前图层的颜色；将查看每个颜色通道中的颜色信息，加暗所有通道的基色，并通过提高其他颜色的亮度来反映混合颜色，与白色混合后不产生任何的变化。

实例：打开“素材\第 3 章\3.4\图 1.jpg”文件，选择“枫叶”画笔工具，模式选择“线性加深”，不透明度分别设置为 100%、80%和 50%，分别绘制一片红色枫叶，保存文档为“PSD 文件\第 3 章\3.4\图 1(线性加深模式).psd”，如图 3-167 所示。

⑨“深色”模式：使用此模式以当前图像饱和度为依据，直接覆盖底层图像中暗调区域

图 3-166 “颜色加深”模式效果

图 3-167 “线性加深”模式效果

的颜色；底层图像中包含的亮度信息不变，以当前图像中的暗调信息所取代，从而得到最终效果。Photoshop CS6“深色”模式可反映背景较亮图像中暗部信息的表现，暗调颜色取代亮部信息。

实例：打开“素材\第 3 章\3.4\图 1.jpg”文件，选择“枫叶”画笔工具，模式选择“深色”，不透明度分别设置为 100%、80%和 50%，分别绘制一片红色枫叶，保存文档为“PSD 文件\第 3 章\3.4\图 1(深色模式).psd”，如图 3-168 所示。

⑩ “变亮”模式：使用此模式，选择底色或绘制颜色中较亮的像素作为结果颜色，较暗的像素被较亮的像素取代，而较亮的像素不变。

实例：打开“素材\第 3 章\3.4\图 1.jpg”文件，选择“枫叶”画笔工具，模式选择“变亮”，不透明度分别设置为 100%、80%和 50%，分别绘制一片红色枫叶，保存文档为“PSD 文件\第 3 章\3.4\图 1(变亮模式).psd”，如图 3-169 所示。

图 3-168 “深色”模式效果

图 3-169 “变亮”模式效果

⑪ “滤色”模式：Photoshop CS6“滤色”模式与“正片叠底”模式正好相反，它将图像的上层颜色与下层颜色结合起来产生比两种颜色都浅的第三种颜色，可以理解为将绘制的颜色与底色的互补色相乘，然后除以 255 得到的混合效果。通过“滤色”模式转换后的颜色通常很浅，像是被漂白一样，Photoshop CS6 最后得到的总是较亮的颜色。

实例：打开“素材\第 3 章\3.4\图 1.jpg”文件，选择“枫叶”画笔工具，模式选择“滤色”，不透明度分别设置为 100％、80％和 50％，分别绘制一片红色枫叶，保存文档为“PSD 文件\第 3 章\3.4\图 1(滤色模式).psd”，如图 3-170 所示。

⑫ “颜色减淡”模式：此模式将通过减少上下图层中像素的对比度来提高图像的亮度。

实例：打开“素材\第 3 章\3.4\图 1.jpg”文件，选择“枫叶”画笔工具，模式选择“颜色减淡”，不透明度分别设置为 100％、80％和 50％，分别绘制一片红色枫叶，保存文档为“PSD 文件\3.4\第 3 章\图 1(颜色减淡模式).psd”，如图 3-171 所示。

图 3-170 “滤色”模式效果

图 3-171 “颜色减淡”模式效果

⑬ “线性减淡(添加)”模式：此模式与“线性加深”模式的作用正好相反，它通过加亮所有通道的基色，并通过降低其他颜色的亮度来反映混合颜色，对于黑色将不发生任何变化。

实例：打开“素材\第 3 章\3.4\图 1.jpg”文件，选择“枫叶”画笔工具，模式选择“线性减淡(添加)”，不透明度分别设置为 100%、80%和 50%，分别绘制一片红色枫叶，保存文档为“PSD 文件\第 3 章\3.4\图 1(线性减淡-添加模式).psd”，如图 3-172 所示。

⑭ “浅色”模式：此模式与“深色”模式正好相反。“浅色”模式可影响背景较暗图像中的亮部信息的表现，以高光颜色取代暗部信息。

实例：打开“素材\第 3 章\3.4\图 1.jpg”文件，选择“枫叶”画笔工具，模式选择“浅色”，不透明度分别设置为 100%、80%和 50%，分别绘制一片红色枫叶，保存文档为“PSD 文件\第 3 章\3.4\图 1(浅色模式).psd”，如图 3-173 所示。

图 3-172 “线性减淡(添加)”模式效果

图 3-173 “浅色”模式效果

⑮“叠加”模式：此模式是将绘制的颜色与底色相互叠加，也就是说把图像的下层颜色与上层颜色相混合，提取基色的高光和阴影部分，产生一种中间色。下层不会被取代，而是和上层相互混合来显示图像的亮度和暗度。

实例：打开“素材\第 3 章\3.4\图 1.jpg”文件，选择“枫叶”画笔工具，模式选择“叠加”，不透明度分别设置为 100%、80%和 50%，分别绘制一片红色枫叶，保存文档为“PSD 文件\第 3 章\3.4\图 1(叠加模式).psd”，如图 3-174 所示。

⑯“柔光”模式：此模式会产生柔光照射的效果。此模式是根据绘图色的明暗来决定图像的最终效果是变亮还是变暗的。如果上层颜色比下层颜色更亮一些，那么最终将更亮；如果上层颜色比下层颜色的像素更暗一些，那么最终颜色将更暗，使 Photoshop CS6 图像的亮度反差增大。

图 3-174 “叠加”模式效果

实例：打开“素材\第 3 章\3.4\图 1.jpg”文件，选择“枫叶”画笔工具，模式选择“柔光”，不透明度分别设置为 100%、80%和 50%，分别绘制一片红色枫叶，保存文档为“PSD 文件\第 3 章\3.4\图 1(柔光模式).psd”，如图 3-175 所示。

图 3-175 “柔光”模式效果

⑰“强光”模式：此模式与“柔光”模式类似，即将下面图层中的灰度值与上面图层进行处理，所不同的是其产生的效果就像一束强光照射在图像上一样。

实例：打开“素材\第 3 章\3.4\图 1.jpg”文件，选择“枫叶”画笔工具，模式选择“强光”，不透明度分别设置为 100%、80%和 50%，分别绘制一片红色枫叶，保存文档为“PSD 文件\第 3 章\3.4\图 1(强光模式).psd”，如图 3-176 所示。

⑱“亮光”模式：此模式根据绘图色增加或减小对比度来加深或减淡颜色，具体取决于混合色。如果混合色比 50%的灰度亮，图像通过降低对比度来加亮图像；反之，通过提高对比度来使图像变暗。

图 3-176 “强光”模式效果

实例：打开“素材\第 3 章\3.4\图 1.jpg”文件，选择“枫叶”画笔工具，模式选择“亮光”，不透明度分别设置为 100%、80%和 50%，分别绘制一片红色枫叶，保存文档为“PSD 文件\第 3 章\3.4\图 1(亮光模式).psd”，如图 3-177 所示。

图 3-177 “亮光”模式效果

⑲ “线性光”模式：此模式是通过增加或降低当前层颜色亮度来加深或减淡颜色。若当前图层颜色比 50%的灰度亮，图像通过增加亮度使整体变亮；若当前图层颜色比 50%的灰度暗，图像会降低亮度使整体变暗。

实例：打开“素材\第 3 章\3.4\图 1.jpg”文件，选择“枫叶”画笔工具，模式选择“线性光”，不透明度分别设置为 100%、80%和 50%，分别绘制一片红色枫叶，保存文档为“PSD 文件\第 3 章\3.4\图 1(线性光模式).psd”，如图 3-178 所示。

⑳ “点光”模式：此模式通过置换颜色像素来混合图像。如果混合色比 50%的灰度亮，比图像暗的像素会被替换，而比源图像亮的像素无变化；反之，比原图像亮的像素会被替

图 3-178 “线性光”模式效果

换，而比图像暗的像素无变化。

实例：打开“素材\第 3 章\3.4\图 1.jpg”文件，选择“枫叶”画笔工具，模式选择“点光”，不透明度分别设置为 100%、80%和 50%，分别绘制一片红色枫叶，保存文档为“PSD 文件\第 3 章\3.4\图 1(点光模式).psd”，如图 3-179 所示。

图 3-179 “点光”模式效果

㉑ “实色混合”模式：此模式将两个图层叠加后，当前层产生很强的硬性边缘，将原本逼真的图像以色块的方式表现。该模式可增加颜色的饱和度，使图像产生色调分离的效果。

实例：打开“素材\第 3 章\3.4\图 1.jpg”文件，选择“枫叶”画笔工具，模式选择“实色混合”，不透明度分别设置为 100%、80%和 50%，分别绘制一片红色枫叶，保存文档为“PSD 文件\第 3 章\3.4\图 1(实色混合模式).psd”，如图 3-180 所示。

㉒ “差值”模式：此模式将当前图层的颜色与下方图层的颜色的亮度进行对比，用较亮颜色的像素值减去较暗颜色的像素值，所得差值就是最后的像素值。

图 3-180 “实色混合”模式效果

实例：打开“素材\第 3 章\3.4\图 1.jpg”文件，选择“枫叶”画笔工具，模式选择“差值”，不透明度分别设置为 100%、80%和 50%，分别绘制一片红色枫叶，保存文档为“PSD 文件\第 3 章\3.4\图 1(差值模式).psd”，如图 3-181 所示。

图 3-181 “差值”模式效果

㉓“排除”模式：此模式与差值模式相似，但是具有高对比度、低饱和度的特点，比差值模式的效果要柔和、明亮一些。其中与白色混合将反转“基色”值，而与黑色混合则不发生变化。其实无论是“差值”模式还是“排除”模式，都能使人物或自然景色图像产生更真实或更吸引人的视觉冲击。

实例：打开“素材\第 3 章\3.4\图 1.jpg”文件，选择“枫叶”画笔工具，模式选择“排除”，不透明度分别设置为 100%、80%和 50%，分别绘制一片红色枫叶，保存文档为“PSD 文件\第 3 章\3.4\图 1(排除模式).psd”，如图 3-182 所示。

图 3-182 “排除”模式效果

㉔“减去”模式：此模式根据不同的图像，减去图像中的亮部或者暗部，与底层的图像混合。

实例：打开“素材\第 3 章\3.4\图 1.jpg”文件，选择“枫叶”画笔工具，模式选择“减去”，不透明度分别设置为 100%、80%和 50%，分别绘制一片红色枫叶，保存文档为“PSD 文件\第 3 章\3.4\图 1(减去模式).psd”，如图 3-183 所示。

图 3-183 “减去”模式效果

㉕“划分”模式：此模式将图像划分为不同的色彩区域，与底层图像混合，产生较亮的类似于色调分离后的图像效果。

实例：打开“素材\第 3 章\3.4\图 1.jpg”文件，选择“枫叶”画笔工具，模式选择“划分”，不透明度分别设置为 100%、80%和 50%，分别绘制一片红色枫叶，保存文档为“PSD 文件\第 3 章\3.4\图 1(划分模式).psd”，如图 3-184 所示。

图 3-184 “划分”模式效果

㉖“色相”模式：此模式是选择下方图层颜色亮度和饱和度值与当前层的色相值进行混合创建的效果，混合后的亮度及饱和度取决于基色，但色相则取决于当前层的颜色。

实例：打开“素材\第 3 章\3.4\图 1.jpg”文件，选择“枫叶”画笔工具，模式选择“色相”，不透明度分别设置为 100%、80%和 50%，分别绘制一片红色枫叶，保存文档为“PSD 文件\第 3 章\3.4\图 1(色相模式).psd”，如图 3-185 所示。

图 3-185 “色相”模式效果

㉗“饱和度”模式：此模式的作用方式与“色相”模式相似，它只用上层颜色的饱和度值进行着色，而使色相值和亮度值保持不变。下层颜色与上层颜色的饱和度值不同时，才能使用描绘颜色进行着色处理。

实例：打开“素材\第 3 章\3.4\图 1.jpg”文件，选择“枫叶”画笔工具，模式选择“饱和度”，不透明度分别设置为 100%、80%和 50%，分别绘制一片红色枫叶，保存文档为“PSD 文件\第 3 章\3.4\图 1(饱和度模式).psd”，如图 3-186 所示。

图 3-186 “饱和度”模式效果

㉘“颜色”模式：此模式使用基色的明度以及混合色的色相和饱和度创建结果，能够使用“混合色”颜色的饱和度值和色相值同时进行着色，这样可以保护图像的灰色色值，但混合后的整体颜色由当前混合色决定。“颜色”模式可以看成是“饱和度”模式和“色相”模式的综合效果。该模式能够使灰色图像的阴影或轮廓透过着色的颜色显示出来，掺和某种色彩化的效果。

实例：打开“素材\第 3 章\3.4\图 1.jpg”文件，选择“枫叶”画笔工具，模式选择“颜色”，不透明度分别设置为 100%、80%和 50%，分别绘制一片红色枫叶，保存文档为“PSD 文件\第 3 章\3.4\图 1(颜色模式).psd”，如图 3-187 所示。

图 3-187 “颜色”模式效果

㉙“明度”模式：此模式能够使用“混合色”颜色的亮度值进行着色，而保持上层颜色的饱和度和色相数值不变。其他则用上层中的“色相”和“饱和度”以及“混合色”的亮度对比度

来得到最终结果。“明度”模式得到的效果与“颜色”模式得到的效果相反。

实例：打开“素材\第3章\3.4\图1.jpg”文件，选择“枫叶”画笔工具，模式选择“明度”，不透明度分别设置为100%、80%和50%，分别绘制一片红色枫叶，保存文档为“PSD文件\第3章\3.4\图1(明度模式).psd”，如图3-188所示。

图3-188 “明度”模式效果

(5)“不透明度” 不透明度：100%：可设定画笔的“不透明度”，该选项用于设置画笔颜色的透明程度，取值在0%～100%，值越大，画笔颜色的不透明度越高，值为0%时，画笔是透明的。

(6)“绘图板压力控制不透明度”按钮：单击该按钮时，始终对“不透明度”使用压力，再次单击该按钮时，“预设画笔”控制压力。

(7)“流量” 流量：100%：此选项设置与不透明度有些类似，指画笔颜色的喷出浓度，不同之处在于不透明度是指整体颜色的浓度，而流量是指画笔颜色的浓度。

(8)“启用喷枪模式”按钮：单击该按钮，表示选中喷枪效果，再次单击该按钮，表示取消喷枪效果。

3.4.2 绘图工具

Photoshop CS6的绘图工具很多，下面介绍主要的几种。

1. 画笔工具

画笔工具可以绘制出比较柔和的线条，其效果如同用毛笔画出的线条。画笔工具类似于现实生活中的毛笔，它使用前景色绘制图像，还可以修改蒙版和通道等。

1) 画笔工具的使用方法

(1) 新建一个空白文档。

(2) 在工具箱中选择“画笔工具”。

(3) 设置“画笔工具”选项栏。

(4) 设置前景色。

(5) 在文档中单击鼠标左键，可以绘制一个点。按下鼠标左键不放，然后拖动鼠标，可以绘制曲线。单击鼠标，绘制一个点，然后按住 Shift 键，再绘制出另一个点，此时，两个点之间则以直线连接。

按住 Shift 键，然后再按下鼠标左键，并拖动鼠标，即可画出一条直线，如图 3-189 所示。

注： *按住 Shift 键还可以绘制水平、垂直或以 45 度角为增量的直线。*

2) 新建和自定义画笔

为了满足绘图的需要，用户可以建立新画笔进行图形绘制。

方法：选择“窗口”→“画笔”命令，打开“画笔”面板，如图 3-190 所示。

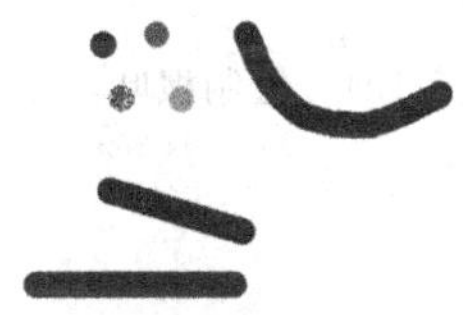

图 3-189 “画笔工具”的使用

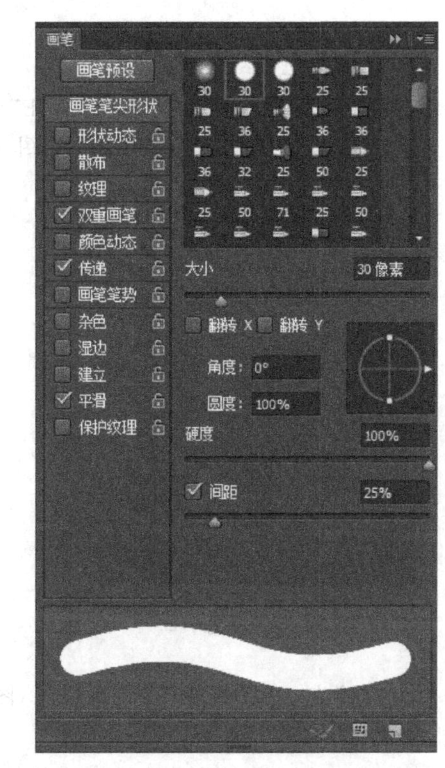

图 3-190 “画笔”面板

首先对“画笔笔尖形状”“大小”“硬度”和“间距”等进行设置，然后单击“画笔”面板右上角的小三角按钮打开“画笔”面板菜单，选择“新建画笔预设”命令或者单击“画笔”面板右下角的“创建新画笔”按钮，打开“画笔名称”对话框，如图 3-191 所示。输入名称，单击“确定”按钮即可。

图 3-191 “画笔名称”对话框

3）实例：利用“画笔工具”绘制图画

操作步骤如下：

（1）打开“素材\第3章\3.4\图2.jpg”文件，如图3-192所示。

（2）选择“画笔工具”，设置其选项栏，在“画笔预设选取器”中选择“草”样式。

（3）设置前景色为绿色。

（4）在树根处左右拖动，绘制小草图案，如图3-193所示。

（5）再设置前景色为红色。

（6）选择“画笔工具”，设置其选项栏，在“画笔预设选取器”中选择“散布枫叶”样式，绘制枫叶，如图3-194所示。

图3-192 “图2.jpg”文件

图3-193 绘制小草

图3-194 绘制枫叶

（7）保存文档为“PSD文件\第3章\3.4\图2.psd”。

2. 铅笔工具

画笔工具可以绘制带有柔边效果的线条，而铅笔工具只能绘制硬边线条，如同平常使用铅笔绘制的图形一样。铅笔工具可以设置不透明度和色彩混合模式选项。另外还有一个“自动擦除”复选框，其作用是：当它被选中后，铅笔工具即实现擦除的功能，也就是说，在与前景色颜色相同的图像区域中绘图时，会自动擦除前景色而填入背景色。

使用方法同画笔工具，在此不再赘述。

3. 图章工具

图章工具分为两类：仿制图章工具和图案图章工具。仿制图章工具能够将一幅图像的全部或部分复制到同一幅图或其他图像中；图案图章工具可以将定义的图案内容复制到同一幅图或其他图像中。

1）仿制图章工具

实例：利用“仿制图章工具”绘制郁金香。

操作步骤如下：

（1）打开“素材\第3章\3.4\图3.jpg”文件，如图3-195所示。

图 3-195 “图 3.jpg”文件

(2) 选择“仿制图章工具”，设置其选项栏，如图 3-196 所示。

68 模式：正常 不透明度：100% 流量：100% 对齐 样本：当前图层

图 3-196 “仿制图章工具”选项栏

- 切换“仿制源”面板：可以打开或关闭“仿制源”面板。
- 对齐：选中该复选框，可以连续对像素进行取样；取消选中该复选框，则每单击一次鼠标，都使用初始取样点中的样本像素，因此，每次单击都被视为是另一次复制。
- 样本：用于选择从指定的图层中进行数据取样。选择“当前图层”只从当前使用的图层中取样。选择“当前和下方图层”从当前图层和下方的可见图层中取样。选择“所有图层”从所有可见图层中取样。如果要从调整图层以外的所有可见图层中取样，可以选择“所有图层”，然后单击右侧的“忽略调整图层”按钮。

关于选项栏中的其他选项，与“画笔工具”的工具选项栏中的相关选项相同。

(3) 取样。使用“仿制图章工具”可以复制图像中的任意一部分或者整个图像，因此，要从图像中的哪一点开始复制，就将光标移动到那一点，然后按住 Alt 键，再单击鼠标左键，最后松开 Alt 键，即可完成图片的仿制取样。

(4) 复制图像。将光标移动到本文档中要复制的位置，或者其他文档中要复制的位置，按下鼠标左键拖动，即可复制图像，如图 3-197 所示。

图 3-197 复制图像后的效果

注：

① 取样后，按下鼠标左键，并拖动鼠标进行涂抹，即可将复制的图像应用到当前位置。与此同时，画面中将会出现一个圆形光标和一个十字形光标，圆形光标是正在涂抹的区域，该区域的内容是从十字形光标所在位置的图像上复制来的。在操作时，两个光标始终保持着相同的距离，只需观察十字形光标位置的图像，便知道将要涂抹出什么样的图像内容了。

② 使用"仿制"图章工具时，可以选用不同大小的画笔进行操作。此外，将一幅图像中的内容复制到其他图像时，这两幅图像的颜色模式必须是相同的。

2）图案图章工具

实例：利用"图案图章工具"绘制金鱼。

操作步骤如下：

（1）定义图章图案。打开"素材\第 3 章\3.4\图 4.jpg"文件，利用"矩形选框工具"选择金鱼，如图 3-198 所示。选择"编辑"→"定义图案"命令，打开"图案名称"对话框，输入名称"金鱼 1"，如图 3-199 所示。

图 3-198 矩形选区

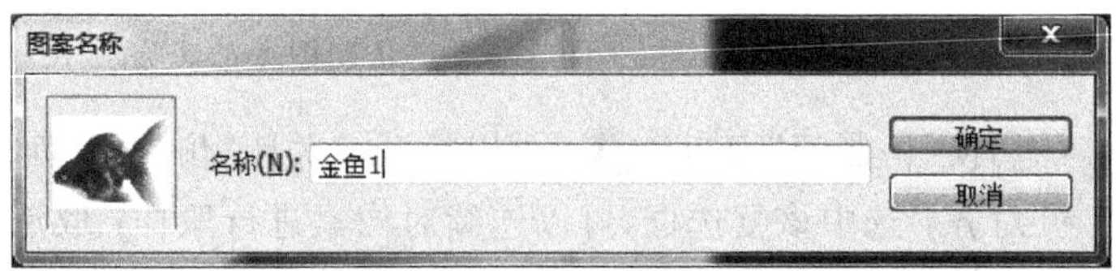

图 3-199 "图案名称"对话框

同理，定义图章图案"金鱼 2""金鱼 3""金鱼 4"和"金鱼 5"，如图 3-200 所示。

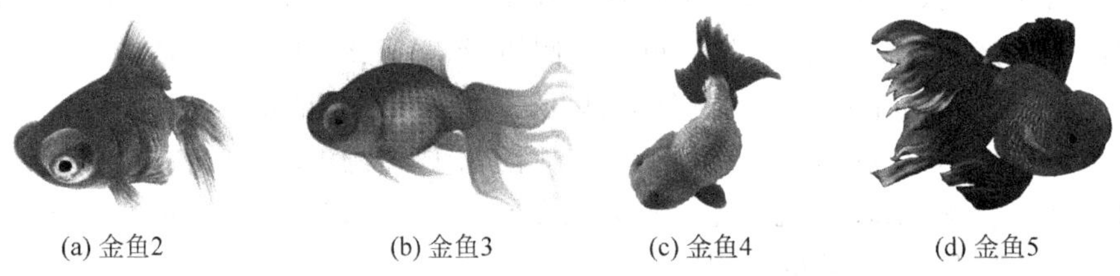

图 3-200 定义的图章图案

（2）新建一个 50 厘米×30 厘米的空白文档。

（3）新建一个透明图层，命名为金鱼 1。

（4）选择"图案图章工具"，设置其选项栏，选择合适的画笔大小和硬度值，然后单击"点按可打开'图案'拾色器"区域，打开"'图案'拾色器"，选择前面定义的定义"金鱼 1"图案，如图 3-201 所示。

（5）按住鼠标左键拖动绘制，并调整图像大小，如图 3-202 所示。

（6）同理，绘制金鱼 2、金鱼 3、金鱼 4 和金鱼 5 图案，并调整好图案的大小。最终效果如图 3-203 所示。

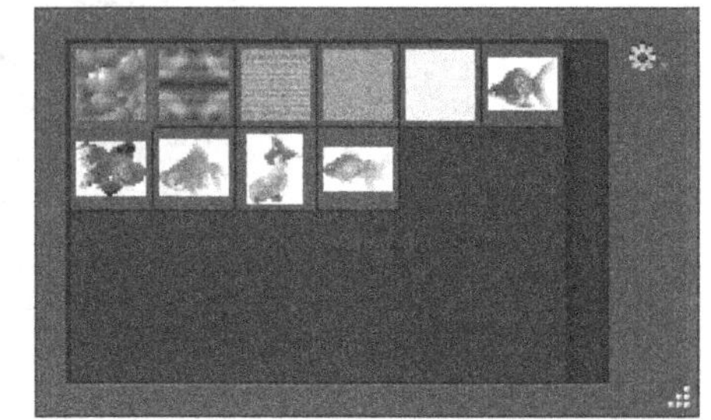

图 3-201 "图案"拾色器

图 3-202　绘制图案“金鱼 1”

图 3-203　最终效果图

4. 橡皮擦工具

橡皮擦工具用于擦除图像颜色，并在擦除的位置上填入背景色，如图 3-204 所示。如果擦除的内容是透明的图层，那么擦除后会变为透明。

图 3-204　“橡皮擦工具”擦除图像

使用“橡皮擦工具”时，可以在其选项栏中设置不透明度，在“模式”下拉列表中选择“画笔”“铅笔”或“块”的擦除方式。

5. 背景橡皮擦工具

背景橡皮擦工具与橡皮擦工具一样，用来擦除图像中的颜色，但两者有所区别，即背景橡皮擦工具在擦除颜色后不会填上背景色，而是将擦除的内容变为透明。如果所擦除的图层是背景层，那么使用背景橡皮擦工具擦除后，会自动将背景层变为不透明的层，如图 3-205 所示。

6. 魔术橡皮擦工具

魔术橡皮擦工具与橡皮擦工具的功能一样，可以用来擦除图像中颜色，但该工具有其独特之外，即使用它可以擦除一定容差范围内的相邻颜色，擦除颜色后不会以背景色来取代擦除颜色，最后也会变成为一透明图层，如图 3-206 所示。

图 3-205　“背景橡皮擦工具”擦除图像

图 3-206　“魔术橡皮擦工具”擦除图像

在“魔术橡皮擦工具”的选项栏中，可以设置“容差”“消除锯齿”“连续”“对所有图层取样”和“不透明度”等选项。

7. 渐变工具

使用“渐变工具”可以创建多种颜色间的逐渐混合效果，实质上就是在图像中或图像的某一区域中填入一种具有多种颜色过渡的混合色。

1）“渐变工具”选项栏

选择“渐变工具”后，需要在其选项栏中选择一种渐变类型，并设置好渐变颜色和混合模式等选项，然后在画布中按下鼠标左键并拖动它，进行填充渐变颜色。“渐变工具”选项栏如图 3-207 所示。

图 3-207 “渐变工具”选项栏

（1）点按可编辑渐变：直接单击“点按可编辑渐变”按钮，打开“渐变编辑器”对话框，如图 3-208 所示。在该对话框中可以编辑渐变颜色或者保存渐变。

图 3-208 “渐变编辑器”对话框

通过“渐变编辑器”可以选择需要的现有渐变，也可以创建自己需要的新渐变。

- 预设：显示当前默认的渐变，如果需要使用某个渐变，直接单击即可选择。
- 名称：显示当前选择的渐变名称。也可以创建一个新渐变名称，直接输入一个新的名称，然后单击右侧的“新建”按钮，创建一个新的渐变，新渐变将显示在“预设”栏中。
- 渐变类型：从弹出的菜单中选择渐变的类型，包括“实底”和“杂色”两个选项。
- 平滑度：设置渐变颜色的过渡平滑，值越大，过渡越平滑。
- 渐变条：显示当前渐变效果，并可以通过下方的色标和上方的不透明度色标来编辑渐变。渐变条中最左侧的色标代表了渐变的起点颜色，最右侧的色标代表了渐变的终点颜色。

若单击“点按可编辑渐变”右侧的按钮▾，可以打开渐变下拉面板，如图 3-209 所示。

在渐变下拉面板中保存有一些预设的渐变效果，如果想使用某个渐变效果，单击那个图标即可。单击渐变下拉面板右上角的按钮⚙，可以打开面板菜单，如图 3-210 所示。

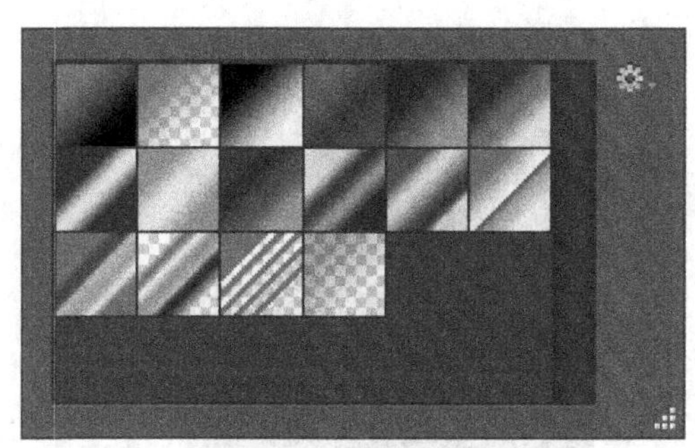

图 3-209　渐变下拉面板

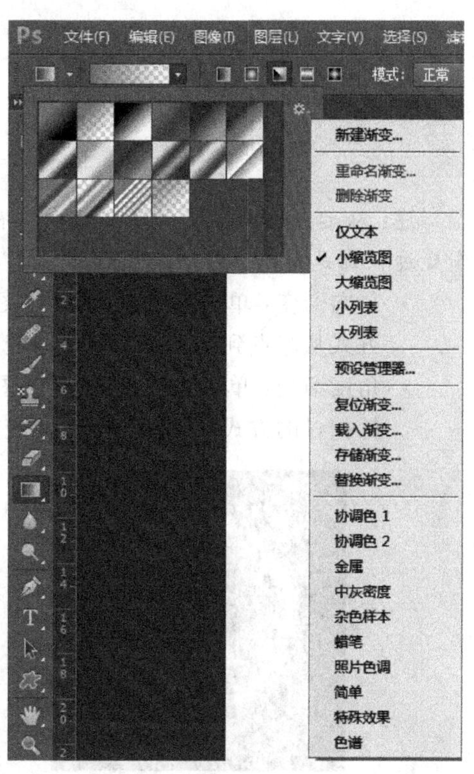

图 3-210　渐变下拉面板菜单

渐变下拉面板菜单主要命令如下。

- 新建渐变：选择该命令，将打开“渐变名称”对话框，可以为当前渐变输入一个名称，然后单击“确定”按钮，即可将当前渐变保存到渐变面板中，以创建新的渐变效果。
- 重命名渐变：为渐变重新命名。在渐变下拉面板中选择一种渐变，然后选择该命令，在打开的“渐变名称”对话框中输入新的渐变名称即可。如果没有选择渐变，该命令将处于灰色的不可用状态。
- 删除渐变：用于删除不需要的渐变。在渐变下拉面板中选择一种渐变，然后选择该命令，即可将选择的渐变删除。
- 预设管理器：选取该命令，将打开“预设管理器”对话框，可以对渐变预设进行管理。
- 载入渐变：可以将其他的渐变效果添加到当前的渐变下拉面板中。
- 存储渐变：将设置好的渐变样式保存到硬盘中，供以后调用。

(2) 渐变类型：在“渐变工具”选项栏中包含了五种渐变类型：线性渐变、径向渐变、角度渐变、对称渐变和菱形渐变等，如图 3-211 所示。

- 线性渐变▣：单击该按钮，然后在图像或选区中按下鼠标左键，拖动鼠标，即可从起点到终点产生直线型渐变效果，如图 3-212 所示。

图 3-211　渐变类型

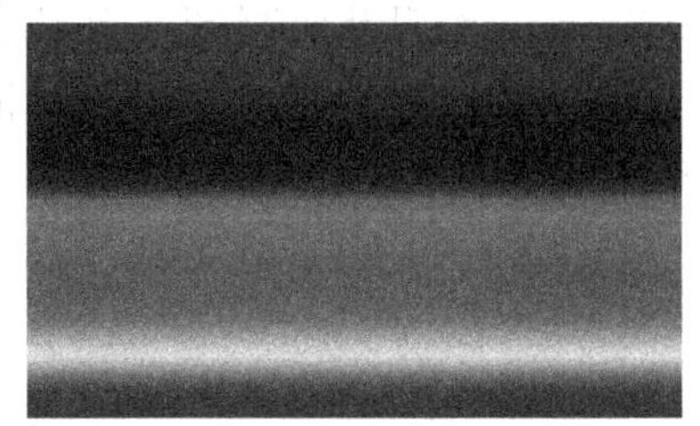

图 3-212　线性渐变

注：从起点到终点的位置或者方向不同，产生的直线型渐变效果又有所不同，但它们的渐变过程都是直线型的。

- 径向渐变：单击该按钮，然后在图像或选区中按下鼠标左键，拖动鼠标，即可以圆形方式从起点到终点产生环形渐变效果，如图 3-213 所示。
- 角度渐变：单击该按钮，然后在图像或选区中按下鼠标左键，拖动鼠标，即可以逆时针扫过的方式围绕起点产生渐变效果，如图 3-214 所示。

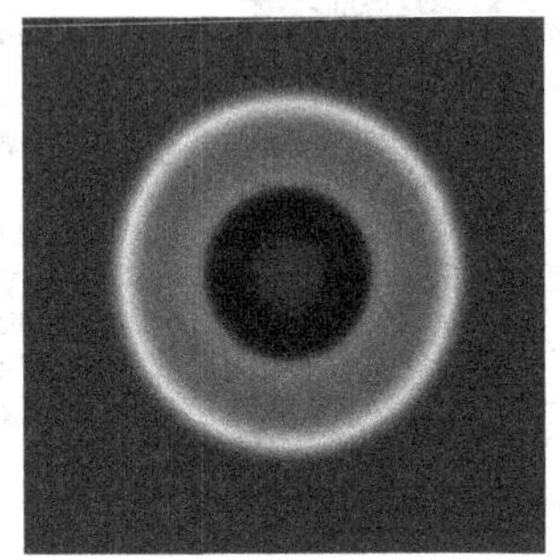

图 3-213　径向渐变

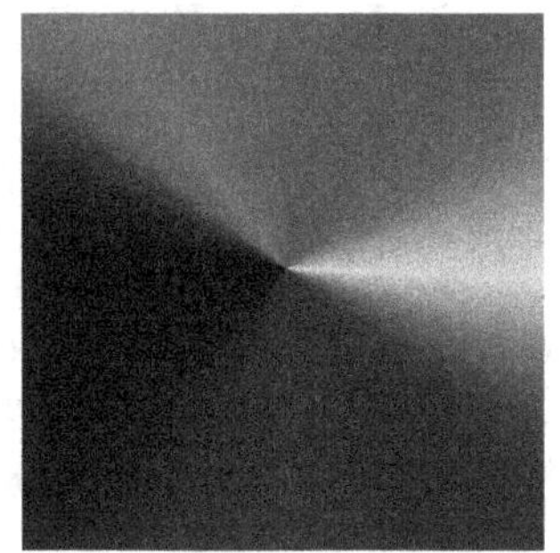

图 3-214　角度渐变

- 对称渐变：单击该按钮，然后在图像或选区中按下鼠标左键，拖动鼠标，即可从起点的两侧产生对称渐变效果，如图 3-215 所示。
- 菱形渐变：单击该按钮，然后在图像或选区中按下鼠标左键，拖动鼠标，即可从起点向外形成菱形的渐变效果，如图 3-216 所示。

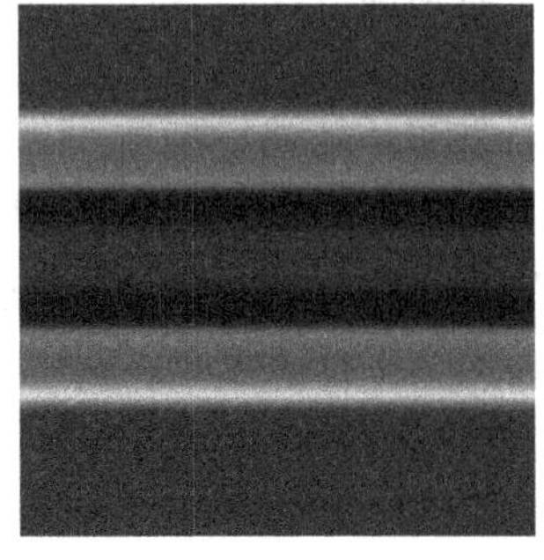

图 3-215　对称渐变

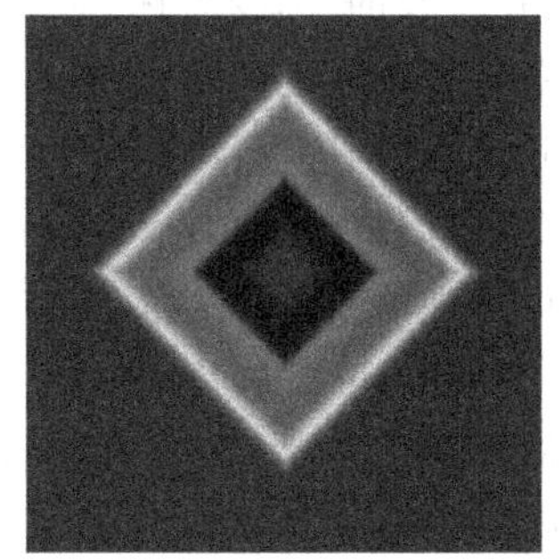

图 3-216　菱形渐变

(3) 模式：设置渐变填充与背景图片的混合模式，与“画笔工具”选项栏的模式相同，在此不再赘述。

(4) 不透明度：设置渐变填充颜色的不透明程度，值越小越透明。

(5) 反向：选中该复选框，可以将编辑的渐变颜色的顺序反转过来。例如“红蓝渐变”变成“蓝红渐变”。

(6) 仿色：选中该复选框，可以使渐变颜色间产生较为平滑的过渡效果。主要用于防止打印时出现条带化现象，但在屏幕上并不能明显地体现出其作用。

(7) 透明区域：主要用于对透明渐变的设置。选中该复选框，当编辑透明渐变时，填充的渐变将产生透明效果。如果取消选中该复选框，填充的透明渐变将不会出现透明效果，而是产生了实色渐变。

2) 实例 1：利用“渐变工具”绘制立体圆柱体和球体

操作步骤如下：

(1) 新建一个 50 厘米×30 厘米的空白文档。

(2) 设置背景：将前景色设置为白色，背景色设置为黑色，选择“渐变工具”，选择“前景色到背景色渐变”，选择“线性渐变”类型，按住 Shift 键，由下向上拖动鼠标，背景效果如图 3-217 所示。

(3) 绘制圆柱体。新建一个图层，名称为“圆柱体”，利用“矩形选框工具”和“椭圆选框工具”绘制选区(羽化值均为 0 像素)，如图 3-218 所示。

图 3-217　背景效果

图 3-218　绘制矩形和椭圆选区

(4) 选择“渐变工具”，打开“渐变编辑器”对话框，设置“黑-白-灰-黑”渐变色(即在最左边设置黑色，三分之一处设置白色，三分之二处设置灰色，最右边设置黑色)，如图 3-219 所示。单击“确定”按钮。

注：按住 Alt 键，拖动色标块可以增加色标块。

(5) 按住 Shift 键，从左向右拖动鼠标，填充渐变，如图 3-220 所示。

(6) 按 Ctrl+D 快捷键，取消选区。

(7) 绘制圆柱体上部。跟前面的步骤一样，新建一个图层，名称为“圆柱体上部”，选择“椭圆选框工具”(羽化值为 0 像素)，绘制一个椭圆选区，利用“渐变工具”向斜上方拖动鼠标，填充渐变后，取消选区，如图 3-221 所示。

(8) 给圆柱体加一个阴影，使其更逼真。新建一个图层，名称为“圆柱体阴影”，选择“多边形套索工具”，羽化值为 5 像素，绘制一个矩形，阴影大小适当，如图 3-222 所示。

图 3-219　设置“黑-白-灰-黑”渐变色

图 3-220　填充渐变

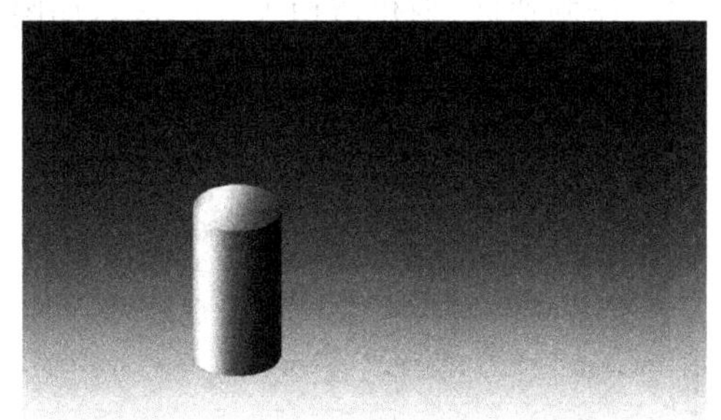

图 3-221　绘制完成的圆柱体

(9) 拖动“圆柱体阴影”图层到“圆柱体”图层的下面。设置前景色为黑色，选择“渐变工具”，选择“前景色到透明渐变”，选择“线性渐变”类型，由靠近圆柱体到远离圆柱体的方向拖动，填充渐变。取消选区，效果如图 3-223 所示。

图 3-222　圆柱体阴影选区

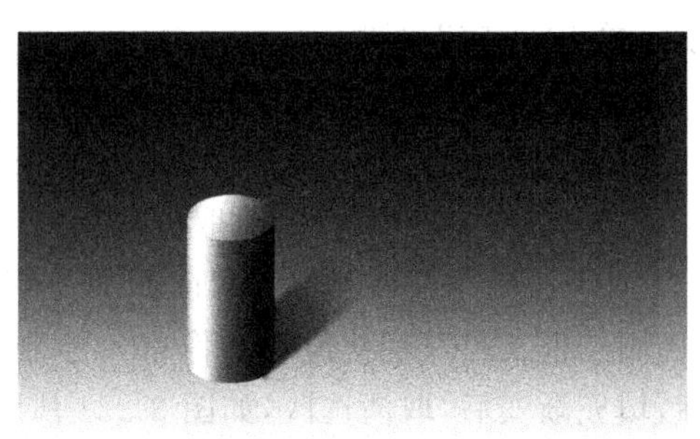

图 3-223　圆柱体阴影

(10) 绘制球体。新建一个图层，名称为“球体”。选择“椭圆选框工具”，设置羽化值为0像素，绘制一个正圆选区，如图3-224所示。

(11) 选择“渐变工具”，设置颜色为“白-灰-白”，方法与上面相同，并将“渐变编辑器”对话框上方的不透明度色标滑块拖动到最右端。选择“径向渐变”类型，从左上到右下拖动鼠标(左上不要太靠近边缘)，填充渐变，如图3-225所示。

图3-224 球体选区

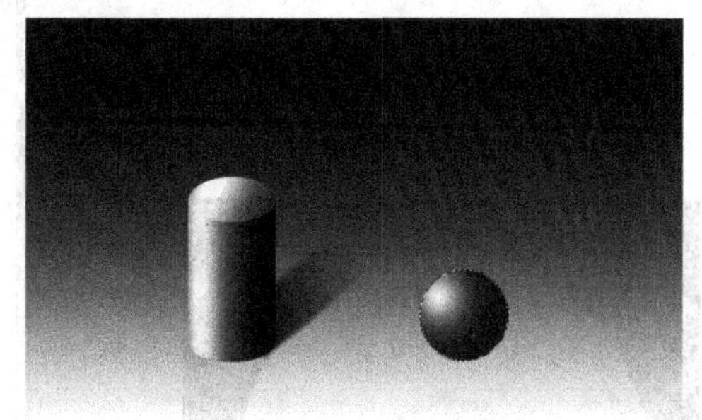

图3-225 填充球体

(12) 给球体加阴影。新建一图层，名称为“球体阴影”，并将“球体阴影”图层拖动到“球体”图层的下方。选择“选择”→“变换选区”命令，右击，在弹出的快捷菜单中选择“扭曲”命令，将选区变形，适合球体阴影即可，如图3-226所示。单击“提交变换”按钮或按Enter键，确认选区变换。

(13) 设置前景色为黑色。选择“渐变工具”，选择“前景色到透明渐变”，选择“线性渐变”类型，由靠近球体到远离球体的方向拖动鼠标，填充渐变。再利用“模糊工具”对球体阴影进行模糊处理，绘制效果图，如图3-227所示。

图3-226 球体阴影选区

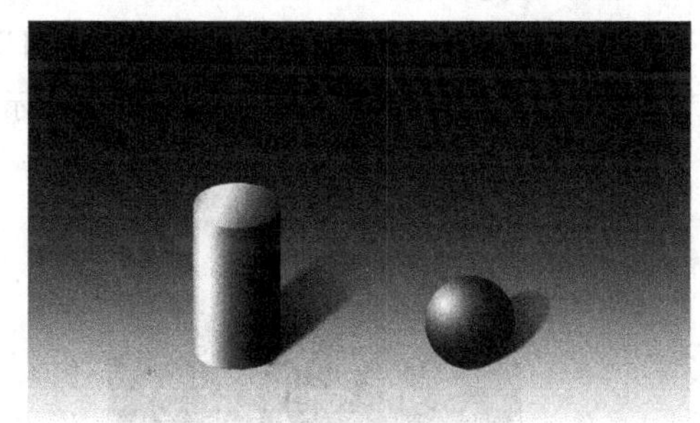

图3-227 绘制效果图

(14) 保存文档为“PSD文件\第3章\3.4\渐变工具实例1.psd”。

3) 实例2：利用渐变工具绘制反光光盘

操作步骤如下：

(1) 新建一个14厘米×14厘米的空白文档，背景色为黑色。

(2) 新建一图层，名称为“光盘图形”。利用标尺放置辅助线；借助辅助线，利用“椭圆选框工具”和“油漆桶工具”绘制光盘图形，如图3-228所示。

(3) 选择“视图”→“显示额外内容”命令，隐藏辅助线。

(4) 选择“渐变工具”，打开“渐变编辑器”对话框，设置“黑-白-黑-白-黑”渐变色(即在最左边设置黑色，四分之一处设置白色，二分之一处设置黑色，四分之三处设置白色，最右边设置黑色)，如图 3-229 所示。单击“确定”按钮。

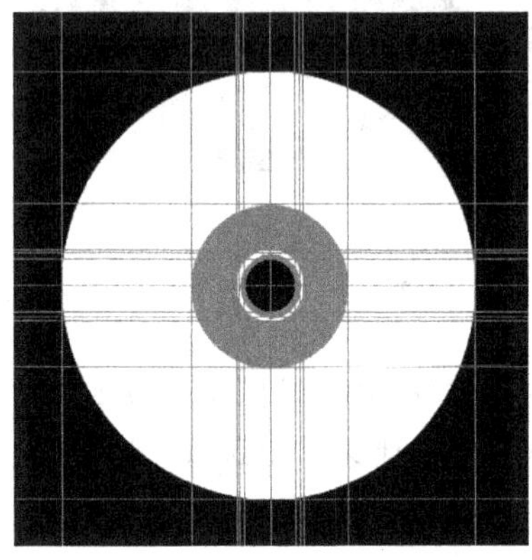

图 3-228　光盘图形

图 3-229　设置黑白渐变色

(5) 在“光盘图形”图层的上方新建一图层，名称为“黑白渐变”，选择“线性渐变”类型，沿垂直方向拖动鼠标，填充渐变，如图 3-230 所示。

(6) 选中“黑白渐变”图层，选择“编辑”→“变换”→“透视”命令，将左侧(或者右侧)的调节点的位置上下对掉，效果如图 3-231 所示。

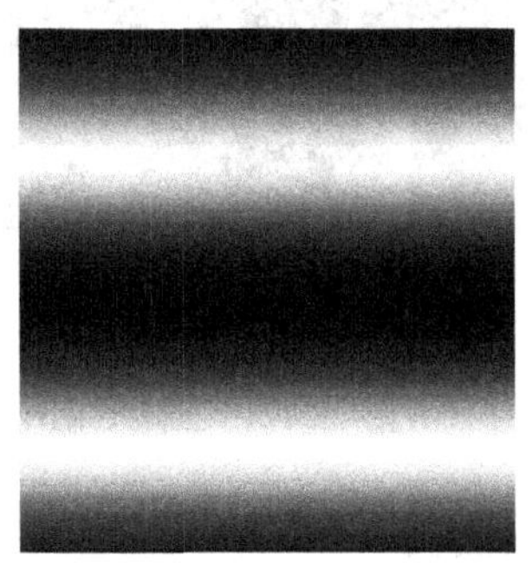

图 3-230　填充黑白渐变

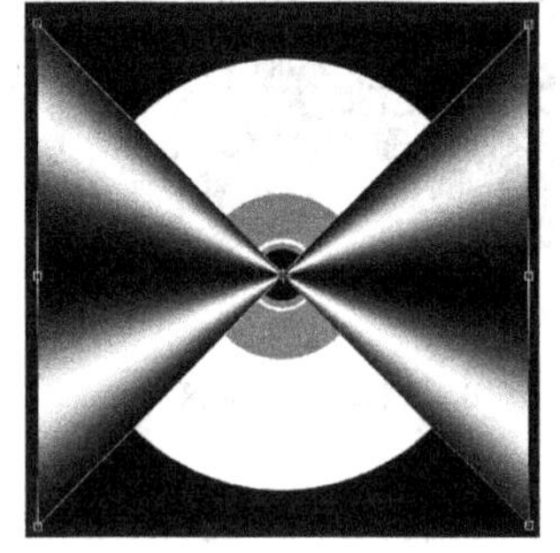

图 3-231　透视变换效果(黑白渐变图层)

(7) 设置渐变色为“紫-黄-绿-蓝-橙-紫”(即在最左边设置紫色，五分之一处设置黄色，五分之二处设置绿色，五分之三处设置蓝色，五分之四处设置橙色，最右边设置紫色)，如图 3-232 所示。单击“确定”按钮。

(8) 再新建一图层，名称为“彩色渐变”，选择“线性渐变”类型，沿水平方向拖动鼠标，填充渐变，如图 3-233 所示。

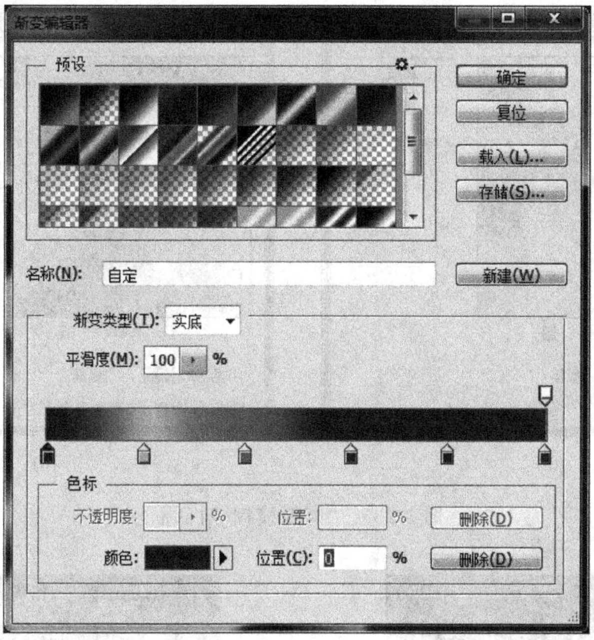

图 3-232　设置彩色渐变

(9) 选中“彩色渐变”图层，选择“编辑”→“变换”→“透视”命令，将上面(或者下面)的调节点的位置左右对掉，效果如图 3-234 所示。

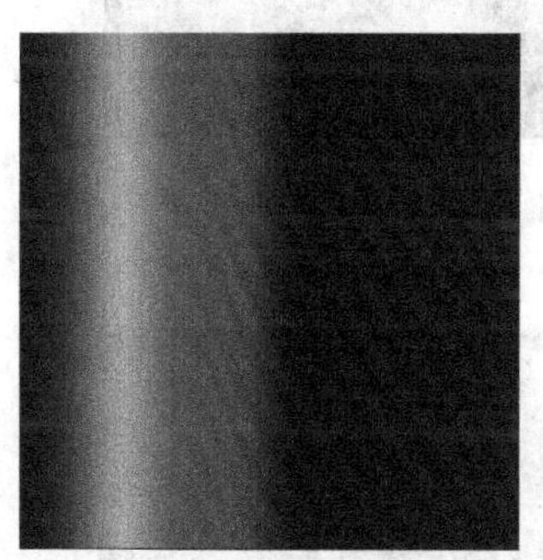

图 3-233　填充彩色渐变

图 3-234　透视变换效果(彩色渐变图层)

(10) 分别对两个渐变图层进行模糊处理。选择“滤镜”→“模糊”→“高斯模糊”命令，打开“高斯模糊”对话框，如图 3-235 所示。经过高斯模糊处理后的效果如图 3-236 所示。

(11) 分别将两渐变图层的“不透明度”降低，以增强反光效果，如图 3-237 所示。

(12) 保存文档为“PSD 文件\第 3 章\3.4\渐变工具实例 2.psd”。

(13) 下面是最终成品效果的制作过程。本文档共设计四个图层，如图 3-238 所示。选择“图层”→“合并可见图层”命令，合并图层，只剩一个背景层，如图 3-239 所示。

(14) 选择“视图”→“显示额外内容”命令，将辅助线显示出来，借助辅助线，利用“椭圆选框工具”选取光盘做选区，如图 3-240 所示。

(15) 选择“视图”→“显示额外内容”命令，将辅助线隐藏。

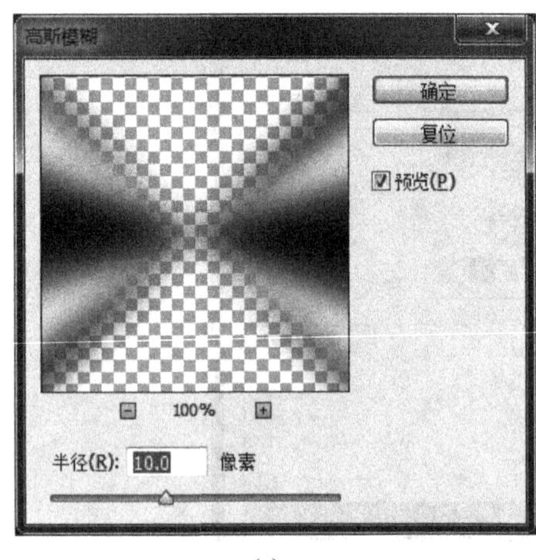

(a)

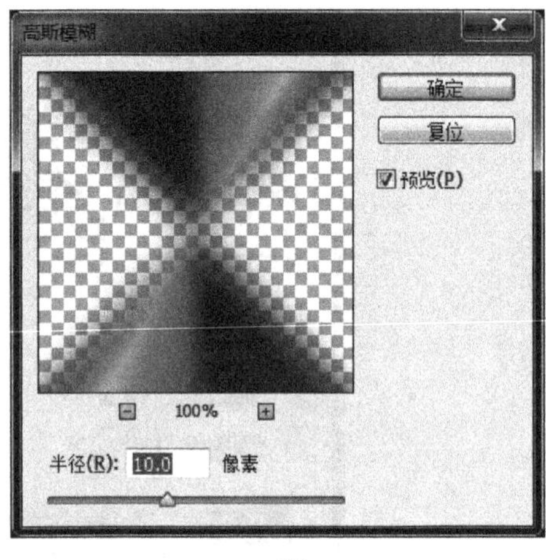

(b)

图 3-235　“高斯模糊”对话框

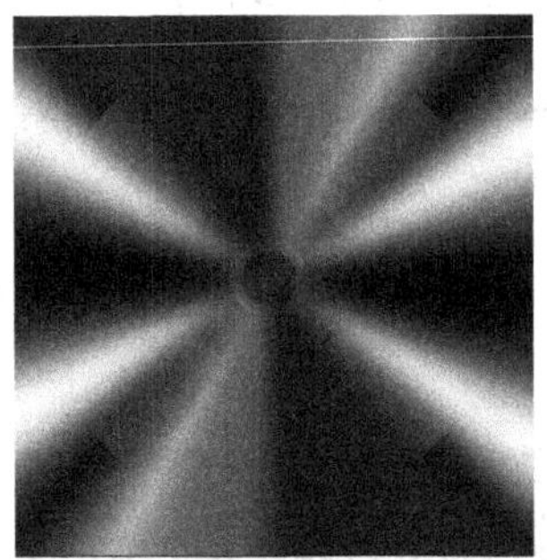

图 3-236　模糊处理后的效果

图 3-237　增强反光效果

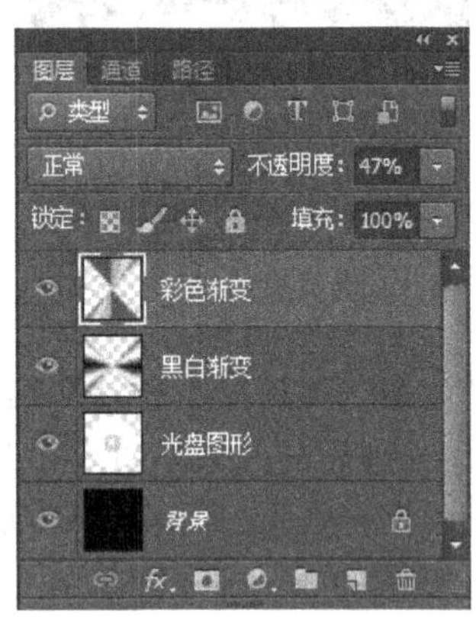

图 3-238　四个图层

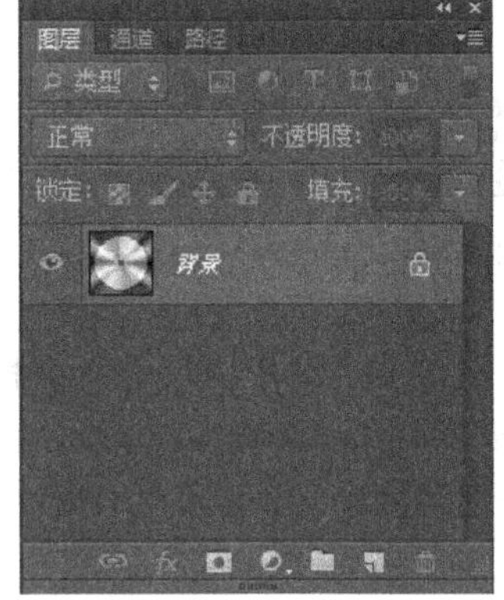

图 3-239　一个背景层

(16) 选择“选择”→“反向”命令或者按 Shift+Ctrl+I 快捷键，进行反选。按 Delete 键，打开“填充”对话框，单击“确定”按钮，删除选区中的内容。按 Ctrl+D 快捷键，取消选区。最终成品效果如图 3-241 所示。

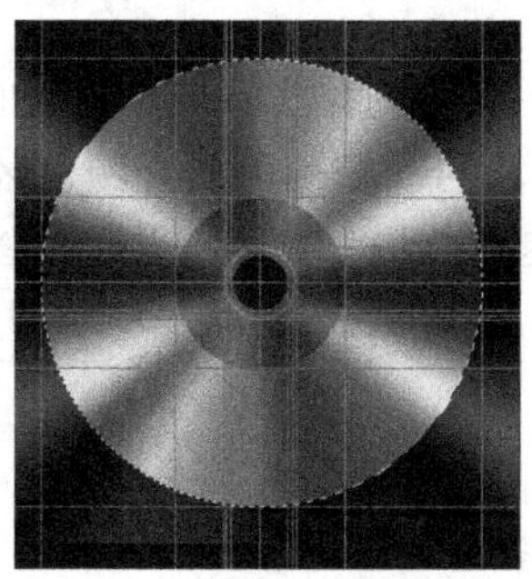
图 3-240　光盘选区

图 3-241　最终成品效果

8. 油漆桶工具

使用"油漆桶工具"可以在图像中填充前景色或图案。如果创建了选区，填充的区域则为所选区域；如果没有创建选区，则填充与鼠标单击点颜色相近的区域。

要使油漆桶工具在填充颜色时更准确，就要在其选项栏中设置好参数。

1) "油漆桶工具"选项栏

"油漆桶工具"选项栏如图 3-242 所示。

前景　模式：颜色　不透明度：100%　容差：50　消除锯齿　连续的　所有图层

图 3-242　"油漆桶工具"选项栏

- 设置填充区域的源 前景 ：单击该选项，可以在下拉列表中选择填充内容，有"前景"和"图案"两种。如果选择了"图案"选项，单击选项右侧的按钮，在弹出的下拉面板中可以选择图案，如图 3-243 所示。

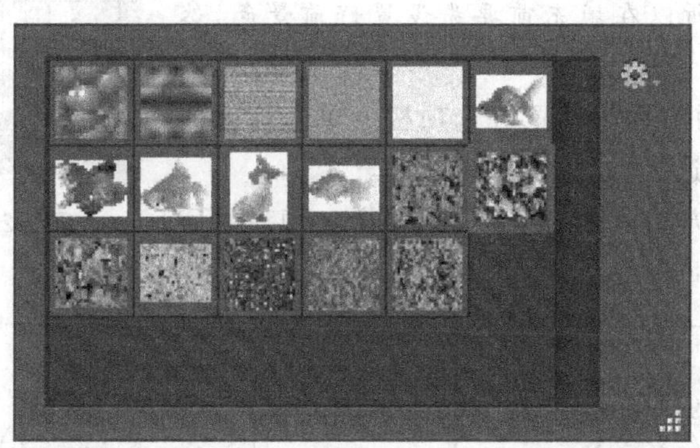
图 3-243　油漆桶工具可填充的图案

- 模式：设置填充颜色或图案与原图像产生的混合模式效果，这与"画笔工具"选项栏中的"模式"作用完全相同，在此不再赘述。
- 不透明度：设置填充颜色或图案的不透明度，可以产生透明的填充效果。
- 容差：设置油漆桶工具的填充范围。低容差只会填充颜色值范围内与单击点像素非常相似的像素，高容差则会填充更大范围内的像素。
- 消除锯齿：选中该复选框，可以使填充的颜色或图案的边缘产生较为平滑的过渡效果。

- 连续的：选中该复选框，油漆桶工具只填充与单击点颜色相同或相近的相邻颜色区域；取消选中该复选框，将填充与单击点颜色相同或相近的所有颜色区域。
- 所有图层：选中该复选框，当进行颜色或图案填充时，将影响当前文档中所有的图层；取消选中该复选框则仅填充当前图层。

2）实例：利用“油漆桶工具”填充颜色

操作步骤如下：

(1) 打开“素材\第3章\3.4\图10.jpg”文件，如图3-244所示。

(2) 利用“魔棒工具”选取鸭子的头、身体和翅膀为选区，如图3-245所示。

图3-244 “图10.jpg”文件

图3-245 鸭子的选区

(3) 设置前景色。打开“色板”面板，如图3-246所示，选择黄色为前景色。

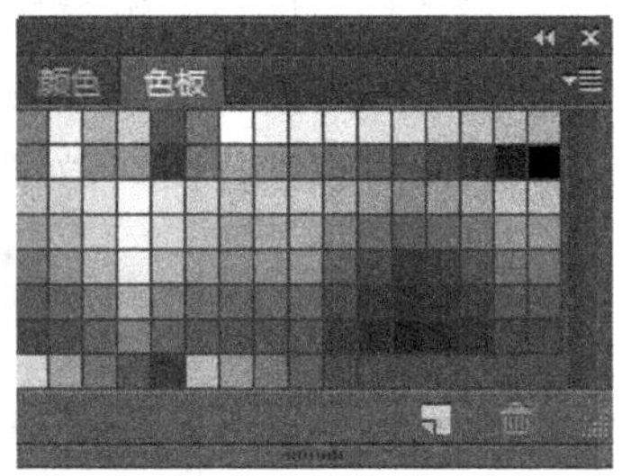

图3-246 “色板”面板

注：在填充颜色时，油漆桶工具所使用的颜色为当前工具箱中的前景色，所以在填充前要先设置好前景色，然后再进行填充。

(4) 选择“油漆桶工具”，设置好选项栏。单击选区内部，填充黄色，并取消选区，如图3-247所示。

(5) 使用同样的方法填充图像的其余部分。填充好后的图像效果如图3-248所示。

图3-247 填充黄色

图3-248 填充好后的图像效果

9. 模糊工具和锐化工具

使用“模糊工具”和“锐化工具”可以分别产生模糊和清晰的图像效果。模糊工具的原理是降低图像相邻像素之间的反差，使图像的边界或区域变得柔和，产生一种模糊的效果。而锐化工具与模糊工具刚好相反，它是增大图像相邻像素间的反差，从而使图像看起来清晰、明了。

注：使用“模糊工具”时，若按下 Alt 键则会变成“锐化工具”，反之亦然。

1) “模糊工具”选项栏

“模糊工具”选项栏如图 3-249 所示。

图 3-249 “模糊工具”选项栏

- 画笔预设：可以选择一个笔尖，画笔的大小决定了模糊区域的大小。单击区域，可以打开“画笔预设”选取器。
- 切换画笔面板：单击该按钮，可以打开“画笔”面板。
- 模式：在下拉列表中可以选择画笔笔迹与下面的像素的混合模式，然后在画面中涂抹，可以产生不一样的效果。
- 强度：设置描边的强度。强度越大，模糊的效果越明显。
- 对所有图层取样：如果文档中包含多个图层，选中该复选框，表示使用所有可见图层中的数据进行处理；取消选中该复选框，则只处理当前图层中的数据。

“锐化工具”选项栏与“模糊工具”选项栏基本相同。

2) 实例 1：利用“模糊工具”对图像中部分内容模糊处理

操作步骤如下：

(1) 打开“素材\第 3 章\3.4\图 11.jpg”文件，如图 3-250 所示。

(2) 选择“模糊工具”，并在其选项栏中设置画笔的大小和硬度。

(3) 在图像中要创建模糊效果的地方(树木和最近的楼)按下鼠标左键，拖动鼠标，反复涂抹，即可对图像进行模糊处理，如图 3-251 所示。

图 3-250 “图 11.jpg”文件

图 3-251 模糊处理效果

使用“模糊工具”处理背景，能够使其变虚，以创建景深的效果。在使用“模糊工具”时，如果反复涂抹图像上的同一区域，会使该区域变得更加模糊。

3）实例 2：利用“锐化工具”对图像中部分内容锐化处理

操作步骤如下：

（1）打开“素材\第 3 章\3.4\图 11.jpg”文件，如图 3-250 所示。

（2）选择“锐化工具”，并在工具选项栏中设置画笔的大小和硬度。

（3）在图像中要提高清晰度的地方（树木）按下鼠标左键，拖动鼠标，反复涂抹，即可提高图像的清晰度，如图 3-252 所示。

图 3-252　锐化处理效果

使用“锐化工具”处理前景，可以使其更加清晰。但是，反复涂抹同一区域，则会造成图像失真。

10. 涂抹工具

使用“涂抹工具”涂抹图像时，可以拾取鼠标单击点的颜色，并沿拖移的方向展开这种颜色，模拟出类似于手指抹过湿油漆时的效果。

1）“涂抹工具”选项栏

“涂抹工具”选项栏如图 3-253 所示。

模式：正常　强度：50%　对所有图层取样　手指绘画

图 3-253　“涂抹工具”选项栏

- 画笔预设：选择笔尖的大小和硬度。单击区域，可以打开“画笔预设”选取器。
- 切换画笔面板：单击该按钮，可以打开“画笔”面板。
- 模式：设置涂抹工具在使用时指定的模式与原来像素之间的混合模式的效果。
- 强度：设置涂抹的强度。数值越大，涂抹的延续就越长，如果值为 100%，则可以直接连续不断地涂抹下去。
- 手指绘画：选中该复选框，可以在涂抹时添加前景色。提示：前景色是什么颜色，就添加什么颜色。取消选中该复选框，则使用每个描边起点处光标所在位置的颜色进行涂抹。

2）实例：制作燃烧的蜡烛

操作步骤如下：

（1）新建一个 500 像素×500 像素的空白文档。

（2）下面绘制蜡烛。新建一个图层，名称为“蜡烛”。

（3）选择“矩形选框工具”，羽化值为 0 像素，绘制选区，如图 3-254 所示。

图 3-254　矩形选区

（4）设置前景色。单击“设置前景色”色块，打开“拾色器”对话框，设置参数 R 为 255，G 为 180，B 为 180，如图 3-255 所示。单击“确定”按钮。

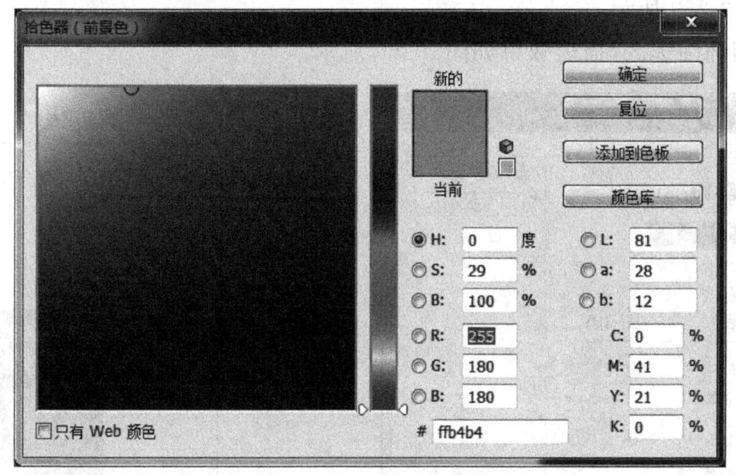

图 3-255　设置前景色“拾色器”

（5）同理，设置背景色。设置参数 R 为 200，G 为 60，B 为 60。

（6）选择“渐变工具”，在选项栏中选择“前景色到背景色渐变”，选择“对称渐变”类型，在矩形选区内从中间位置水平向右拖动鼠标，填充渐变，如图 3-256 所示。

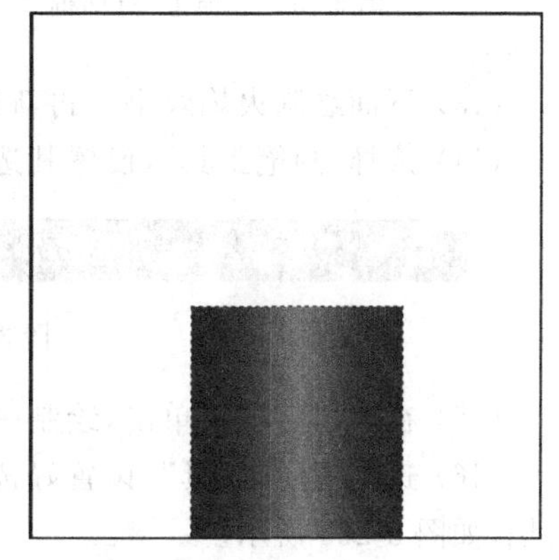

图 3-256　矩形选区填充渐变

（7）取消矩形选区。

（8）新建一图层，名称为“蜡烛顶部”。选择“椭圆选框工具”，羽化值为 0 像素，绘制椭圆选区，大小适合矩形框，如图 3-257 所示。

（9）选择“渐变工具”，在选项栏中选择“前景色到背景色渐变”，选择“径向渐变”类型，在椭圆选区内从中间位置向左下方拖动鼠标，填充渐变，如图 3-258 所示。

图 3-257　椭圆选区

图 3-258　椭圆选区填充渐变

(10) 单击工具箱中的"切换前景色和背景色"按钮,将前景色与背景色交换。

(11) 选择"编辑"→"描边"命令,打开"描边"对话框,设置描边宽度为 2 像素,单击"确定"按钮,如图 3-259 所示。

(12) 取消椭圆选区,描边效果如图 3-260 所示。

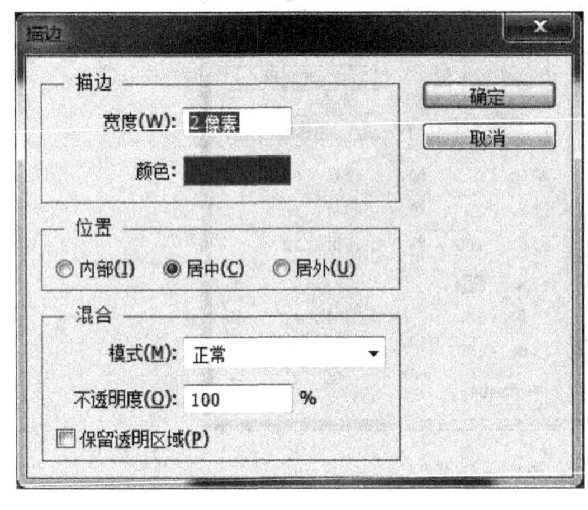

图 3-259 "描边"对话框

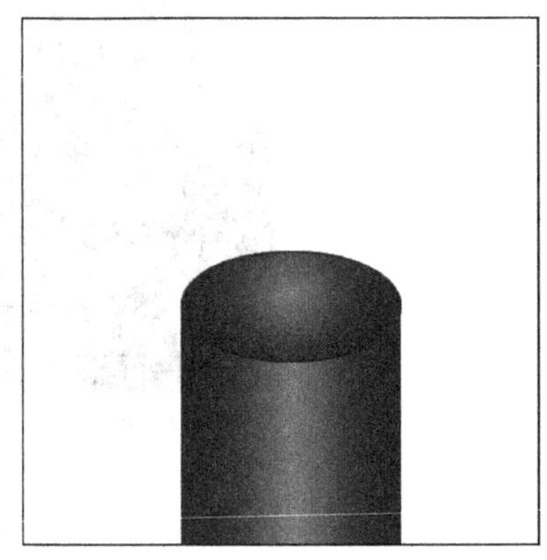

图 3-260 描边效果

(13) 下面绘制火焰效果。再新建一图层,名称为"火焰",设置前景色为纯红色。

(14) 选择"画笔工具",设置其选项栏,如图 3-261 所示。

图 3-261 "画笔工具"选项栏

(15) 在"火焰"图层单击,绘制一个红色圆点,如图 3-262 所示。

(16) 选择"涂抹工具",设置好选项栏。在"火焰"图层,从红色圆点开始向上涂抹,制作火焰,如图 3-263 所示。

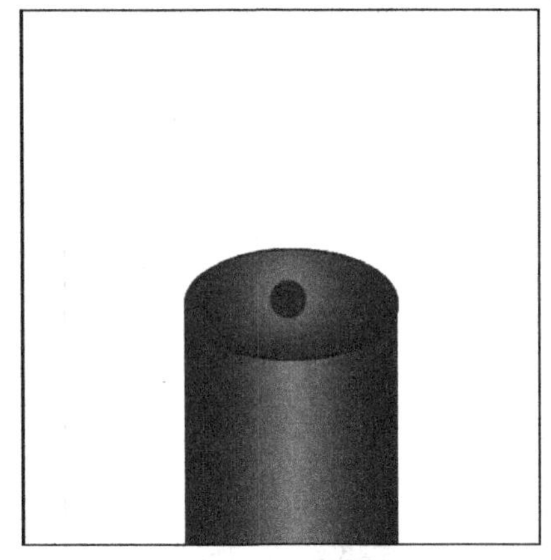

图 3-262 绘制圆点

图 3-263 制作火焰

(17) 绘制内焰。设置前景色为黄色,用与前面相同的方法,绘制黄色内焰,如图 3-264 所示。

(18) 绘制焰心。设置前景色为灰黄色,用与前面相同的方法,绘制焰心,如图 3-265 所示。

(19) 绘制烛芯。设置前景色为黑灰色,选择"画笔工具"绘制烛芯,选择"模糊工具"对烛芯进行模糊处理。最终制作效果如图 3-266 所示。

(20) 保存文档为"PSD 文件\第 3 章\3.4\涂抹工具实例.psd"。

注:*模糊工具、锐化工具和涂抹工具不能使用位图和索引颜色模式的图像。*

图 3-264　绘制黄色内焰

图 3-265　绘制焰心

图 3-266　最终制作效果

11. 加深工具、减淡工具和海绵工具

加深工具和减淡工具都是色调工具,使用它们可以改变图像特定区域的曝光度,使图像变暗或变亮。使用"海绵工具"能够非常精确地增加或减少图像区域的饱和度。

1) "加深工具"选项栏

"加深工具"选项栏如图 3-267 所示。

图 3-267　"加深工具"选项栏

- 范围:可以选择要修改的色调。选择"阴影",可以处理图像的暗色调;选择"中间调",可以处理图像的中间调(灰色的中间范围色调);选择"高光",可以处理图像的亮部色调。
- 曝光度:为加深工具或减淡工具指定曝光的程度。该值越高,效果越明显。
- 喷枪 :单击该按钮,可以为画笔开启喷枪功能。
- 保护色调:可以保护图像的色调不受影响。

其他选项与"涂抹工具"的工具选项栏相同,在此不再赘述。

"减淡工具"的工具选项栏与"加深工具"的工具选项栏相同。

"海绵工具"选项栏如图 3-268 所示。

图 3-268 "海绵工具"选项栏

- 画笔预设：选择笔尖的大小和硬度。单击区域，可以打开"画笔预设"选取器。
- 切换画笔面板：单击该按钮，可以打开"画笔"面板。
- 模式：如果要增加色彩的饱和度，可以选择"饱和"；如果要降低色彩的饱和度，可以选择"降低饱和度"。
- 流量：可以为海绵工具指定流量。该值越高，工具的强度越大，效果越明显。
- 喷枪：单击该按钮，可以开启喷枪功能。
- 自然饱和度：选中该复选框，可以在增加饱和度时，防止颜色过度饱和而出现溢色。

2）实例 1：利用"加深工具"对图像做旧处理

（1）打开"素材\第 3 章\3.4\图 12.jpg"文件，如图 3-269 所示。

（2）选择"加深工具"，在其选项栏中设置画笔的大小和硬度，在"范围"中选择"中间调"，按下鼠标左键，进行拖动，反复涂抹，即可使图像中的盘子和桌子变暗，如图 3-270 所示。

图 3-269 "图 12.jpg"文件

图 3-270 加深效果

（3）保存文档为"PSD 文件\第 3 章\3.4\加深工具实例.psd"。

3）实例 2：利用"减淡工具"对图像进行加亮处理

（1）打开"素材\第 3 章\3.4\图 13.jpg"文件，如图 3-271 所示。

（2）选择"减淡工具"，在其选项栏中设置画笔的大小和硬度，在"范围"中选择"中间调"，按下鼠标左键，拖动鼠标，反复涂抹，即可使桌子变得更亮，如图 3-272 所示。

图 3-271 "图 13.jpg"文件

图 3-272 减淡效果

(3) 保存文档为“PSD 文件\第 3 章\3.4\减淡工具实例.psd”。

使用“减淡工具”在图像中拖动，可以减淡图像色彩，提高图像亮度，多次拖动可以加倍减淡图像色彩，提高图像亮度。

4) 实例 3：利用“海绵工具”对图像改变色彩饱和度

(1) 打开“素材\第 3 章\3.4\图 14.jpg”文件，如图 3-273 所示。

图 3-273 “图 14.jpg”文件

(2) 选择“海绵工具”，在其选项栏中设置画笔的大小和硬度，在“模式”中选择“降低饱和度”，按下鼠标左键，拖动鼠标进行涂抹，即可降低颜色的饱和度，如图 3-274 所示。

图 3-274 海绵效果

(3) 保存文档为“PSD 文件\第 3 章\3.4\海绵工具实例.psd”。

12. 形状工具

在 Photoshop CS6 中，形状工具创建的是路径图层，它不同于普通图层，它不但包含了普通图层的所有功能，而且还包含了路径层的所有功能，因此，使用形状工具绘制出来的图形、图像或图标等，可以放置在图片上，还可以任意地变换、删除、放大、缩小以及添加各种图层样式等。不论进行何种操作，图像都不会变模糊，而是保持了相同的清晰度。

在使用形状工具时，如果在工具选项栏中的“选择工具模式”下拉列表中选择了“形状”(系统默认)，那么绘制的图形不但在“图层”面板中包含了图层，而且在“路径”面板中还包含了路径层。在这种情况下，如果选择了图层，就可以像普通图层一样进行各种操作；如果选择了路径层，就可以像普通路径一样进行任意地编辑、填充、描边以及转化为选区等操作。简单地说，利用形状工具可以制作出各种形状，可以将形状转换为选区，可以对选区进行操作。

当选择“矩形工具”“圆角矩形工具”“椭圆工具”“多边形工具”“直线工具”或者“自定形状工具”等其中的任一种形状工具时，都可以在工具选项栏中选择一种绘图模式。

- 形状：系统默认模式。可以在“图层”和“路径”面板中同时进行操作。
- 路径：只能在“路径”面板中进行操作。
- 像素：只能在“图层”面板中进行操作。

1）矩形工具

使用“矩形工具”可以绘制矩形和正方形。

（1）“矩形工具”选项栏如图 3-275 所示。

图 3-275 “矩形工具”选项栏

- 选择工具模式 形状 ：系统默认为“形状”。

注：“选择工具模式”如果选择了“像素”选项，那么在“图层”中，则可以使用“背后”模式和“清除”模式。

- 设置形状填充类型 填充： ：设置图形形状填充的颜色或类型。单击“填充”右侧的黑色方块，将弹出一个色板，如图 3-276 所示。依次是无颜色、纯色、渐变和图案等按钮。根据不同的需要单击相关的按钮即可。
- 设置形状描边类型 描边： ：设置形状描边的颜色或类型。与“设置形状填充类型”相同。
- 设置形状描边宽度 3点 ：设置形状描边的宽度。可以在文本框中直接输入一个数值，也可以单击按钮，在弹出的中，左右拖动滑块，选择一个合适的点数。
- 设置形状描边类型 ：设置形状描边时要使用的线条类型。单击右侧的向下箭头，可以打开“描边选项”列表，如图 3-277 所示。在列表中可以对线条进行更详细的设置。

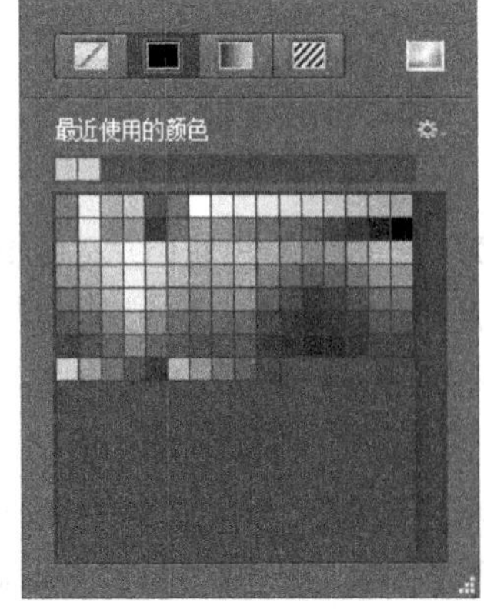

图 3-276 色板

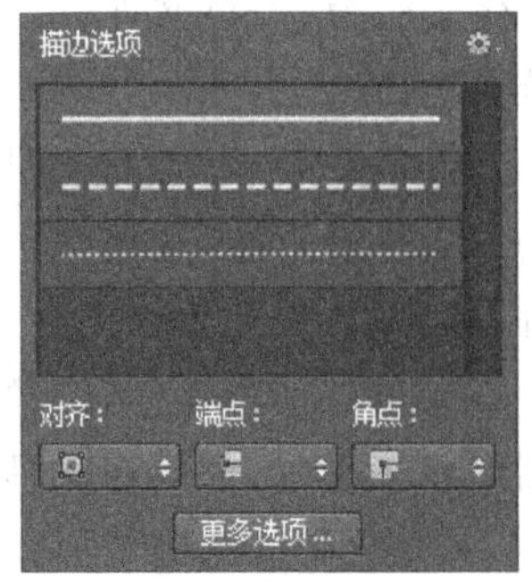

图 3-277 “描边选项”列表

- 设置矩形形状的宽度和高度 W: ⊖ H: ：在 W 文本框中输入矩形形状的宽度；在 H 文本框中输入矩形形状的高度。若单击“链接形状的宽度和高度”按钮以后，在 W 文本框中输入宽度值，按下 Enter 键，H 文本框中的高度值会随之变化。
- 路径操作：当创建多个子路径时，确定子路径的重叠区域会产生怎样的交叉结果。
- 路径对齐方式：当创建多个子路径时，设置路径的对齐与分布方式。
- 路径排列方式：当路径包含多个层时，前后移动路径的层，以确定路径的排列方式。
- 几何选项：可以设置矩形的创建方法。单击该按钮，可以打开一个下拉面板，如图 3-278 所示。

不受约束：如前面所示，通过拖动鼠标即可创建任意大小的矩形。

方形：拖动鼠标时只能创建任意大小的正方形。

固定大小：选择此单选按钮，然后在它右侧的文本框中输入宽度(W)值和高度(H)值(单位为厘米)，最后在文档窗口中拖动鼠标时，只能创建固定大小的矩形。如果宽度和高度的值相同，则会创建固定大小的正方形。

比例：选择此单选按钮，然后在它右侧的文本框中输入宽度(W)和高度(H)的比例，最后在文档窗口中拖动鼠标时，无论创建多大的矩形，矩形的宽度和高度都保持着固定的比例。如果宽度和高度的比例相同，则创建正方形。

从中心：选中此复选框以后，使用不受约束、方形、固定大小或比例中的任意一种方式创建矩形或正方形时，都会以鼠标在窗口中的单击点为中心，拖动鼠标时将由该点为中心点向外扩展。

- 对齐边缘：选中此复选框，创建的矩形的边缘与像素的边缘会重合，图形的边缘不会出现锯齿。取消选中此复选框时，矩形边缘会出现模糊的像素。

(2) 实例：绘制一个矩形。

新建一个空文档，也可以打开一个图像文件；选择“矩形工具”，设置好工具选项栏；在文档窗口中按下鼠标左键，拖动，即可创建一个矩形，如图 3-279 所示。

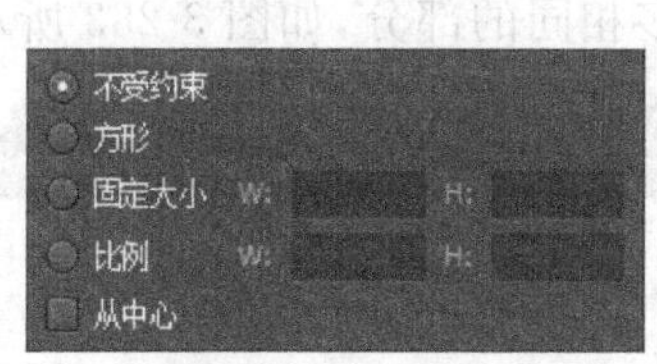

图 3-278　下拉面板

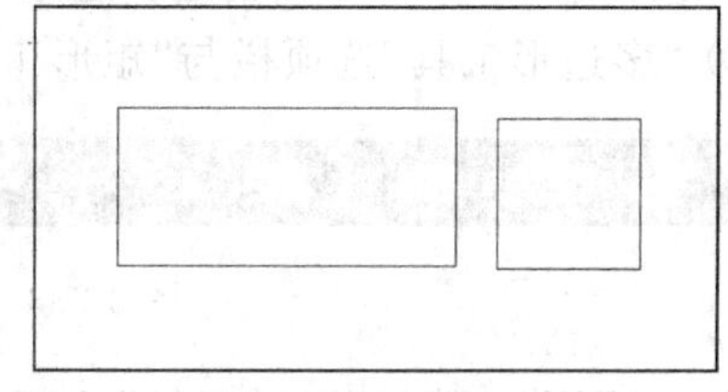
图 3-279　绘制的矩形

按住 Shift 键，再拖动鼠标，可以创建一个正方形。

2) 圆角矩形工具

使用“圆角矩形工具”可以创建圆角矩形或者圆角正方形。

(1) “圆角矩形工具”选项栏如图 3-280 所示。

“圆角矩形工具”选项栏与“矩形工具”选项栏相比，只多了一个“设置圆角的半径”选项，如图 3-280 所示。

图 3-280 “圆角矩形工具”选项栏

半径：用于设置矩形的圆角半径。该值越大，圆角就越大。

(2) 实例：绘制一个半径为 50 像素的圆角矩形。

新建一个空文档，也可以打开一个图像文件；选择“圆角矩形工具”，设置好工具选项栏，半径输入 50 像素；在文档窗口中按下鼠标左键，拖动，即可创建一个圆角矩形，如图 3-281 所示。

按住 Shift 键，再拖动鼠标，可以创建一个圆角正方形。

3) 椭圆工具

使用“椭圆工具”可以创建椭圆形或者圆形。

(1) “椭圆工具”选项栏与“矩形工具”选项栏基本相同，可以创建不受约束的椭圆和圆形，也可以创建固定大小和固定比例的图形。

(2) 实例：绘制一个椭圆。

新建一个空文档，也可以打开一个图像文件；选择“椭圆工具”，设置好工具选项栏，在文档窗口中按下鼠标左键，拖动，即可创建一个椭圆，如图 3-282 所示。

图 3-281 绘制的圆角矩形

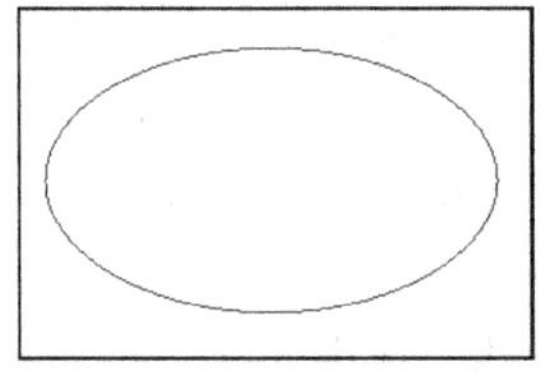

图 3-282 绘制的圆角矩形

按住 Shift 键，再拖动鼠标，可以创建一个圆角正方形。

4) 椭圆工具

使用“多边形工具”可以创建多边形和星形。

(1) “多边形工具”选项栏与“矩形工具”选项栏有很多相同的部分，如图 3-283 所示。

图 3-283 “多边形工具”选项栏

下面主要讲解其与“矩形工具”选项栏不同的部分。

• 单击按钮，打开一个下拉面板，如图 3-284 所示。

半径：设置多边形或星形的半径长度，此后单击并拖动鼠标时将创建指定半径值的多边形或星形。

平滑拐角：创建具有平滑拐角的多边形和星形。

星形：选中该复选框可以创建星形。

缩进边依据：在该文本框中可以设置星形边缘向中心缩进的数量，该值越大，缩进量越大。

平滑缩进：选中该复选框可以使星形的边平滑地向中心缩进。

- 设置边数(或星形的顶点数)：在文本框中输入多边形的边数或者星形的顶点数，范围为 3～100。

(2) 实例：绘制一个五边形和五角星。

新建一个空文档，也可以打开一个图像文件；选择“多边形工具”，设置好工具选项栏，在“边”文本框中输入 5，在文档窗口中按下鼠标左键，拖动，即可创建一个五边形，如图 3-285(a)所示。若在 的下拉面板中选中“星形”复选框，在“边”文本框中输入 5，则可创建一个五角星，如图 3-285(b)所示。

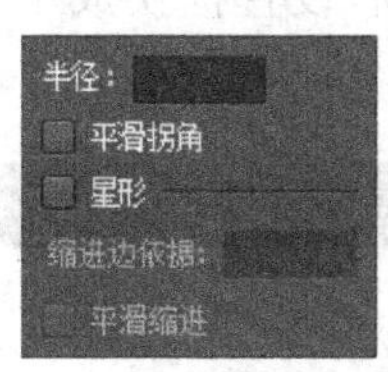

图 3-284 下拉面板

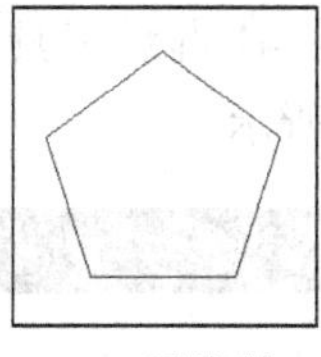

(a) 五边形 (b) 五角星

图 3-285 绘制的多边形

5) 直线工具

使用“直线工具”可以创建直线或带有箭头的线段。

(1) “直线工具”选项栏与“矩形工具”选项栏有很多相同的部分，如图 3-286 所示。

图 3-286 “直线工具”选项栏

下面主要讲解其与“矩形工具”选项栏不同的部分：

- 单击 按钮，打开一个下拉面板，如图 3-287 所示。

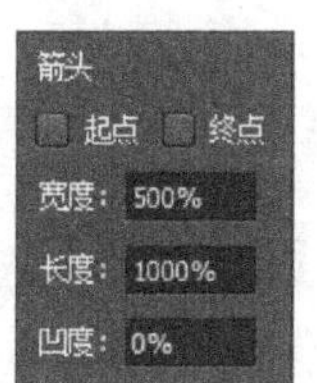

图 3-287 下拉面板

起点/终点：选中“起点”复选框，可以在直线的起点添加箭头；选中“终点”复选框，可以在直线的终点添加箭头。如果两复选框都选中，则起点和终点都会添加箭头。

宽度：设置箭头宽度与直线宽度的百分比，范围为 10%～1000%。

长度：设置箭头长度与直线宽度的百分比，范围为 10%～5000%。

凹度：设置箭头的凹陷程度，范围为－50%～50%。该值为 0% 时，箭头尾部平齐；该值大于 0%时，向内凹陷；该值小于 0%时，向外凸出。

- 设置线条粗细 粗细: 1像素：在“粗细”右侧的文本框中输入像素值，即可设置线条的粗细程度。

(2) 实例：绘制无箭头直线、一个箭头直线和双箭头直线。

新建一个空文档，也可以打开一个图像文件；选择“直线工具”，设置好工具选项栏，在文档窗口中按下鼠标左键，拖动，即可创建一条无箭头直线，如图 3-288(a)所示。若单击 按钮，在下拉面板中选中“起点”或“终点”复选框，则可创建一条一个箭头直线，如图 3-288(b)所示。若在下拉面板中同时选中“起点”和“终点”复选框，则可创建一条双箭头直线，如

图 3-288(c)所示。

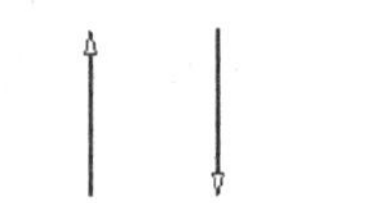

(a) 无箭头直线　　(b) 一个箭头直线　　(c) 双箭头直线

图 3-288　绘制的直线

按住 Shift 键可以创建水平、垂直或以 45 度角为增量的直线。

6）自定形状工具

(1)“自定形状工具”选项栏与“直线工具”选项栏只有“粗细”设置框换成了“形状”设置框。其他完全相同，如图 3-289 所示。

图 3-289　“自定形状工具”选项栏

单击“形状”设置框右侧的按钮。打开形状下拉面板，如图 3-290 所示。

单击形状下拉面板右上角的按钮，打开形状面板菜单，如图 3-291 所示。

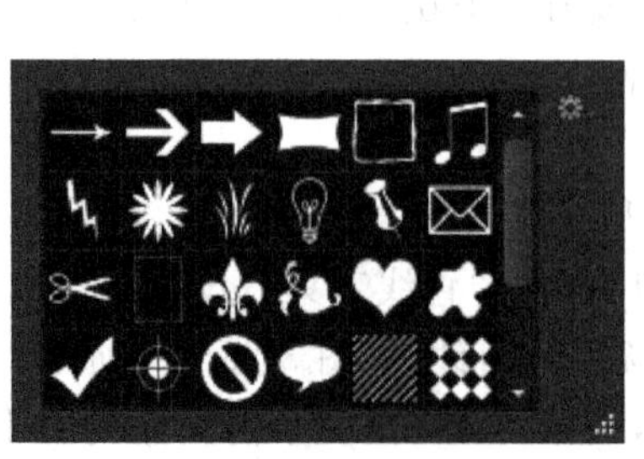

图 3-290　形状下拉面板

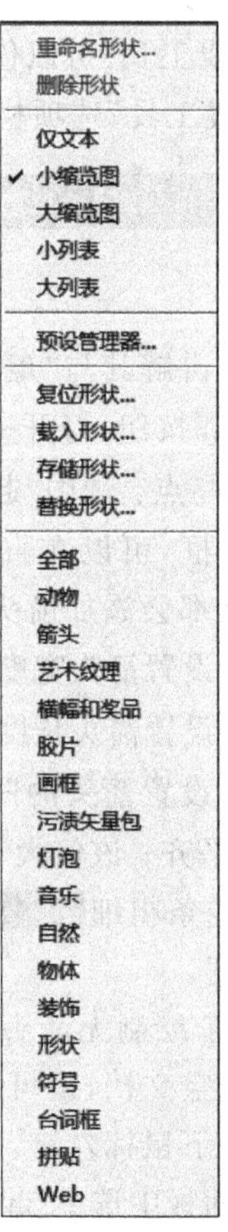

图 3-291　形状面板菜单

菜单底部是 Photoshop 提供的自定义形状,包括全部、动物、箭头、艺术纹理或横幅和奖品等。选择任一自定义形状命令,都将打开一个提示对话框。如选择“全部”命令,打开的提示对话框如图 3-292 所示。

单击“确定”按钮,载入的形状将会替换面板中原有的形状;单击“追加”按钮,则可在原有形状的基础上添加载入的形状。

(2) 实例:绘制自定形状图案。

新建一个空文档,也可以打开一个图像文件;选择“自定形状工具”,设置好工具选项栏,在文档窗口中按下鼠标左键,拖动,即可创建自定形状图案,如图 3-293 所示。

图 3-292 提示对话框

图 3-293 绘制的自定形状图案

13. 吸管工具

吸管工具用来吸取图像的颜色,设置为前景色,用该颜色填充某选区,或者取色用绘图工具(如画笔工具、铅笔工具等)来绘制图形。另外,吸管工具还有一个非常重要的作用是吸取不同位置的颜色,然后在“信息”面板中查看颜色的数值,并进行比较。

1) “吸管工具”选项栏

选择“吸管工具”后,可以设置其工具选项栏,如图 3-294 所示。

图 3-294 “吸管工具”选项栏

- 取样大小:用于设置吸管工具的取样范围。选择“取样点”可拾取光标所在位置像素的精确颜色值;选择“3×3 平均”可拾取光标所在位置 3 个像素区域内的平均颜色。选择“5×5 平均”可拾取光标所在位置 5 个像素区域内的平均颜色。其他选项则依此类推。
- 样本:选择“所有图层”表示可以在所有图层上取样;选择“当前图层”表示只在当前图层上取样。
- 显示取样环:选中此复选框,可在拾取颜色时显示取样环。

2) 吸管工具的使用

(1) 打开“素材\第 3 章\3.4\图 15.jpg”文件,如图 3-295 所示。

(2) 选择“吸管工具”,将光标移动到图像上,单击可以显示一个取样环,并拾取单击点的颜色,当释放鼠标后,会自动将单击点的颜色设置为前景色,如图 3-296 所示。

图 3-295 “图 15.jpg”文件

(3) 按住鼠标左键，来回移动，在取样环中会出现两种颜色，上面的是当前拾取的颜色，下面的是前一次拾取的颜色，如图 3-297 所示。

图 3-296　将单击点颜色设置为前景色

图 3-297　取色环出现两种颜色

(4) 按住 Alt 键，单击鼠标左键，可以拾取单击点的颜色，当释放鼠标后，会自动将单击点的颜色设置为背景色。设置好背景色后，再松开 Alt 键。

(5) 如果先将光标放在图像上，然后按住鼠标左键，再将鼠标拖动到屏幕上，则可以拾取窗口、菜单栏或者面板的颜色。

14. 修复画笔工具

修复画笔工具可以将图像中的划痕、污点和斑点等去除。与图案图章工具和仿制图章工具所不同的是它可以同时保留图像中的阴影、光照和纹理等效果，并且在修改图像的同时，可以将图像中的阴影、光照和纹理等与源像素进行匹配，以达到精确修复图像的作用。

1) “修复画笔工具”选项栏

“修复画笔工具”选项栏如图 3-298 所示。

模式: 正常 源: 取样 图案: 对齐 样本: 当前图层

图 3-298　“修复画笔工具”选项栏

- 画笔 ：设置笔尖的大小，可以打开“画笔”选取器。
- 切换仿制源面板 ：可以打开或关闭“仿制源”面板。
- 模式：在下拉列表中可以设置修复图像的混合模式。“替换”是比较特殊的模式，它可以保留画笔描边的边缘处的杂色、胶片颗粒和纹理，使修复效果更加真实。
- 源：设置用于修复像素的源。选择“取样”可以从图像的像素上取样；选择“图案”则可在图案下拉列表中选择一个图案作为取样，效果类似于使用“图案图章工具”绘制图案。
- 对齐：选中此复选框，会对像素进行连续取样，在修复过程中，取样点随修复位置的移动而变化；取消选中该复选框，则在修复过程中始终以一个取样点为起始点。
- 样本：用于设置从指定的图层中进行数据取样。如果要从当前图层及其下方的可见图层中取样，可以选择“当前和下方图层”；如果仅从当前图层中取样，可以选择“当前图层”；如果要从所有可见图层中取样，可以选择“所有图层”。如果单击右侧的“打开以在修复时忽略调整图层”按钮 ，可以忽略调整的图层。

2）实例：利用“修复画笔工具”去除纹身

(1) 打开“素材\第 3 章\3.4\图 16.jpg”文件，如图 3-299 所示。

(2) 选择“修复画笔工具”，在其选项栏中打开“画笔”选取器，设置画笔的“大小”为 40 像素，“硬度”为 100%，然后选择“取样”单选按钮，其他选项不变。

注：在设置画笔大小时，要根据当前修复的纹身大小来设置，为了去除得比较柔和，可以设置一定程度的硬度，即柔化边缘。

(3) 设置取样点。将鼠标光标移动到与纹身皮肤相近的皮肤位置，按住 Alt 键的同时单击鼠标，这样就设置了一个取样点，如图 3-300 所示。

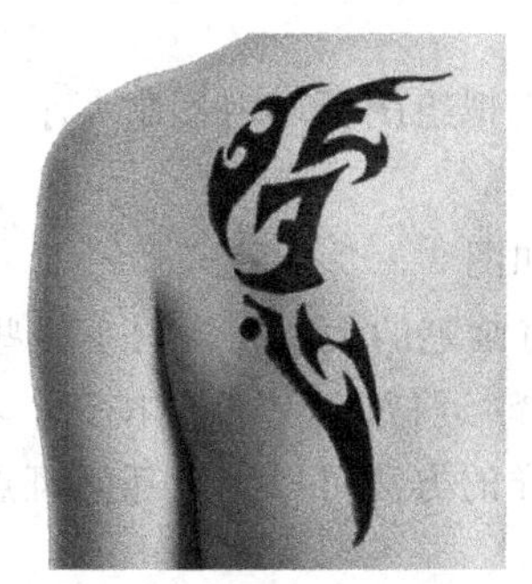

图 3-299 “图 16.jpg”文件

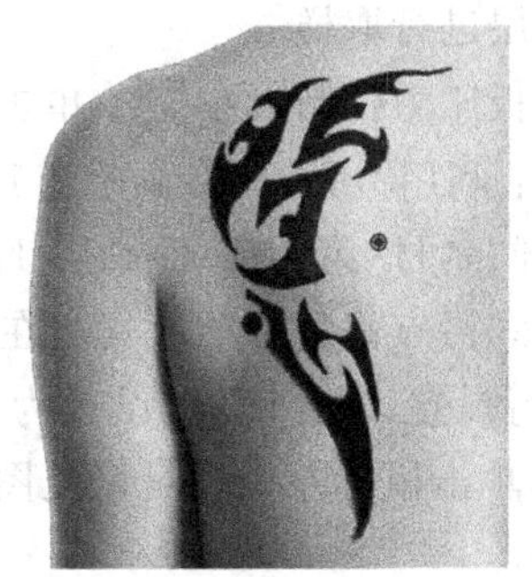

图 3-300 取样点

(4) 设置取样点后，释放 Alt 键并将鼠标光标移至要消除的纹身上，单击鼠标或按住鼠标拖动，此时，可以看到在取样点位置将出现一个“+”字形符号，当拖动鼠标时，该符号将随着拖动的光标进行相对应的移动，“+”字形符号处为复制的源对象，鼠标位置为复制的目的位置。

(5) 如果单击不能很好地去除纹身，可以利用鼠标多次单击或拖动，复制取样点周围的像素，直到将纹身去除掉为止，去除纹身后的效果如图 3-301 所示。

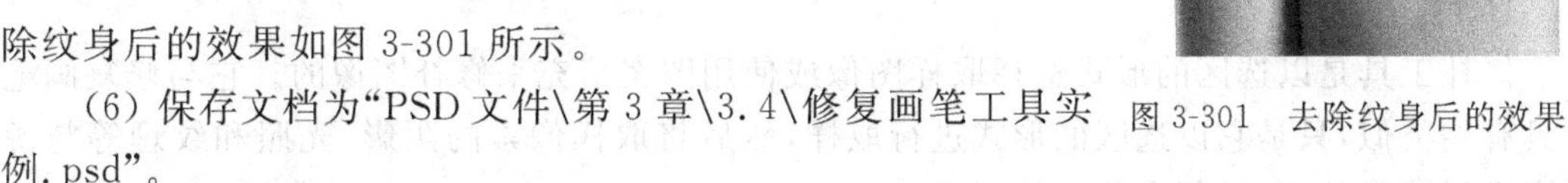

图 3-301 去除纹身后的效果

(6) 保存文档为“PSD 文件\第 3 章\3.4\修复画笔工具实例.psd”。

15. 污点修复画笔工具

污点修复画笔工具可以快速去除照片中的污点、划痕或者其他不理想的部分。它与修复画笔工具类似，也是使用图像或图案中的样本像素进行绘画，并将样式像素的纹理、光照、透明度和阴影与所修复的像素相匹配。但修复画笔工具要求指定样本，而污点修复画笔工具可以自动从所修复区域的周围取样。

1）“污点修复画笔工具”选项栏

“污点修复画笔工具”选项栏如图 3-302 所示。

图 3-302 “污点修复画笔工具”选项栏

- 画笔预设：设置笔尖的大小和硬度。
- 模式：设置绘画时的像素与原来像素之间的混合模式。
- 近似匹配：根据图像周围像素的相似度进行匹配，以达到修复污点的效果。
- 创建纹理：在修复污点的同时使图像的对比度加大，以显示出纹理效果。
- 内容识别：当对图像的某一区域进行污点修复时，软件自动分析周围图像的特点，将图像进行拼接组合，然后填充该区域并进行智能融合，从而达到快速无缝的修复效果。
- 对所有图层取样：将对所有图层进行取样操作。如果取消选中该复选框，将只对当前图层进行取样。
- 绘图板压力控制大小：单击该按钮可以模拟绘图板压力控制大小。

2）实例：利用“污点修复画笔工具”去除色斑

（1）打开“素材\第3章\3.4\图17.jpg”文件，如图3-303所示。

（2）选择“污点修复画笔工具”，在其选项栏中将画笔的大小设置得小一些，可以根据色斑的情况进行设置。将“硬度”设置为0%，然后选择“近似匹配”单选按钮。将光标放到脸部的斑点上，单击鼠标左键即可修复图像。使用同样的方法可以将脸部的斑点全部去掉，如图3-304所示。

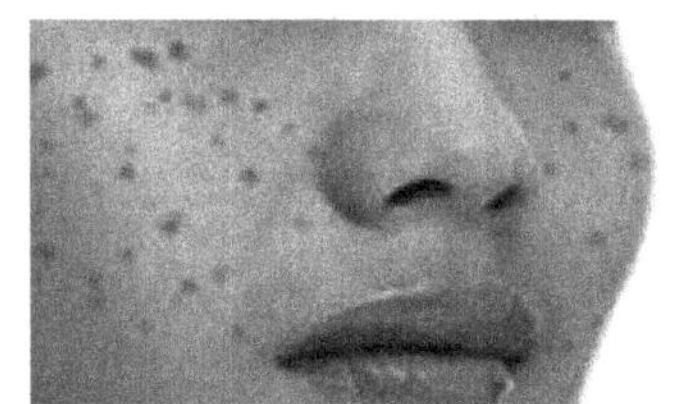

图3-303　“图17.jpg”文件

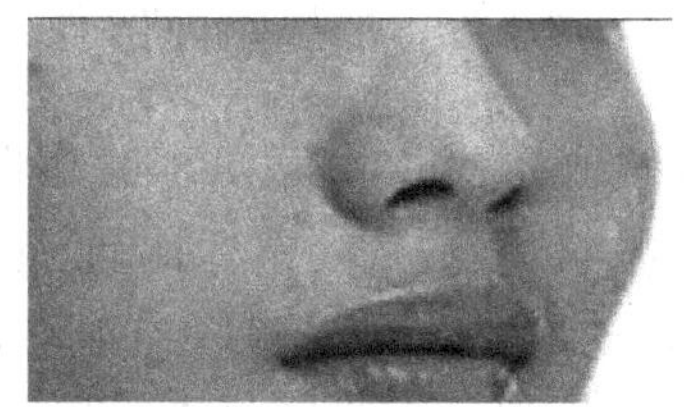

图3-304　去色斑后效果

（3）保存文档为“PSD文件\第3章\3.4\污点修复画笔工具实例.psd”。

16. 修补工具

修补工具是以选区的形式选择取样图像或使用图案填充来修补图像的。它与修复画笔工具有些类似，只是它以选区的形式进行取样，然后将取样像素的阴影、光照和纹理等与源像素进行匹配处理，以便完美修补图像。

1）“修补工具”选项栏

“修补工具”选项栏如图3-305所示。

图3-305　“修补工具”选项栏

- 选区操作：该区域的按钮主要用来进行选区的相加、相减或相交等操作，用法与选区用法相同。包括新选区、添加到选区、从选区减去、与选区交叉等按钮。
- 修补：选择修补模式。包括“正常”和“内容识别”两种模式。
- 源：选择该单选按钮，当将选区拖至要修补的区域以后，放开鼠标就会用当前选区中的图像修补原来选中的内容。

• 目标：选择该单选按钮，则会将选中的图像复制到目标区域。
• 透明：选中该复选框，可以使修补的图像与原图像产生透明的叠加效果。如果取消选中该复选框，在进行修复时，图像不带有透明的性质。例如使用图像填充时，如果选中“透明”复选框，在填充时图案将有一定的透明度，可以显示出背景图，否则不能显示出背景图。
• 使用图案：当使用“修补工具”拖动出一个选区以后，该选项将会变得可以使用。在图案下拉面板中选择一个图案以后，单击该按钮，可以使用图案修补选区内的图像。

2) 实例：利用“修补工具”去除面部黑痣

(1) 打开“素材\第3章\3.4\图18.jpg”文件，如图3-306所示。

(2) 选择“修补工具”，在其选项栏中选择“源”单选按钮，然后取消选中“透明”复选框。在图像中的黑痣周围按下鼠标左键，拖动鼠标，将黑痣选中，此时可以看到一个选区，如图3-307所示。

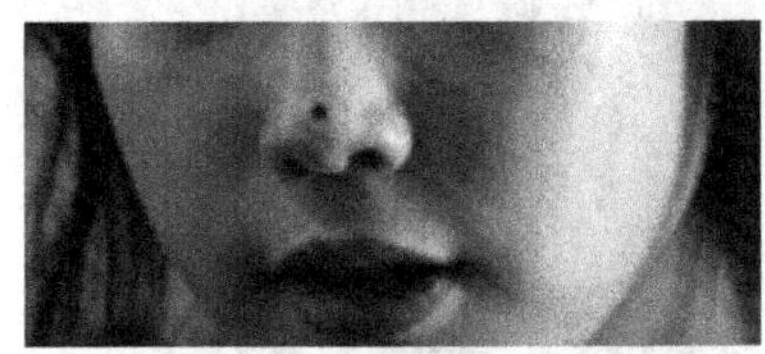

图3-306 “图18.jpg”文件

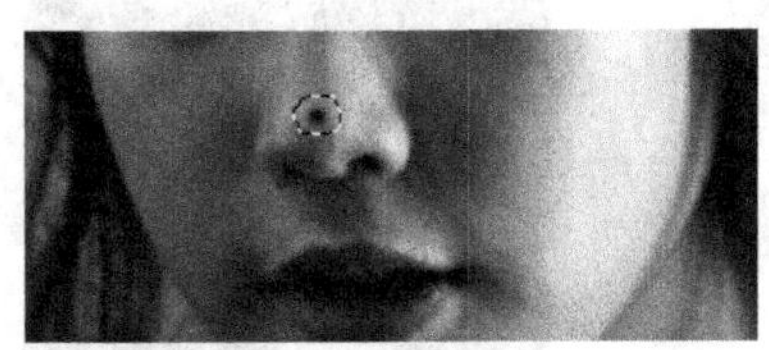

图3-307 制作选区

注：创建选区的方法类似于套索工具。

(3) 将光标移动到选区内部，光标将会变成形状。此时，按下鼠标左键，将其拖动到与该处皮肤最接近的皮肤处，此时从原选区处可以看到当前鼠标位置皮肤的替换效果，如图3-308所示。

(4) 观察修复满意后(如果不满意，可以继续拖动鼠标)，释放鼠标，然后按Ctrl+D快捷键取消选区，即可完成图像的修复，如图3-309所示。

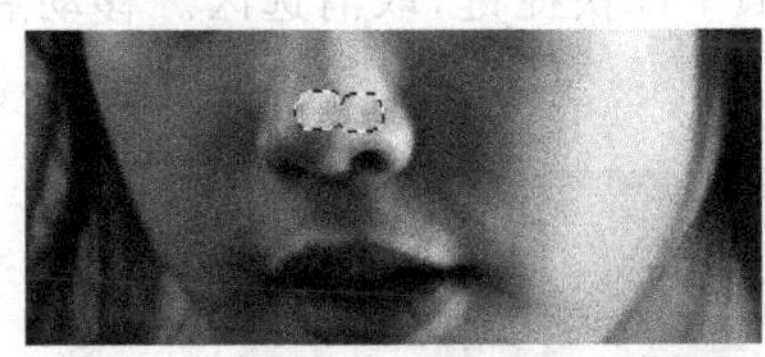

图3-308 修补过程

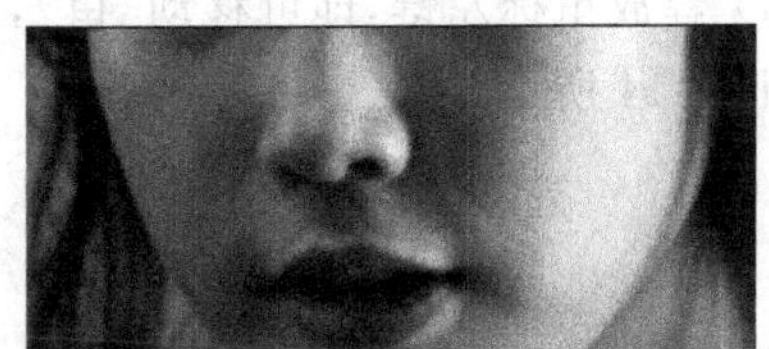

图3-309 修补效果

(5) 保存文档为“PSD文件\第3章\3.4\修补工具实例.psd”。

17. 内容感知移动工具

内容感知移动工具可以快速地移动或复制物体，移动或复制后的边缘会自动进行柔化处理，以便和周围的环境完美地融合在一起。

1) “内容感知移动工具”选项栏

“内容感知移动工具”选项栏，如图3-310所示。

• 选区操作：该区域的按钮主要用来进行选区的相加、相减或相交等操作，用法与选区用法相同。包括新选区、添加到选区、从选区减去、与选区交叉等按钮。

模式：移动 适应：中 对所有图层取样

图 3-310 “内容感知移动工具”选项栏

• 模式：分为“移动”和“扩展”两项。如果选择“移动”选项，则是移动选择的物体；如果选择“扩展”选项，则是复制选择的物体。

2）实例：利用“内容感知移动工具”移动图像

（1）打开“素材\第 3 章\3.4\图 19.jpg”文件，如图 3-311 所示。

（2）选择“内容感知移动工具”，在选项栏中将“模式”设置为“移动”。在图像中按下鼠标左键，拖动鼠标创建选区，将左上角的“鱼”选中，如图 3-312 所示。

图 3-311 “图 19.jpg”文件

图 3-312 制作选区

注：创建选区的方法类似于套索工具。

（3）将光标移动到选区内，按下鼠标左键，拖动鼠标，即可将选中的“鱼”移动到另外的位置，如图 3-313 所示。

（4）释放鼠标左键，即可移动“鱼”，然后按下 Ctrl＋D 快捷键，取消选区。移动后的效果如图 3-314 所示。

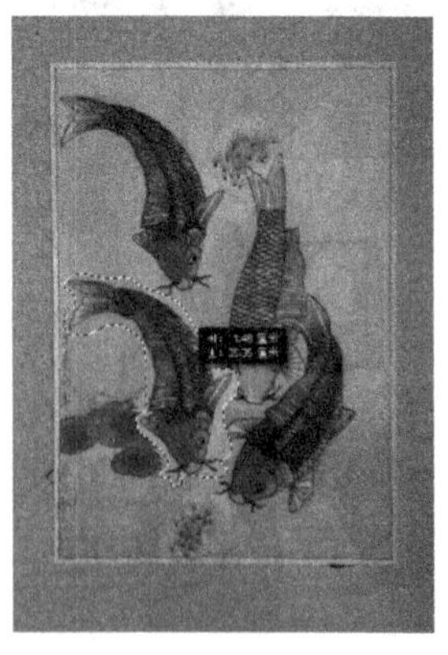

图 3-313 移动选区对象“鱼”

图 3-314 移动后的效果

（5）保存文档为“PSD 文件\第 3 章\3.4\内容感知移动工具实例.psd”。

18. 红眼工具

“红眼工具”可以去除用闪光灯拍摄的人物照片中的红眼，以及动物照片中的白色或绿色反光。

1）“红眼工具”选项栏

“红眼工具”选项栏如图 3-315 所示。

图 3-315 “红眼工具”选项栏

- 瞳孔大小：可设置瞳孔（眼睛暗色的中心）的大小。
- 变暗量：设置去除红眼后的瞳孔颜色的变暗程度。值越大，颜色变的越深、越暗；值越小，瞳孔的颜色变的越灰。

2）实例：利用“红眼工具”去除照片中的红眼

（1）打开“素材\第 3 章\3.4\图 20.jpg”文件，如图 3-316 所示。

（2）选择“红眼工具”，在其选项栏中设置“瞳孔大小”为 50%，“变暗量”为 50%。将光标移动到红眼区域上。单击鼠标左键，即可校正红眼，如图 3-317 所示。

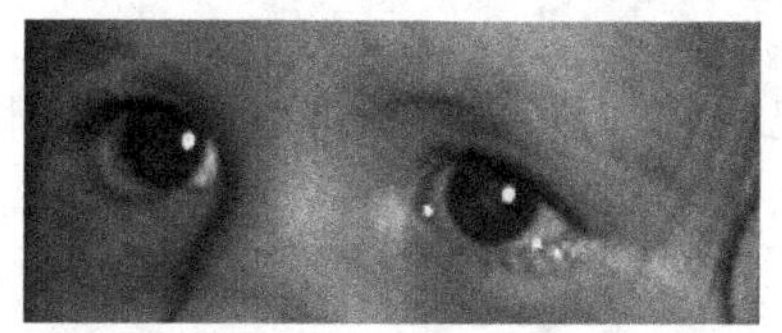

图 3-316 “图 20.jpg”文件

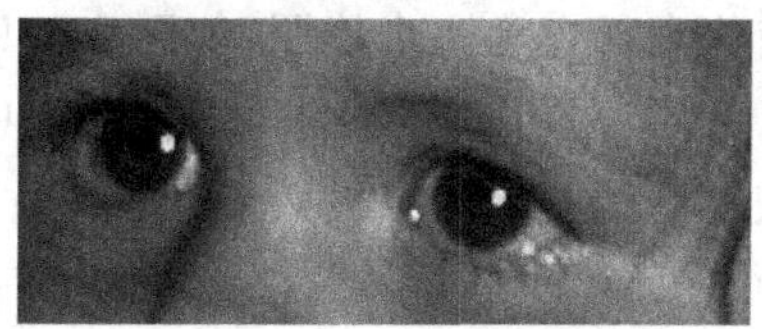

图 3-317 去除红眼效果

（3）保存文档为“PSD 文件\第 3 章\3.4\红眼工具实例.psd”。

19. “历史记录”面板

在编辑图像时，每进行一步操作，Photoshop 都会将其记录在“历史记录”面板中，系统默认保存 20 步操作。通过该面板可以将图像恢复到操作过程中的某一步状态，也可以再次回到当前的操作状态，或者将处理结果创建为快照或是新的文件。

1）打开“历史记录”面板

选择“窗口”→“历史记录”命令，即可打开“历史记录”面板，如图 3-318 所示。

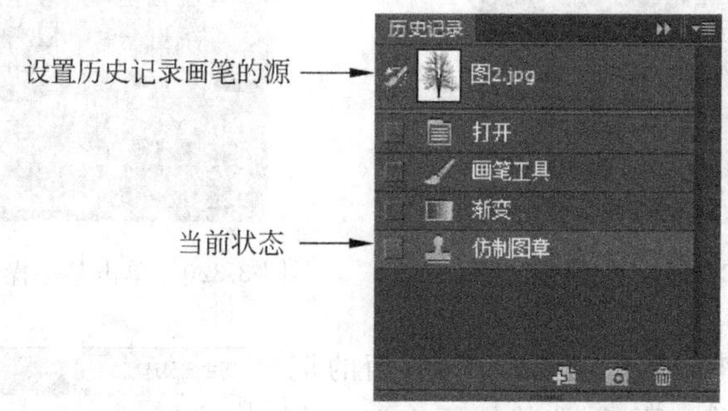

图 3-318 “历史记录”面板

设置历史记录画笔的源 ：使用历史记录画笔工具时，该图标所在的位置将作为历史画笔的源图像。

当前状态：将图像恢复到该命令的编辑状态。

从当前状态创建新文档：基于当前操作步骤中图像的状态创建一个新的文件。

创建新快照：基于当前的图像状态创建快照。

删除当前状态：选择一个操作步骤后，单击该按钮可将该步骤及后面的操作删除。

2）使用"历史记录面板"还原图像

在"历史记录"面板中，单击记录中的某一个操作步骤，就可以将图像恢复为该步骤时的编辑状态。如果要还原所有被撤销的操作，只需单击最后一步操作即可。

3）用"快照"还原图像

由于"历史记录"面板默认只能保存 20 步操作，因此，有时候就不能满足实际需求。在这种情况下，可以通过以下两种方法来解决。

方法 1：选择"编辑"→"首选项"命令，打开"首选项"对话框，在"性能"中的"历史记录与高速缓存"选项中增加"历史记录状态"的数量。不过，设置的保存数量越多，占用的内存就越多。

方法 2：创建新快照法。

每当绘制完重要的效果以后，单击"历史记录"面板中的"创建新快照"按钮，将画面的当前状态保存为一个快照，如图 3-319 所示。

以后不论操作了多少步，即使面板中新的步骤已经将其覆盖了，都可以通过单击快照将图像恢复为快照所记录的效果。

4）"快照"的删除

在"历史记录"面板中，将一个要删除的快照拖动到"删除当前状态"按钮上，即可将其删除。

注：快照不会与文档一起存储。因此，关闭文档以后，就会删除所有快照。

5）创建非线性历史记录

当单击"历史记录"面板中的一个操作步骤来还原图像时，该步骤以下的操作全部变暗，如图 3-320 所示。

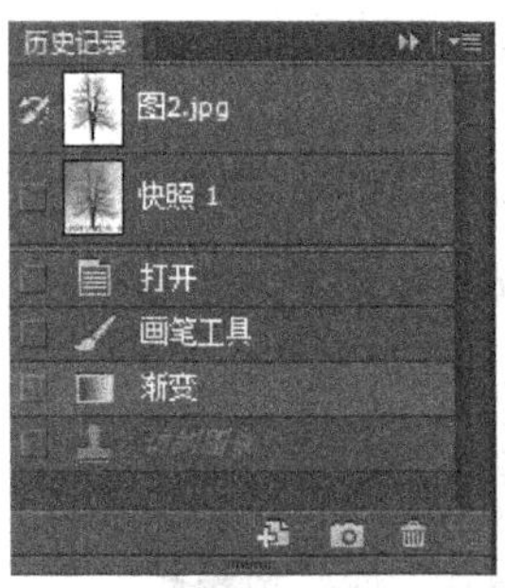

图 3-319　创建快照

图 3-320　单击某一操作步骤

此时，如果进行其他操作，则该步骤后面的记录都会被新的操作替代。不过，非线性历史记录允许在更改选择的状态时保留后面的操作。单击面板右上角的按钮，在弹出的面板菜单中选择"历史记录选项"命令，打开"历史记录选项"对话框，如图 3-321 所示。

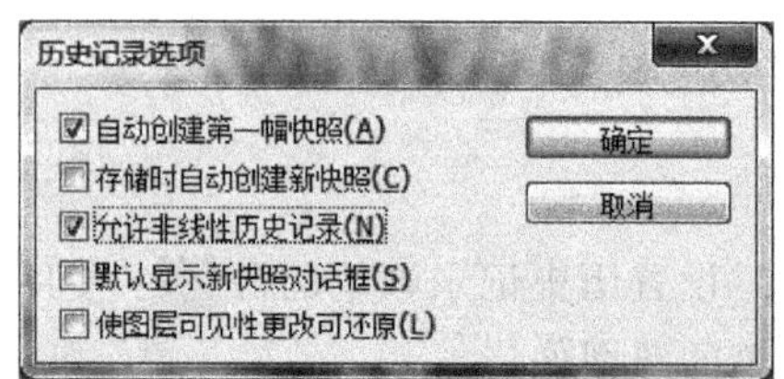

图 3-321　"历史记录选项"对话框

自动创建第一幅快照：打开图像文件时，图像的初始状态自动创建为快照。

存储时自动创建新快照：在编辑的过程中，每保存一次文件，都会自动创建一个快照。

允许非线性历史记录：选择该复选框，即可将历史记录设置为非线性状态。

默认显示新快照对话框：强制 Photoshop 提示操作者输入快照名称，即使使用面板上的按钮时也是如此。

使图层可见性更改可还原：保存对图层可见性的更改。

20. 历史记录画笔工具

使用“历史记录画笔工具”可以将图像恢复至以前操作的某一步骤的显示效果。

1）“历史记录画笔”工具栏

“历史记录画笔工具”选项栏如图 3-322 所示。

图 3-322 “历史记录画笔工具”选项栏

画笔预设：选择笔尖的大小和硬度。单击可以打开“画笔预设”选取器。

切换画笔面板：单击该按钮，可以打开“画笔”面板。

模式：设置涂抹时的像素与原来像素之间的混合模式。

不透明度：设置涂抹强度。不透明度值为 100％时，将完全涂抹像素；透明度值较低时，可以涂抹部分像素。

流量：为工具指定流量的百分比。该值越高，工具的强度越大，效果越明显。

喷枪：单击该按钮，可以开启喷枪功能。

2）实例：使用“历史记录画笔工具”恢复局部色彩

（1）打开“素材\第 3 章\3.4\图 21.jpg”文件，如图 3-323 所示。

（2）按 Ctrl＋J 快捷键复制“背景”图层，如图 3-324 所示。

图 3-323 “图 21.jpg”文件

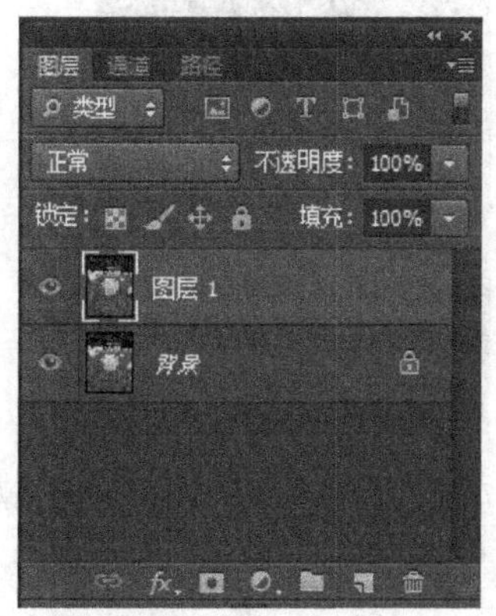

图 3-324 复制“背景”图层

（3）选择“图像”→“调整”→“色相/饱和度”命令，调整图像的色相与饱和度，如图 3-325 所示。

(4) 选择“图像”→“调整”→“去色”命令或者按 Shift＋Ctrl＋U 快捷键将图像去色，使它变成黑白图像，如图 3-326 所示。

图 3-325　调整图像的色相与饱和度

图 3-326　将图像去色

(5) 将内容恢复到“通过拷贝的图层”操作阶段。打开“历史记录”面板，在“通过拷贝的图层”前面单击，设置“源”图标，如图 3-327 所示。

(6) 选择“历史记录画笔工具”，在其选项栏中选择笔尖的大小和硬度。

(7) 在图像窗口中的花朵中间部分涂抹，即可将其恢复到“通过拷贝的图层”时的状态，如图 3-328 所示。

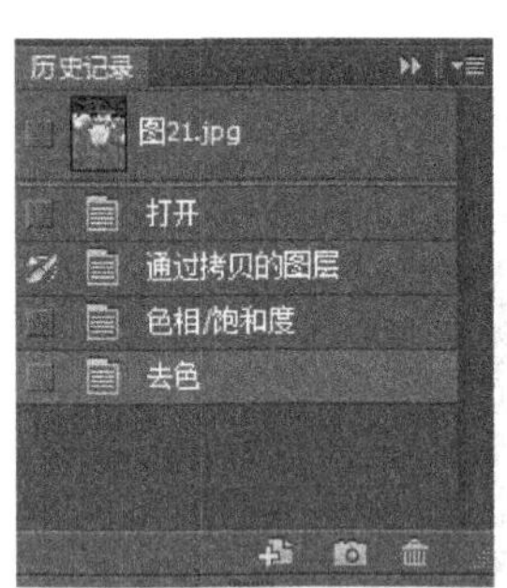

图 3-327　设置“通过拷贝的图层”为“源”

图 3-328　花朵中间部分恢复到“通过拷贝的图层”时的状态

(8) 将“源”图标设置在“色相/饱和度”前面，如图 3-329 所示。

(9) 在选项栏中重新设置笔尖的大小和硬度，在图像窗口中花朵的外围花瓣继续涂抹，如图 3-330 所示。

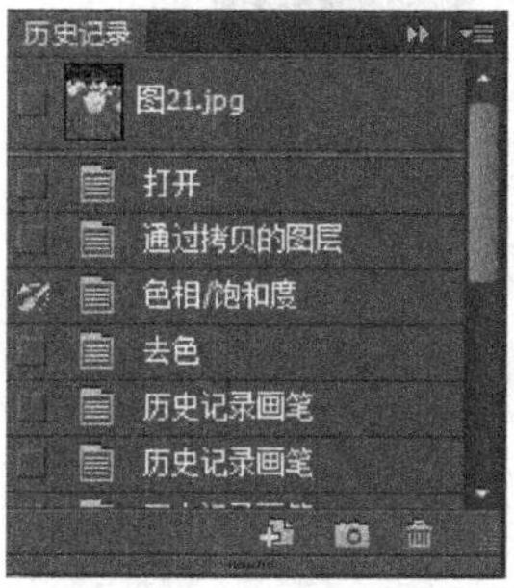

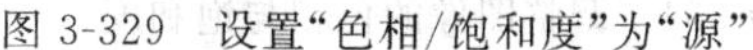

图 3-329　设置"色相/饱和度"为"源"

图 3-330　恢复到"色相/饱和度"时的状态

(10) 保存文档为"PSD 文件\第 3 章\3.4\历史记录画笔工具实例.psd"。

21. 历史记录艺术画笔工具

"历史记录艺术画笔工具"与"历史记录画笔工具"的工作方式完全相同,但是它在恢复图像的同时会进行艺术化处理,创建出独具特色的艺术效果。

1) "历史记录艺术画笔工具"选项栏

"历史记录艺术画笔工具"选项栏如图 3-331 所示。

图 3-331　"历史记录艺术画笔工具"选项栏

- 样式:可以选择一个选项来控制绘画描边的形状,包括"绷紧短""绷紧中"和"绷紧长"等。
- 域:用于设置绘画描边所覆盖的区域。该值越高,覆盖的区域越大,描边的数量也越多。
- 容差:容差值可以限定可应用绘画描边的区域。低容差可用于在图像中的任何地方绘制无数条描边,高容差会将绘画描边限定在与源状态或快照中的颜色明显不同的区域。

工具选项栏中的其他选项,请参阅"历史记录画笔工具"选项栏。

2) 实例:使用"历史记录艺术画笔工具"制作手绘效果

(1) 打开"素材\第 3 章\3.4\图 22.jpg"文件,如图 3-332 所示。

(2) 按 Ctrl+J 快捷键复制"背景"图层,如图 3-333 所示。

(3) 选择"图像"→"调整"→"色相/饱和度"命令,调整图像的色相与饱和度。效果如图 3-334 所示。

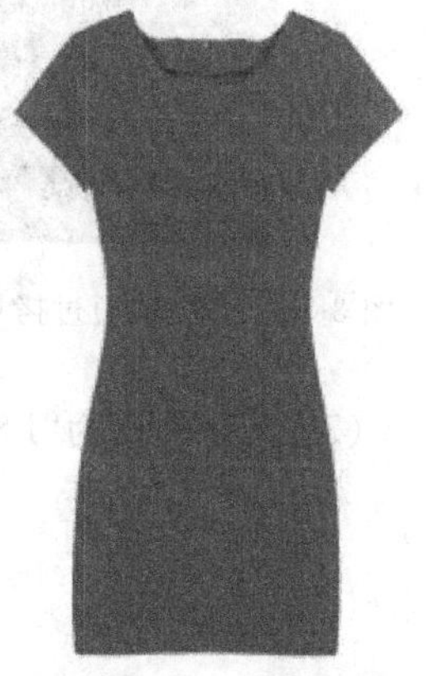

图 3-332　"图 22.jpg"文件

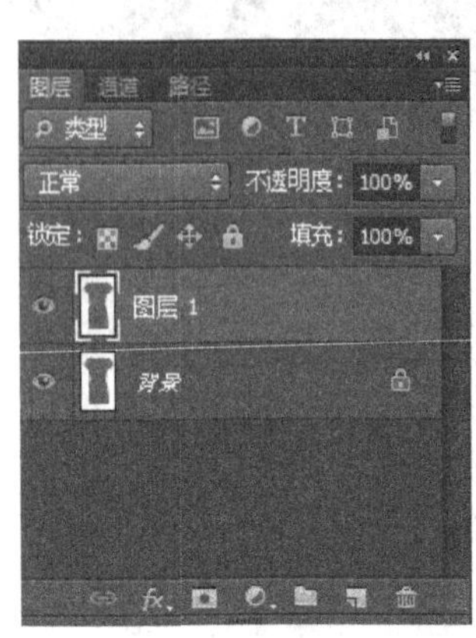

图 3-333 复制“背景”图层

图 3-334 调整图像的色相与饱和度

(4) 将内容恢复到“通过拷贝的图层”操作阶段。打开“历史记录”面板，在“通过拷贝的图层”前面单击鼠标左键，设置“源”图标，如图 3-335 所示。

(5) 选择“历史记录艺术画笔工具”，在其选项栏中选择笔尖的大小和硬度，在“样式”下拉列表中选择一个样式“轻涂”。

(6) 在图像窗口中单击，即可将单击点恢复到“通过拷贝的图层”时的状态，如图 3-336 所示。

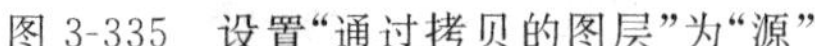
图 3-335 设置“通过拷贝的图层”为“源”

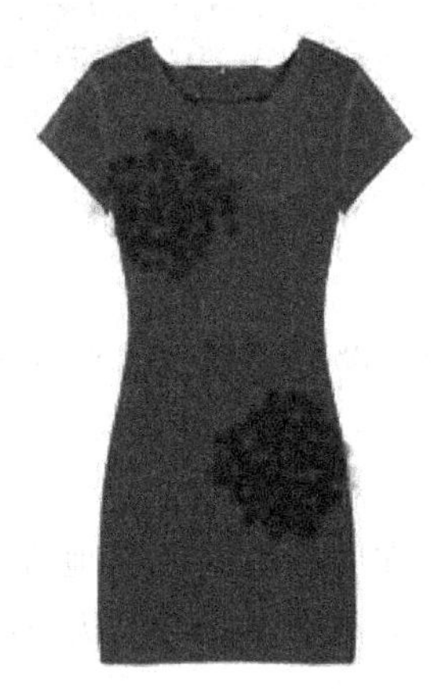
图 3-336 单击点恢复到“通过拷贝的图层”时的状态

(7) 保存文档为“PSD 文件\第 3 章\3.4\历史记录艺术画笔工具实例.psd”。

3.5 处理文字

在使用 Photoshop 软件编辑图像文档时，常常需要输入一些文字，以达到图文并茂的效果。文字的编排设计是平面设计中非常重要的一部分内容。文字工具包含横排文字工具、直排文字工具、横排文字蒙版工具和直排文字蒙版工具等。

1. “文字工具”选项栏

选择某“文字工具”,“文字工具”选项栏如图 3-337 所示。

图 3-337 “文字工具”选项栏

切换文本取向：如果当前文字为横排文字,单击该按钮,可将其转换为直排文字；如果是直排文字,则可将其转换为横排文字。

设置字体系列：在该选项下拉列表中可以选择字体。

设置字体样式：用于为字符设置样式,包括规则的、斜、粗和粗斜等。该选项只对部分英文字体有效。

设置字体大小：可以选择字体的大小,或者直接输入数值来进行调整。

设置消除锯齿的方法：可以选择一种方法来为文字消除锯齿。Photoshop 会通过部分地填充边缘像素来产生边缘平滑的文字,使文字的边缘混合到背景中而看不出锯齿。

- 无：不进行消除锯齿处理。
- 锐利：轻微使用消除锯齿,文本的效果显得锐利。
- 犀利：轻微使用消除锯齿,文本的效果显得稍微锐利。
- 浑厚：大量使用消除锯齿,文本的效果显得更加粗重。
- 平滑：大量使用消除锯齿,文本的效果显得更加平滑。

设置文本对齐：根据输入文字时光标的位置来设置文本的对齐方式,包括左对齐文本、居中对齐文本和右对齐文本等。

设置文本颜色：单击颜色块,可以在打开的“拾色器(文本颜色)”对话框中设置文字的颜色。

创建文字变形：单击该按钮,可以在打开的“变形文字”对话框中为文本添加变形样式,以便创建变形文字。

切换字符和段落面板：单击该按钮,可以显示或隐藏“字符”和“段落”面板。

2. “文字工具”实例

1) 实例 1：使用“横排文字工具”创建文字

操作步骤如下：

(1) 打开“素材\第 3 章\3.5\图 1.jpg”文件,如图 3-338 所示。

(2) 选择“横排文字工具”,在“横排文字工具”选项栏中设置字体、大小或者文字颜色等。

(3) 在文档窗口中,在需要输入文字的位置单击鼠标左键,放置插入点,在画面中将会出现一个闪烁的 I 型光标,如图 3-339 所示。

(4) 输入文字“围场坝上风光”,如图 3-340 所示。

注：输入文字时如果要换行,可以按下 Enter 键进行换行；如果要移动文字的位置,可以将光标放在字符以外,单击并拖动鼠标即可。

图 3-338 “图 1.jpg”文件

图 3-339 放置插入点

图 3-340 输入文字“围场坝上风光”

(5) 文字输入完成以后,单击工具选项栏右侧的“提交所有当前编辑”按钮,或者单击其他工具,或者按数字小键盘的 Enter 键,或者按 Ctrl+Enter 快捷键进行确认,在“图层”面板中自动创建了一个文字图层“围场坝上风光”。此时,可以使用“文字工具”选项栏中的参数对输入的文字进行字体、大小、替换、添加或删除等的操作。

2）实例 2：使用“直排文字工具”创建文字

操作步骤同实例 1：使用“直排文字工具”创建文字。使用“素材\第 3 章\3.5\图 2.jpg”文件进行操作，如图 3-341 所示。

图 3-341 “图 2.jpg”文件

3）实例 3：使用“横排文字蒙版工具”创建文字状选区

操作步骤如下：

（1）打开“素材\第 3 章\3.5\图 3.jpg”文件，如图 3-342 所示。

图 3-342 “图 3.jpg”文件

（2）选择“横排文字蒙版工具”。

（3）在文档窗口中需要输入文字的位置处单击鼠标左键，放置插入点，将会出现一个闪烁的 I 型光标，同时，窗口将以蒙版的形式出现，如图 3-343 所示。

（4）输入文字“春之韵”，如图 3-344 所示。

此时，可以使用“文字工具”选项栏中的参数对输入的文字进行字体、大小、替换、添加或删除等编辑操作。

注：*在“图层”面板中没有产生新的图层。*

（5）当完成文字的输入并编辑以后，可以单击工具选项栏中右侧的“提交所有当前编辑”按钮✓，或者单击其他工具，或者按数字小键盘的 Enter 键，或者按 Ctrl＋Enter 快捷键进行确认。

图 3-343　放置插入点

图 3-344　输入文字“春之韵”

此时，文字将显示为文字状选区，并且不能对文字的字体、大小、替换、添加或删除等进行操作，如图 3-345 所示。

图 3-345　横排文字状选区

4）实例 4：使用“直排文字蒙版工具”创建文字状选区

操作步骤同实例 3：使用“直排文字蒙版工具”创建文字状选区。使用“素材\第 3 章\3.5\图 4.jpg”文件进行操作，如图 3-346 所示。

图 3-346 “图 4.jpg”文件

3. 使用“横排文字工具”编辑文字

要编辑已经输入的文字，按以下步骤进行。

(1) 在“图层”面板中选择该文字图层“围场坝上风光”。

(2) 选择“横排文字工具”，将光标放置在文档窗口中的文字附近，当光标变为“I”的形状时，单击鼠标以定位光标的位置，可以继续输入文字、修改替换以及删除文字等，像编辑文本那样编辑这些文字。

(3) 在文字上单击鼠标左键，并拖动鼠标，则可以选择文字。选择的文字将出现反白效果。

注：*在文本输入状态下，连续单击两下可以选择一行文字；单击三下可以选择整个段落；按 Ctrl＋A 快捷键可以选择全部的文本。*

(4) 在“文字工具”选项栏中可以修改所选文字的字体、颜色和大小等。

(5) 如果光标位于文字以外的其他位置，光标将变成形状，此时，按住鼠标可以拖动文字的位置。

(6) 文字编辑结束以后，按 Ctrl＋Enter 快捷键，结束操作。

使用“直排文字工具”编辑文字的操作与使用“横排文字工具”相同。

3.6 切片工具

切片工具能根据实际需求截出图片中的任何一部分，同时一张图上可以切多个地方。将图片切成多个块后，在存储时能将所切的各个部分分别保存一张图片，完全区分开来。在制作网页或者截取图片某一部分时，经常会用到切片工具。

实例：利用“切片工具”将一张图进行分割并保存。

(1) 打开“素材\第 3 章\3.6\图 1.jpg”文件，如图 3-347 所示。

(2) 选择“切片工具”，然后鼠标变成小刀形状，在想切片的地方按下鼠标左键，然后拖动，就会出现一个矩形的区域块，这就是要切的范围，直到合适为止，释放鼠标，完成第一次切片，每一个片块代码一个区域，都会在上面有白色数字标识，如图 3-348 所示。

图 3-347 “图 1.jpg”文件

图 3-348 切片效果

(3) 选择“文件”→“存储为 Web 所用格式”命令，打开“存储为 Web 所用格式”对话框，如图 3-349 所示。这是一种专门为网页制作设置的格式。

图 3-349 “存储为 Web 所用格式”对话框

(4) 单击“存储”按钮，打开“将优化结果存储为”对话框，如图 3-350 所示。

(5) 选择保存位置为“PSD 文件\第 3 章\3.6\切片工具\”，文件名为“图 1.gif”，格式类型可根据实际需求来确定，这里选择“仅限图像”类型，单击“保存”按钮，就会在原路径下再创建一个文件夹 images，将切片区域图像保存在其中。

(6) 根据之前保存的路径，找到“PSD 文件\第 3 章\3.6\切片工具\images\”文件夹，然后打开就能看到一张张图片，就是根据刚才切片的规格分开存放的，如图 3-351 所示。

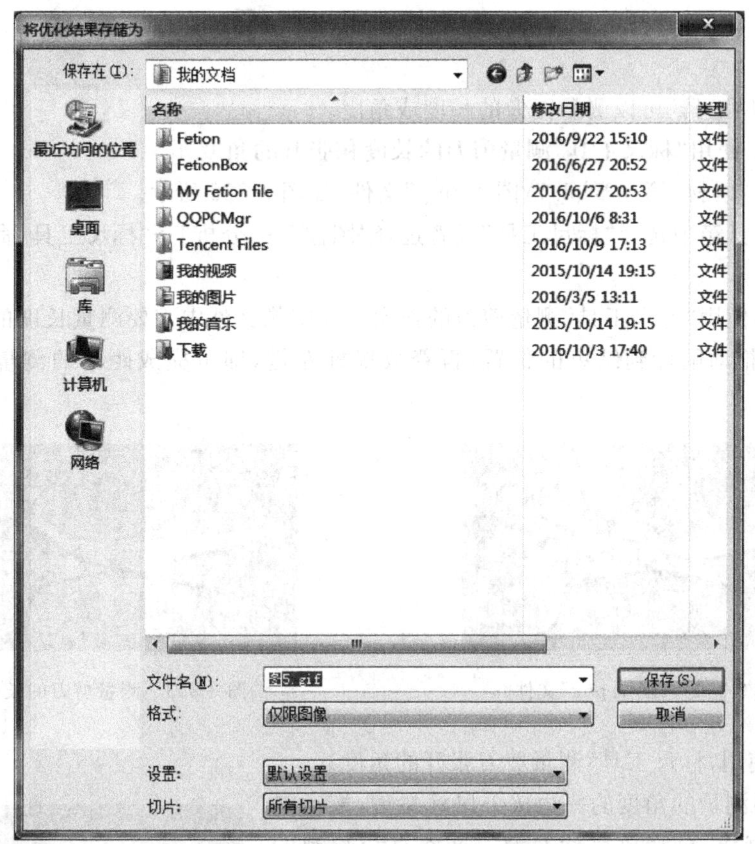

图 3-350 “将优化结果存储为”对话框

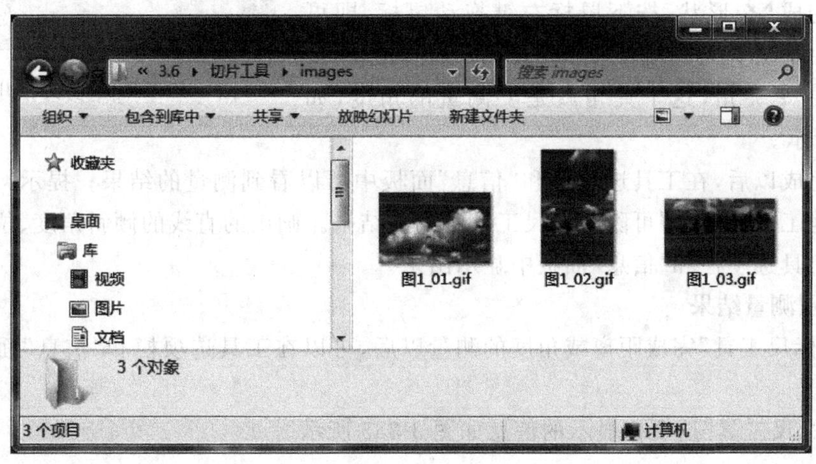

图 3-351 切片文件显示效果

3.7 标尺工具

使用“标尺工具”可以测量图像的长度或角度。

1. 实例：使用“标尺工具”测量剪刀的长度和张开的角度

(1) 打开“素材\第3章\3.7\图1.png”文件，如图3-352所示。

(2) 在工具箱中选择“标尺工具”或者选择“图像”→“分析”→“标尺工具”命令，选择“标尺工具”。

(3) 下面使用“标尺工具”测量剪刀的长度。在图像文件中需要测量长度的开始位置按下鼠标左键，拖动鼠标到结束的位置，再释放鼠标左键，即可完成距离的测量，如图3-353所示。

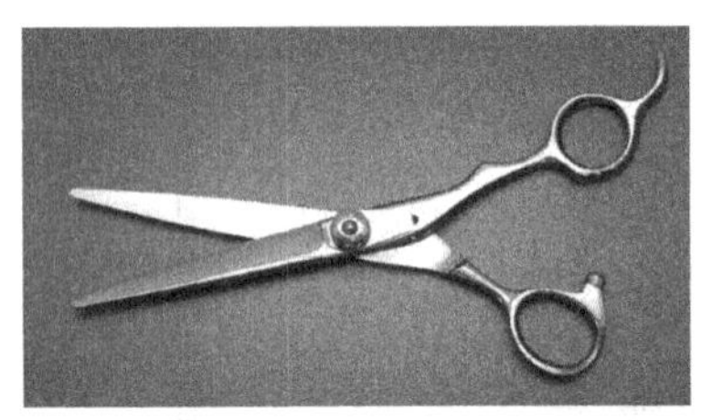

图3-352 “图1.png”文件

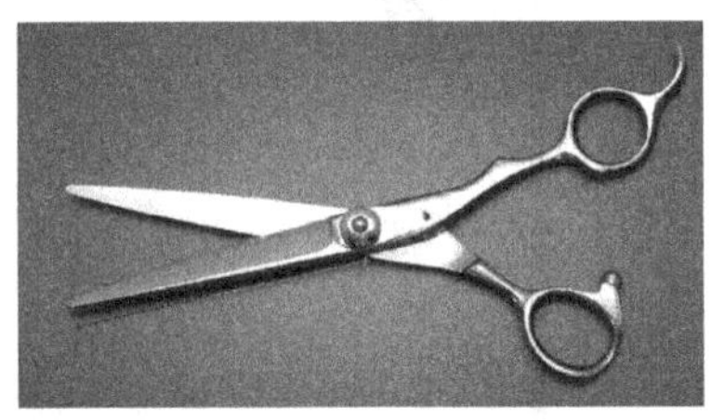

图3-353 测量剪刀的长度

下面是使用“标尺工具”测量剪刀张开的角度。

(4) 在要测量的角度的一边按下鼠标左键，拖动鼠标画出一条直线，再释放鼠标左键。这条直线绘制的就是测量角度的其中一条直线。将光标放到直线的结尾处，当光标出现形状时，按下键盘中的Alt键，此时光标会变成形状，按下鼠标左键拖动鼠标，即可绘制出另一条测量线，然后再释放Alt键。这两条测量线便形成一个夹角，这个夹角就是要测量的角度，如图3-354所示。

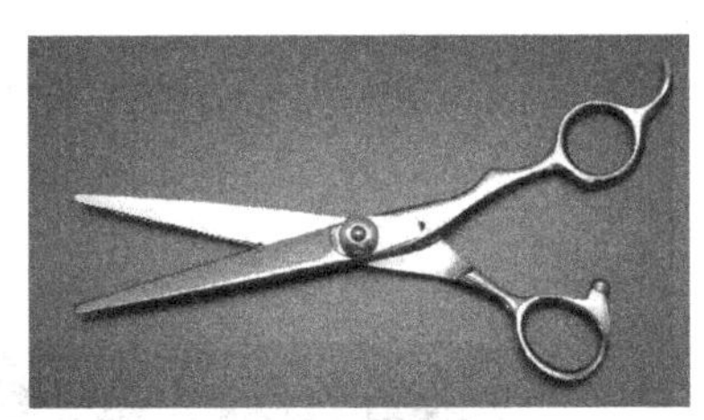

图3-354 测量剪刀张开角度

测量完成以后，在工具选项栏和“信息”面板中可以看到测量的结果。提示：在工具箱中单击其他工具按钮，即可隐藏标尺工具的测量结果。画出的直线的倾斜角度、位置和长短等都能在工具选项栏和“信息”面板中显示出来。

2. 识别测量结果

使用“标尺工具”完成距离或角度的测量以后，可以在工具选项栏和“信息”面板中查看测量的结果。

(1) “标尺工具”选项栏显示的信息如图3-355所示。

X: 34.00 Y: 119.00 W: H: A: 31.1° L1: 140.43 L2: 138.97 使用测量比例 拉直图层 清除

图3-355 “标尺工具”选项栏

(2) 选择“窗口”→“信息”命令，或者按 F8 键，可以打开“信息”面板，如图 3-356 所示。

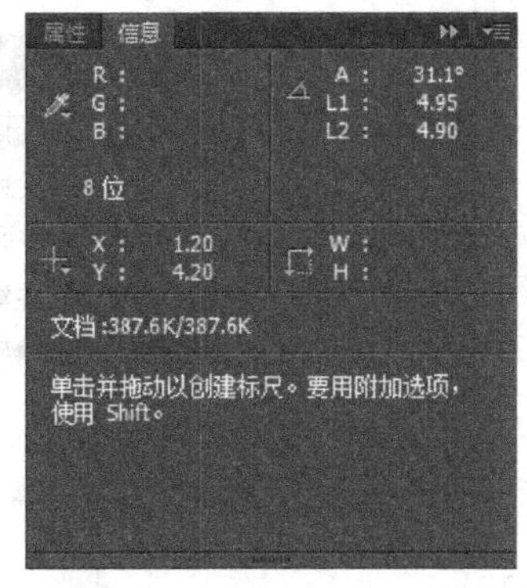

图 3-356 “信息”面板

A：显示测量的角度值。如果是一条测量线，则显示的是倾斜的角度；如果是两条测量线，则显示的是测量线的夹角。

L1：显示第 1 条测量线的长度。

L2：显示第 2 条测量线的长度。

X 和 Y：显示测量时当前鼠标的坐标值。

W 和 H：显示测量开始位置和结束位置的水平和垂直距离。用于水平或垂直距离的测试时。

3.8 蒙 版

蒙版就是选区之外的部分，负责保护选区的内容。由于蒙版所蒙住的地方是编辑选区时不受影响的地方，需要完整地留下来，因此，在图层上需要显示出来，从这个角度来理解，蒙版的黑色(即保护区域)为完全透明，白色(即选区)为不透明，灰色介于透明与不透明之间。

蒙版通常分为三种，即图层蒙版、矢量蒙版和剪贴蒙版。

3.8.1 图层蒙版

图层蒙版主要用于合成图像，不能应用于背景层。此外，创建调整图层、填充图层或者应用智能滤镜时，Photoshop 也会自动为其添加图层蒙版，因此，图层蒙版可以控制颜色调整和滤镜范围。图层蒙版是与文档具有相同分辨率的 256 级色阶灰度图像。蒙版中的纯白色区域可以遮盖下面图层中的内容，只显示当前图层中的图像；蒙版中的纯黑色区域可以遮盖当前图层中的图像，显示出下面图层中的内容；蒙版中的灰色区域会根据其灰度值使当前图层中的图像呈现出不同层次的透明效果。基于以上原理，如果要隐藏当前图层中的图像，可以使用黑色涂抹蒙版；如果要显示当前图层中的图像，可以使用白色涂抹蒙版；如果要使当前图层中的图像呈现半透明效果，则可以使用灰色涂抹蒙版，或者在蒙版中填充渐变。

实例：创建图层蒙版。

操作步骤如下：

(1) 打开“素材\第 3 章\3.8\图 1.jpg”文件，如图 3-357 所示。

(2) 双击“背景”图层，将其转换为普通图层，命名为“四叶草”，如图 3-358 所示。

(3) 新建一个图层，默认命名为“图层 1”，并将其拖动至“四叶草”图层的下方。

(4) 设置前景色为“深绿色”，使用“油漆桶工具”进行填充新建图层。

图 3-357 “图 1.jpg”文件

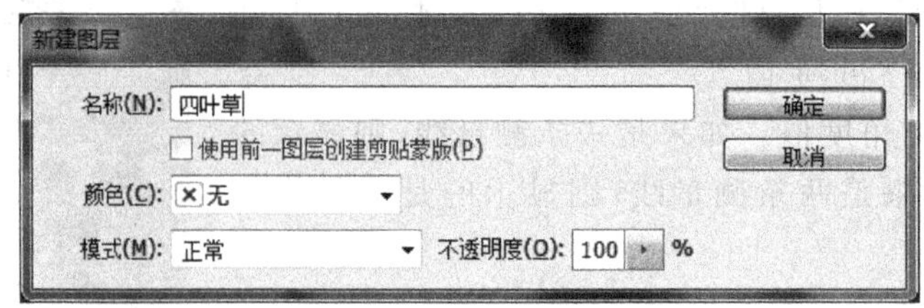

图 3-358 “新建图层”对话框

(5) 选择“图层”→“新建”→“图层背景”命令，将“图层 1”转换为“背景”图层，如图 3-359 所示。

下面在“四叶草”图层添加图层蒙版。

(6) 选中“四叶草”图层，选择“矩形选框工具”，设置“羽化值”为 20。在图像中拖动，创建椭圆选区，如图 3-360 所示。

(7) 单击“图层”面板底部的“添加图层蒙版”按钮，为该图层添加蒙版，如图 3-361 所示。

(8) 保存文档为“PSD 文件\第 3 章\3.8\图层蒙版实例.psd”。

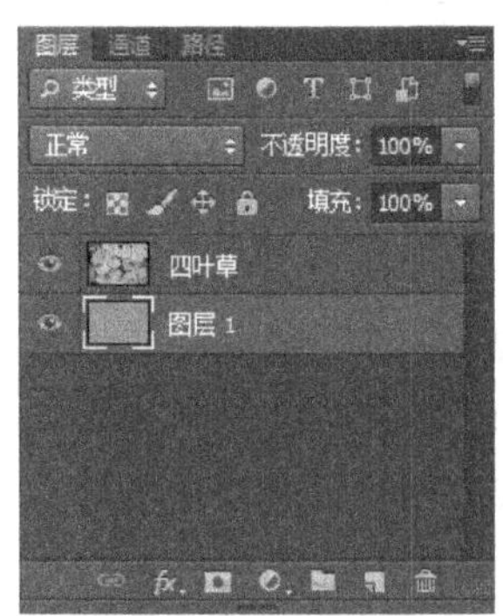

图 3-359 “图层”面板

图 3-360 创建椭圆选区

图 3-361 图像效果

3.8.2 矢量蒙版

矢量蒙版是由钢笔、自定形状等矢量工具创建的蒙版，它与分辨率无关，常用于制作 Logo、按钮或其他 Web 设计元素。无论图像自身的分辨率是多少，只要使用了该蒙版，都可以得到平滑的轮廓。

实例：创建矢量蒙版

操作步骤如下：

(1) 打开“素材\第 3 章\3.8\图 2.jpg”和“图 3.jpg”文件，分别如图 3-362、图 3-363 所示。

(2) 使用“移动工具”将“图 3.jpg”文件拖动到“图 2.jpg”文件中，并调整大小。两图片合成

图 3-362 “图 2.jpg”文件

效果如图 3-364 所示。

图 3-363 “图 3.jpg”文件

图 3-364 两图片合成效果

(3) 在“图层”面板中选择“图层 1”。

(4) 选择“椭圆工具”，在选项栏中选择“路径”，在画面中单击并拖动鼠标绘制椭圆路径，如图 3-365 所示。

(5) 选择“图层”→“矢量蒙版”→“当前路径”命令，或者在选项栏中单击“蒙版”按钮，即可基于当前路径创建一个矢量蒙版，路径区域外的图像会被蒙版遮盖，如图 3-366 所示。

图 3-365 绘制椭圆路径

图 3-366 创建矢量蒙版

(6) 保存文档为“PSD 文件\第 3 章\3.8\矢量蒙版实例.psd”。

3.8.3 剪贴蒙版

剪贴蒙版可以用一个图层中包含像素的区域来限制它上层图像的显示范围。它可以通过一个图层来控制多个图层的可见内容，而图层蒙版和矢量蒙版都只能用于控制一个图层。

实例：创建剪贴蒙版

操作步骤如下：

(1) 打开“素材\第 3 章\3.8\图 4.jpg”文件，分别如图 3-367 所示。

图 3-367 “图 4.jpg”文件

(2) 双击“背景”图层，将其转换为普通图层，命名为“向日葵”。

(3) 创建新图层，并拖动至“向日葵”图层的下方，转换为“背景”图层，隐藏“向日葵”图层，将“背景”图层填充为浅蓝色，如图 3-368 所示。

图 3-368 创建“背景”图层

(4) 选中“背景”图层，再创建新图层，名称默认为“图层 1”。

(5) 选择“自定形状工具”，在选项栏中选择“像素”，将前景色设置为黑色，然后在选项栏中的“形状”下拉面板中选择“蜗牛”形状。

(6) 选中“图层 1”，按住 Shift 键，拖动鼠标绘制“蜗牛”形状，如图 3-369 所示。使用“移动工具”移动“蜗牛”到合适位置。

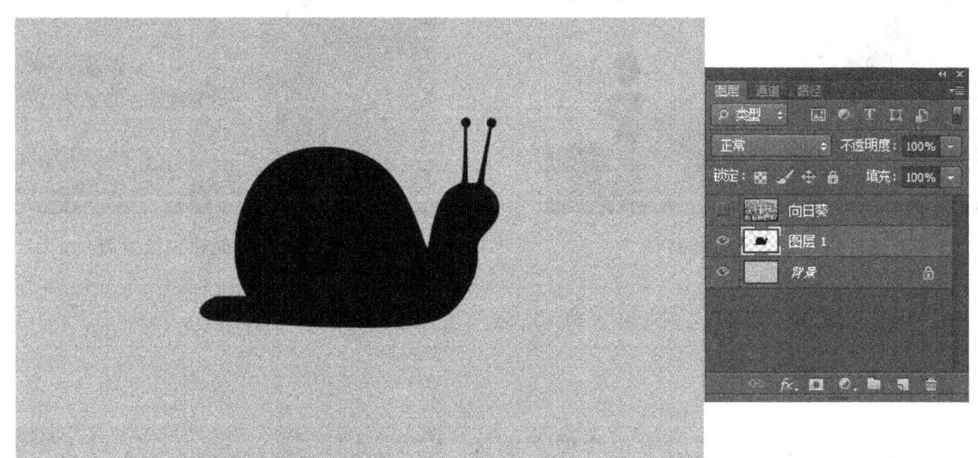

图 3-369 绘制“蜗牛”形状

(7) 选择“横排文字蒙版工具”，在画面中单击并输入文字，以便创建文字选区，如图 3-370 所示。

(8) 选择“编辑”→“填充”命令，打开“填充”对话框，如图 3-371 所示。内容使用“前景色”，单击“确定”按钮。将文字选区填充为黑色，按 Ctrl＋D 快捷键取消选区，如图 3-372 所示。

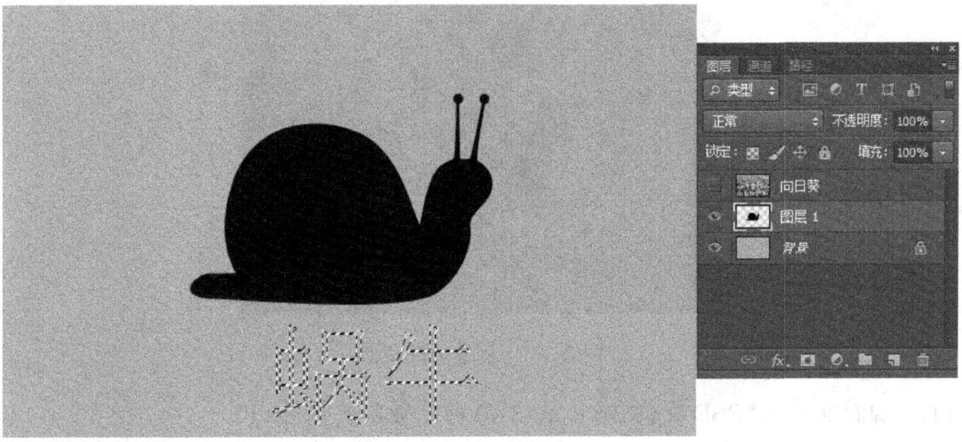

图 3-370　创建文字选区

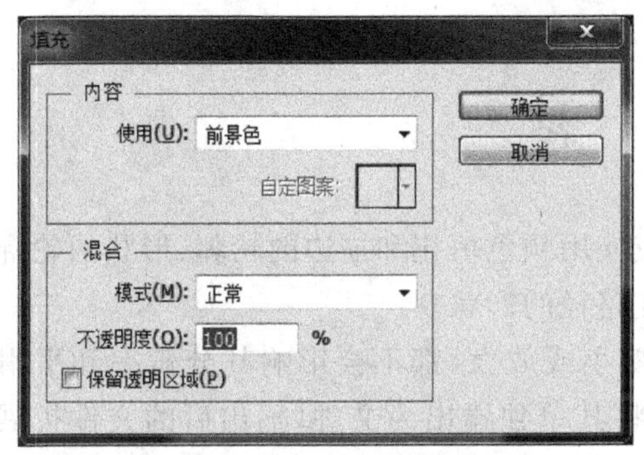

图 3-371　“填充”对话框

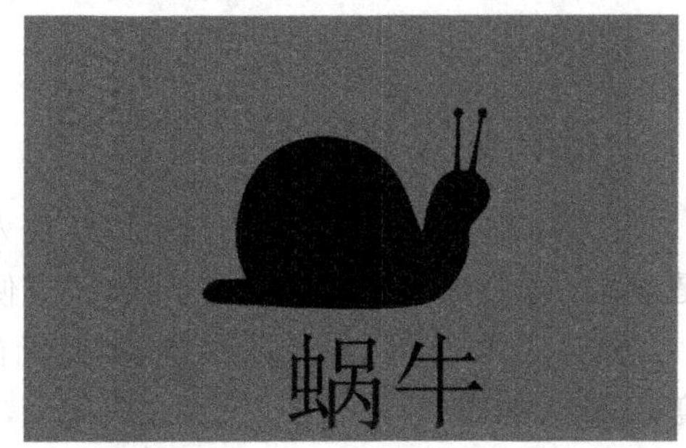

图 3-372　填充后效果

(9) 选择并显示“向日葵”图层,如图 3-373 所示。

图 3-373　显示“向日葵”图层

(10) 选择“图层”→“创建剪贴蒙版”命令,即可将该图层与它下面的图层创建为一个剪贴蒙版,如图 3-374 所示。

图 3-374 创建剪贴蒙版

(11) 保存文档为"PSD 文件\第 3 章\3.8\剪贴蒙版实例.psd"。

注：剪贴蒙版可以应用于多个图层，但是，这些图层必须相邻。选择一个内容图层，选择"图层"→"释放剪贴蒙版"命令，可以从剪贴蒙版中释放出该图层。如果该图层上面还有其他内容图层，则这些图层也会一同释放。

3.9 路 径

在 Photoshop 中，路径是指可以转换为选区或使用颜色填充和描边的轮廓(形状的轮廓是路径)，通过编辑路径的锚点，可以很方便地改变路径的形状。

路径实质上是矢量式的线条，因此无论图像缩小或放大，都不会影响其分辨率和平滑度，编辑后的路径可以同时保存在图像中，也可以将其单独输出为文件(输出后的文件扩展名为.ai)，再在其他软件中进行编辑或使用，例如，输出为文件后，在 Illustrator 应用软件中打开路径文件进行编辑。

使用路径功能可以将一些不精确的选取范围转换成路径，再进行编辑和微调以完成一个精确的选取范围，此后再转换为选取范围使用；使用路径中的剪贴路径功能，还可以在将 Photoshop 图像插入到其他图像软件或排版软件时，去除其路径之外的图像背景而使其成为透明，而保留路径之内的图像。

3.9.1 新建路径

在不同的路径层中绘制路径，可以创建新的路径层，用以放置不同的路径。

Photoshop CS6 新建路径的方法如下：

(1) 新建一个文档或者打开一个文档。

(2) 单击"路径"面板底部的"创建新路径"按钮，即可创建一个新的路径层，如图 3-375 所示。

注：创建了新的路径层以后，就可以在窗口中绘制路径了。使用这种方法创建的路径，它的名称是系统自动命名的。

(3) 如果在新建路径时，需要设置路径的名称有两种方法：按住 Alt 键，然后再单击"创建新路径"按钮；在"路径"面板菜单中选择"新建路径"命令。这两种方法均可打开"新建路径"对话框，如图 3-376 所示。

图 3-375　创建新路径层

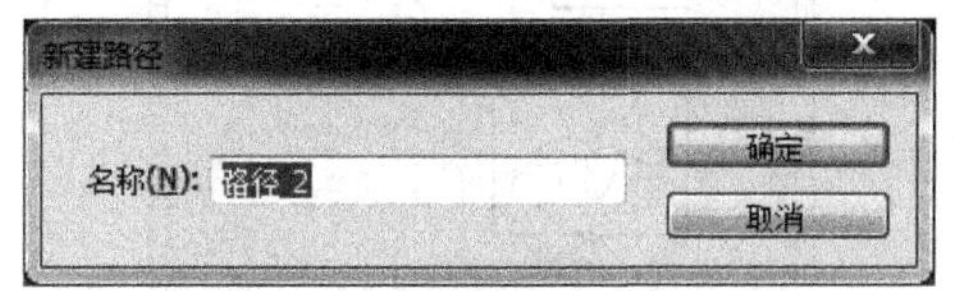

图 3-376　“新建路径”对话框

(4) 在“名称”右侧的文本框中输入路径的新名称，然后单击“确定”按钮即可。

注： 位于不同路径层上的路径不会同时显示出来，只会显示当前选择的路径层上的路径。不管路径是否显示在文档窗口中，都不会被打印出来。它就像网格和辅助线一样，只起到辅助作图的作用，对图像的实际内容不会有任何影响。

3.9.2 “路径”面板

创建路径以后，所有的路径都自动保存在“路径”面板中。利用“路径”面板可以对创建的路径进行填充或描边，还可以将路径转化为选区或将选区转化为路径操作。

选择“窗口”→“路径”命令，打开“路径”面板，如图 3-377 所示。

“路径”面板相关说明：

(1) 在面板右上角单击按钮，可以打开“路径”面板菜单，如图 3-378 所示。

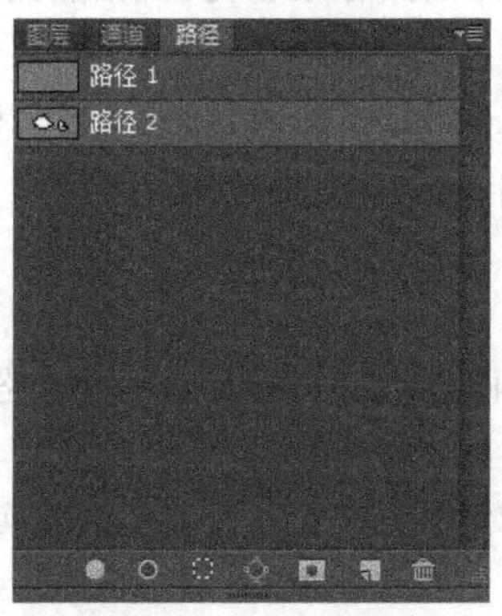

图 3-377　“路径”面板

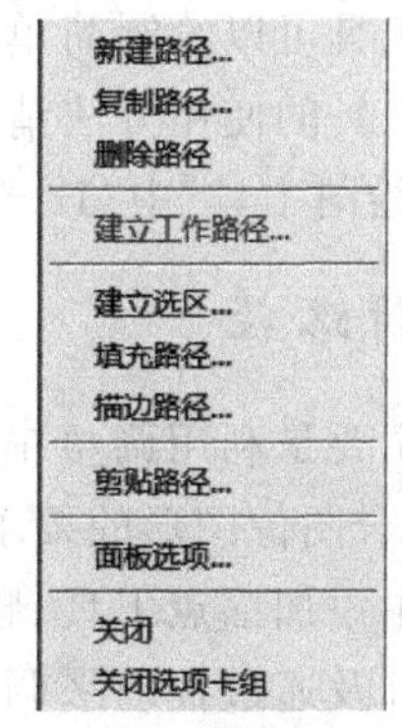

图 3-378　“路径”面板菜单

选择“面板选项”命令，打开“路径面板选项”对话框，如图 3-379 所示。可以设置缩览图的大小。

(2) 路径/工作路径：显示了当前文件中包含的路径和临时路径等，如图 3-380 所示。

(3) 用前景色填充路径：用前景色填充路径区域。

(4) 用画笔描边路径：用画笔工具对路径进行描边。

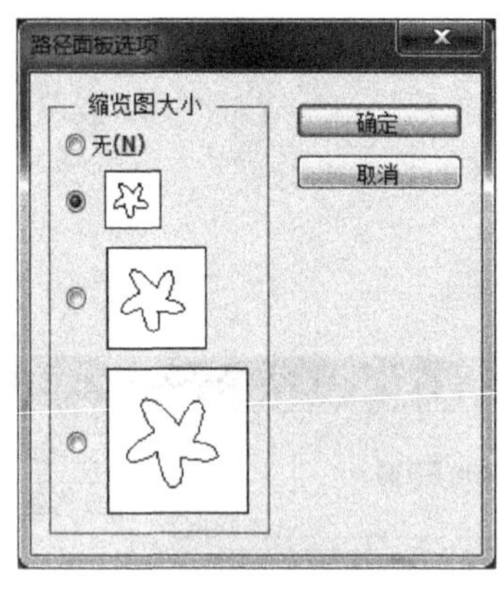

图 3-379 “路径面板选项”对话框

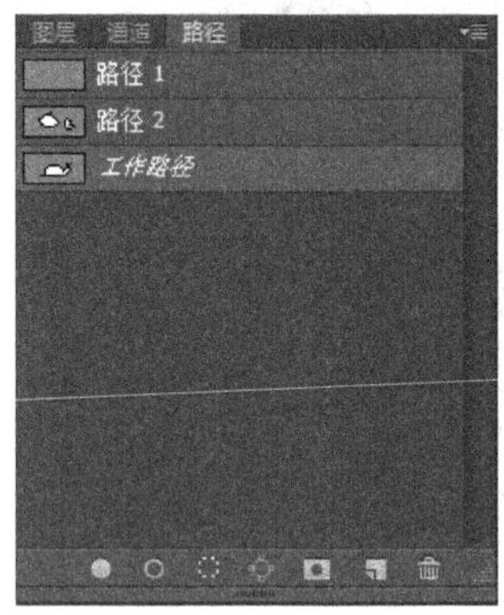

图 3-380 路径/工作路径

(5) 将路径作为选区载入：将当前选择的路径转换为选区。

(6) 从选区生成工作路径：从当前的选区中生成工作路径。

(7) 添加矢量蒙版：添加矢量蒙版。

(8) 创建新路径：可以创建新的路径层。

(9) 删除当前路径：可以删除当前选择的路径。

3.9.3 创建路径

创建路径的工具主要包括钢笔工具、自由钢笔工具和形状工具等。钢笔工具是制作路径常用工具，可以制作精确的路径，尤其是在抠图制作高质量的画面时，是最佳的选用工具。自由钢笔工具是利用鼠标在画面上直接以描边的形式勾画出来，这时所勾画的形状可以自动转换为路径，但一般不建议使用，用鼠标手动所勾画的路径很粗糙，且锚点比较多，后期不好调整。形状工具可以绘制简单固定形状的路径。

有关钢笔工具的使用方法请参看“3.3.4 钢笔工具”的相关内容；形状工具的使用方法请参看“3.4.2 绘图工具”中“12.形状工具”的相关内容，这里不再赘述。

3.9.4 编辑路径

编辑路径主要是利用调整锚点的位置及锚点两侧伸出的调杆进行调节路径的弯曲程度，最终达到符合图像图形的要求。

钢笔工具中添加锚点工具、删除锚点工具可以对锚点多少进行控制；转换点工具可以对锚点添加调杆及通过拖动来调整路径。

另外，还有两个辅助编辑路径的工具：路径选择工具和直接选择工具。路径选择工具是对路径整体的选择，可进行整体的位移。“直接选择工具”是对路径的锚点进行选择，当某个锚点被选中时，锚点两端所存在的调杆会显现出来，这时可以拖动调节调杆修整路径。

1. 添加锚点和删除锚点

(1) 新建一文档。

(2) 创建一路径，如图 3-381 所示。

(3) 下面添加锚点。选择“添加锚点工具”。将光标移动到文档窗口中路径上要添加锚点的位置，此时光标会变成✎₊的形状，如图 3-382 所示。

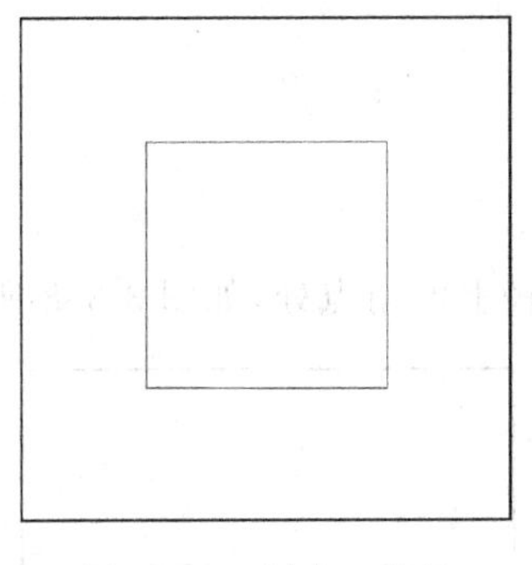

图 3-381　创建一路径

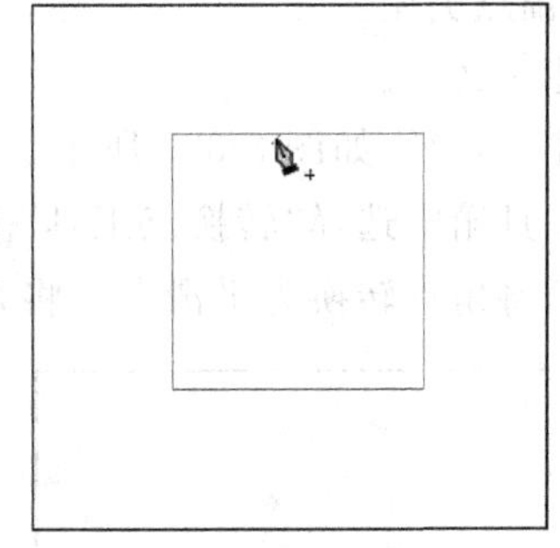

图 3-382　添加锚点的位置

(4) 单击即可添加一个锚点，如图 3-383 所示。使用同样的方法可以添加更多的锚点。

(5) 如果在添加锚点时按下鼠标左键不放，然后拖动鼠标，则可以添加一个平滑点，如图 3-384 所示。添加的这个平滑点，可以改变路径的形状。

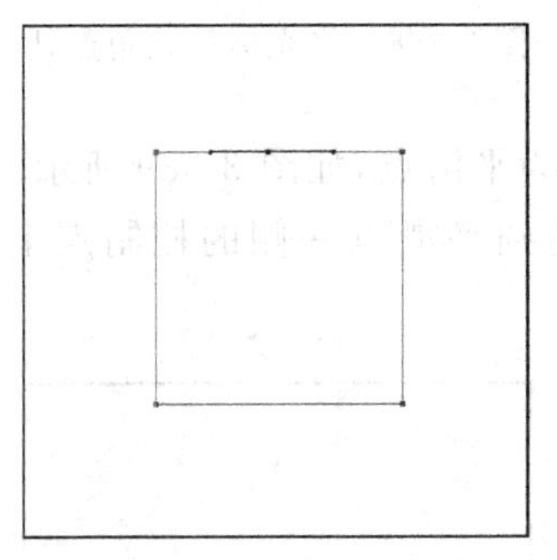

图 3-383　添加锚点

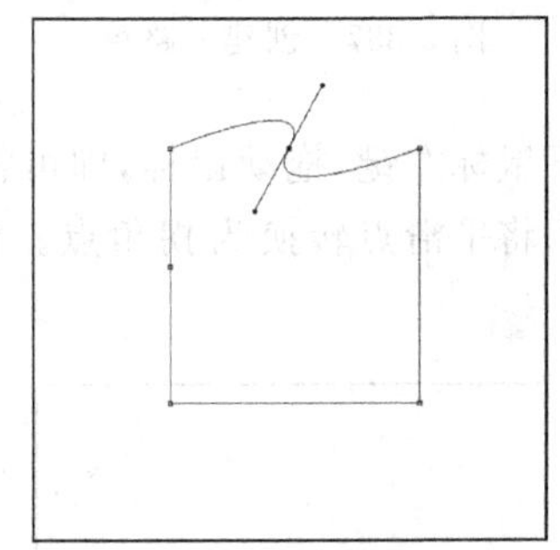

图 3-384　添加一个平滑点

(6) 下面删除锚点。在工具箱中选择"删除锚点工具"，将光标移动到要删除的锚点上面，当光标变成✎_的形状时，如图 3-385 所示。单击鼠标左键即可删除该锚点，如图 3-386 所示。

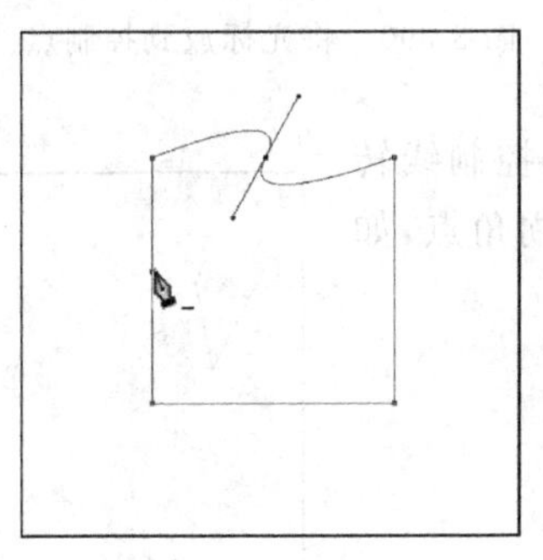

图 3-385　删除锚点的位置

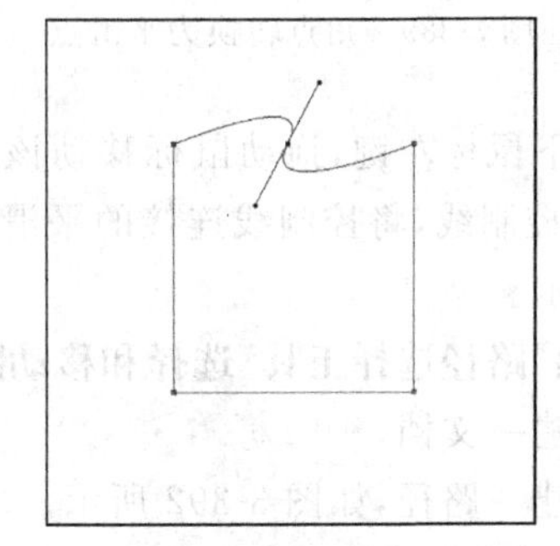

图 3-386　删除锚点

(7) 删除锚点后，路径将根据其他的锚点重新定义路径的形状。

注：使用"直接选择工具"选择锚点后，按下 Delete 键也可以将锚点删除，但该锚点两侧

的路径段也会同时删除掉。如果路径为闭合式路径,则会变为开放式路径。

2. 转换锚点类型

(1) 新建一文档。

(2) 创建一路径,如图 3-387 所示。

(3) 在工具箱中选择"转换点工具"。

(4) 下面将角点转换为平滑点。将光标移到路径上的角点处,如图 3-388 所示。

图 3-387 创建一路径

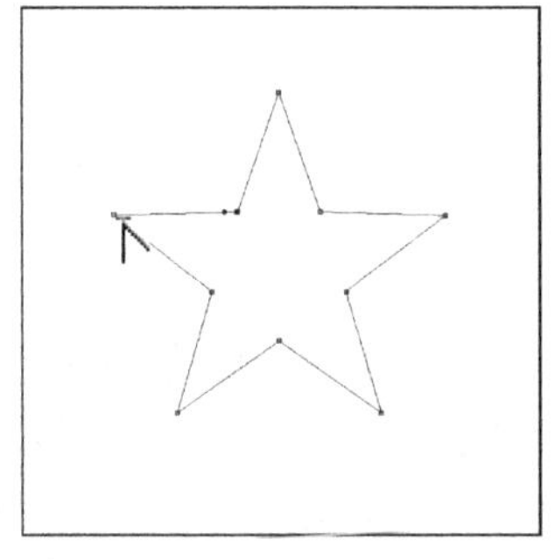

图 3-388 将光标放在角点处

(5) 按下鼠标左键,拖动鼠标,即可将角点转换为平滑点,如图 3-389 所示。

(6) 下面将平滑点转换为拐角点。将光标移动到平滑点一侧的控制点上,如图 3-390 所示。

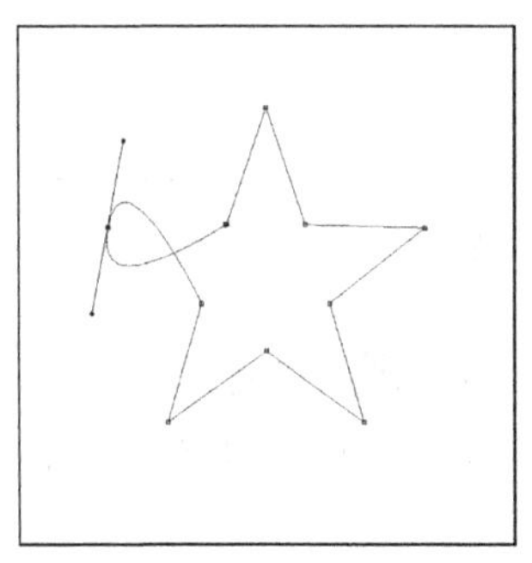

图 3-389 角点转换为平滑点

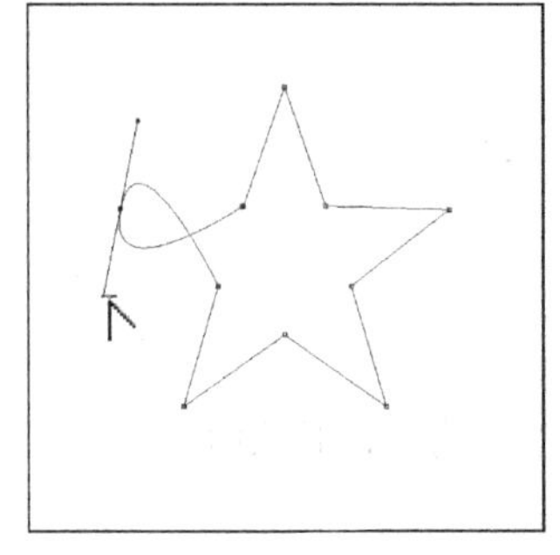

图 3-390 将光标放到控制点

(7) 按下鼠标左键,拖动鼠标移动该控制点,将控制线转换为独立的控制线,将控制线连接的平滑点转换为拐角点,如图 3-391 所示。

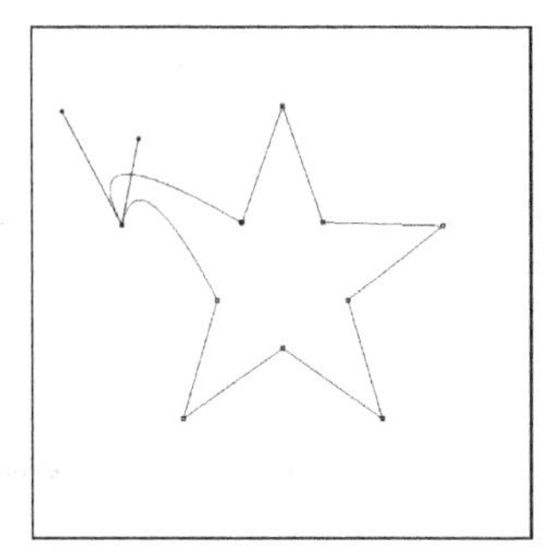

图 3-391 平滑点转换为拐角点

3. 使用"路径选择工具"选择和移动路径

(1) 新建一文档。

(2) 创建一路径,如图 3-392 所示。

(3) 下面使用"路径选择工具"选择路径。选择"路径选择工具",直接单击需要选择的路径,即可选择整个路径,如图 3-393 所示。当选中整个路径时,该路径中的所有锚点都显示为黑色方块。

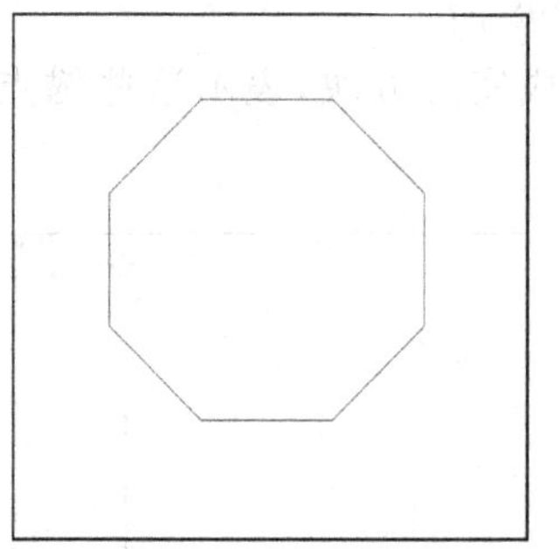

图 3-392 创建一路径

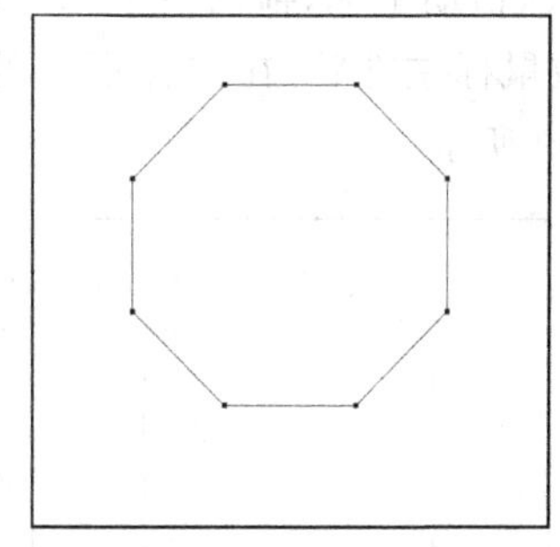

图 3-393 选择路径

(4) 如果要添加选择的路径，或者要同时选择多个路径，可以在按住 Shift 键的同时逐个单击要选择的路径。或者按下鼠标左键不放，拖动鼠标，拖出一个选择框，然后释放鼠标左键，那么在选择框内的路径都会被选择。

(5) 如果要取消路径的选择，在画面的空白处单击鼠标即可。

下面使用“路径选择工具”移动路径。

选择“路径选择工具”以后，在路径上的任意位置按住鼠标左键不放，然后拖动鼠标即可移动路径的位置，如图 3-394 所示。

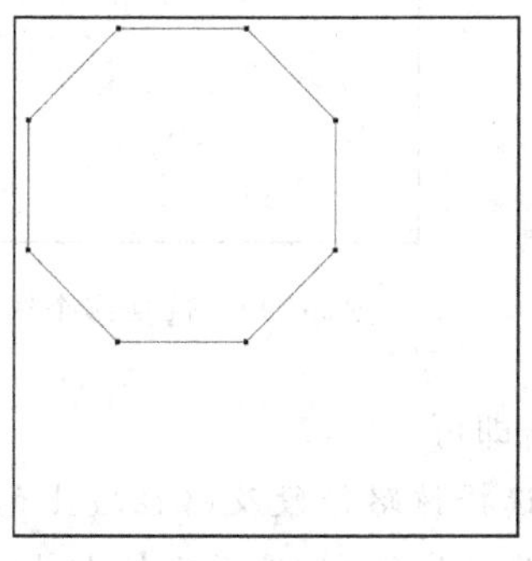

(a) 路径移动前的位置

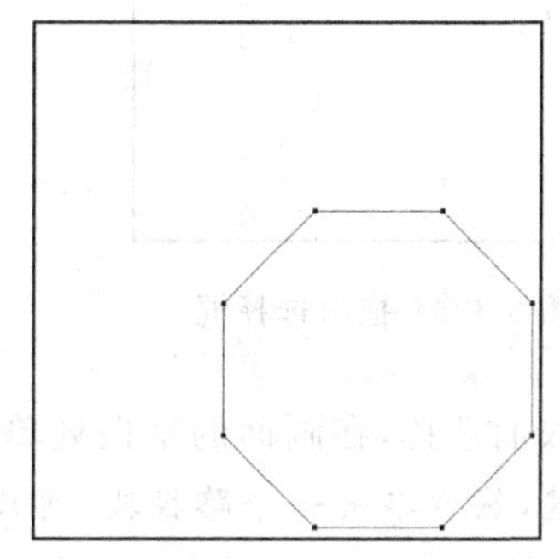

(b) 路径移动后的位置

图 3-394 移动路径

4. 使用“直接选择工具”选择和移动锚点

(1) 新建一文档。

(2) 创建一路径，如图 3-395 所示。

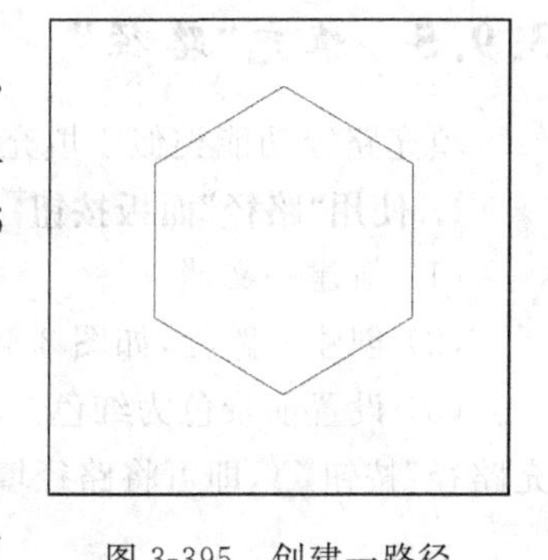

图 3-395 创建一路径

(3) 使用“直接选择工具”选择锚点，选中的锚点为实心方块，未选中的锚点为空心方块。选择“直接选择工具”，单击路径段，则所有的锚点都会显示为空心方块，如图 3-396 所示。

(4) 单击需要选择的锚点，则该锚点被选中，同时变成了实心方块，如图 3-397 所示。

(5) 如果要增加选择的锚点或者要同时选择多个锚点，可以在按住 Shift 键的同时逐个单击要选择的锚点，或者按下鼠标左键不放，拖动鼠标，拖出一个选择框，如图 3-398 所示。

（6）释放鼠标左键后，在选择框内的锚点都变成实心方块，表示这些锚点都已经被选择，如图 3-399 所示。

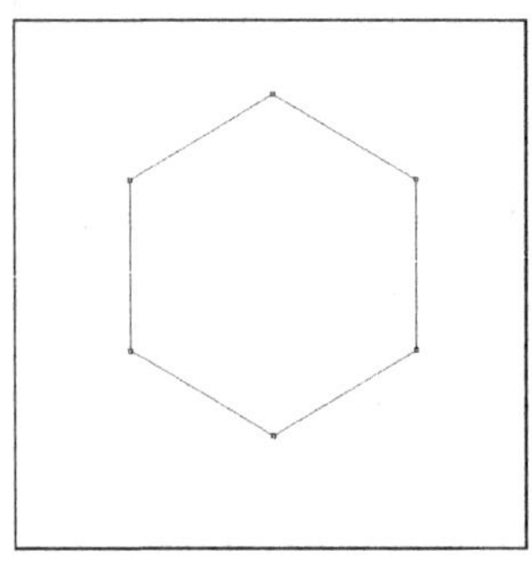

图 3-396　单击路径段

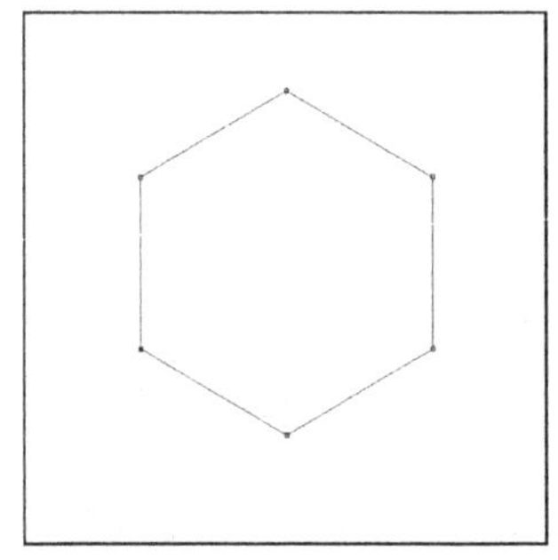

图 3-397　选择单个锚点

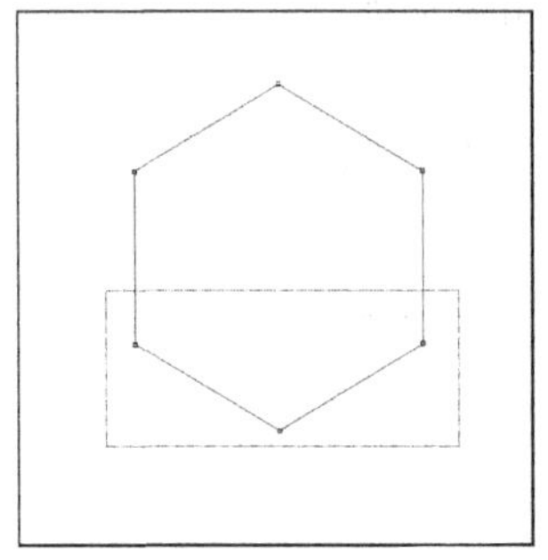

图 3-398　拖出选择框

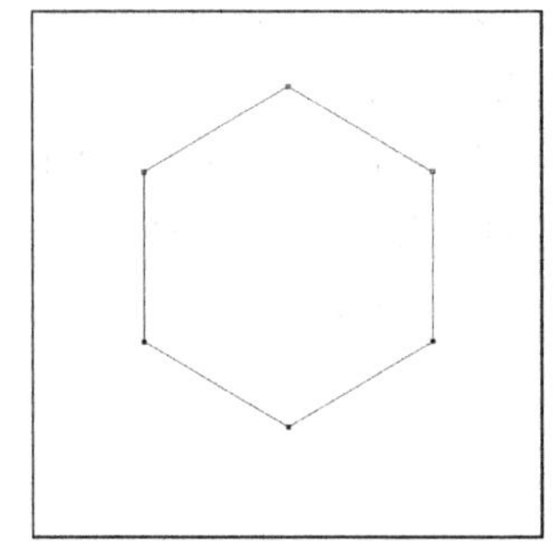

图 3-399　选择多个锚点

（7）如果要取消选择，在画面的空白处单击即可。

注：按 Alt 键，然后单击一个路径段，可以选择该路径段及路径段上的所有锚点。选择锚点后，按 Delete 键可以删除该锚点及两侧的路径线段，如果再次按 Delete 键，可以删除整条路径。

（8）下面使用“直接选择工具”移动锚点。在选择的锚点上面，按住鼠标左键不放，然后拖动鼠标，即可移动锚点的位置。如果选择了锚点，光标从锚点上移开，这时又想移动锚点，则应将光标重新定位在锚点上，单击并拖动鼠标才能将其移动。

3.9.5　填充“路径”

填充路径功能类似于填充选区，可以在路径中填充上各种颜色或图案。

1. 使用“路径”面板按钮填充路径

（1）新建一文档。

（2）创建一路径，如图 3-400 所示。

（3）设置前景色为红色。在“路径”面板中选择路径以后，单击面板底部的“用前景色填充路径”按钮，即可将路径填充为红色，如图 3-401 所示。

图 3-400 创建一路径

图 3-401 路径填充为红色

注：在填充路径时，填充的颜色并不是填充在路径层上，而是填充在当前选择的图层上，所以在填充颜色之前，要在“图层”面板中设置好要填充的图层，以免产生错误的图层填充。

2. 使用面板菜单中的命令填充路径

使用前景色填充路径，只能填充单一的颜色。如果要填充图案或者其他内容，可以使用面板菜单中的命令填充路径。

(1) 仍然打开前面的路径文件。

(2) 在“路径”面板右上角单击按钮，在弹出的面板菜单中选择“填充路径”命令，打开“填充路径”对话框，如图 3-402 所示。

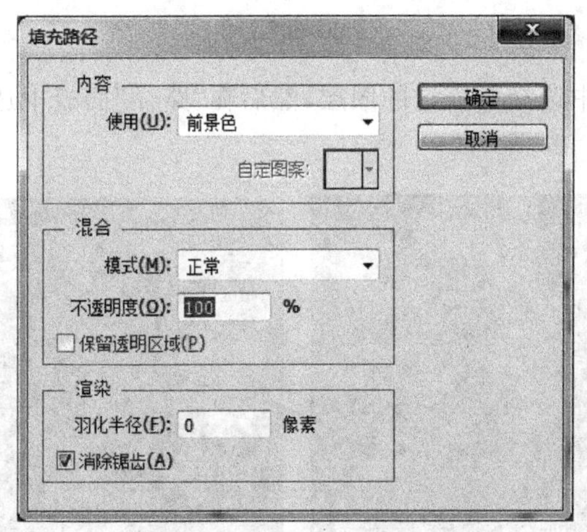

图 3-402 “填充路径”对话框

注：按 Alt 键，再单击“用前景色填充路径”按钮，或者在“路径”面板中的当前路径层上右击，在弹出的快捷菜单中选择“填充路径”命令，也可以打开“填充路径”对话框。

- 使用：可以选择前景色、背景色、黑色、白色、图案或其他颜色填充路径。如果选择“图案”，则可以在下面的“自定图案”下拉面板中选择一种图案来填充路径。
- 模式：可以选择填充效果的混合模式。
- 不透明度：可以选择填充效果的不透明度。
- 保留透明区域：仅限于填充包含像素的图层区域。

- 羽化半径：在该文本框中输入数值使得填充边界变得较为柔和。值越大，填充颜色边缘的柔和度也就越大。
- 消除锯齿：选中该复选框可以消除填充边界处的锯齿。该项功能能够部分填充选区的边缘，在选区的像素和周围像素之间创建精细的过渡。

(3) 设置好对话框中的选项后，单击"确定"按钮即可填充路径区域。

3.9.6 描边路径

路径的描边功能类似于选区的描边。

(1) 打开"素材\第3章\3.9\图1.jpg"文件，并绘制"半月型"路径，如图3-403所示。

图3-403 "图1.jpg"文件(带有路径)

(2) 在"图层"面板中选择要描边的图层，然后在"路径"面板中选择要描边的路径层，如图3-404所示。

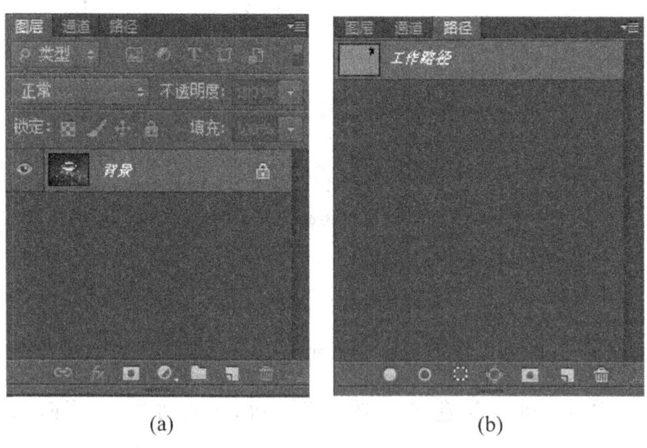

(a) (b)

图3-404 选择要描边的图层和路径层

(3) 选择"画笔工具"，设置好合适的画笔笔尖和其他参数。

(4) 设置前景色为红色。

(5) 在"路径"面板底部单击"用画笔描边路径"按钮，即使用前景色为路径描边，如图3-405所示。

图 3-405　描边路径

(6) 保存文档为“PSD 文件\第 3 章\3.9\描边路径.psd”。

3.9.7　从路径建立选区

从路径建立选区，不但可以从封闭的路径创建选区，也可以将开放的路径转换为选区。从路径建立选区主要有按钮法、菜单法和快捷键法等。

1. 按钮法建立选区

(1) 打开“素材\第 3 章\3.9\图 1.jpg”文件，并绘制“半月型”路径，如图 3-403 所示。

(2) 选择“路径选择工具”，单击“半月型”路径进行选择，如图 3-406 所示。

(3) 单击“路径”面板底部的“将路径作为选区载入”按钮 ，即可从当前路径建立一个选区，如图 3-407 所示。

图 3-406　选择路径

图 3-407　从路径建立选区

2. 菜单法建立选区

(1) 在“路径”面板中选择要建立选区的路径。

(2) 在“路径”面板菜单中选择“建立选区”命令，打开“建立选区”对话框，如图 3-408 所示。

- 羽化半径：在该文本框中输入数值使得填充边界变得较为柔和。值越大，填充颜色边缘的柔和度也就越大。

- 消除锯齿：选中该复选框可以消除填充边界处的锯齿。
- 操作：设置新建选区与原有选区的操作方式。

(3) 完成设置，单击“确定”按钮，即可建立一个选区，如图 3-407 所示。

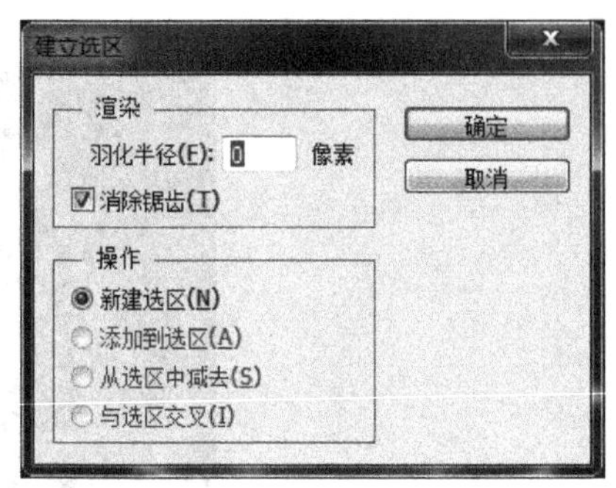

图 3-408 “建立选区”对话框

3. 快捷键法建立选区

在“路径”面板中，按住 Ctrl 键的同时，单击要建立选区的路径层，即可从该路径建立选区。在创建路径的过程中，如果想将创建的路径转换为选区，可以按 Ctrl+Enter 快捷键，快速将当前文档窗口中的路径建立为选区，这样就不需要在“路径”面板中进行转换了。

3.9.8 从选区建立路径

从路径可以建立选区，也可以从选区建立路径。从选区建立路径的方法主要有按钮法和菜单法两种。

1. 使用按钮法建立路径

(1) 打开“素材\第 3 章\3.9\图 2.jpg”文件，并绘制“正圆”选区，如图 3-409 所示。

(2) 在“路径”面板底部单击“从选区生成工作路径”按钮，即可从当前选区中建立一个工作路径，如图 3-410 所示。

图 3-409 “图 2.jpg”文件(带有选区)

图 3-410 从选区建立路径

2. 使用菜单法建立路径

(1) 打开“素材\第 3 章\3.9\图 2.jpg”文件，并绘制“正圆”选区，如图 3-409 所示。

(2) 在“路径”面板菜单中选择“建立工作路径”命令，打开“建立工作路径”对话框，如图 3-411 所示。按住 Alt 键，再单击“路径”面板底部的“从选区生成工作路径”按钮，同样可以打开“建立工作路径”对话框。

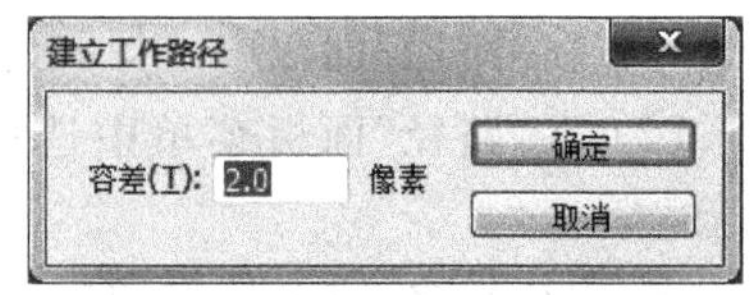

图 3-411 “建立工作路径”对话框

容差：用于控制选区转换为路径后的平滑程度，变化范围为 0.5～8.0 像素。该值越小，产生的锚点就越多，线条也就越平滑。

(3) 对要建立的路径设置“容差”值，然后单击“确定”按钮，即可建立路径，如图 3-401 所示。

3.10 滤　　镜

滤镜主要用来实现图像的各种特殊效果。它在 Photoshop 中具有非常神奇的作用，所有的滤镜在 Photoshop 中都按分类放置在菜单中，使用时只需要从该菜单中选择命令即可。

滤镜通常需要同通道、图层等联合使用，才能取得最佳艺术效果。如果想在最适当的时候应用滤镜到最适当的位置，除了平常的美术功底之外，还需要用户对滤镜的熟悉和操控能力，甚至需要具有很丰富的想象力。

Photoshop 滤镜分为两类：一类是内部滤镜，即安装 Photoshop 时自带的滤镜；另外一类是外挂滤镜，需要进行安装后才能使用。外挂滤镜主要包括 KPT、PhotoTools、Eye Candy、Xenofex、Ulead effect 等。在这里仅介绍内部滤镜。

3.10.1 滤镜的使用规则

处理图像时，使用滤镜应遵循以下规则。

1. 首次使用滤镜

首先在文档窗口中，指定要应用滤镜的文档或图像区域，然后选择“滤镜”菜单中的相关滤镜命令，打开当前滤镜对话框，对该滤镜的参数进行调整，最后单击“确定”按钮即可应用滤镜。

2. 重复使用滤镜

当执行完一个滤镜操作以后，在“滤镜”菜单的第一行将出现刚才使用的滤镜名称，选择该命令，或者按 Ctrl+F 快捷键，可以以相同的参数再次应用该滤镜。如果按 Alt+Ctrl+F 快捷键，则会重新打开上一次执行的滤镜对话框。

3. 复位滤镜

在滤镜对话框中，经过修改以后，如果想复位当前滤镜到打开时的设置，可以按住 Alt 键，此时该对话框中的“取消”按钮将变成“复位”按钮，单击该按钮可以将滤镜参数恢复到打开该对话框时的状态。

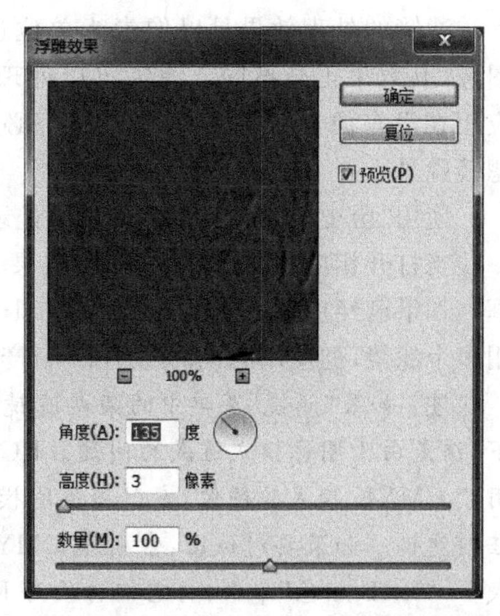

图 3-412 “浮雕效果”对话框

4. 滤镜效果预览

在使用滤镜时，有时候会打开滤镜对话框。而这些对话框都有相同的预览设置。比如，选择“滤镜”→“风格化”→“浮雕效果”命令，打开“浮雕效果”对话框，如图 3-412 所示。

预览窗口：在该窗口中，可以看到图像应用滤镜后的效果，以便及时地调整滤镜参数，达到满意效果。当图像的显示大于预览窗口时，在预览窗口中拖动鼠标,可以移动图像的预览位置,以查看不同图像位置的效果。

缩小：单击该按钮,可以缩小预览窗口中的图像显示区域。

放大：单击该按钮,可以放大预览窗口中的图像显示区域。

缩放比例100%：显示当前图像的缩放比例值。当单击“缩小”或“放大”按钮时,该值将随之变化。

预览：选中该复选框,可以在当前图像文档中查看滤镜的应用效果。如果取消选中该复选框,则只能在对话框中的预览窗口内查看滤镜效果,当前图像文档中没有任何变化。

5. 滤镜效果的后期处理

使用滤镜处理图像以后,选择“编辑”→“渐隐”命令,打开“渐隐”对话框,如图3-413所示。在对话框可以修改滤镜效果的不透明度和混合模式。“渐隐”命令必须是在进行了编辑操作后立即执行,如果这中间又进行了其他操作,则无法执行该命令。

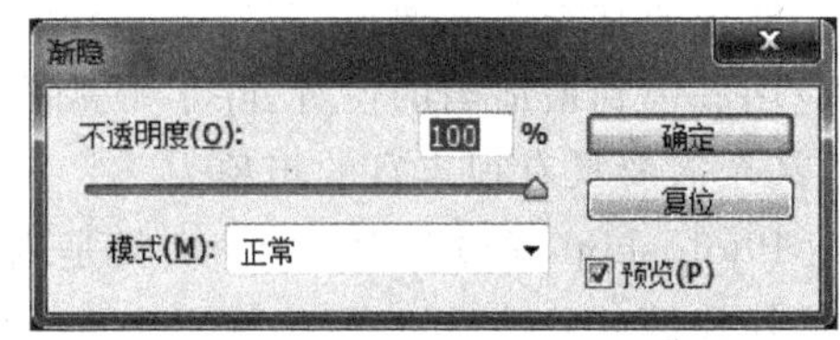

图3-413 “渐隐”对话框

6. 其他规则

使用滤镜处理图层中的图像时,需要选择该图层,并且该图层必须是可见的,其缩览图前面有图标。

如果创建了选区,滤镜只处理选区内的图像；如果没有创建选区,滤镜则处理当前图层中的全部图像。如果想使滤镜与原图像更好地结合在一起,可以将选区设置一定的羽化效果后再应用滤镜效果。

如果当前选择的是某一层或者某一单一的色彩通道或Alpha通道,滤镜只对当前的图层或通道起作用。

有些滤镜的使用会很占用内存,特别是应用在高分辨率的图像。这时可以先对单个通道或部分图像使用滤镜,将参数设置记录下来,然后再对图像使用该滤镜,避免重复无用的操作。

滤镜的处理效果是以像素为单位进行计算的,因此,相同的参数处理不同分辨率的图像,其效果也会不同。滤镜可以处理图层蒙版、快速蒙版和通道。只有云彩滤镜可以应用在没有像素的区域,其他滤镜都必须应用在包含像素的区域,否则不能使用,但外挂滤镜除外。

使用“历史记录”面板配合“历史记录画笔工具”可以对图像的局部区域应用滤镜效果。

当打开相应的滤镜对话框时,如果不想应用该滤镜效果,可以按Esc键关闭当前对话框。如果已经应用了滤镜,可以按Ctrl+Z快捷键撤销当前的滤镜操作。一个图像可以应用多个滤镜,但应用滤镜的顺序不同,产生的效果也会不同。

注：如果“滤镜”菜单中的某些滤镜命令显示为灰色,就表示它们不能使用。一般情况下,这是由于图像模式造成的问题。RGB模式的图像可以使用全部滤镜,一部分滤镜不能用于CMYK模式的图像,索引和位图模式的图像,16位或32位的色彩模式下则不能使用任何滤镜。如果要对位图、索引或CMYK模式的图像应用滤镜,可以先选择“图像”→“模式”→“RGB颜色”命令,将它们转换为RGB模式,然后再使用滤镜进行处理。

3.10.2 滤镜库

滤镜库是一个集中了大部分滤镜效果的对话框，它可以将一个或多个滤镜应用于图像，或者对同一图像多次应用同一滤镜，还可以使用对话框中的其他滤镜替换原来已经使用的滤镜。利用滤镜库对图像进行滤镜操作，很好地避免了多次单击滤镜菜单、选择不同滤镜的繁杂操作这一问题。

图 3-414 “图 1.jpg”文件

打开“素材\第 3 章\3.10\图 1.jpg”文件，如图 3-414 所示。选择“滤镜”→“滤镜库”命令，打开“滤镜库”对话框，如图 3-415 所示。预览区在“滤镜库”对话框的左侧，通过该区域可以完成图像的预览效果。滤镜和参数区在“滤镜库”的中间显示了六个滤镜组。

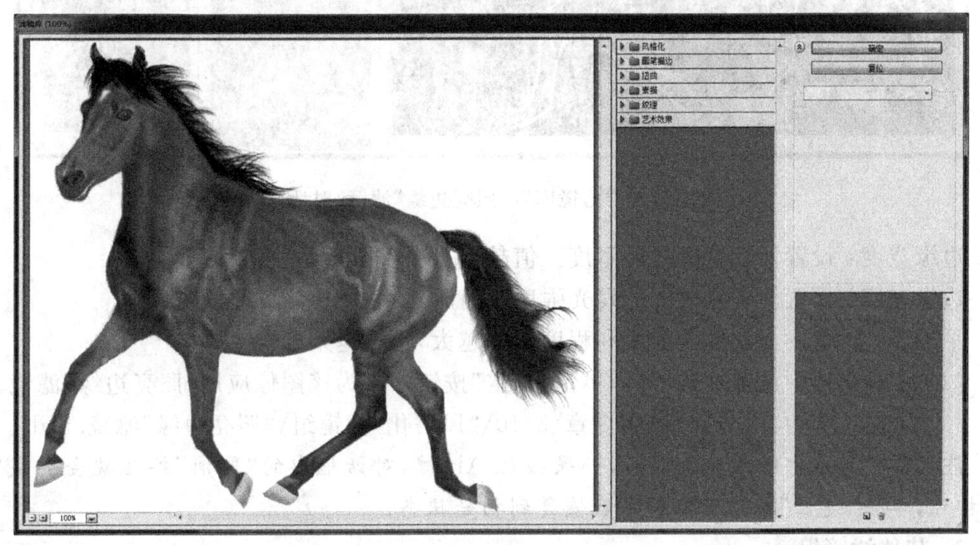

图 3-415 “滤镜库”对话框

单击滤镜组名称，可以展开或折叠当前的滤镜组。展开滤镜组后，选择某个滤镜命令，即可将该命令应用到当前的图像中，并且在对话框的右侧显示当前选择滤镜的参数选项；还可以从右侧的下拉列表中选择各种滤镜命令。在“滤镜库”对话框右下角显示了当前应用在图像上的所有滤镜列表。

在对话框右下角单击“新建效果图层”按钮，可以创建一个新的滤镜效果，以便增加更多的滤镜。添加效果图层后，可以选取要应用的另一个滤镜，重复此过程可添加多个滤镜，图像效果也会变得更加丰富。如果不创建新的滤镜效果，每次选择滤镜命令，会将刚才的滤镜替换，而不会增加新的滤镜命令。选择一个滤镜，然后单击“删除效果图层”按钮，可以将选择的滤镜删除。

下面介绍具体的滤镜组。

1. “风格化”滤镜组

“照亮边缘”滤镜可以制作出类似霓虹灯的光亮的效果。

(1) 选择“滤镜”→“滤镜库”命令，打开“滤镜库”对话框，单击“风格化”滤镜组，在下拉列表中选择“照亮边缘”滤镜，如图 3-416 所示。

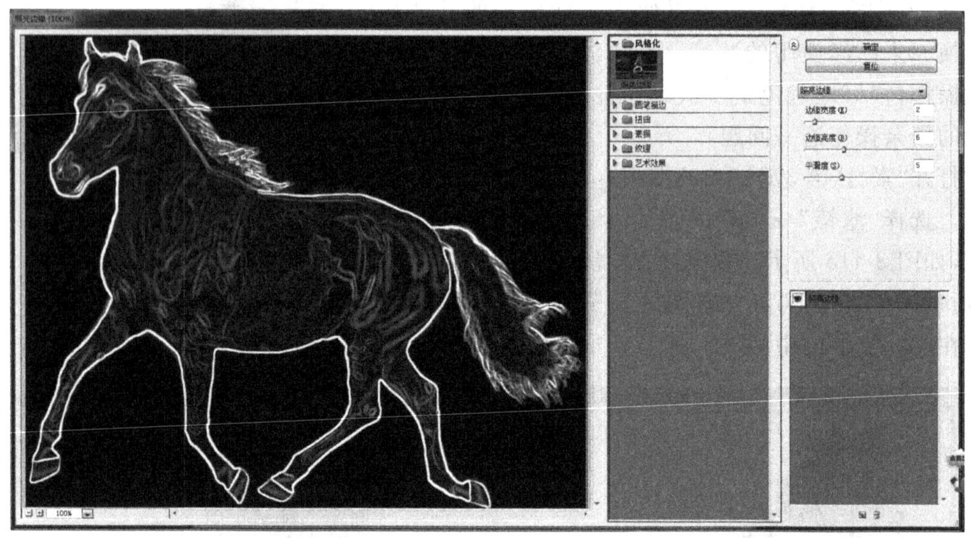

图 3-416 “滤镜库”(“照亮边缘”滤镜)对话框

边缘宽度：设置发光轮廓线的宽度。值越大，发光的边缘宽度就越大。

边缘亮度：设置发光轮廓线的发光强度。值越大，发光边缘的亮度越大。

平滑度：设置发光轮廓线的柔和程度。值越大，边缘越柔和。

(2) 在对话框中设置好选项后，单击“确定”按钮即可为该图像应用“照亮边缘”滤镜。

(3) 保存文档为“PSD 文件\第 3 章\3.10\“风格化”滤镜组\“照亮边缘”滤镜.psd”。

注： *在对话框中修改参数以后，如果按住 Alt 键，对话框中的“取消”按钮就会变成“复位”按钮，单击“复位”按钮可以将参数恢复到初始状态。*

2. 其他滤镜组

其他滤镜组有：“画笔描边”滤镜组(“成角的线条”滤镜、“墨水轮廓”滤镜、“喷溅”滤镜、“喷色描边”滤镜、“强化的边缘”滤镜、“深色线条”滤镜、“烟灰墨”滤镜和“阴影线”滤镜)、“扭曲”滤镜组(“玻璃”滤镜、“海洋波纹”滤镜和“扩散亮光”滤镜)、“素描”滤镜组(“半调图案”滤镜、“便条纸”滤镜、“粉笔和炭笔”滤镜、“铬黄渐变”滤镜、“绘图笔”滤镜、“基底凸现”滤镜、“石膏效果”滤镜、“水彩画纸”滤镜、“撕边”滤镜、“炭笔”滤镜、“炭精笔”滤镜、“图章”滤镜、“网状”滤镜和“影印”滤镜)、“纹理”滤镜组(“龟裂缝”滤镜、“颗粒”滤镜、“马赛克拼贴”滤镜、“拼缀图”滤镜、“染色玻璃”滤镜和“纹理化”滤镜)、“艺术效果”滤镜组(“壁画”滤镜、“彩色铅笔”滤镜、“粗糙蜡笔”滤镜、“底纹效果”滤镜、“调色刀”滤镜、“干画笔”滤镜、“海报边缘”滤镜、“海绵”滤镜、“绘画涂抹”滤镜、“胶片颗粒”滤镜、“木刻”滤镜、“霓虹灯光”滤镜、“水彩”滤镜、“塑料包装”滤镜和“涂抹棒”滤镜)，分别保存文档至“PSD 文件\第 3 章\3.10\”相应文件夹中，以相应的滤镜名称命名。

3.10.3 其他滤镜

Photoshop CS6 除了使用“滤镜库”对话框中的滤镜为图像或区域设置滤镜效果外，还可以使用“自适应广角”“镜头校正”“液化”“油画”“消失点”“风格化”“模糊”“扭曲”“锐化”“视频”“像素化”“渲染”“染色”及“其他”等滤镜给图像或区域设置滤镜效果，设置方法与使用“滤镜库”中的滤镜相近，甚至更简单，在这里不再赘述。

3.11 3D 功能

利用 3D 功能可以对图层、路径及选区进行立体效果设计。

1. 3D 的打开、旋转及位置调整

下面通过实例仅对图层立体效果加以说明。

实例：利用 3D 功能制作正方体。

(1) 新建一文档，如图 3-417 所示。

(2) 新建一图层，命名为“正方体”。

(3) 选中“正方体”图层，再选择“矩形选框工具”，设置羽化值为 0，绘制正方形。

(4) 利用“油漆桶工具”对正方形选区填充前景色(红色)，按 Ctrl＋D 快捷键，取消选区，如图 3-418 所示。

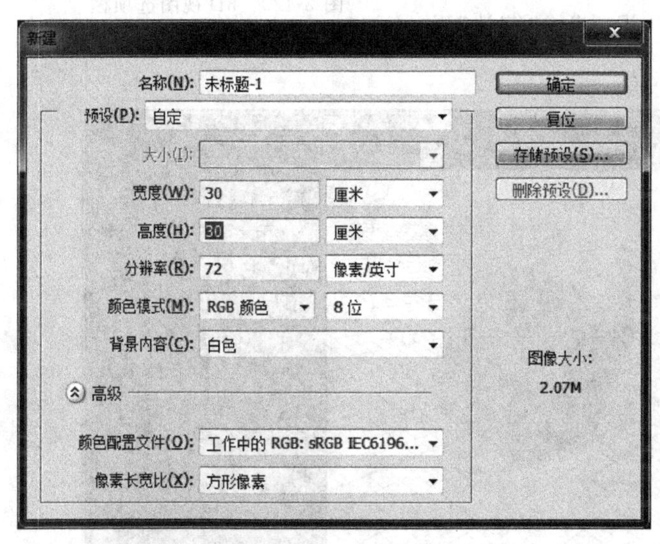

图 3-417 新建文档

图 3-418 填充选区

(5) 选中“正方体”图层，选择“3D”→“从所选图层新建 3D 凸出”命令，进入 3D 视图进行编辑，如图 3-419 所示。

3D 视图选项栏如图 3-420 所示。

旋转 3D 对象：视图可以任意旋转。

滚动 3D 对象：视图只能左右旋转，不能上下旋转。

拖动 3D 对象：视图可以左、右、上、下任意位置移动，不能旋转。

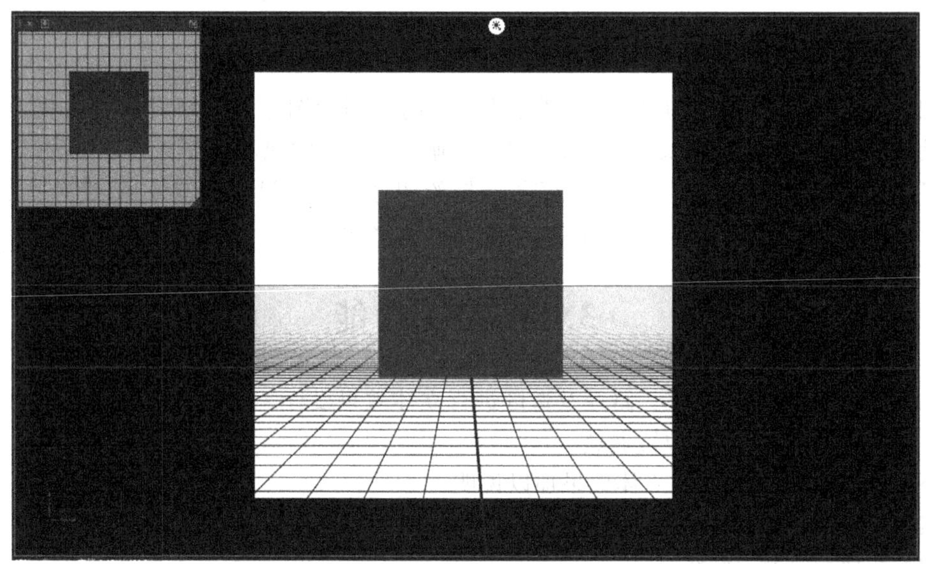

图 3-419　3D 视图

滑动 3D 对象 ：按住鼠标左键，左右滑动可实现移动视图，上下移动可实现缩放视图。

缩放 3D 对象 ：可以缩放视图。

图 3-420　3D 视图选项栏

(6) 通过“旋转”“滚动”“拖动”“滑动”或“缩放”操作，得到正方体，如图 3-421 所示。

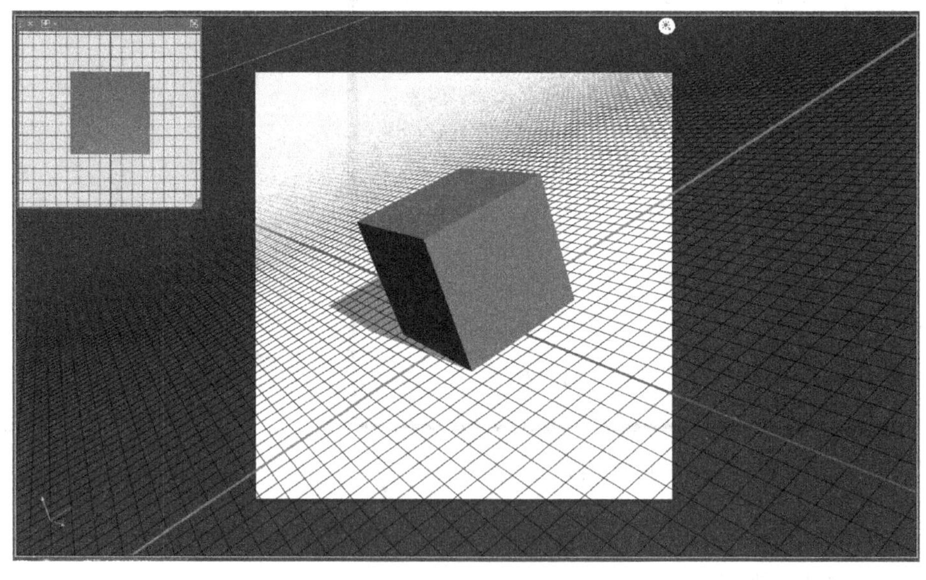

图 3-421　正方体

(7) 单击选择 3D 对象(正方体)，上面显示 X、Y 和 Z 轴，可以对各个轴进行编辑，如图 3-422 所示。

(8) 保存文档为“PSD 文件\第 3 章\3.11\3D 效果.psd”。

2. 3D 图层属性

在 3D 面板上双击“正方体”图层，弹出“属性”面板，如图 3-423 所示。3D 图层的属性分四部分，分别是网络、变形、盖子和坐标。

(1) 网格：网格属性面板如图 3-423 所示。

捕捉阴影：可在“光线跟踪”渲染模式下控制选定的网格是否在其表面显示来自其他各网格的阴影。

投影：可控制选定网格是否在其他网格产生投影。

不可见：选中该复选框后可隐藏网格，但会显示其表面的所有阴影，如图 3-424 所示。

图 3-422　选择 3D 对象

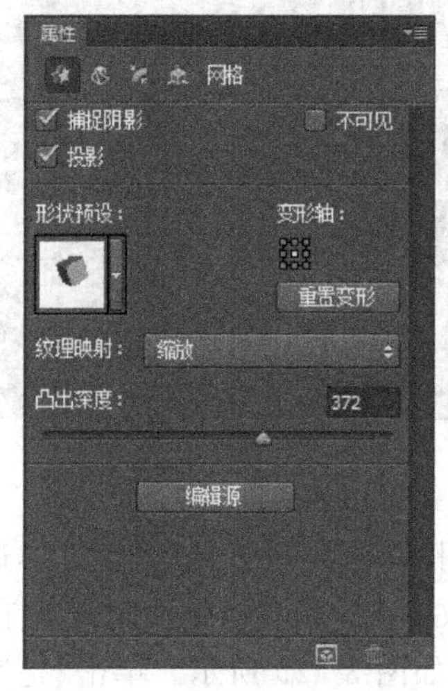

图 3-423　3D 图层属性面板(网格)

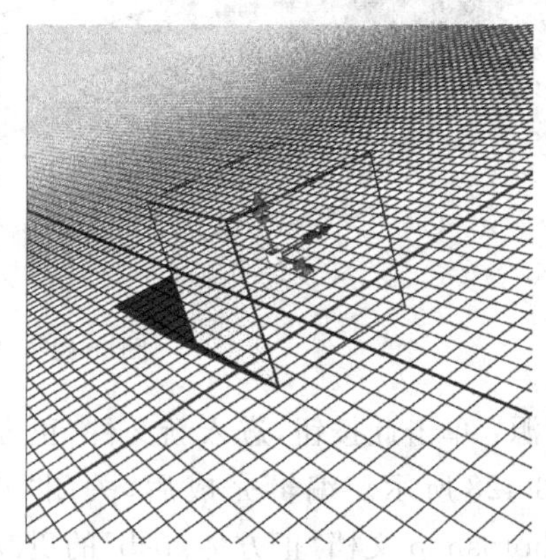

图 3-424　选中“不可见”复选框后图像效果

形状预设：可以选择“形状预设”中已经设定的形状，直接添加到视图里面的物体上，如图 3-425 所示。

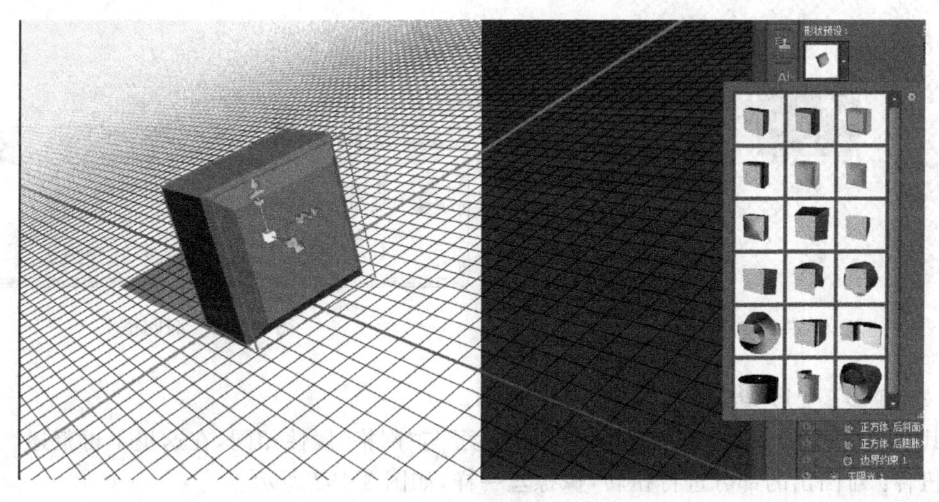

图 3-425　选择“形状预设”效果

重置变形：将视图里面的物体恢复到没添加“形状预设”的初始状态。

纹理映射：对添加到视图物体上的纹理素材进行缩放、平铺或填充，如图 3-426 所示。

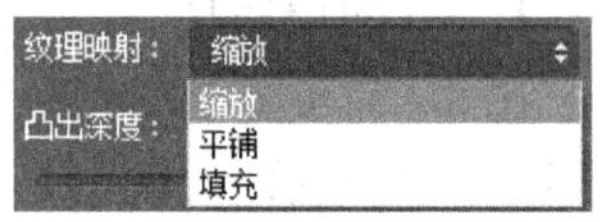

图 3-426　纹理映射

凸出深度：控制视图物体凸出部分的大小，数值越大凸出部分就越长，如图 3-427 所示。

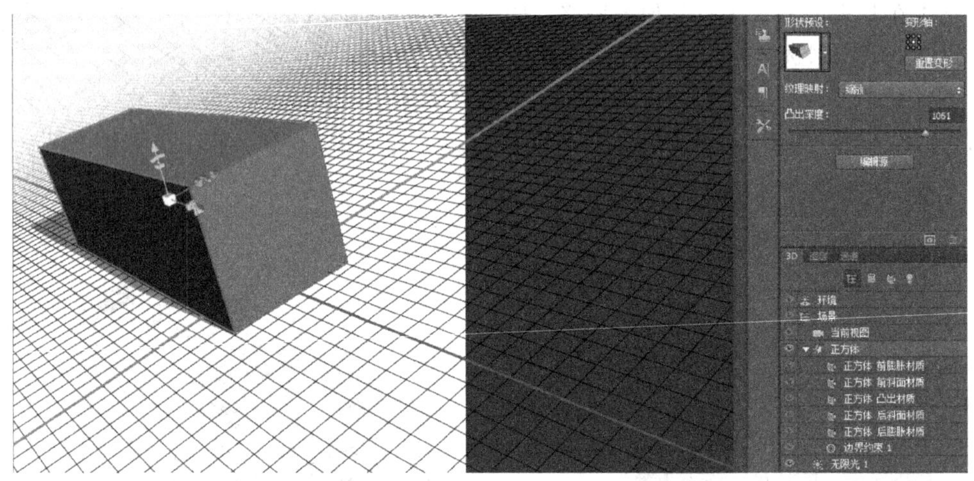

图 3-427　“凸出深度”效果

编辑源：单击此按钮，进入新文件“正方体.psb”，利用“椭圆选框工具”对正方体进行编辑，如图 3-428 所示。编辑完成后，关闭“正方体.psb”文件，弹出“要在关闭之前存储对 Adobe Photoshop 文档‘正方体.psb’的更改吗？”询问框，如图 3-429 所示。单击“是”按钮，自动关闭“正方体.psb”文件，3D 效果也随之改变，如图 3-430 所示。

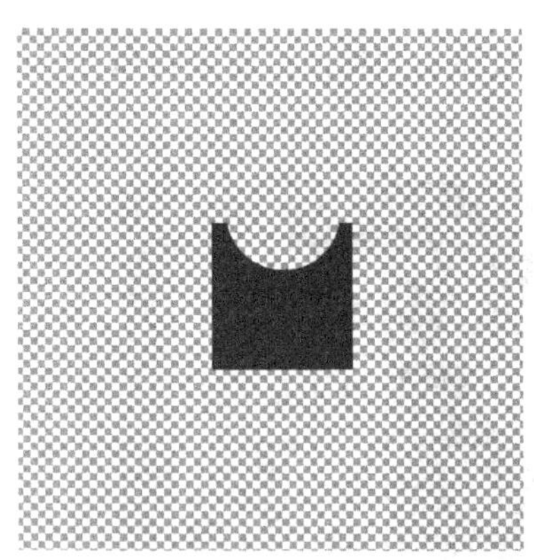

图 3-428　新文件“正方体.psb”

图 3-429　询问框

（2）变形：变形属性面板如图 3-431 所示。

其中，“图形预设”“重置形状”和“凸出深度”与“网格”属性相同，在这里不再赘述。

扭转：对凸出的部分进行扭转，像螺丝一样，如图 3-432 所示。

锥度：对凸出部分的底面调整大小，如图 3-433 所示。

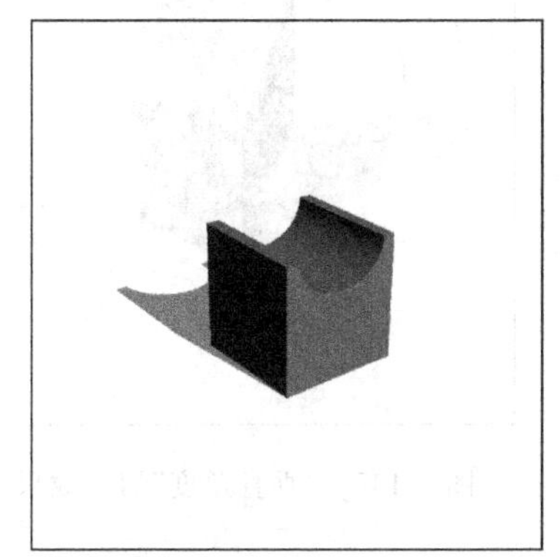

图 3-430　改变后的 3D 效果

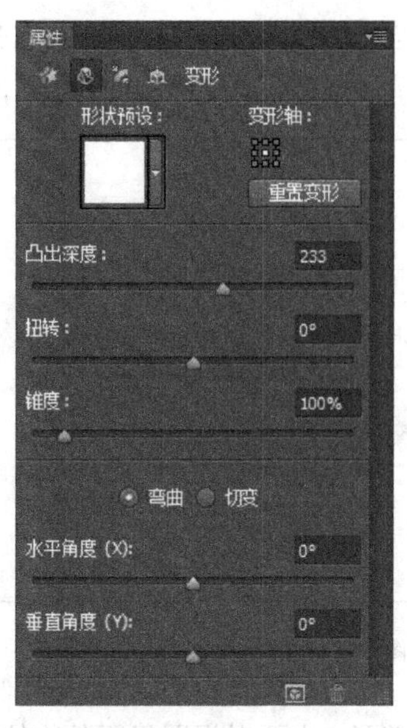

图 3-431　3D 图层属性面板(变形)

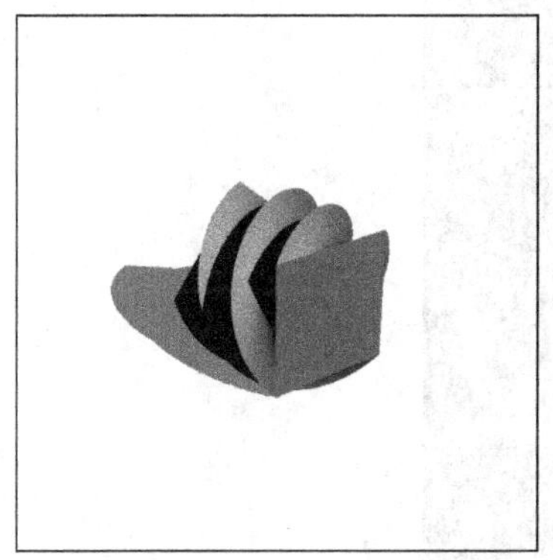

图 3-432　“扭转”效果

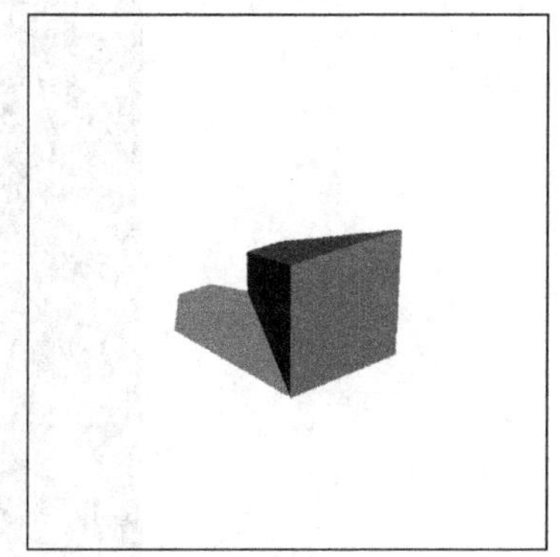

图 3-433　“锥度”效果

弯曲：“水平角度”可调整凸出部分按 X 轴进行弯曲，如图 3-434 所示。“垂直角度”可调整凸出部分按 Y 轴进行弯曲，如图 3-435 所示。

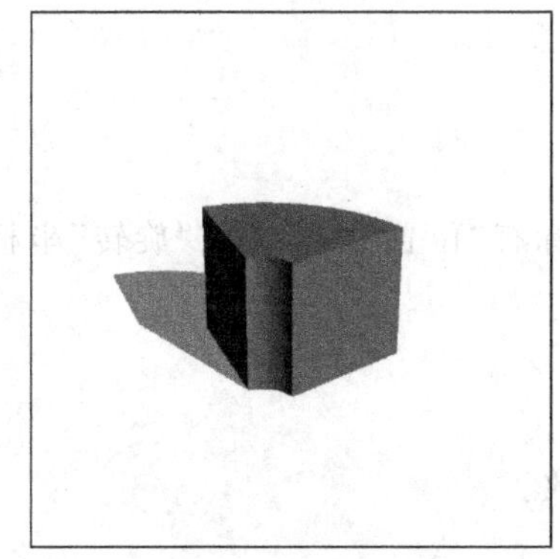

图 3-434　“水平角度”弯曲效果

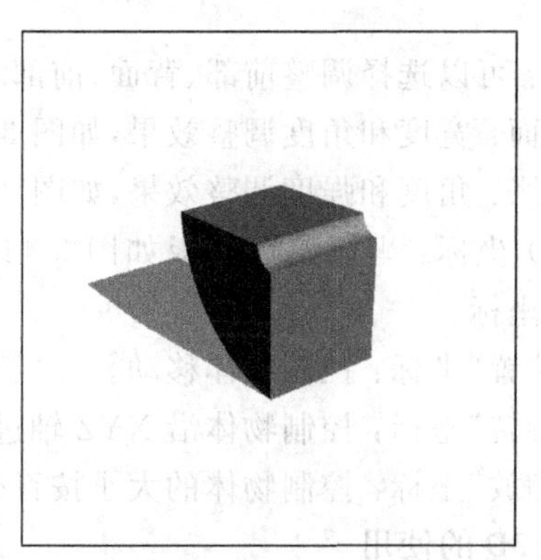

图 3-435　“垂直角度”弯曲效果

切变："水平角度"可调整凸出部分按 X 轴进行切变，如图 3-436 所示。"垂直角度"可调整凸出部分按 Y 轴进行切变，如图 3-437 所示。

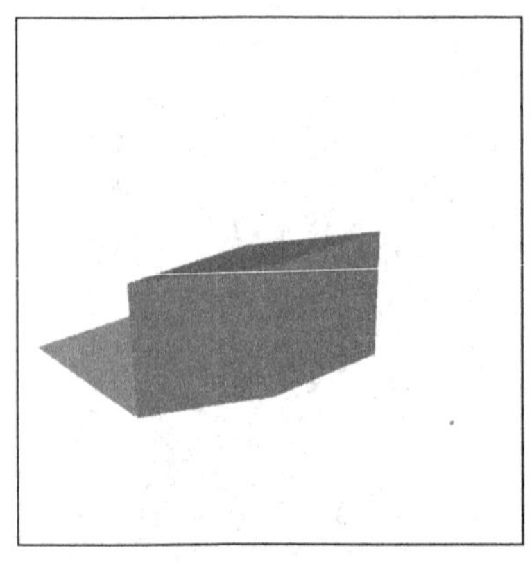

图 3-436 "水平角度"切变效果

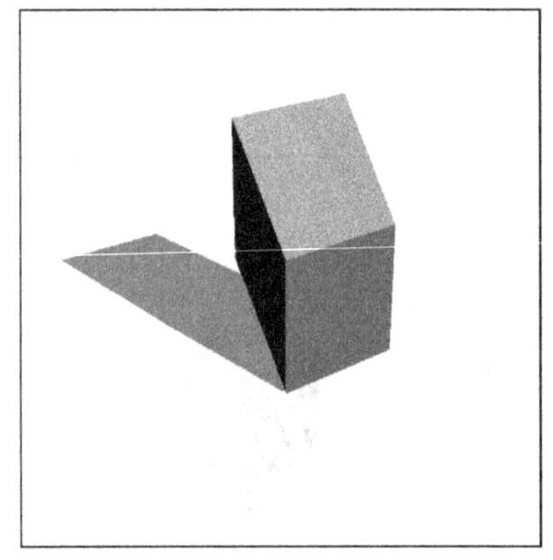

图 3-437 "垂直角度"切变效果

（3）盖子：主要对视图里面的物体前部和背面进行变换。盖子属性面板如图 3-438 所示。

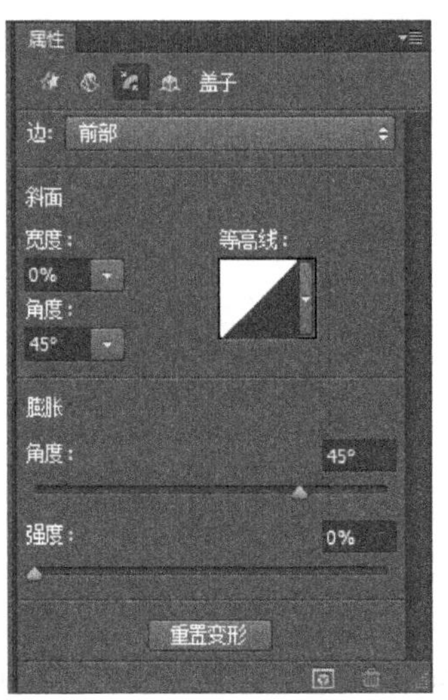

图 3-438 3D 图层属性面板（盖子）

边：可以选择调整前部、背面、前部和背面。

斜面：宽度和角度调整效果，如图 3-439 所示。

膨胀：角度和强度调整效果，如图 3-440 所示。

（4）坐标：坐标属性面板如图 3-441 所示。坐标有"位置"坐标、"旋转"坐标和"缩放"坐标。

"位置"坐标：控制物体移动。

"旋转"坐标：控制物体沿 XYZ 轴进行旋转。

"缩放"坐标：控制物体的大小按百分比进行缩放。

3. 3D 的使用

3D 的使用主要是添加材质等，使物体更加有质感。

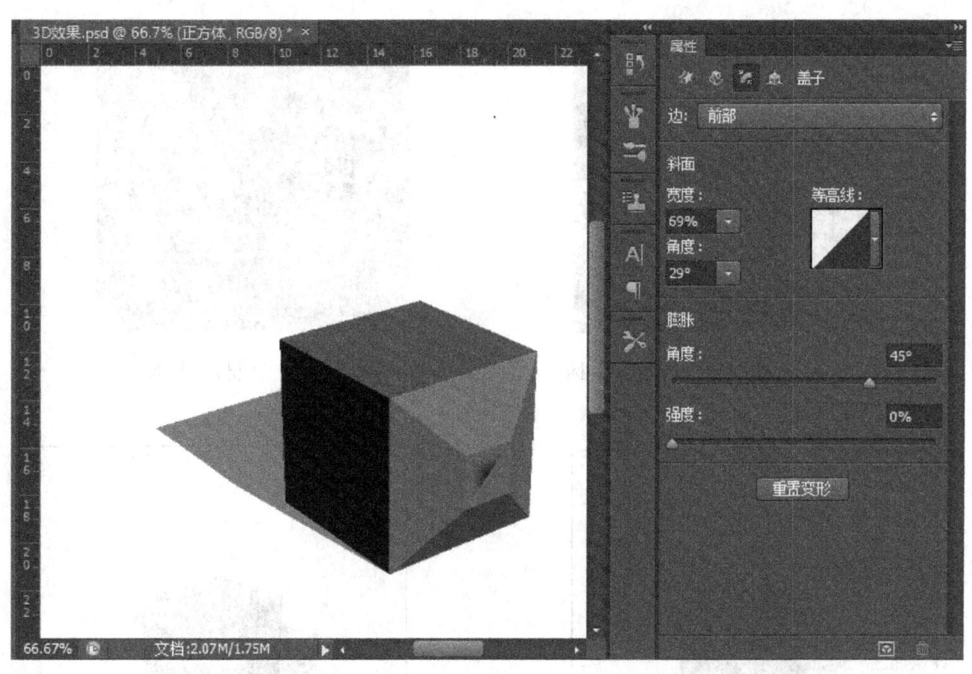

图 3-439 “斜面”效果

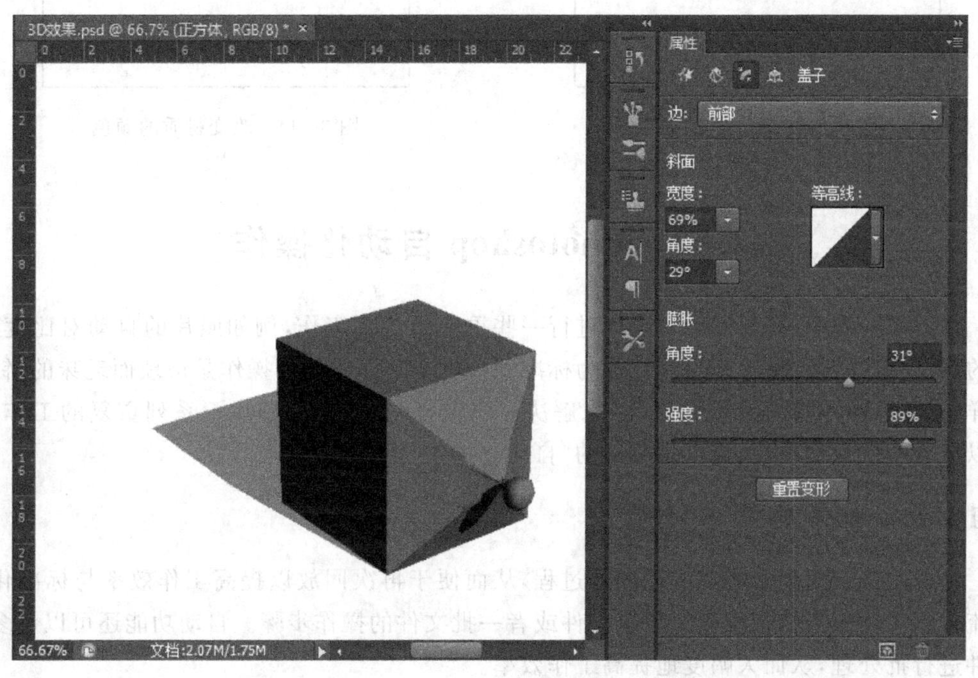

图 3-440 “膨胀”效果

单击 3D 面板中的“正方体前膨胀材质”，打开“材质”属性，如图 3-442 所示。

单击材质球边的下拉列表按钮，展开材质球列表框，可以选择预设的材质。选择第二排第三个材质球添加材质，效果如图 3-443 所示。单击“漫射”颜色框来改变材质的颜色，如图 3-444 所示。

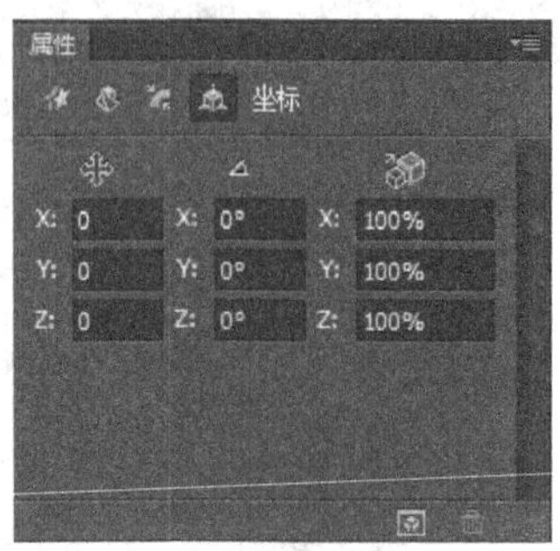

图 3-441　3D 图层属性面板(坐标)

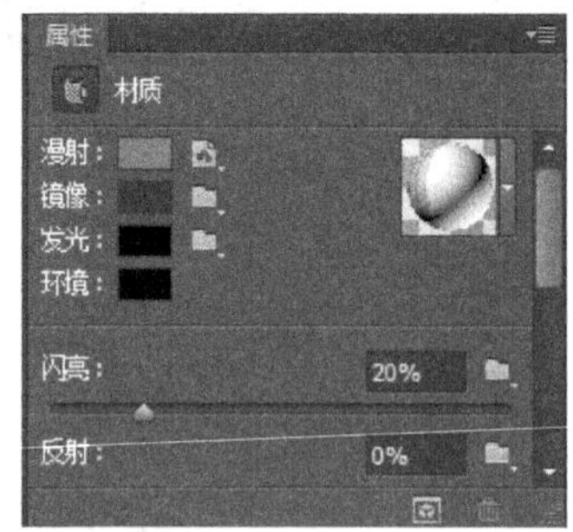

图 3-442　“材质”属性

图 3-443　添加材质效果

图 3-444　改变材质的颜色

3.12　Photoshop 自动化操作

在图像处理中,有时候会对图像进行一些重复的处理工作,例如照片的自动对比度、照片的颜色模式转换、将每张照片更改为标准照片大小等。重复的操作是烦琐而乏味的,针对这样的问题,Photoshop 通过“动作”来解决。当选择“动作”命令时,一系列重复的工作,就可以自动的批处理执行,这就是所谓的“自动化操作”。

3.12.1　动作的基本功能

动作用来记录 Photoshop 的操作过程,从而便于再次回放以提高工作效率与标准化操作流程。该功能支持记录针对单个文件或者一批文件的操作步骤。自动功能还可以对多个文件进行批处理,从而大幅度地提高工作效率。

3.12.2　“动作”面板

选择“窗口”→“动作”命令或者按 Alt+F9 快捷键,打开“动作”面板,如图 3-445 所示。

1. “动作”面板功能介绍

动作组:一系列动作的集合,类似文件夹,用来组织一个或多个动作。

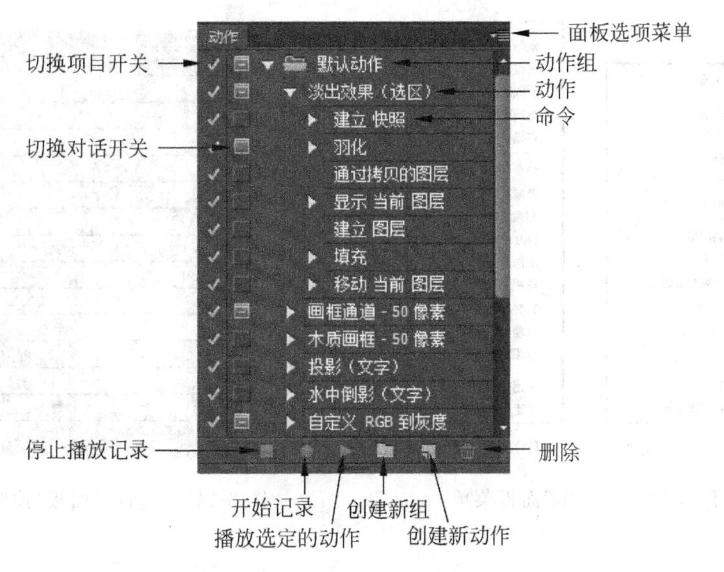

图 3-445 “动作”面板

动作：一系列操作命令的集合；单击命令前的小三角按钮可以展开命令列表，显示命令的具体参数。

命令：执行的某种操作。

切换对话开/关：如果命令前显示该图标，表示动作执行到该命令时会暂停，并打开相应命令的对话框，此时可以修改命令的参数，单击“确定”按钮可以继续执行后面的动作；如果动作组和动作前出现该图标，则表示该动作中有部分命令设置了暂停。

切换项目开/关：如果动作组、动作和命令前显示有该图标，表示这个动作组、动作和命令可以执行；如果动作组、动作前没有该图标，表示该动作组或动作不能被执行；如果某一命令前没有该图标，则表示该命令不能被执行。

停止播放/记录：用来停止播放动作和停止记录动作。

开始记录：单击该按钮，可录制动作。

播放选定的动作：选择一个动作后，单击该按钮可播放该动作。

创建新组：可创建一个新的动作组，以保存新建的动作。

创建新动作：单击该按钮，可以创建一个新的动作。

删除：选择动作组、动作命令后，单击该按钮，可将其删除。

面板选项菜单：包含和动作关联的多个菜单项，提供更丰富的设定内容。

2. “动作”面板菜单

单击“动作”面板右上角的 ▾≡ 按钮，弹出“动作”面板菜单，如图 3-446 所示(注：由于面板菜单占用篇幅较大，故截成上下两部分)。菜单底部包含了 Photoshop CS6 预设的一些动作，选择一个动作，可将其载入到面板中。

如果选择“动作”面板菜单中的“按钮模式”命令，则所有的动作会变为按钮状，如图 3-447 所示。

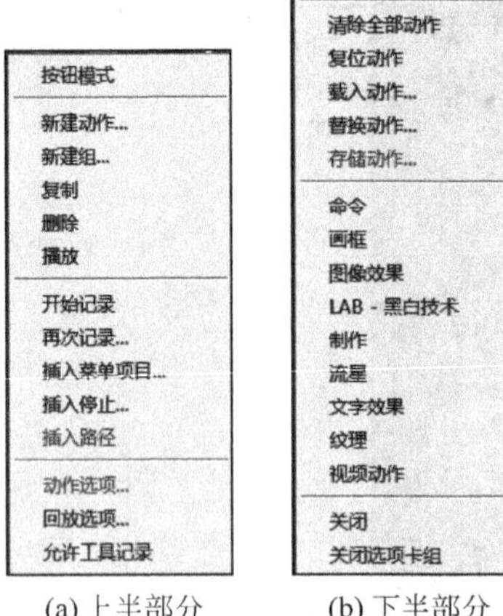

(a) 上半部分　　(b) 下半部分

图 3-446　“动作”面板菜单

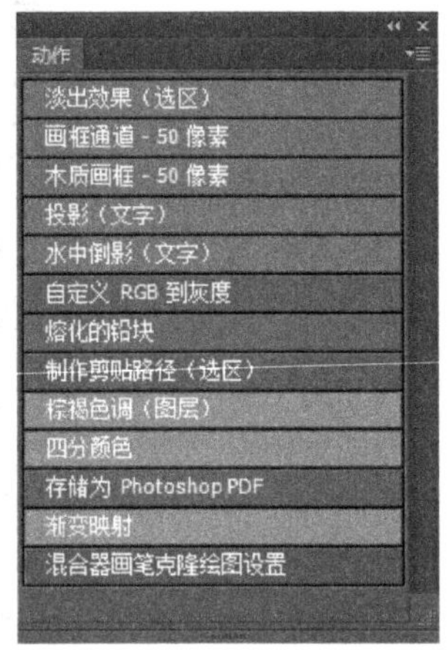

图 3-447　“动作”面板(按钮模式)

3.12.3　动作的设置

在使用 Photoshop 处理多张图片时有些步骤是相同的,遇到这样的情况时就可以使用“动作”这一功能来实现。

动作的设置方法如下。

(1) 选择“窗口”→“动作”命令,打开“动作”面板,如图 3-448 所示。

(2) 新建动作组。为了在操作中区别于其他动作组,新建一动作组。单击“动作”面板上的“创建新组”按钮,或者单击“动作”面板菜单中的“新建组”命令,打开“新建组”对话框,如图 3-449 所示。

图 3-448　“动作”面板

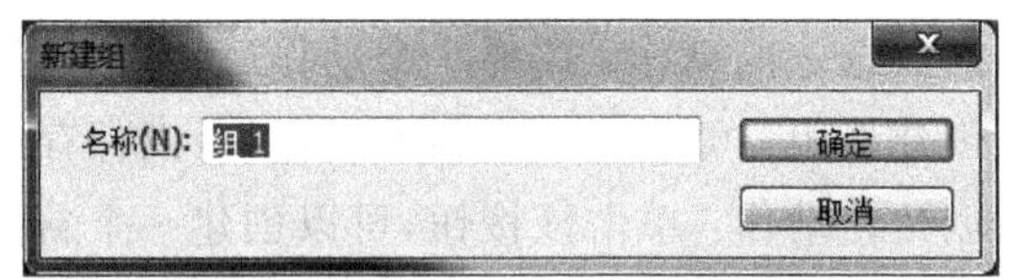

图 3-449　“新建组”对话框

(3) 新建动作。单击“动作”面板上的“创建新动作”按钮,或者单击“动作”面板菜单中的“新建动作”命令,打开“新建动作”对话框,如图 3-450 所示。

(4) 在建立好动作之后,单击“动作”面板下方的“开始记录”按钮,开始录制(按下“开始记录”按钮之后的每一步操作都会被保存且作为下次自动执行的命令),如图 3-451 所示。

(5) 开始录制之后,首先选择“滤镜”→“滤镜库”命令,打开“滤镜库”对话框,再选择“风格化”组中的“照亮边缘”模糊选项,设置“边缘宽度”“边缘亮度”及“平度”,如图 3-452 所示。单击“确定”按钮确认。

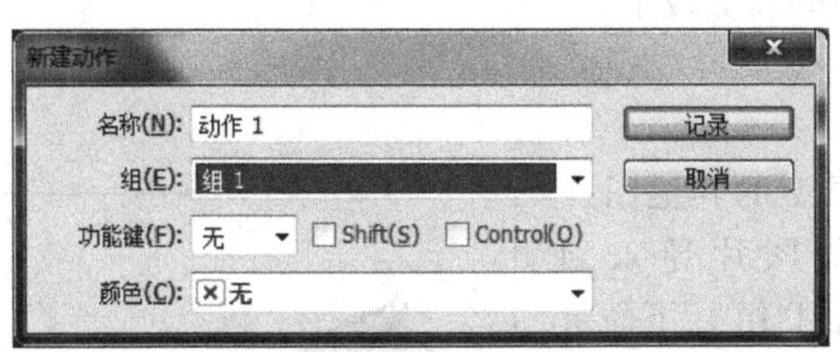

图 3-450 “新建动作”对话框

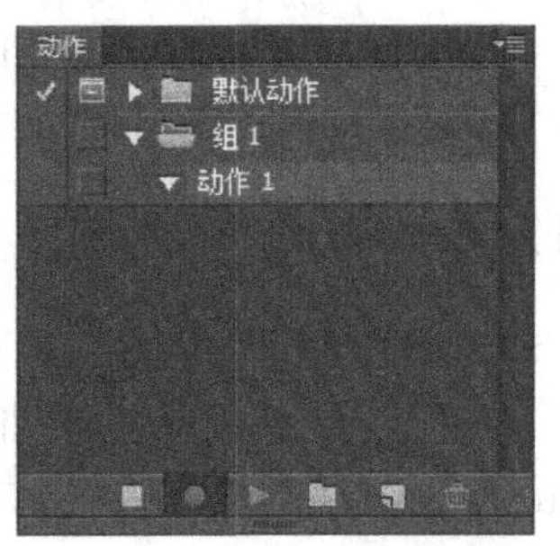

图 3-451 单击“开始记录”按钮

图 3-452 “滤镜库”对话框

(6) 设置完滤镜后，再对图片进行调整“色相/饱和度”的操作。选择“图像”→“调整”→“色相/饱和度”命令，打开“色相/饱和度”对话框，如图 3-453 所示。设置“色相”“饱和度”及“明度”，单击“确定”按钮确认。这些动作都被录制下来，用于下次自动地操作，如图 3-454 所示。

图 3-453 “色相/饱和度”对话框

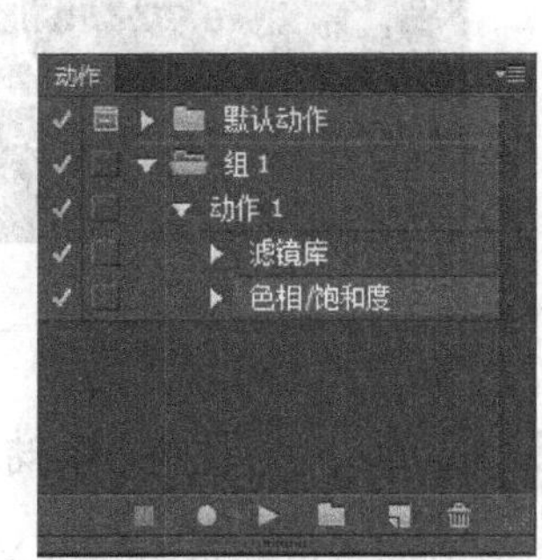

图 3-454 设置好的动作

(7) 单击“动作”面板下方的“停止播放/记录”按钮，结束录制过程。这样一个动作(从设置“滤镜”到调整“色相/饱和度”的操作)就完成了。

3.12.4 动作的使用

动作设置好后，如果要对多个同类型的其他图片进行一样的操作，只需要把其他的图片导入到Photoshop里，然后打开“动作”面板，找到“组 1”下面录制的动作，单击“播放选定的动作”按钮，来进行一键处理就可以了。

实例：通过“动作”自动处理图片。

(1) 打开“素材\第 3 章\3.12\图 1.jpg”文件，如图 3-455 所示。

(2) 打开“动作”面板，找到“组 1”下面录制的“动作 1”，单击“播放选定的动作”按钮，自动将图片按照事先设置的动作进行操作，如图 3-456 所示。

图 3-455 “图 1.jpg”文件

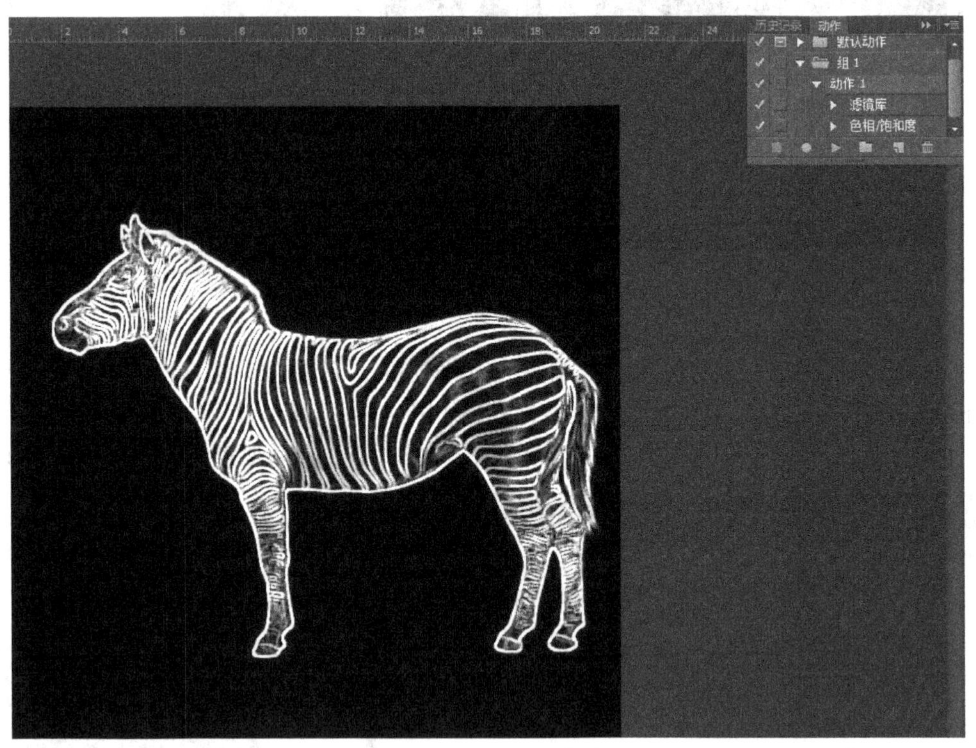

图 3-456 自动处理图片

3.12.5 动作的存储、载入与修改

动作可以输出为一个文件保存在硬盘上，不因 Photoshop 软件的出错或卸载、重装而受到损坏。当清除了“动作”面板中的动作或重装 Photoshop 后，可以通过“载入动作”命令保

存动作文件。

1. 动作的存储

(1) 打开"动作"面板,选择刚设置好的动作组"组 1"。

(2) 选择"动作"面板菜单中的"存储动作"命令,打开"存储"对话框,如图 3-457 所示。

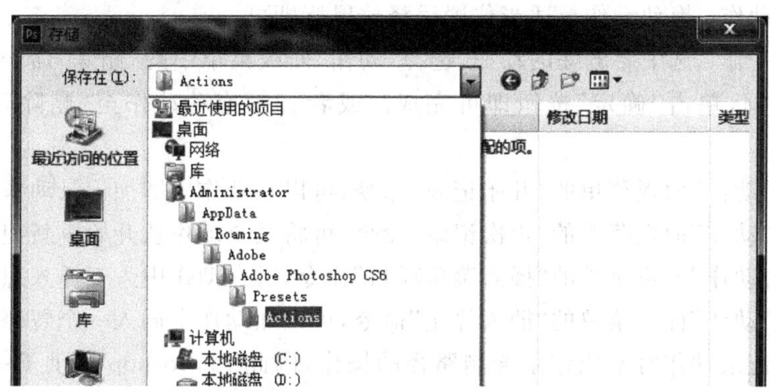

图 3-457 "存储"对话框

(3) 在"存储"对话框中选择存储路径并给动作取名,单击"保存"按钮,保存动作。

如果将"动作"存储在 Photoshop 安装目录下的 Presets\Actions 文件夹下,存储的动作将会在"动作"面板菜单的底层显示出来(需重启 Photoshop 生效)。但是卸载 Photoshop 软件之后,这个动作可能也被删除,重装之后需重新载入到该路径下。如果是用于长期保存的动作建议不要保存在 Photoshop 的安装目录下。

2. 动作的载入

将动作保存在其他地方,可以将存储的动作载入到面板中。

(1) 打开"动作"面板,在其中卸载载入的动作组,打开"动作"面板菜单,选择"载入动作"命令,打开"载入"对话框,如图 3-458 所示。

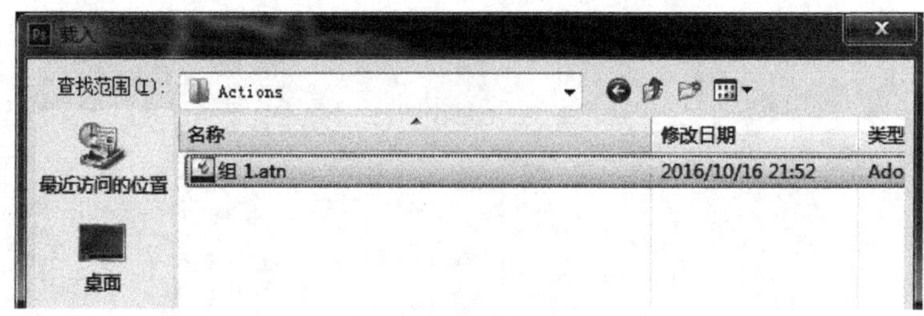

图 3-458 "载入"对话框

(2) 在"载入"对话框内,选择需要载入的动作,单击"载入"按钮即可。

3. 动作的修改

对一个已记录完成的动作可以进行重命名、复制、移动、删除或重新记录等操作。

1) 动作重命名

要更改动作的名称,首先在"动作"面板中双击该动作名称,接着删除原有的名称并输入新的名称即可。此外,也可以先按住 Alt 键,再双击要更名的动作或选中动作后,选择"动作"面板菜单中的"动作选项"命令,打开"动作选项"对话框,在"名称"文本框中输入要更改的名称，然后单击“确定”按钮即可。

2）对动作进行复制、移动和删除

（1）复制动作：选中动作，然后选择“动作”面板菜单中的“复制”命令，或者直接拖动动作至“创建新动作”按钮上。

（2）移动动作：拖动动作至适当位置后释放鼠标即可。

（3）删除动作：选中要删除的动作，选择“动作”面板菜单中的“删除”命令，此时会出现一个提示对话框，单击“确定”按钮即可完成。或者直接拖动动作至“删除”按钮 上来删除。

（4）选择“动作”面板菜单的“开始记录”命令，可以在动作中增加记录动作。

（5）选择“动作”面板菜单的“再次记录”命令，可将某个动作从开始重新记录。

（6）选择“动作”面板菜单的“插入菜单项目”命令，可在动作中人工插入想要执行命令。

（7）选择“动作”面板菜单的“插入停止”命令，可以在动作中插入一个暂停设置。

（8）由于记录动作时不能记录绘制路径的操作，因此 Photoshop 提供了一个专门在动作中插入路径的命令。插入的方法：先在“路径”面板中选定要插入的路径名，然后在“动作”面板中指定要插入的位置，再选择“动作”面板菜单中的“插入路径”命令，即可在动作中插入一个路径。

第4章 基本项目实训

Photoshop CS6 基本项目实训是巩固和提高 Photoshop 平面设计水平的有效途径。本章进行的基本项目实训主要包括报纸广告设计、宣传单设计、海报设计、折页设计、户外广告设计、台历设计、书籍封面设计、书籍内文设计、封套设计、手提袋设计和包装盒设计等 11 个项目。

4.1 报纸广告设计

报纸广告是指刊登在报纸上的广告,主要由图片和文案组成。报纸广告是为了某种特定需要,通过报纸这种媒体,公开而广泛地向公众传递信息的一种宣传手段。广义的报纸广告包括非经济报纸广告和经济报纸广告两种。非经济报纸广告是不以盈利为目的的广告,包括政府部门、社会单位或个人发布的各种公告、启事、声明等。狭义的报纸广告仅仅指经济广告,或者称为商业广告,是仅以盈利为目的的广告,一般是商品的生产者、经营者和消费者之间沟通信息的纽带。企业通过广告可以迅速占领市场、推销产品、提供服务,最终扩大经济效益。报纸作为大众所熟悉的平面宣传媒介,具有发行频率高、发行量大、信息传递快等特点,对于告知性广告、新品上市广告、公益性广告等有其独到的优势。因此,化妆品、房地产、汽车等行业十分乐于在报纸上投放广告,以期得到广而告之的目的。本节介绍如何根据客户需求进行报纸广告的设计。

4.1.1 项目描述

假设今收到某自然基金会的委托,需设计一款有关"环境保护"的公益广告刊登在报纸上,体现"没有买卖,就没有杀戮"的主题,期望通过宣传,引起更多的人关注。

4.1.2 设计概要

1. 客户需求及分析

根据客户的需求,需要进行充分的分析。通过对委托方进行详细的资料收集和调查研究,发现某自然基金会是在全球享有盛誉的、大型的独立性非政府环境保护组织,其使命是遏止地球自然环境的恶化,创造人类与自然和谐相处的美好未来,致力于保护世界生物的多样性,确保可再生自然资源的可持续利用,推动降低污染和减少浪费性消费的行动。所以该款报纸广告内容及文案设计需要围绕该组织的这些宗旨来设计,让尽可能多的人来关注环境问题。

针对该款环保主题的报纸广告的要求,设计应体现如下内容:

(1) 符合报纸广告的自身特点。

(2) 彰显环保的重要意义。

(3) 唤起读者的环保意识。

(4) 鼓励读者支持该自然基金会。

2. 设计流程

报纸广告的设计流程主要包括如下内容:

1) 根据客户需求确定报纸类型

报纸广告的载体是报纸(newspaper),报纸是以刊载新闻和时事评论为主的定期向公众发行的印刷出版物。报纸依照出刊期间的不同可以分为日报、周报、双周报或更长时间的报纸。为了让尽可能多的人看到这款公益广告,所以选择每天出版的日报作为刊登载体比较合适。

2) 确定报纸广告版面规格

选择完报纸类型之后需要确定报纸广告版面规格。报纸广告版面一般分为报花广告、报眼广告、半通栏广告、单通栏广告、双通栏广告、半版广告、整版广告和跨版广告等八种类型。

(1) 报花广告。报花广告又称栏花广告,是在任意版面都可以刊登的小广告。该类广告规格一般有两种:30mm×20mm 和 60mm×20mm,如图 4-1(a)所示。这类广告版面很小,形式独特,创意空间小,文案内容少,一般用作重点突出显示企业或品牌名称、电话号码、企业地址等。其收费较便宜,所以很多品牌企业常年刊登栏花广告,使得品牌形象更加深入人心。

(2) 报眼广告。这类广告版面面积较小,但是一般位于横排版报纸报头一侧,位置十分显著,多用来刊登简短而重要的内容,如图 4-1(b)所示。由于报眼广告版面面积小,容不下更多的图片,因此广告文案写作占据核心地位,具有举足轻重的作用。文案需要选择具有新闻性的信息内容,或在创意及表现手段方面赋予其新闻性。此处广告的标题最好采用新闻式、承诺式或实证式标题类型做到标题醒目。广告正文的写作可采用新闻形式和新闻笔法,尽量运用理性诉求方式,语言简短凝练并体现理性、科学和严谨风格。报眼广告能够自然地体现出新闻性、时效性和权威性,使广告可信度更高。

(3) 半通栏广告。该类广告规格一般有两种:65mm×120mm 和 100mm×170mm。这类广告版面较小,多个广告排列在一起,会造成互相干扰,因此广告效果容易互相削弱,如图 4-1(c)所示。如果制作此类广告就要将广告设计得新颖独特、超凡脱俗,使之能从众多广告中脱颖而出,文案以标题形式为主,以引起读者的注意,这样才能达到比较满意的广告效果。

(4) 单通栏广告。该类广告规格一般也有两种:100mm×350mm 和 65mm×235mm。单通栏广告是报纸广告中最常见的一种版面,从版面面积看,单通栏一般是半通栏的两倍,版面篇幅较大,合理布局精美的图片与文字,可以达到很好的广告效果,如图 4-1(d)所示。此类广告的文案可以作为该类广告的核心部分,但正文字数不应多于 500 字,可围绕短标题或可以表达理性述求的长标题来设计广告。

(5) 双通栏广告。规格一般为 200mm×350mm 和 130mm×235mm 两种。在版面面积上,它是单通栏广告的两倍。充足的版面面积可以保证凡是适合报纸广告的图案结构类型、文案表现形式等都可以使用,如图 4-1(e)所示。广告标题可以采用多句形式或复合形式，文案可以使用诉求广告主体的立体信息和综合信息，也可以采用论辩性文案的表现形式，并通过一些小标题来引起受众阅读兴趣。版面的编排无须放在首要地位，更多的是依靠广告文案来完成说服和诱导的作用。

(6) 半版广告。广告大小一般为 250mm×350mm 和 170mm×235mm。由于版面充足，多运用“大音稀声，大象无形”的美学原理来表现，努力拓展画面的视觉效果来取得良好的广告效果，如图 4-1(f)所示。该类型广告文案写作采用感性诉求方式或理性诉求方式均可。标题尽量大，文案正文尽可能少，简约大方，突出品牌定位，在边缘处可以附加详细介绍信息。

(7) 整版广告。规格一般为 500mm×350mm 和 340mm×235mm。整版广告作为我国单版广告中最大的版面，占据整个报纸单页，如图 4-1(g)所示。整版广告最能体现品牌深厚的实力和地位并可以产生唯我独尊的视觉效果。设计方式可以是有文无图，或以文为主、以插图为辅，或以图为主、以文为辅，也可以采用报告文学的形式来表现。大型企业多选择此类报纸广告。

(8) 跨版广告。跨版广告即一个广告作品刊登在两个或两个以上的报纸版面上，如图 4-1(h)所示。有整版跨板、半版跨板、1/4 版跨版等几种形式。设计方式和要点与整版广告类似，版面空间更大，呈现内容更多，给读者以气势恢宏的整体感受。

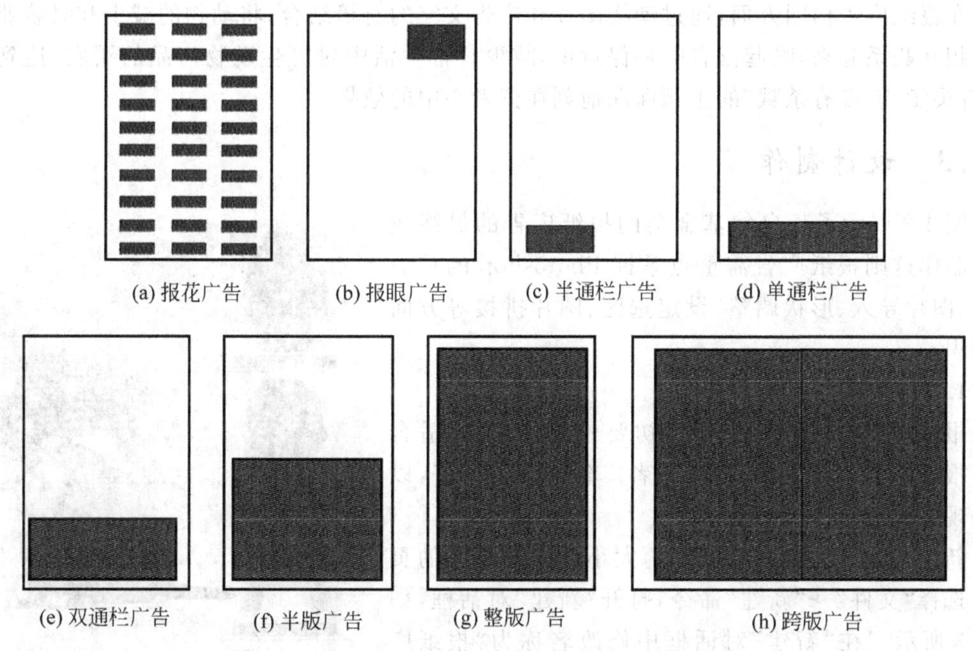

图 4-1 主要报纸广告版面样式

通过对比和分析以上各报纸广告版面规格和特点，在整版广告上刊登“环境保护”的公益广告会更加符合客户的整体目标。

3) 确定报纸广告形式

确定完广告版面之后需要确定报纸广告的形式。报纸广告形式主要分为两种：一是常规广告，即按照报纸的出刊日期结合企业本身的日常宣传所投放的广告。另一种是非常规广告，是指企业投放在报社或企业或双方一道策划的活动，或者针对在重大节日、专门行业报社出版的特定用途以吸引读者的专辑，通常为特刊、专刊等投放的广告。该自然基金会投放的这款有关“环境保护”的公益广告需要长期刊登，所以选择常规广告形式比较合适。

4）确定版面形式

报纸广告版面存在两种形式，即硬广告和软文广告。硬广告是以企业名义发布的标明为广告的图片和文字组合的广告。软文广告是以报社的名义用新闻或访谈录等方式发布的看起来不像广告的广告。环境保护公益广告旨在唤起公众环保意识，因此使用硬广告，配以适当图片和文字效果的广告较好。

5）选择报纸广告颜色

报纸用以刊登广告的版面颜色一般分为彩色、套红和黑白三种。根据“环境保护”的主题，该类报纸广告的版色应使用彩色。

6）字体、字号的选择

报纸广告中的字体、字号的使用也需要注意。一般来说字体大比字体小更加强势，相同字号时笔画粗的比细的更强势。各类字体中宋体庄重大方，黑体严肃沉重，楷体活泼生动，仿宋体清丽细巧，隶书体雅观醇厚，魏碑体刚毅遒劲。根据设计风格和要求的不同，也可选用一些异体字或艺术字，需要做到美观大方，合情合理，与图片相映成趣。

7）报纸广告的构图

在报纸广告构图方面，通过动物图片和广告文字的有机结合，将动物的减少和时装业的需求相互联系起来，唤起读者的环保意识，减少日常生活中对野生动物产品的买卖，达到将“没有买卖，就没有杀戮”的主题深深地刻在读者心中的效果。

4.1.3 设计制作

图 4-2 展示了某自然基金会的报纸广告的最终效果。制作这则报纸广告需重点掌握 Photoshop 的页面设定、图片导入、形状调整、设定选区、图片拼接等方面的知识。

图 4-2 报纸广告最终效果

1. 页面设定

报纸广告的尺寸在设计之初要核对正确，要适合刊登报纸的大小，必须与报社或者广告代理沟通好，以免出现错误。

新建文档。先要按照尺寸的大小建立一个新的页面。选择“文件”→“新建”命令，打开“新建”对话框，如图 4-3 所示。在“新建”对话框中修改名称为“报纸广告”，宽度为“350 毫米”，高度为“500 毫米”，分辨率为“300 像素/英寸”，颜色模式为“CMYK 颜色”，其他选项默认即可，单击“确定”按钮，完成报纸广告页面设定。

2. 制作步骤

1）场景制作

（1）将上述新建文档“报纸广告”的“背景”图层填充为“黄色到透明渐变”，并新建图层“线条”，绘制线条。复制“线条”图层两次，并放置合适位置，如图 4-4 所示。

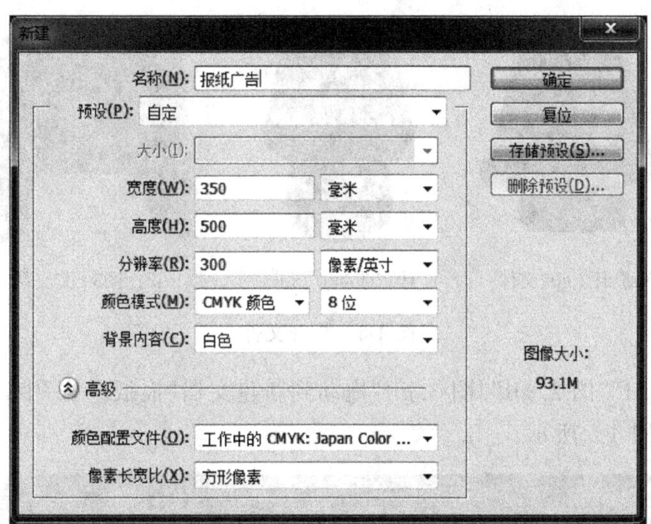

图 4-3 “新建”对话框

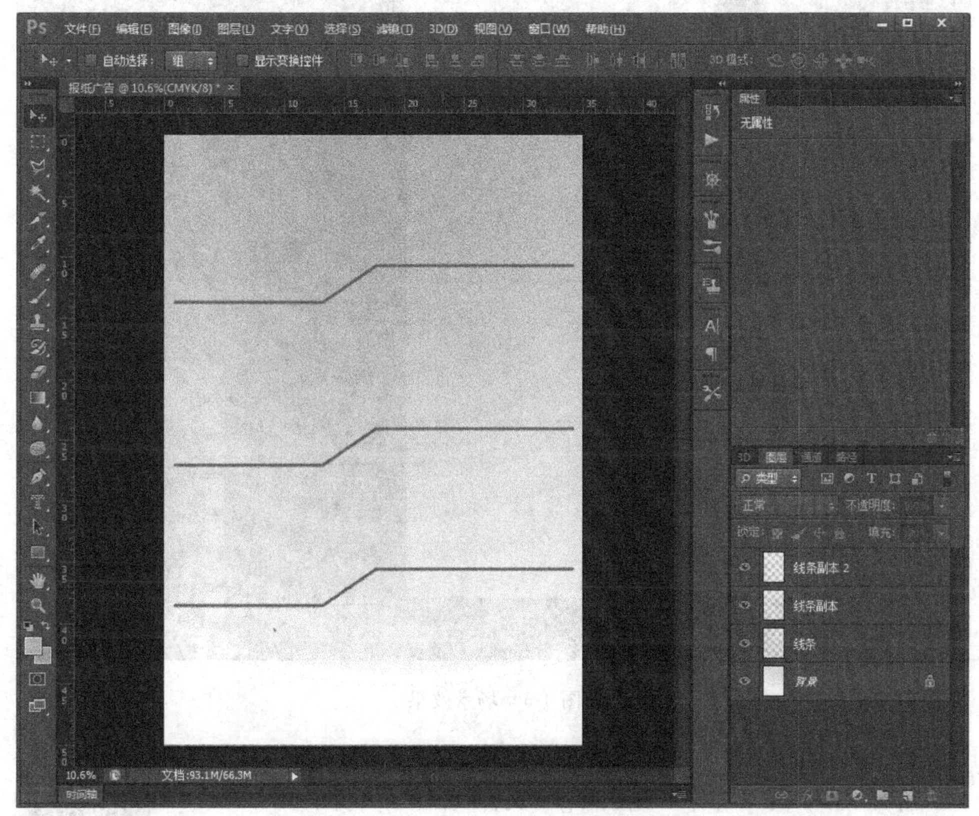

图 4-4 新建文档“报纸广告”

(2) 打开“素材\第 4 章\4.1\图 1.gif、图 2.gif、图 3.gif”文件，如图 4-5 所示。

(3) 选择“图像”→“模式”→“CMYKB 颜色”命令，分别将“图 1.gif”“图 2.gif”“图 3.gif”图像模式改为“CMYK 颜色”模式。

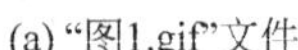

(a) “图1.gif”文件

(b) “图2.gif”文件

(c) “图3.gif”文件

图 4-5　打开文件

(4) 将“图 1. gif”“图 2. gif”“图 3. gif”拖动到新建文档“报纸广告”中，并调整图像大小，完成场景制作，如图 4-6 所示。

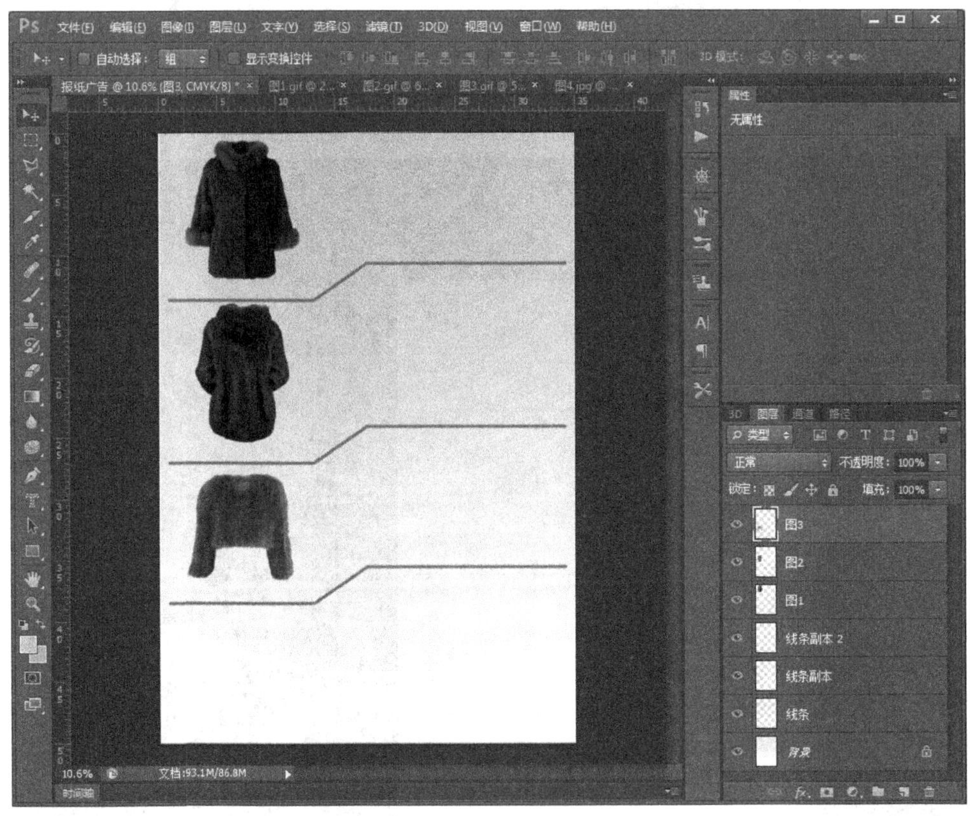

图 4-6　场景效果

2) 打折横幅制作

图 4-7　“图 4. gif”文件

(1) 打开“素材\第 4 章\4. 1\图 4. gif”文件，如图 4-7 所示。

(2) 使用“矩形选框工具”将“50% OFF”部分选中，复制并粘贴到场景，调整到合适的尺寸和位置，如图 4-8 所示。

3) 动物背景制作

(1) 打开“素材\第 4 章\4. 1\图 5. gif”文件，如图 4-9 所示。

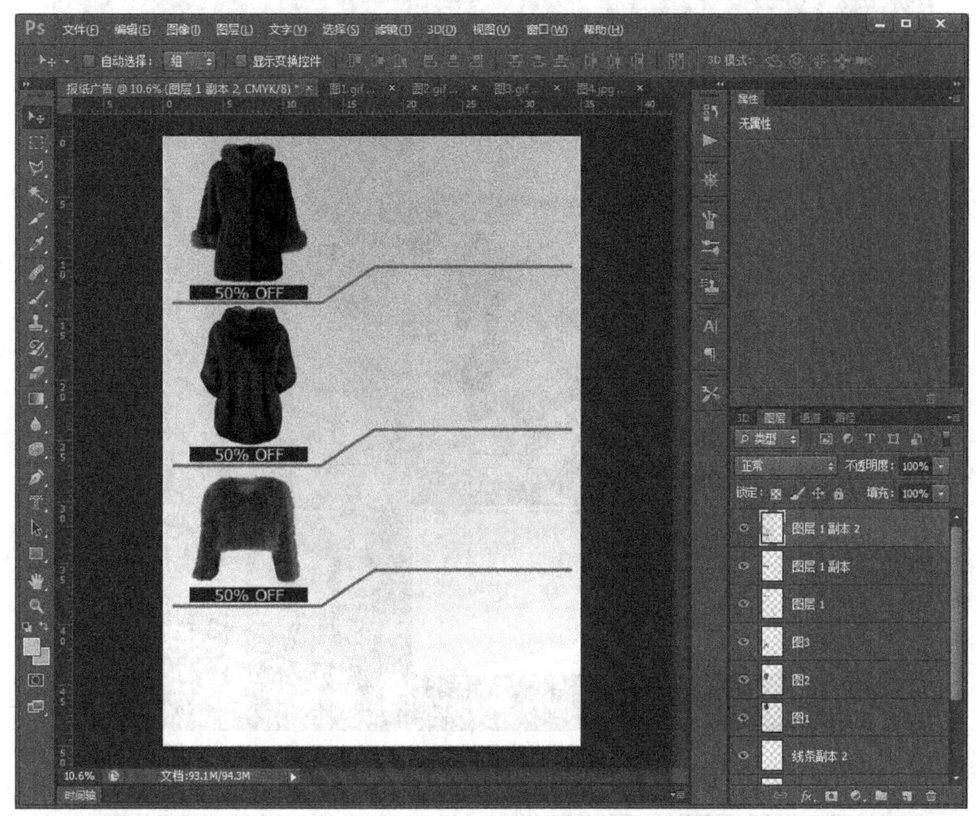

图 4-8　打折横幅

图 4-9　“图 5.gif”文件

(2) 使用“矩形选框工具”将需要的部分框选出来，复制并粘贴到场景中，图层命名为“动物”并调整到合适的尺寸和位置，如图 4-10 所示。

(3) 选中“动物”图层，单击“图层”面板中的“添加图层蒙版”按钮，为“动物”图层添加蒙版。设置前景色为白色，背景色为黑色。选择“渐变工具”，类型选择“径向渐变”，渐变方式选择“前景色到背景色渐变”，在“动物”图层图像中间的位置向左方适当位置拖动，适当调整“动物”图层位置使得融合更加自然，如图 4-11 所示。

图 4-10　动物背景的制作

图 4-11　动物背景效果

4）图像“貂”的设计

（1）打开“素材\第 4 章\4.1\图 6.gif”文件，如图 4-12 所示。

图 4-12 “图 6.gif”文件

（2）选择“魔术橡皮擦工具”，单击图片空白处，擦除图像背景颜色，呈现透明状态，如图 4-13 所示。

（3）将图像“貂”拖动至场景中，图层名称命名为“貂”，并调整大小及位置，如图 4-14 所示。

（4）选中“貂”图层，选择“编辑”→“变换”→“水平翻转”命令，将貂水平翻转。“貂”的设计效果如图 4-15 所示。

图 4-13 透明背景

5）广告语的制作

（1）选择“横排文字工具”，在“场景”下方适当位置单击鼠标并输入文字“没有　　，就没有杀戮！”，调整文字字体、字号和颜色等，如图 4-16 所示。

（2）打开“素材\第 4 章\4.1\图 7.gif”文件，如图 4-17 所示。

（3）将“图 7.jpg”拖动到场景中，图层名称为“买卖”，并调整大小和位置，广告语效果如图 4-18 所示。

6）添加广告宣传单位

（1）选中“买卖”图层，新建一图层，命名为“底纹”。

图 4-14　拖动“貂”至场景

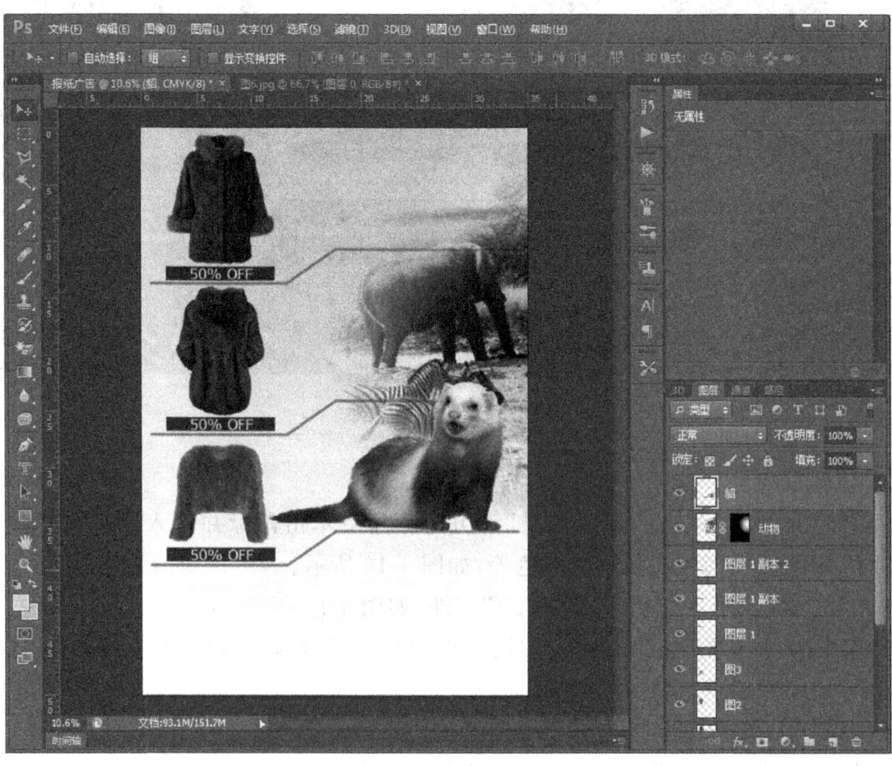

图 4-15　“貂”设计效果图

图 4-16　输入广告语

图 4-17　“图 7.gif”文件

图 4-18　广告语效果图

(2) 选择“矩形选框工具”，在场景下方制作矩形选区，并填充绿色。

(3) 利用“横排文字工具”添加广告宣传单位“某自然基金会”，设置文本格式，效果如图4-19所示。

图4-19 添加广告宣传单位

7）文档存储

设计结束后，保存文档为“PSD文件\第4章\4.1\报纸广告设计.psd”。

4.1.4 报纸广告设计参考范例

1. 报纸广告设计参考范例一

图4-20所示的是典型的报花广告。该类广告广泛存在于各类报刊中，在用Photoshop制作时，需要注意合理安排版面尺寸和位置，避免产生混乱的效果。一般以纯色文字为主，重点突出企业或品牌名称、电话号码、企业地址等。

注： 在这里只是给出范例，不做公告宣传用，隐去了电话号码和真实地址及单位。

2. 报纸广告设计参考范例二

图4-21所示的是典型的半版广告，是在某都市报上刊登的承德避暑山庄的宣传广告。将冬、夏避暑山庄同一地点的不同美景合成到一幅画面中，广告版面充足，主题突出，简约大方，努力追求“大音稀声，大象无形”的美学境界。

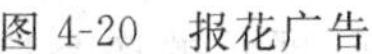

图 4-20　报花广告

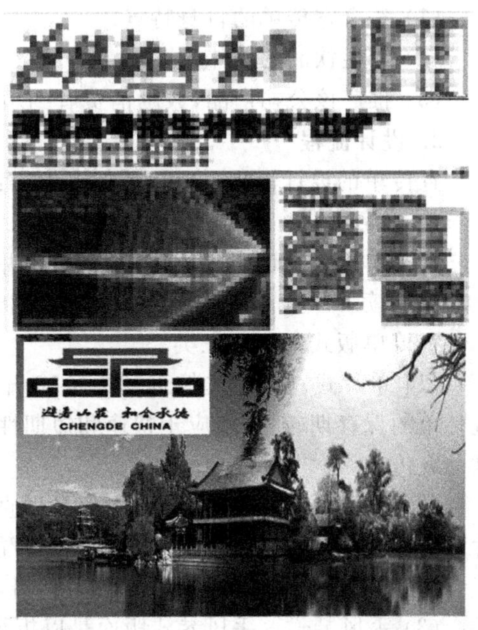

图 4-21　半版广告

4.2　宣传单设计

宣传单即宣传单页，可以是单张双面印刷，也可以是单面印刷、单色或多色印刷。材质通常采用传统的铜版纸(105g、128g、157g 等)，也可以选用其他的材质。宣传单起源于直接邮寄广告即 DM(Direct Mail)。宣传单通过邮寄、赠送等方式，将宣传品送到消费者手中、家里或公司所在地，特别强调直接投递或邮寄。宣传单内容上可分为两大类：一类主要推销产品、发布商业信息或寻人启事等；另外一类为义务宣传，如宣传义务献血、义务劳动等。通常印刷厂印刷的宣传单尺寸规格有 8 开、16 开、正度和大度之分，还有横开和竖开之分。

4.2.1　项目描述

假设今收到承德麦诺兹咖啡厅的委托，为其设计饮品宣传单，旨在推广咖啡厅产品，开拓市场，让消费者了解该公司的产品和服务，并且能够展示该公司的品牌和文化。

4.2.2　设计概要

1. 客户需求及分析

经过对委托方进行详细的资料收集和调查研究发现，承德麦诺兹咖啡厅产品包括手工制作的浓缩咖啡和多款咖啡冷热饮品、新鲜美味的各式糕点饮品以及丰富多样的咖啡机、咖啡杯等商品。该咖啡厅产品的推广、市场开拓离不开宣传单，通过宣传做到既能让消费者了解该公司的产品和服务并且能展示该公司的品牌和文化。要求设计针对其饮品制作相应的宣传单。最终该宣传单能够帮助承德麦诺兹咖啡厅推销产品，促进销售。

针对该款饮品宣传单的设计要求，设计应体现如下内容：

(1) 符合宣传单的自身特点。

(2) 彰显饮品的美味。

(3) 推广该公司产品,鼓励消费者到承德麦诺兹咖啡厅消费。

2. 设计流程

宣传单的设计流程主要包括如下内容:

1) 确定版式

宣传单需要给读者提供详细的信息,并且要求页面精致美观,文字、图片信息丰富多彩,从而吸引读者。宣传单是读者拿在手里随时可以翻看的,故要求其尺寸又不能过大。

宣传单版式主要有三类。

(1) 单片式。单片式版面主要有16开和32开两种,其携带方便,经济实惠。但单片式宣传单的保存期较短,适应于快速和短期性的广告宣传,例如麦当劳、肯德基等快餐企业的饮品宣传单。

(2) 书刊式。书刊式版面是对商品做直接介绍的宣传印刷品,通过直接将产品拍摄成照片向消费者直观展示,产品的内容介绍尽可能的详尽。通常采用四色印刷,16开篇幅,多页形式装订成册,一般把这类宣传单叫做宣传册,例如汽车公司散发的各类型汽车的宣传册。

(3) 手风琴式。手风琴式版面是以折页形式设计,采用四色印刷,设计规格一般为6开6折、8开2折或4折和16开2折或3折。设计要求精致美观,展示的产品应选择最佳角度,力求逼真和清晰,字体清秀,色调与内容和谐,以增加对读者的吸引力。独特的手风琴式版面提供了更多的设计和创意空间,可植入更多信息且易于携带和随时翻看。

通常标准的16开宣传单页成品尺寸为210mm×285mm,但通过印刷,裁切需要每边增加3mm的出血,带出血的尺寸是216mm×291mm。标准8开宣传单页尺寸为420mm×285mm,带出血的为426mm×291mm。

根据该饮品宣传单的要求,这里选择单片式16开篇幅宣传单样式是比较合理的。

2) 确定标题和内容

确定完版式设置之后要确定标题和内容。标题是表达广告主题的文字内容,应具有吸引力,能使读者注目,引导读者阅读宣传单正文,所以标题要配合插图造型选用较大号字体,并安排在宣传单画面最醒目的位置,借以推广公司产品,鼓励消费者消费。

承德麦诺兹咖啡厅宣传单正文包含各类饮品名称和价格。由于其产品种类繁多,因此安排为两列展示,每种产品配以鲜艳绚丽、层次丰富的精美图片来彰显饮品的美味。

4.2.3 设计制作

承德麦诺兹咖啡厅宣传单的最终效果如图4-22所示。制作这则宣传单需重点掌握Photoshop的页面设定、图片导入、形状调整、设定选区等方面的知识,特别需要注意的是透明素材的制作方法。

1. 页面设定

首先在Photoshop中设置宣传单的参数,包括图像尺寸、分辨率、颜色模式等。在页面设计中,要求按照印刷的基本要求,在四周加上3mm的出血,以方便印刷后裁切。

1) 设定页面

选择"文件"→"新建"命令,打开"新建"对话框。在"新建"对话框中修改名称为"麦诺兹咖啡厅宣传单",宽度为"216毫米",高度为"291毫米"(每边预留了3mm出血),分辨率为

"300 像素/英寸",颜色模式为"CMYK 颜色",其他选项为默认即可,最后单击"确定"按钮,完成报纸广告页面设置,如图 4-23 所示。

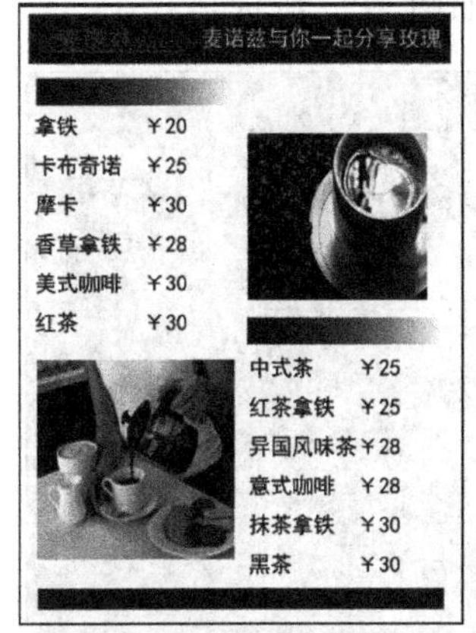

图 4-22 承德麦诺兹咖啡厅宣传单

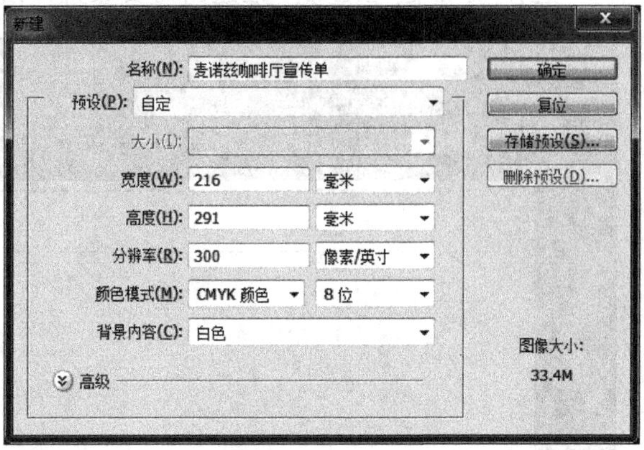

新建
名称(N): 麦诺兹咖啡厅宣传单
预设(P): 自定
大小(I):
宽度(W): 216 毫米
高度(H): 291 毫米
分辨率(R): 300 像素/英寸
颜色模式(M): CMYK 颜色 8 位
背景内容(C): 白色
高级
确定
复位
存储预设(S)...
删除预设(D)...
图像大小:
33.4M

图 4-23 "新建"对话框

2) 定义出血

因为每边预留 3mm 出血,所以需要使用到"标尺"辅助定义出血。在拖动辅助线之前,先设置"标尺"的单位,在"标尺"上右击,在弹出的快捷菜单中选择"毫米"命令。拖出标尺辅助线,每条辅助线距离边缘为 3mm,将出血定义准确,如图 4-24 所示。之后的宣传单的设计必须在辅助线以内完成,不能超出辅助线。

图 4-24 定义出血

2. 制作步骤

1）宣传单标语制作

（1）选择“矩形选框工具”，框选出需要放置标语的部分，如图 4-25 所示。

图 4-25　框选标语位置

（2）设置前景色为咖啡色，即 CMYK 值为 C：60%，M：90%，Y：100%，K：60%，如图 4-26 所示。注意由于是印刷品且颜色模式选择的是 CMYK 模式，因此选择颜色的时候应使用 CMYK 不应使用 RGB 模式。

（3）选择“油漆桶工具”，填充选区，如图 4-27 所示。按 Ctrl+D 快捷键取消选区。

（4）打开“素材\第 4 章\4. 2\图 1. gif”文件，如图 4-28 所示。这是承德麦诺兹咖啡厅的 LOGO。

（5）将“图 1. jpg”图像设置为“RGB 颜色”模式后，拖动该 LOGO 到宣传单制作页面并调整大小和位置，如图 4-29 所示。

（6）选择“横排文字工具”，在 LOGO 右侧输入文本“麦诺兹与你一起分享玫瑰”，如图 4-30 所示。

2）分隔线的绘制

（1）新建一图层，命名为“分隔线”。

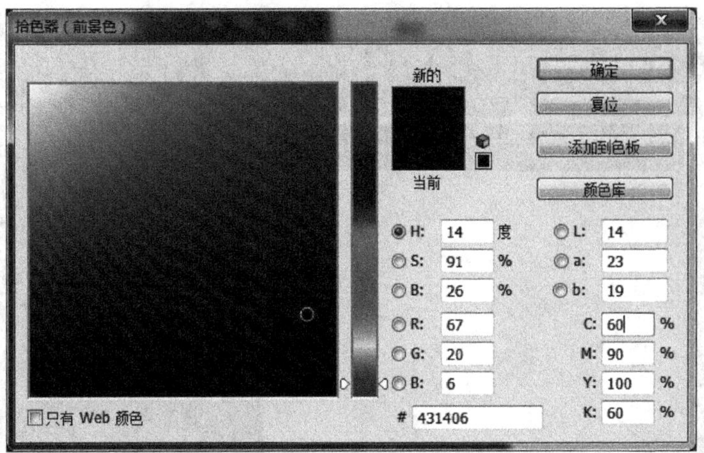

图 4-26　设置前景色

图 4-27　标语背景填充

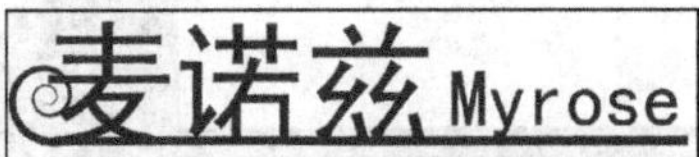

图 4-28　“图 1.jpg”文件

图 4-29 设置承德麦诺兹咖啡厅 LOGO

图 4-30 宣传单标语制作

（2）保持前景色为咖啡色，选择“矩形选框工具”，绘制选区，如图 4-31 所示。

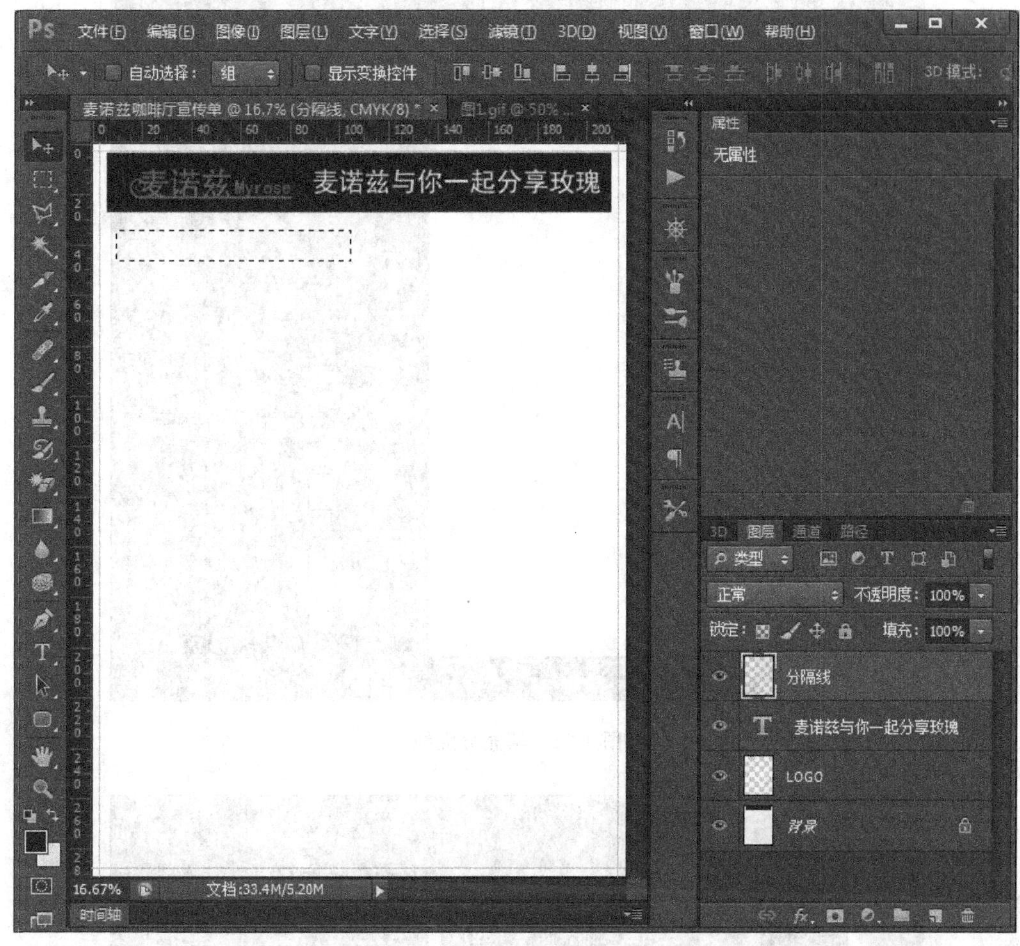

图 4-31　绘制矩形选区

（3）选择“渐变工具”，设置“前景色到透明渐变”，选择“线性渐变”类型，从左向右填充，填充效果如图 4-32 所示。

3）宣传单正文制作

（1）在分隔线下方，使用“横排文字工具”输入各类饮品名称和价格，如图 4-33 所示。

（2）打开“素材\第 4 章\4.2\图 2.jpg”文件，如图 4-34 所示。

（3）将咖啡图片拖动到宣传单制作页面正文中恰当位置，并调整图片大小，如图 3-35 所示。

（4）同理，设置分隔线、其他正文和图片，如图 3-36 所示。

4）宣传单最终的修饰

在宣传单底部绘制咖啡色装饰条，如图 4-37 所示。

5）文档存储

设计结束后，保存文档为“PSD 文件\第 4 章\4.2\宣传单设计.psd”。

图 4-32　填充分隔线

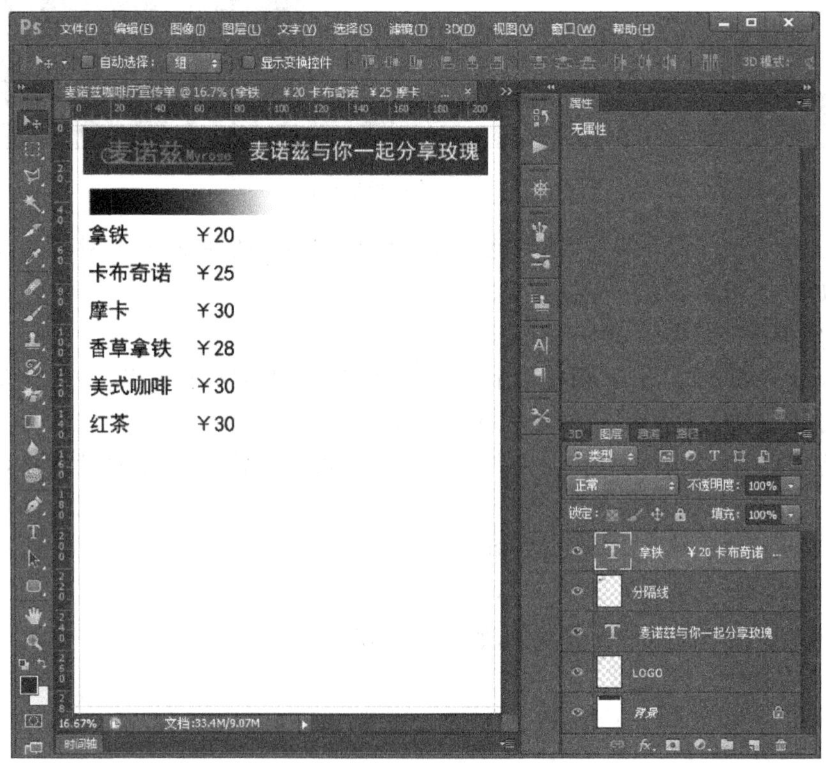

图 4-33　输入正文

图 4-34 “图 2.jpg”文件

图 4-35 设置咖啡图片

图 4-36 宣传单正文绘制

图 4-37 宣传单修饰

4.2.4　宣传单设计参考范例

1. 宣传单设计参考范例一

图 4-38 所示是为河北民族师范学院设计的 2016 年招生计划宣传单。

河北民族师范学院 坐落在闻名中外的世界历史文化名城--承德，一所具有百余年办学历史的学校，河北省唯一一所民族本科高校，河北省人民政府与国家民委共建地方高校，委省共建重点项目。河北省首批转型试点高校之一，教育部学校规划建设发展中心首批全国五所“产教融合创新实验项目”基地学校.

河北民族师范学院2016招生计划

二级学院	专业名称	师范	层次	计划数
文学与传媒学院	汉语言文学	是	本科	90
	播音与主持艺术	否		40
	新闻学	否		60
	秘书学	否		50
	汉语言文学	是	专接本	70
	播音与主持艺术	否		20
	新闻学	否		15
	语文教育	是	专科	40
	新闻采编与制作	否		50
	合计			435
美术与设计学院	美术学	是	本科	80
	视觉传达设计	否		80
	环境设计	否		80
	美术学	是	专接本	40
	视觉传达设计	否		35
	环境设计	否		30
	美术教育	是	专科	70
	艺术设计	否		70
	合计			485
数学与计算机科学学院	数学与应用数学	是	本科	80
	计算机科学与技术	是		60
	应用统计学	否		50
	数学与应用数学	是	专接本	35
	计算机科学与技术	是		30
	计算机应用技术	否	专科	50
	物联网应用技术	否		40
	数学教育	是		50
	现代教育技术	是		40
	合计			435
初等教育学院	学前教育	是	本科	80
	小学教育	是		50
	小学教育	是	专接本	30
	学前教育	是		40
	小学教育	是	专科	30
	学前教育	是		40
	合计			270
历史文化与旅游学院	历史学	是	本科	60
	旅游管理	否		50
	表演	否		100
	文化产业管理	否		40

二级学院	专业名称	师范	层次	计划数
外国语学院	英语	是	本科	80
	翻译	否		70
	英语	是	专接本	60
	应用英语	否	专科	40
	英语教育	是		60
	合计			310
商学院	人力资源管理	否	本科	60
	电子商务	否		60
	工程造价	否		40
	电子商务		专接本	20
	人力资源管理	否	专科	50
	市场营销	否		50
	物流管理	否		50
	会计信息管理	否		50
	合计			380
化学与化工学院	化学	是	本科	50
	化学工程与工艺	否		60
	科学教育	是		50
	化学	是	专接本	25
	合计			185
体育学院	体育教育	是	本科	70
	社会体育指导与管理	否		50
	体育教育	是	专接本	35
	体育教育	是	专科	80
	合计			235
生物与食品科学学院	生物科学	是	本科	70
	生物科学	是	专接本	15
	生物教育	是	专科	40
	合计			125
资源与环境科学学院	地理科学	是	本科	60
	环境生态工程	否		40
	地理科学	是	专接本	10
	地理教育	是	专科	30
	合计			140
物理与电子工程学院	物理学	是	本科	60
	新能源科学工程	否		40
	电子信息工程技术	否	专科	40
	合计			140
马克思主义学院	思想政治教育	是	本科	60
	思想政治教育	是	专接本	15

百年名校，我们用实力说话！

学校地址：河北省承德市高新区学院路西2号。　　联系电话（传真）：0314-2370333、2370919

学校网址：http://www.hbun.net　　E-mail：cdmzsz_zs@sohu.com

图 4-38　招生传单

2. 宣传单设计参考范例二

图 4-39 所示为某电脑公司设计的宣传单。该宣传单分为 A、B 两面,正反印刷。A 面表现的是电脑键盘方向键,B 面是电脑公司出售的各类品牌电脑和配件以及公司联系方式与简介。

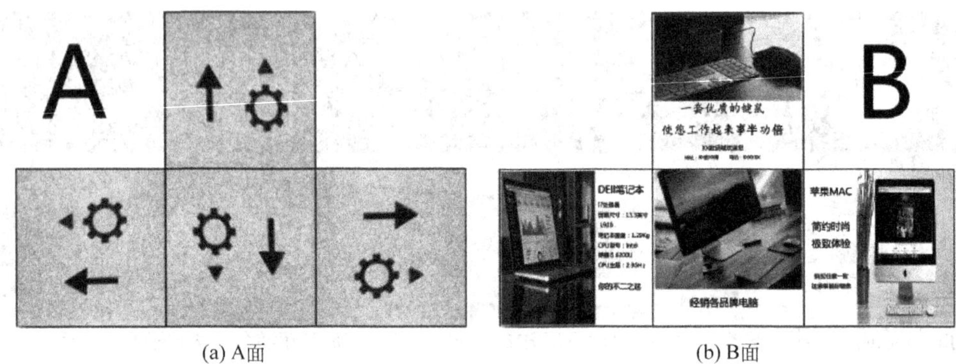

(a) A面　　(b) B面

图 4-39　某电脑公司宣传单

4.3 海报设计

海报(Poster)指以单张纸为载体,可张贴的广告印刷品,是一种大众化的宣传工具,能给人以极强的视觉冲击效果;精美的印刷,突出的产品主题,给人留下很深的印象。海报具有传播信息及时、成本费用低和制作简便等特点。电影、戏剧、比赛、文艺演出等活动十分乐于通过张贴海报的形式达到广而告之的目的。海报设计要通过新颖美观的版面构图在第一时间内将读者的目光吸引住,要简明扼要地体现活动的性质,活动的主办单位、时间、地点等内容。

根据应用场合,海报的纸张可选择从 80g～200g 的铜版纸,最常用的是 128g 或 157g。一般普通海报尺寸有大度四开 42cm×57cm(宽×高),大度对开 57cm×84cm(宽×高),商用海报为 50cm×70cm(宽×高)。这里选用商用海报尺寸,预留出血各边 3mm,以防有白边,即 50.6cm×70.6cm(宽×高);存储成 PSD 格式,文件分辨率 300dpi;海报制作文件色彩模式设为 CMYK 模式。

4.3.1 项目描述

假设今收到河北民族师范学院春季运动会组委会委托,为 2017 年春季运动会设计一款宣传海报,用于宣传体育运动,发扬奥林匹克精神,让广大师生了解河北民族师范学院 2017 年春季运动会。

4.3.2 设计概要

1. 客户需求及分析

经过对委托方进行详细的资料收集和调查研究发现,该组委会是本次运动会的领导机构,旨在鼓励组织和发展体育运动以及竞赛活动。制作该款海报的目的是为河北民族师范学院 2017 年春季运动会做宣传,同时要体现奥林匹克精神,促进和加强各系运动员之间的友谊。目标受众为广大师生。

针对该款海报设计要求，设计应体现如下内容：

（1）符合海报的自身特点。

（2）彰显奥林匹克精神。

（3）受众普适性和广泛性。

（4）推广和宣传 2017 年春季运动会。

2. 设计流程

海报是具有很强广告宣传性和目的性的，所以该运动会的海报也要通过所包含的奥运元素充分体现出希望人们广泛关注体育运动这一目的。使用浓厚的色彩吸引人们的目光，抓住读者眼球。

该海报主要内容以运动员为主体，体现奥林匹克主旨，配以运动会会标。

风格确定为简约风格，配以明亮色彩，渐变过渡。

4.3.3 设计制作

河北民族师范学院 2017 年春季运动会的海报最终效果，如图 4-40 所示。制作这款海报需重点掌握 Photoshop 的页面设定、图片导入、形状调整和设定选区等方面的知识，特别需要注意的是渐变的高级功能的运用。

1. 页面设定

在海报设计中，定义尺寸的时候只需要在成品尺寸上添加 3mm 出血既可。

1）设定页面

选择“文件”→“新建”命令，打开“新建”对话框，在该对话框中修改名称为“2017 某运动会海报”，宽度为“50.6 厘米”，高度为“70.6 厘米”（每边预留了 3mm 出血），分辨率为“300 像素/英寸”，颜色模式为“CMYK 颜色”，其他选项为默认即可，如图 4-41 所示。最后单击“确定”按钮，完成海报页面设置。

图 4-40　2017 年春季运动会海报

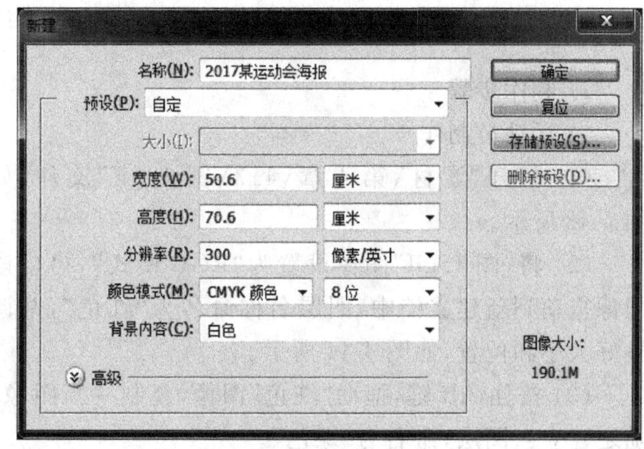

图 4-41　“新建”对话框

2）定义出血

因为每边预留 3mm 出血，所以需要使用到“标尺”辅助定义出血。在拖动辅助线之前，先设置“标尺”的单位，在“标尺”上右击，在弹出的快捷菜单中选择“毫米”命令。拖出标尺辅助线，每条辅助线距离边缘为 3mm，将出血定义准确，如图 4-42 所示。之后的宣传单的设计必须在辅助线以内完成，不能超出辅助线。

图 4-42　设定辅助线

2. 制作步骤

1) 运动员制作

(1) 打开“素材\第 4 章\4. 3\图 1. gif”文件，如图 4-43 所示。

图 4-43　“图 1. gif”文件

(2) 将“图 1. gif”图像设置为“RGB 模式”，再将该图像拖动到新建文档中，图层名称命名为“红色”，并调整好大小和位置，如图 4-44 所示。

(3) 按住 Alt 键，拖动“红色”图像，复制一新图像，随之建立一图层，命名为“绿色”。

(4) 利用“魔棒工具”选取“绿色”图层的图像，填充为“绿色”，按 Ctrl+D 快捷键取消选区。按 Ctrl+T 快捷键，调整图像大小，并调整好位置，如图 4-45 所示。

图 4-44　拖动图像到新建文档

图 4-45　设置"绿色"图层

(5) 同理,设置“黑色”“黄色”和“蓝色”图层。设置效果如图 4-46 所示。

图 4-46 设置效果

2) 运动会会标与文字的设计

(1) 打开“素材\第 4 章\4.3\图 2.gif”文件,如图 4-47 所示。

(2) 将“图 2.gif”图像设置为“RGB 模式”,再将该图像拖动到海报中,图层名称命名为“会标”,并调整好大小和位置,如图 4-48 所示。

图 4-47 “图 2.gif”文件

(3) 设计文字。插入竖排文本,输入“时间与速度”,设置好字体、字号、颜色和位置等,如图 4-49 所示。

3) 插入“奥运五环”

(1) 打开“素材\第 4 章\4.3\图 3.gif”文件,如图 4-50 所示。

(2) 将“图 3.gif”图像设置为“RGB 模式”,再将“奥运五环”图像拖动到海报中,图层名称命名为“奥运五环”,并调整好大小和位置,如图 4-51 所示。

4) 背景层的处理

选中“背景”图层,设置前景色为“橙黄色”,选择“渐变工具”,设置“前景色到透明渐变”,选择“线性渐变”类型,从左上角向右下角拖动填充背景。效果如图 4-52 所示。

图 4-48　插入“会标”

图 4-49　设计文字

图 4-50 “图 3.gif”文件

图 4-51 插入“奥运五环”

图 4-52 填充“背景”图层

5）设计运动会名称

插入横排文本，输入“河北民族师范学院 2017 年春季运动会”，设置好字体、字号、颜色和位置等，如图 4-53 所示。

图 4-53 设计运动会名称

6）文档存储

设计结束后，保存文档为“PSD 文件\第 4 章\4. 3\海报设计. psd”。

4.3.4 海报设计参考范例

1. 海报设计参考范例一

图 4-54 所示是为某音乐节设计的海报。其中使用了文本图层样式、颜色叠加、发光图层、滤镜和蒙版等功能，制作火焰效果。

2. 海报设计参考范例二

图 4-55 所示是为创新工作室纳新说明会制作的海报，背景星光图的制作使用了烟雾笔刷、蒙版、滤镜中的云彩渲染功能和高斯模糊等高级操作。

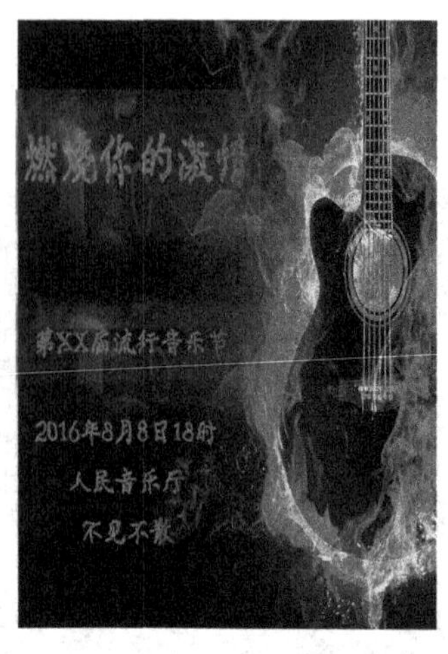

图 4-54　音乐节海报

图 4-55　创新工作室纳新说明会海报

4.4 折页设计

折页主要指宣传折页，是由四色印刷机彩色印刷的单张纸面彩色宣传材料，主要是以扩大广告宣传效应为目的的纸质宣传广告。折页肩负着承载企业形象、提升产品销量、传达多样信息等的重要使命。折页有对折、三折及四折等形式。三折常用尺寸为八开，一般用157g铜版纸，根据要求可以进行覆膜等后续加工。在设计折页时，一定要将辅助线和折线定义正确，避免因为尺寸错误，导致折痕出现在图像或文字上。

4.4.1 项目描述

假设今收到河北民族师范学院宣传部委托，设计一款宣传折页，体现该校的校训和学校精神，凸显民族性和应用性，展现学生的生活风貌。

4.4.2 设计概要

1. 客户需求及分析

经过对委托方进行详细的资料收集和调查研究，发现河北民族师范学院是一所百余年民族本科高校，凝练了“修德砺能、博学致远”的校训，形成了“同心砥砺、持之以恒、自强不息”的学校精神，希望建成一所特色鲜明的应用型本科高校。设计需要突出民族性和应用性，着重体现学生丰富多彩的生活风貌。

针对河北民族师范学院学生生活风貌折页的设计要求，设计应体现如下内容：

(1) 符合折页的自身特点。

(2) 突出学校精神。

(3) 彰显民族特色。

(4) 展示丰富的学生在校生活。

(5) 制作精美，令人爱不释手。

2. 设计流程

河北民族师范学院学生生活风貌折页受众对象比较广泛，可以在该校内学生中起到保存纪念的作用，也可以在校外起到宣传该校风气风貌的作用。因此宣传折页要包含学校信息（如校徽、校训等内容），同时选择精美图片使人爱不释手以达到使人精心收藏的目的。

宣传折页根据不同形式和用途可以选择不同的纸张，一般有铜版纸、卡纸和玻璃卡等。考虑到印刷数量和成本等因素后，河北民族师范学院学生生活风貌的宣传折页确定使用铜版纸。

宣传折页的开本有 32 开、24 开、16 开、8 开等。为了更多地展示校园生活需要更多篇幅确定采用长条开本。

宣传折页的折法主要有如下八种。

(1) 风琴折：将折页折成“之”字形，比较便于机器折叠，如图 4-56(a)所示。

(2) 普通折：即一张折页对折一次，即对折，主要用于请柬或广告，如图 4-56(b)所示。

(3) 特殊折：设计师匠心独运的折叠方法，例如将折页裁剪成圆形后折成半圆形或扇形等，如图 4-56(c)所示。

(4) 对门折：即对称折，将两个或更多的页面从相反的面向中心折去，如图 4-56(d)所示。

(5) 地图折：一般用于折叠地图，主要由几个风琴折组成，展开时是一张大的连续的宣传页，同时还要再对折、三折或四折，所以地图折以“层”来命名，对折的称为双层地图折，三折的称为三层地图折，依此类推，如图 4-56(e)所示。

(6) 平行折：即每一页都是平行放置的折法，如图 4-56(f)所示。

(7) 海报折：先进行平行折，之后是风琴折，如图 4-56(g)所示。

(8) 卷轴折：四个或更多个页面宽度逐渐减少的页面，依次向内折，如图 4-56(h)所示。

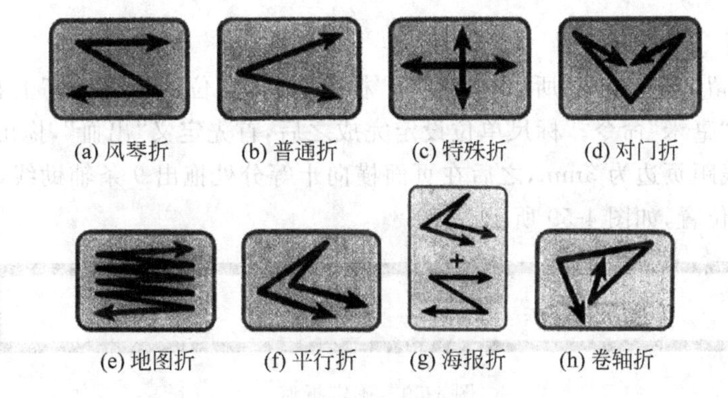

图 4-56　折页折法

考虑到该宣传折页发行量较大，需要使用机器折叠，故在此选用风琴折，便于机器印刷和折叠。

宣传折页风格确定为简约风格，题材为“素·美”民族师院，以素描形式体现丰富多彩的学生生活画卷。

4.4.3 设计制作

河北民族师范学院学生生活风貌折页的最终效果(10 折页)如图 4-57 所示。制作这则折页需重点掌握 Photoshop 的页面设定、图片导入、图像效果的修改、设定选区、合并图层等方面的知识,特别需要注意的是素描效果的制作和滤镜等高级功能的合理运用。

1. 页面设定

1) 设定页面

选择“文件”→“新建”命令,打开“新建”对话框。在“新建”对话框中修改名称为“宣传折页”,宽度为“1230 毫米”,高度为“106 毫米”(每边预留 3mm 出血),分辨率为“300 像素/英寸”,颜色模式为“CMYK 颜色”,其他选项为默认即可,最后单击“确定”按钮,完成折页页面设置,如图 4-58 所示。

图 4-57 生活风貌折页效果

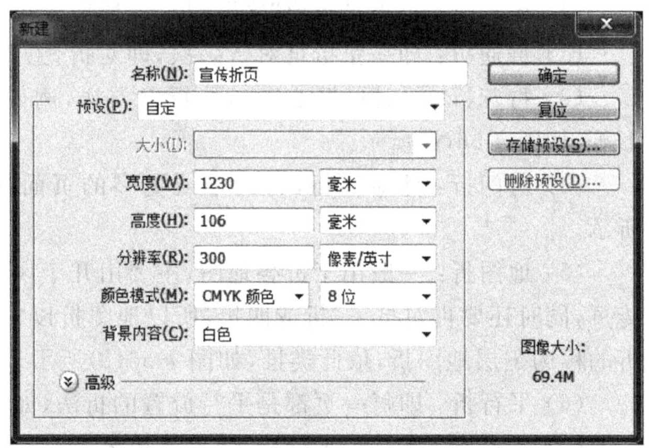

图 4-58 页面设定

2) 确定折痕

因为每边预留 3mm 出血,所以需要使用“标尺”进行定位。在“标尺”上右击,在弹出的快捷菜单中选择“毫米”命令。标尺单位设定完成之后,首先定义“出血”,拖出画布四周的辅助线,每条辅助线距页边为 3mm,之后在页面横向十等分处拖出 9 条辅助线,这些辅助线确定了折页折痕的位置,如图 4-59 所示。

图 4-59 确定折痕

2. 制作步骤

1) 校园全景素描效果的制作

(1) 打开“素材\第 4 章\4.4\图 1.jpg”文件,如图 4-60 所示。

(2) 按 Ctrl+J 快捷键复制并新建“图层 1”。选中“图层 1”,选择“图像”→“调整”→“去色”命令,使图像去色,呈现黑白图像,如图 4-61 所示。

图 4-60 “图 1.jpg”文件

图 4-61 复制新建图层

(3) 按 Ctrl+J 快捷键复制并新建“图层 1 副本”。选中“图层 1 副本”,选择“图像”→“调整”→“反相”命令,使颜色翻转,如图 4-62 所示。

图 4-62 图层反相效果

(4) 设置图层混合模式。单击“设置图层混合模式”按钮,在弹出的列表中选择“滤色”选项,效果如图 4-63 所示。

图 4-63 设置“滤色”效果

(5) 设置滤镜。选择“滤镜”→“其他”→“最小值”命令,设置“半径”为“1”像素,单击“确定”按钮,效果如图 4-64 所示。

(6) 合并图层。在“图层 1 副本”图层缩览图上右击,在弹出的快捷菜单中选择“向下合并”命令,合并图层。

图 4-64　设置滤镜效果

(7) 单击“图层”面板下部的“添加图层蒙版”按钮，为合并后的图层添加蒙版，如图 4-65 所示。

图 4-65　添加图层蒙版

(8) 选中图层蒙版缩览图，选择“滤镜”→“杂色”→“添加杂色”命令，打开“添加杂色”对话框。“数量”调节为“100%”，“分布”选择为“平均分布”，如图 4-66 所示。单击“确定”按钮，效果如图 4-67 所示。

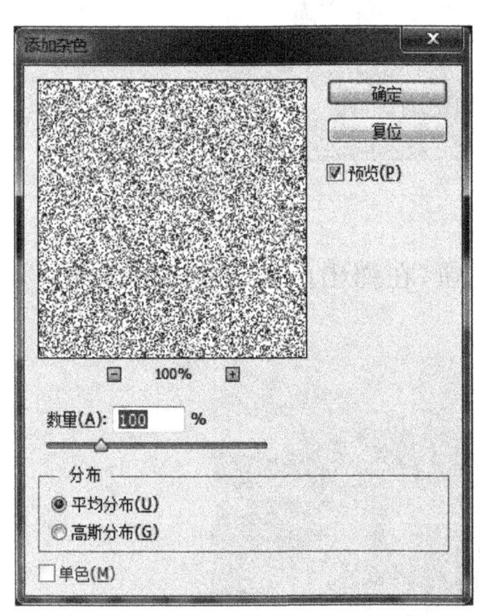

图 4-66　“添加杂色”对话框

图 4-67　为图层添加杂色

(9) 选中图层蒙版缩览图，选择“滤镜”→“模糊”→“动感模糊”命令，打开“动感模糊”对话框，在“动感模糊”对话框中选择“角度”为 45 度，“距离”为 10 像素，如图 4-68 所示。单击“确定”按钮，效果如图 4-69 所示。

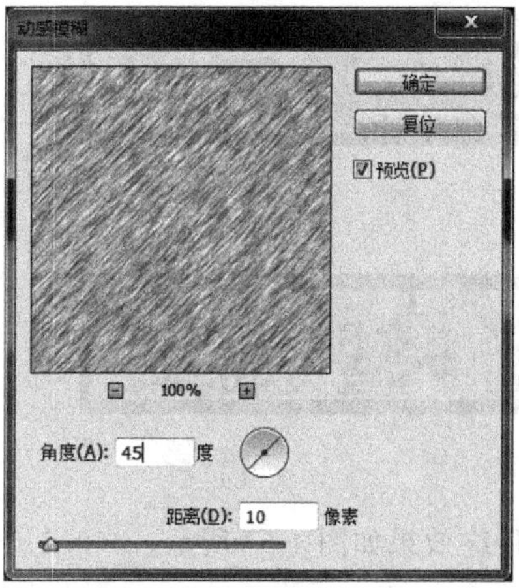

图 4-68 “动感模糊”对话框

图 4-69 添加动感模糊

(10) 向下合并图层。选中“背景层”,选择“图像”→“调整”→“去色”命令,使图像去色,得到校园全景素描效果,如图 4-70 所示。

图 4-70 校园全景素描效果

2) 折页 A 面制作

(1) 将校园全景素描效果图,拖动到“宣传折页”中,并调整好尺寸和位置,如图 4-71 所示。

图 4-71 添加校园全景素描效果图

(2) 打开“素材\第 4 章\4.4\图 2.jpg”文件,如图 4-72 所示。

(3) 将校徽拖动到“宣传折页”中,并调整好大小和位置;使用“文字工具”添加校训“修德励能博学致远”“素·美”等文字,并设置好格式,如图 4-73 所示。

图 4-72 “图 2.jpg”文件

3) 折页 B 面制作

新建折页页面,设置与折页 A 面相同,设置相同辅助线,利用“素材\第 4 章\4.4\学生活动系列素材”,重复校园全景素描效果制作过程,将所有学生活动素材制作成素描效果,放到折页 B 面中,如图 4-74 所示。

图 4-73　折页 A 面制作

图 4-74　折页 B 面制作

将折页 A、B 两面分别印刷，并按照风琴折进行折叠，最终效果如图 4-57 所示。

4.4.4　折页设计参考范例

1. 折页设计参考范例一

图 4-75 所示是编者为清华出版社 21 世纪高等学校规划教材系列丛书设计的折页，此折页宣传单为 8 开 4 折形式，背景图的制作使用了蒙版和高斯模糊等高级操作。

图 4-75　教材系列丛书折页

2. 折页设计参考范例二

图 4-76 所示是为某公司设计的产品介绍圆形折页。依据风琴折法，折叠后为圆形甜橙。该折页为正反两面印刷，正面为产品图片，背面为公司和产品介绍。

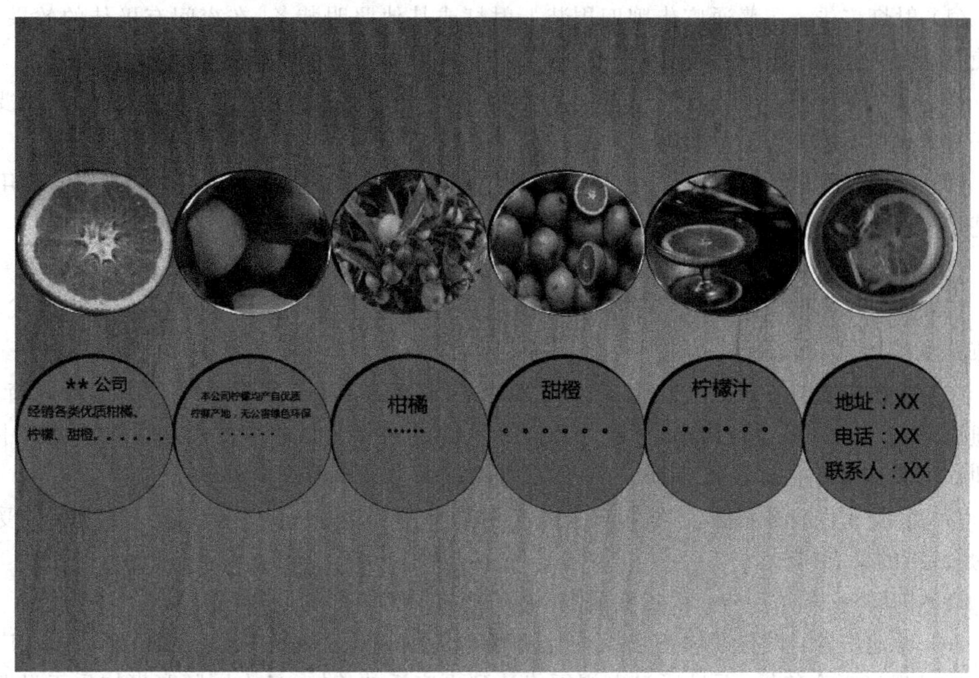

图 4-76　某公司产品介绍圆形折页

4.5　户外广告设计

户外广告(Outdoor Advertising)是利用公共或自有场地的建筑物、空间、交通工具等设置、悬挂和张贴的广告，多放置在人流量较大的区域，以起到广而告之的目的。户外广告种类繁多，包括射灯广告、单立柱广告、霓虹灯广告、墙体广告、三面翻广告、候车亭广告、车身广告、地铁广告、机场广告和火车站广告等。户外广告的设计要因地制宜，在设计实施前设计师应实地考察户外广告投放地点，要将周围环境因素考虑进来。

4.5.1　项目描述

假设今收到河北民族师范学院宣传部委托，设计一款宣传学校的户外广告，旨在提升该校对外形象，起到地标性作用。

4.5.2　设计概要

1. 客户需求及分析

根据校方对户外广告的要求，经过对委托方进行详细的资料收集和调查研究，对该校实地考察和周边走访调查发现，在白天该校建筑林立、校园特色鲜明，地标作用十分明显，但是在夜间周边灯光较暗、树木遮挡强烈，不能很好地做到标志作用。经与校方协商后决定制作一款夜间使用的户外广告。

2. 设计流程

户外广告类型多样，主要有以下 19 种。

(1) 射灯广告：在普通广告牌四周装上射灯或其他照明装备，在夜间有极佳的效果，可以使受众清晰地看到广告信息。

(2) 单立柱广告：广告牌置于特设的T型或P型支撑柱上，多设立于高速公路、主要交通干道等地方，设计受众为车流和人流。

(3) 大型灯箱广告：多设置在建筑物外墙、楼顶等位置，白天使用自然光，晚上使用灯箱亮灯照明的广告。灯箱广告夜晚照明效果较佳，但易损坏维修成本较高。

(4) 码头广告：在码头范围内设置的各种广告牌，如站内广告牌、站外广告牌等。

(5) 公交车站广告牌：设置于公交车站的户外广告。以灯箱广告为主要表现形式，多数兼具座椅挡风、挡雨板的功能。

(6) 地铁广告：设置在地铁范围内的各种户外广告。其表现形式多为十二封灯箱、四封通道海报、特殊位灯箱、扶梯、车厢内海报等。目前最常用的一种方式是在地铁隧道中依据地铁行驶速度等指标设置生动的广告，乘客可以通过地铁车窗向外欣赏广告。

(7) 公交车广告：在公交车全车身或车身两侧等位置设置广告。它方便、快捷、受众广，是城市的动态风景。

(8) 机场、火车站广告：设置在机场、火车站周围和内部的广告。

(9) 场地广告：设置在体育场馆内比赛场地周围，以及大型集会活动场地。场地广告不仅通过现场观众传播，而且通过电视网络达到更广泛的传播，各大国际赛事均乐于设置场地广告。

(10) 充气物造型广告：使用充气物，如气球拉横幅、充气卡通人物等投放的广告。该种广告可在各类祭奠、展览场地、大型集会、公关活动、体育活动、婚庆活动等场所使用。

(11) 路标、人行道广告：设立在路标和人行道旁的广告。

(12) 电话亭广告：设立在电话亭外壁和内壁的广告。

(13) 阅报栏：设置在阅报窗内的广告。

(14) 悬挂广告：设置于饭店、旅店、剧院等门前的广告。

(15) 墙面广告：在建筑物外墙上设置的广告。

(16) 三面翻广告：由带有三面棱柱的可转动装置构成。三幅广告设置在三个不同棱锥面上，棱柱定期转动，可在同一位置展示三幅广告，极大地节约空间。

(17) 电子屏广告：呈现在大型LED电子屏幕，原理与一般液晶屏幕一样，通过电脑控制可呈现动态文字、图片广告甚至视频广告。

(18) 电梯广告：设置在电梯内的广告。

(19) 霓虹灯广告：由不同颜色的霓虹灯管弯曲成图案或文字，产生出缤纷艳丽的色彩。它设置简单，配合模拟或数字控制可产生动态效果，最适合夜间使用，可在夜间产生强烈视觉冲击力，达到令人印象深刻的目的。

霓虹灯广告的各项特点十分符合河北民族师范学院夜间户外广告的要求，特选用霓虹灯这种广告形式制作广告。

户外环境中人们处在时刻流动的状态不可能有更多时间阅读，户外广告设计完全不同于报纸、杂志等媒体的广告文案设计，因此该款户外广告文案设计力求简洁有力，所以决定使用河北民族师范学院英文字头（即HBUN）来作为表现的主题，言简意赅、极具感染力令人印象深刻。

一般户外广告的分辨率在65～100像素/英寸，如果是高空的户外广告，分辨率应该在20～45像素/英寸。对河北民族师范学院户外广告设置位置实地考察后，确定该款户外广告尺寸为宽100厘米，高度60厘米，分辨率设置为20像素/英寸，颜色模式为CMYK模式。

4.5.3 设计制作

河北民族师范学院户外霓虹灯广告的最终效果如图4-77所示。制作这则户外广告需重点掌握Photoshop的图层样式、滤镜工具及特殊画笔等的合理运用。

1. 页面设定

选择“文件”→“新建”命令，打开“新建”对话框。在“新建”对话框中修改名称为“户外广告”，宽度为“100厘米”，高度为“60厘米”，分辨率为“20像素/英寸”，颜色模式为“CMYK颜色”，其他选项为默认即可，如图4-78所示。单击“确定”按钮，完成户外广告页面设置。

图4-77 霓虹灯户外广告效果

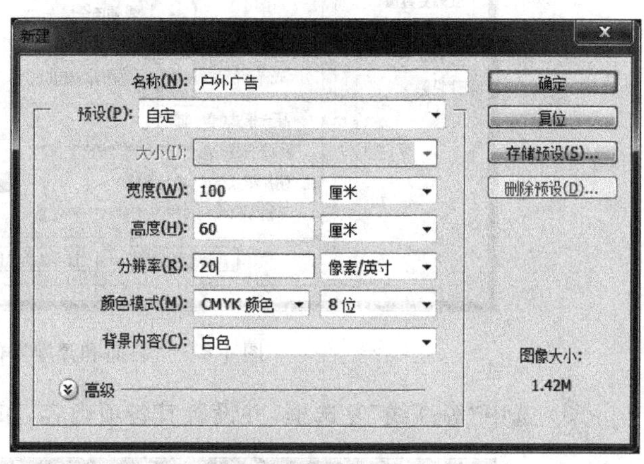

图4-78 “新建”对话框

2. 制作步骤

1) 背景的制作

(1) 设置前景色为深红色(R：95，G：10，B：15)，“背景色”为黑色。

(2) 选择“渐变工具”，设置“前景色到背景色渐变”，选择“径向渐变”类型，由画布中央向周边填充，效果如图4-79所示。

2) 霓虹灯制作

(1) 选择“横排文字工具”，设置“前景色”为白色，文字大小为“800点”，输入文字“HBUN”，如图4-80所示。

图4-79 制作背景

图4-80 输入文字

(2) 双击文字图层，打开“图层样式”对话框，选中“斜面和浮雕”样式，并设置其各项内容，如图 4-81 所示。

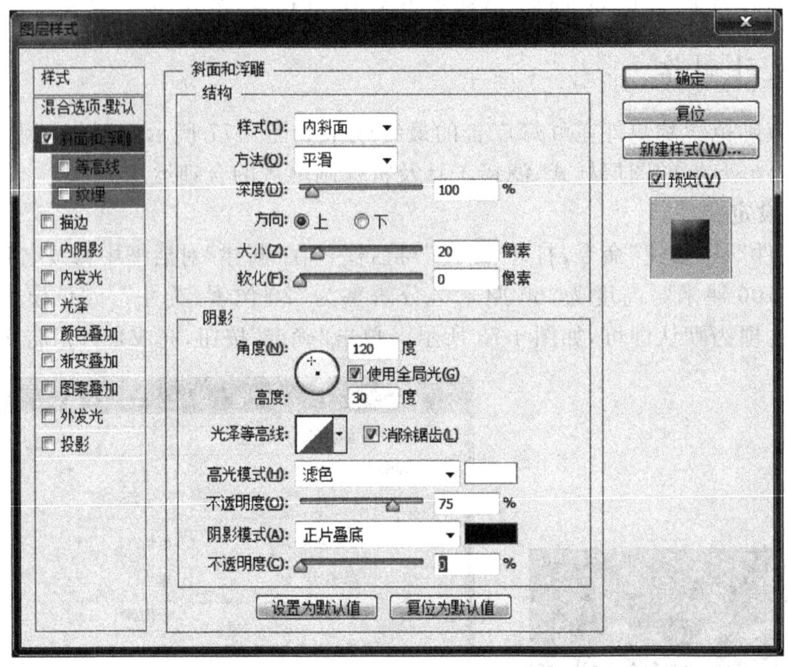

图 4-81 “斜面和浮雕”样式设置

(3) 选中“等高线”复选框，并设置其各项内容，如图 4-82 所示。

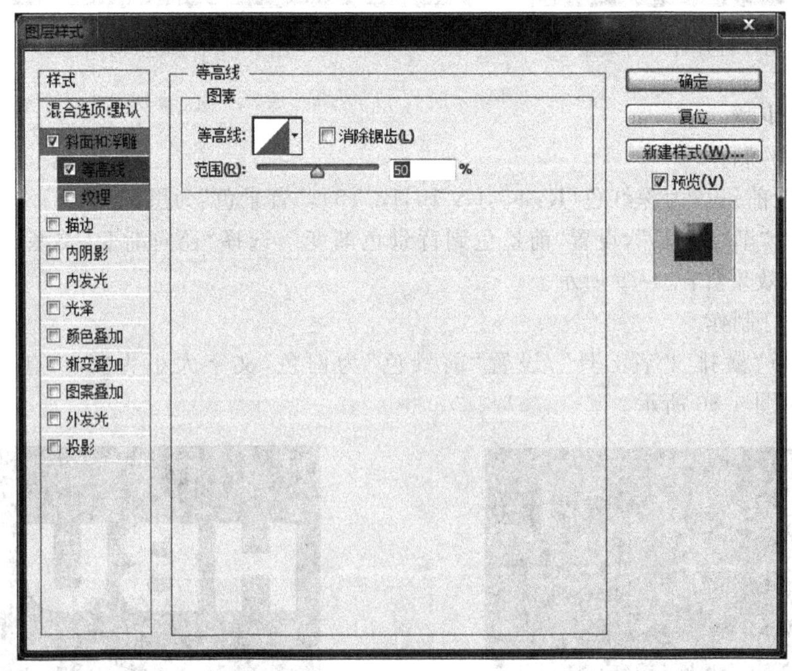

图 4-82 “等高线”样式设置

(4) 选中“内发光”复选框，并设置其各项内容，其中“设置发光颜色”中可按照个人喜好选择不同颜色，这里选用橙色系，如图 4-83 所示。

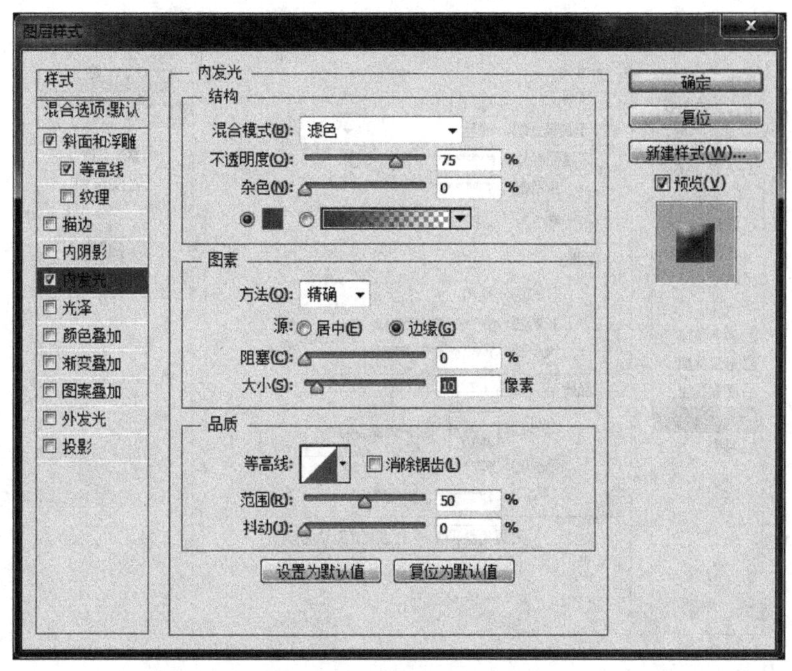

图 4-83 “内发光”样式设置

(5) 选中“光泽”复选框，并设置其各项内容，自选颜色“设置效果颜色”，如图 4-84 所示。

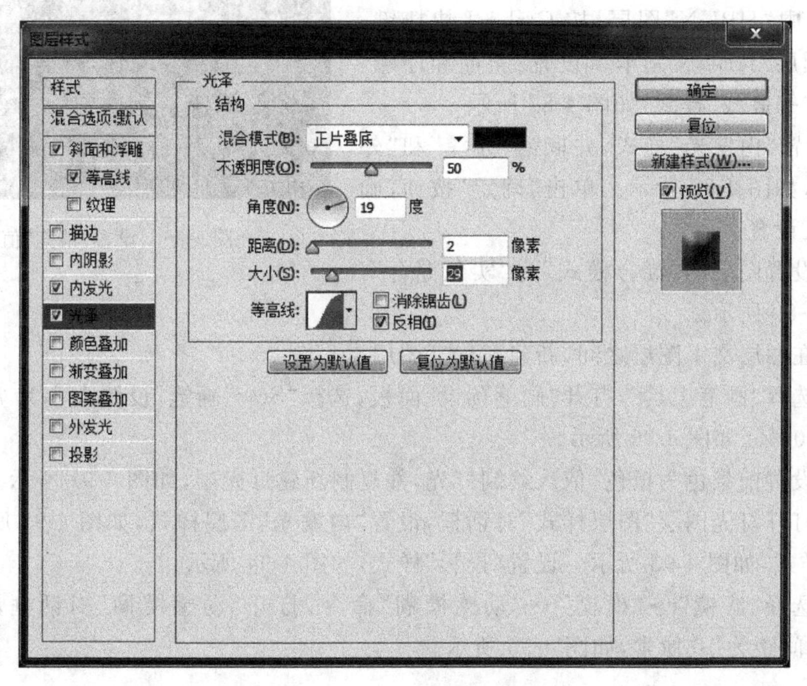

图 4-84 “光泽”样式设置

(6) 选中“外发光”复选框,并设置其各项内容,如图 4-85 所示。单击“确定”按钮,确认图层样式设置。

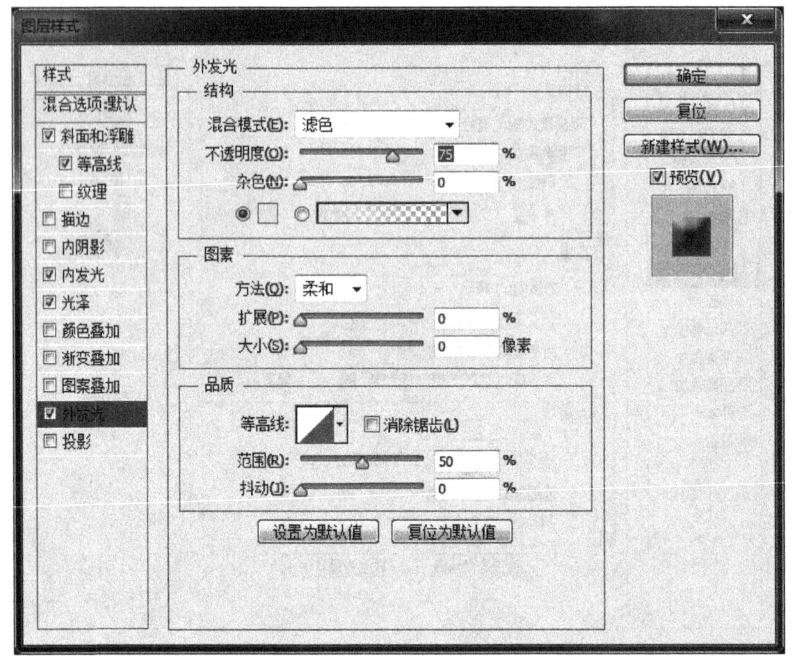

图 4-85 “外发光”样式设置

(7) 在“图层”面板中调节“填充”为“30%”效果,如图 4-86 所示。

图 4-86 设置“填充”值

(8) 选中“HBUN”图层,按 Ctrl+J 快捷键,新建文字图层“HBUN 副本”,设置“斜面和浮雕”样式,取消“等高线”样式,如图 4-87 所示。

(9) 设置“内发光”样式,并取消“光泽”和“外发光”样式,如图 4-88 所示。单击“确定”按钮,确认图层样式设置。

(10) 设置图层的“混合模式”为“实色混合”,效果如图 4-89 所示。

(11) 在两层文字图层之间,新建“灯光”图层。

(12) 选择“画笔工具”,打开“画笔预设”面板,选择“Star”画笔,设置大小为 70 像素,设置间距为 100%,如图 4-90 所示。

(13) 设置前景色为橙色,依次绘制灯光,并复制新建灯光层,如图 4-91 所示。

(14) 打开灯光图层“图层样式”对话框,设置“内发光”图层样式,如图 4-92 所示。设置“外发光”样式,如图 4-93 所示。设置“投影”样式,如图 4-94 所示。

(15) 选择“滤镜”→“模糊”→“动感模糊”命令,打开“动感模糊”对话框,设置角度为-45 度,间距为 10 像素,如图 4-95 所示。

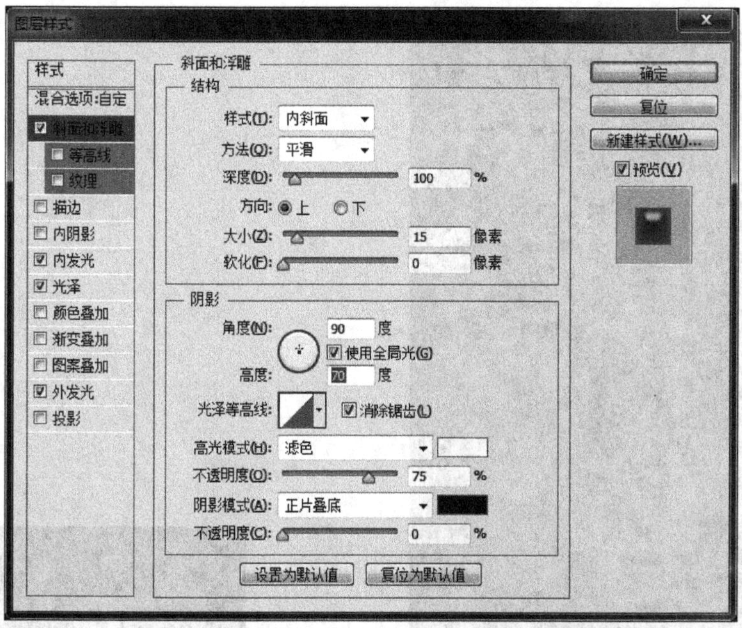

图 4-87　设置“HBUN　副本”图层“斜面和浮雕”样式

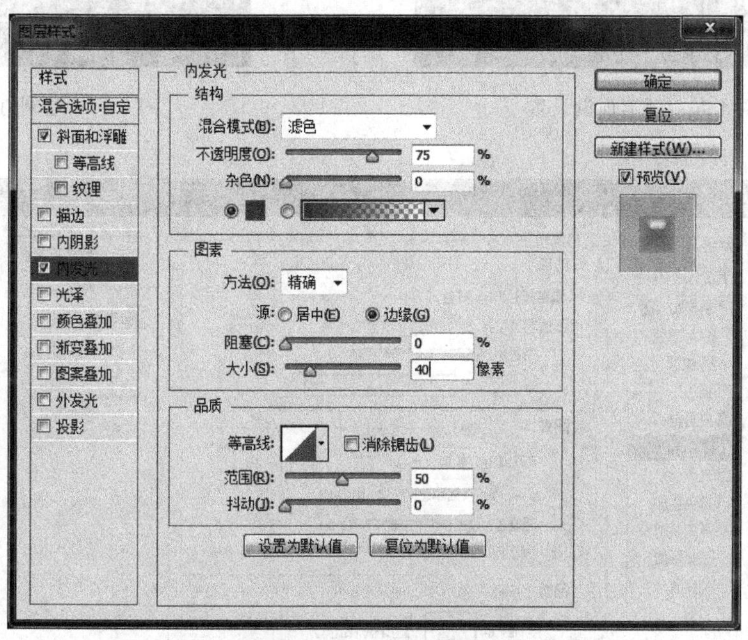

图 4-88　设置“HBUN　副本”图层“内发光”样式

图 4-89　实色混合模式设置效果

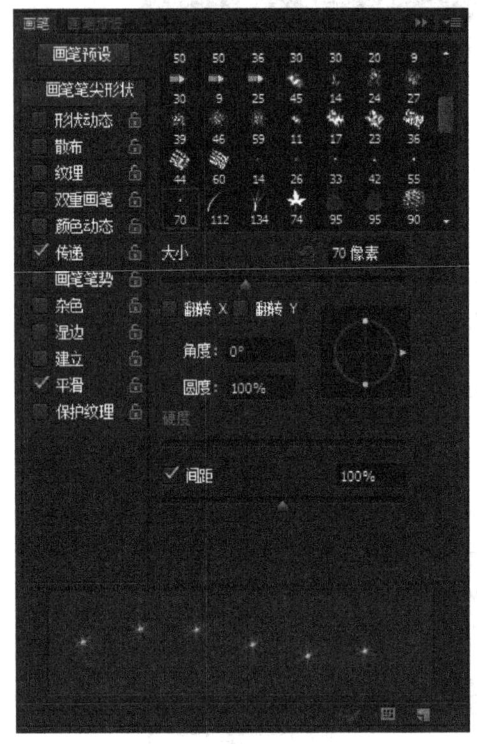

图 4-90　画笔预设设置

图 4-91　绘制灯光

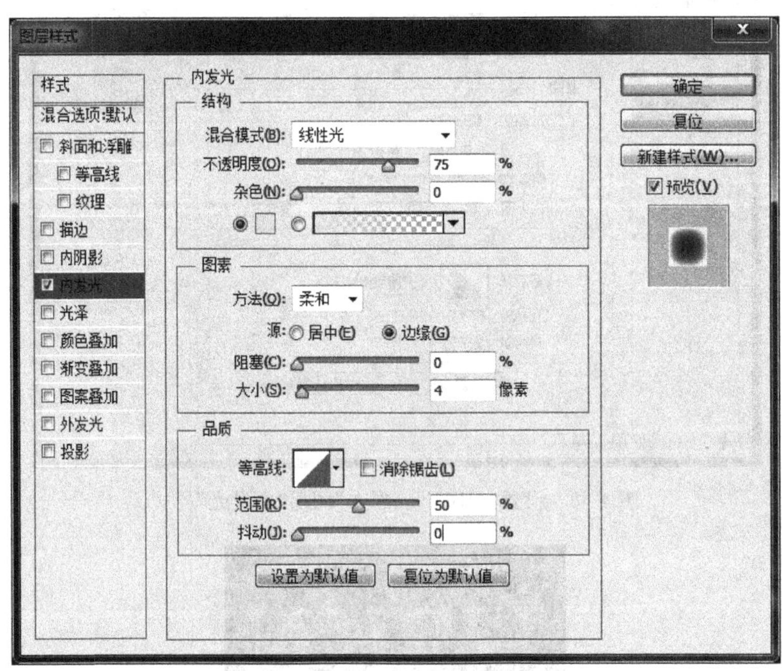

图 4-92　灯光图层"内发光"样式设置

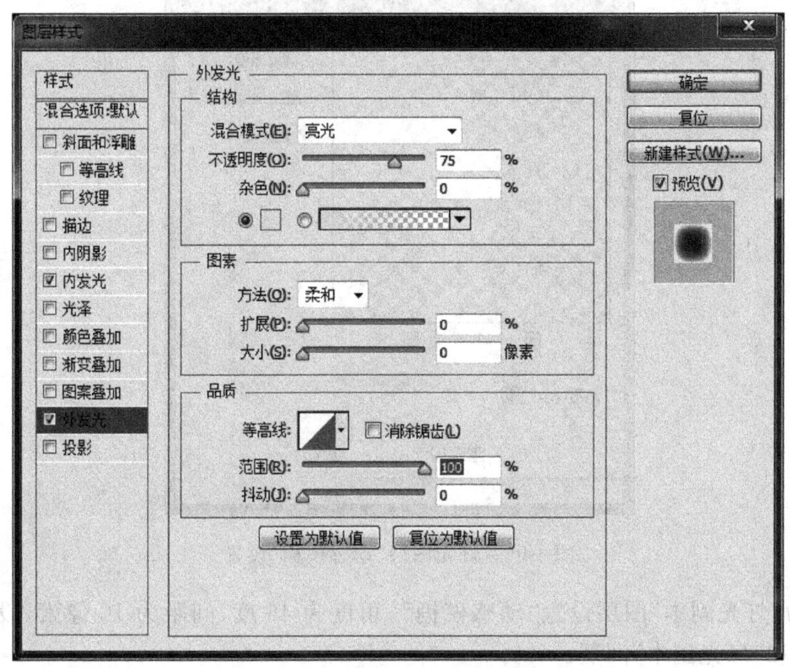

图 4-93　灯光图层“外发光”样式设置

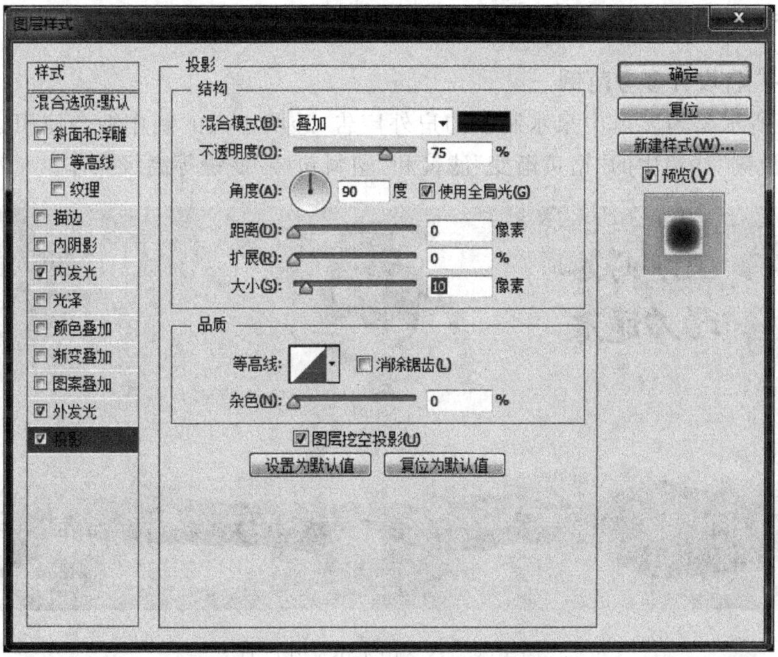

图 4-94　灯光图层“投影”样式设置

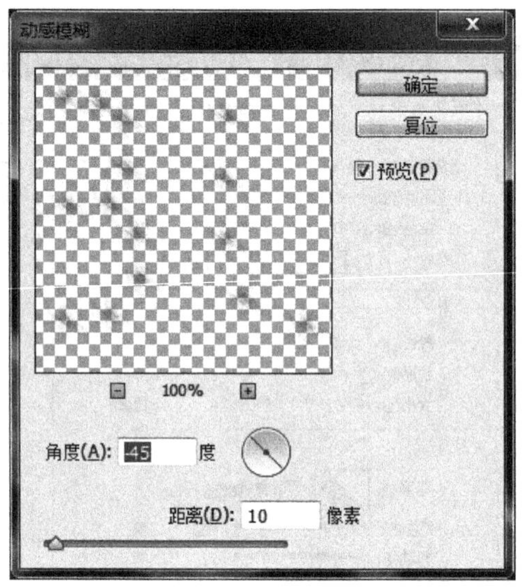

图 4-95 灯光图层“动感模糊”设置

(16) 为“灯光副本”图层设置“动感模糊”，角度为 45 度，间距为 10 像素，设置完成后，合并“灯光”和“灯光副本”图层。

(17) 设置“灯光”图层的混合模式为“划分”，再适当调整图层亮度、对比度和色阶等，得到最终霓虹灯户外广告效果，如图 4-77 所示。

4.5.4 户外广告设计参考范例

1. 户外广告设计参考范例一

图 4-96 所示是为××山泉水制作的户外广告，透明水人的制作综合使用了通道、渐变映射、“高斯模糊”滤镜中的“铬黄渐变”滤镜和“塑料包装”滤镜等高级操作。

图 4-96 ××山泉水户外广告

2. 户外广告设计参考范例二

图 4-97 所示为承德公路户外广告牌。

图 4-97　承德公路户外广告牌

4.6　台历设计

台历(Desk Calendar)是摆放在桌面等平面上的一种日历。台历的制作工艺并不复杂，版式设计空间大，台历品种繁多，有记事台历、商务台历、便签式台历、水晶台历、礼品台历等，要求图片清晰度满足 300 像素/英寸以用于印刷。随着平面设计技术的平民化和印刷成本的降低，已出现用个人的照片或者依照个人喜欢的图片做成的订制的个性化台历。

4.6.1　项目描述

假设今收到委托，设计一款 2017 年支架式台历，以展示儿童精神风貌为主。

4.6.2　设计概要

1. 客户需求及分析

经过与委托方进一步沟通，委托方希望设计一款以展现儿童精神风貌为主要内容的 2017 年支架式台历。

2. 设计流程

个性台历主要由台历纸、台历支架和台历圈组成。台历支架根据台历纸尺寸和支撑方式不同，其尺寸也不一样。台历圈材质也区别很大，有塑料的、金属的等。

台历纸在市场上主要有六种尺寸。

(1) 7 张横式台历：正反 14 面，台历纸尺寸为 207mm×145mm。

(2) 7 张方形台历：正反 14 面，台历纸尺寸为 140mm×145mm。

(3) 7 张长条形台历：正反 14 面，台历纸尺寸为 290mm×120mm。

(4) 7 张竖式台历：正反 14 面，台历纸尺寸为 145mm×207mm。

(5) 13 张横式台历：正反 26 面，台历纸尺寸为 207mm×145mm。

(6) 13 张竖式台历：正反 26 面，台历纸尺寸为 145mm×207mm。

该支架式台历选用 13 张横式台历、三角型台历支架和塑料台历圈，如图 4-98 所示。

4.6.3 设计制作

图 4-99 所示是支架式台历的最终效果。制作这款台历需重点掌握 Photoshop 的“红眼工具”和“污点修复画笔工具”等修补工具，“历史记录画笔工具”，图层样式及滤镜等的合理运用。

图 4-98　支架式台历

图 4-99　个性台历最终效果

1. 页面设定

1）设定页面

选择“文件”→“新建”命令，打开“新建”对话框。在“新建”对话框中修改名称为“台历”，宽度为“207 毫米”，高度为“145 毫米”（含每边 3mm 出血），分辨率为“300 像素/英寸”，颜色模式为“CMYK 颜色”，其他选项为默认即可，如图 4-100 所示。单击“确定”按钮，完成台历页面设置。

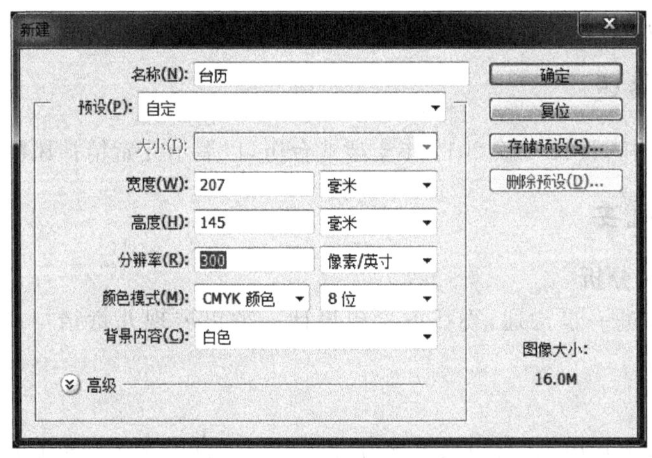

图 4-100　“新建”对话框

2）定义出血

因为每边预留 3mm 出血，所以需要使用到“标尺”辅助定义出血。在拖动辅助线之前，先设置“标尺”的单位，在“标尺”上右击，在弹出的快捷菜单中选择“毫米”命令。拖出标尺辅助线，每条辅助线距离边缘为 3mm，将出血定义准确，如图 4-101 所示。之后的宣传单的设计必须在辅助线以内完成，不能超出辅助线。

2. 制作步骤

1）人像设计

(1) 打开“素材\第 4 章\4. 6\图 1. jpg”文件，如图 4-102 所示。

图 4-101　设定辅助线

(2) 消除红眼。选择“红眼工具”，依次单击人物图像红眼位置，效果如图 4-103 所示。

图 4-102　“图 1.jpg”文件

图 4-103　消除红眼效果

(3) 修复黑点。选择“污点修复画笔工具”，鼠标左键单击各个污点，去除黑点。黑点修复前如图 4-104(a)所示，修复后效果如图 4-104(b)所示。

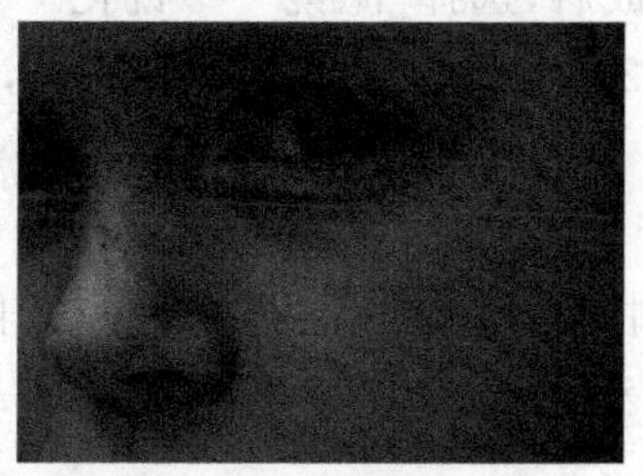

(a) 黑点修复前

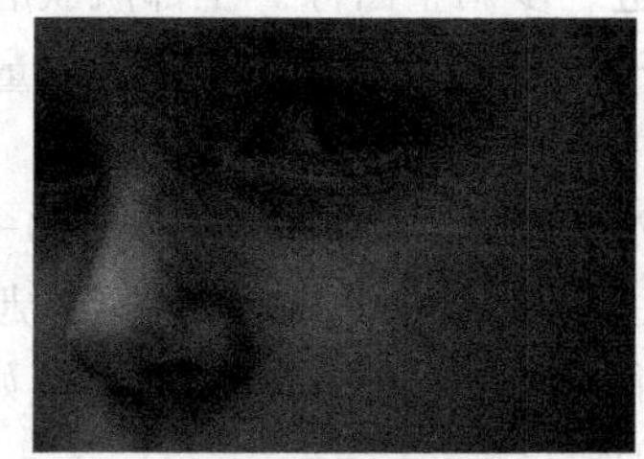

(b) 黑点修复后

图 4-104　“污点修复画笔工具”使用前后效果

(4) 下面对皮肤进行磨皮处理。清除所有污点后，按 Ctrl+J 快捷键复制并新建“图层 1”，选择“滤镜”→“模糊”→“高斯模糊”命令，打开“高斯模糊”对话框，设置“半径”为“8 像素”，如图 4-105 所示。单击“确定”按钮。

(5) 打开“历史记录”面板，找到“高斯模糊”并右击，在弹出的快捷菜单中选择“新建快照”命令，打开“新建快照”对话框，如图 4-106 所示。单击“确定”按钮确认。

(6) 在“历史记录”面板中找到“快照 1”，单击“快照 1”左侧方框处，将其设置为“历史记录画笔的源”，如图 4-107 所示。

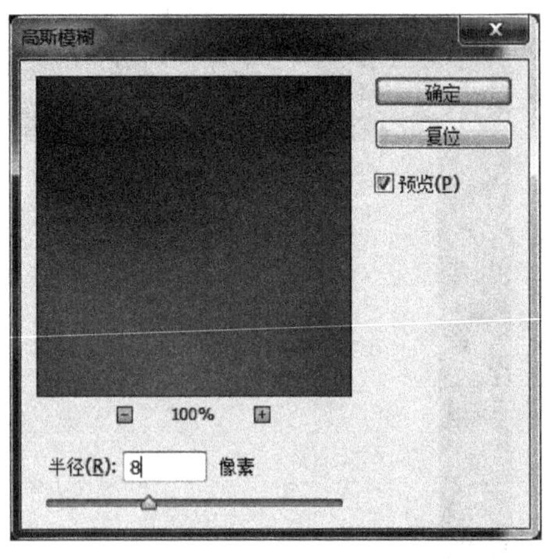

图 4-105 “高斯模糊”对话框

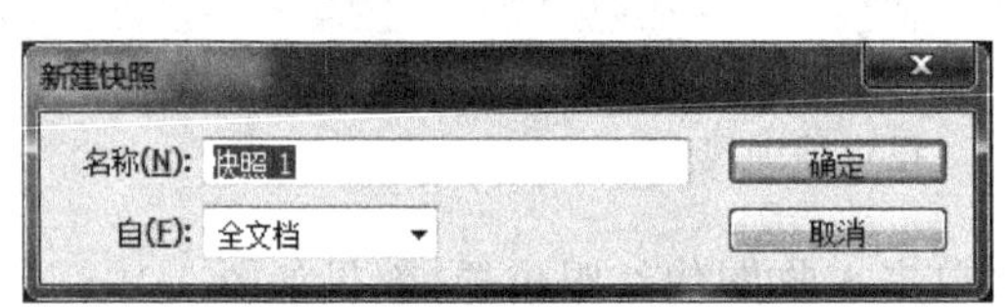

图 4-106 “新建快照”对话框

图 4-107 设置历史记录画笔的源

(7) 在“历史记录”面板中选中“通过拷贝的图层”，选择“历史记录画笔工具”，设置“历史记录画笔工具”的“不透明度”为“30%”，涂抹面部皮肤，磨皮前如图 4-108(a)所示，磨皮后效果如图 4-108(b)所示。

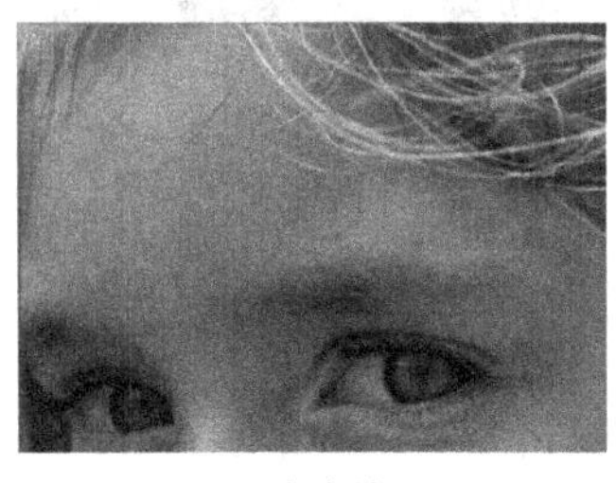

(a) 磨皮前

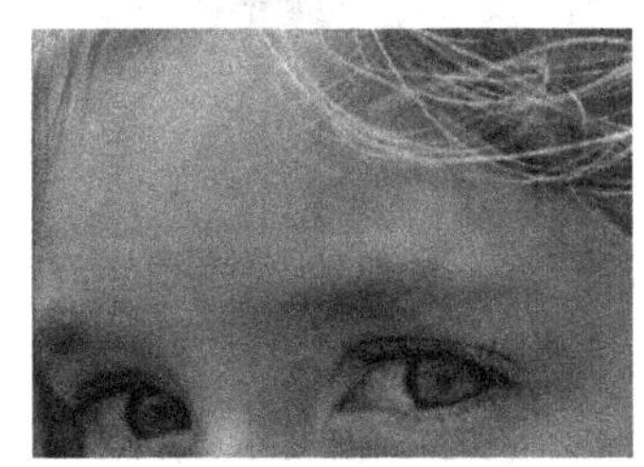

(b) 磨皮后

图 4-108 磨皮前后效果对比

(8) 下面进一步调整图像。全部肌肤磨皮完成后，选择“滤镜”→“锐化”→“USM 锐化”命令，打开“USM 锐化”对话框。设置“数量”为“200%”，“半径”为“4 像素”，“阈值”为“10 色阶”，如图 4-109 所示。

(9) 图层混合模式选择“滤色”，如图 4-110 所示。

(10) 在“图层 1”上右击，在弹出的快捷菜单中选择“向下合并”命令拼合图层。复制合并后的图层，并粘贴到“台历”页面，并调整好位置和大小，如图 4-111 所示。

2) 相框制作

(1) 打开“素材\第 4 章\4.6\图 2.jpg”文件，如图 4-112 所示。

(2) 使用“魔术橡皮擦工具”擦掉白色背景，如图 4-113 所示。

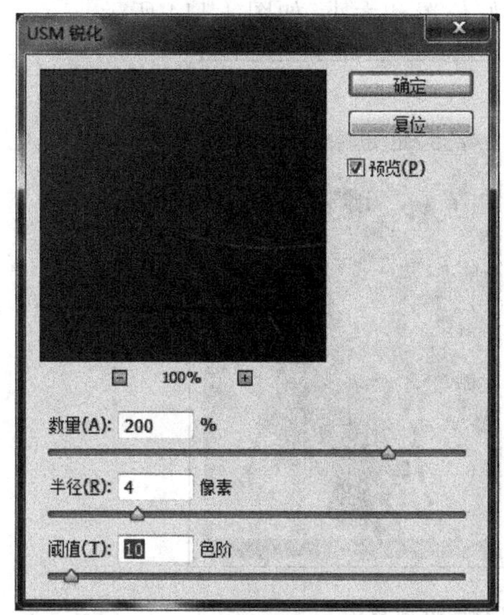

图 4-109　USM 锐化设置

图 4-110　设置“滤色”图层混合模式效果

图 4-111　台历页面放置“儿童”后效果

图 4-112　“图 2.jpg”文件

图 4-113　相框制作

(3) 复制相框,并粘贴到“台历”页面,并调整好位置和大小,如图 4-114 所示。

图 4-114　台历页面放置相框后效果

3) 设计台历年、月、日(以 2017 年 1 月为例)和祝福文字及装订孔

使用“文字工具”制作台历日期和祝福文字,使用“画笔工具”制作装订孔,如图 4-115 所示。

图 4-115　台历元素组合

4) 文档存储

设计结束后,保存文档为“PSD 文件\第 4 章\4.6\台历(2017 年 1 月).psd”。

5) 同理,设计制作 2017 年 2～12 月的台历。

安装支架后 2017 年台历最终效果,如图 4-99 所示。

4.6.4　台历设计参考范例

1. 台历设计参考范例一

图 4-116 所示为河北民族师范学院制作的台历。

2. 台历设计参考范例二

图 4-116 所示为特色支架台历。

图 4-116　河北民族师范学院台历

图 4-117　特色支架台历

4.7　书籍封面设计

书籍的封面设计在一本书的整体设计中具有举足轻重的地位。图书与读者见面，第一个印象就取决于封面。封面是一本书的脸面，是一位不说话的推销员。好的封面设计不仅能招徕读者，使其一见钟情，而且耐人寻味，使人爱不释手。封面设计的优劣对书籍的形象有着非常重大的意义。

在图书的制作中，封面的制作是最后一个环节。一般客户需要等内文制作结束后，再对封面进行设计。原因是封面必须体现图书的内容，并且封面书脊的厚度也是根据内文的多少来决定的。

设计者根据书的不同性质、用途和读者对象，通过艺术形象设计的形式表现出书籍的丰富内涵，并以传递信息为目的和美感的形式呈现给读者。书籍封面设计的表现形式有很多，通常运用文字、绘画和图案等作为设计元素。

一般书籍封面需具备三要素，即图形、文字和色彩。文字是必不可少的内容，包括书名、著作者名和出版社名等；图形是与该书内容有关的装饰图案形象，浓缩了书的内容，可以运用抽象、具象、手绘和摄影等方法；色彩力求鲜艳、强化视觉效果，同时要具有装饰性。

设计书籍封面时，图形符号合理组织、布局十分重要。如利用文字进行封面设计时，要根据文字的主次、疏密、虚实，结合文字的字体、大小和颜色进行整体布局。

4.7.1　项目描述

假设今收到某出版社的委托，需要为《丰宁剪纸》的书籍设计一款书籍封面，能体现出书籍的主要内容和内涵，并具有文化特色。

4.7.2　设计概要

1. 客户需求及分析

丰宁剪纸有着悠久的历史，民间流传的丰宁剪纸始于清代康熙年间。起初它是用来加固窗户纸的纸条，后来发展成五颜六色的窗花和以红色为主的剪纸，到乾隆年间形成了独特风格。清末民初，丰宁剪纸进入繁盛期。新中国成立后在形式和内容上又有了进一步发展。1960年后陷入创作低谷。1982年，丰宁民间剪纸队伍重新建立，其作品随着各种展览和出国表演在海内外造成广泛影响。1993年，丰宁被文化部命名为“中国民间剪纸艺术之乡”。近年来，丰宁剪纸在传统手法上进行了改革创新，将艺术水平推向一个新的高度。2006年，丰宁剪纸入选第一批国家非物质文化遗产名录，其民族特色及所赋予的历史传承意义重大。所以该款书籍封面需要围绕丰宁剪纸的民族特色及传承意义来设计。

针对该款书籍封面的设计需求，设计的书籍封面应具有如下特点：

(1) 有厚重的文化气息。

(2) 体现书籍的主要内容。

(3) 体现文化传承的概念。

2. 设计流程

书籍封面的设计流程主要包括如下内容。

1) 明确设计思路

书籍装帧设计的目的是以艺术的手法，明确地展现书籍内容的精髓，其直接作用就是在第一时间打动读者，因此应先明确该书的特点和要求，然后逐一解决设计问题。该书内容为民族文化美术类的资料书籍，以介绍丰宁传统民间剪纸作品为主，因此该书的用户为艺术爱好者以及爱好收藏的人员。他们的特点是对图形较敏感，这就要求封面主体图案的选择要直观地反映书籍内容，图案自身要有较强形式感和美感，封面版式要有目的地突出主题图案，版式活跃，不能呆板。

2) 确定设计风格

分析完该书的客观因素和设计任务后，需进一步确定该书的设计风格。

(1) 封面的构思设计应以中国风作为整个封面设计的大背景。

(2) 封面的文字，其中“书名”选择书法体，书法体笔划间追求无穷的变化，具有强烈的艺术感染力和鲜明的民族特色以及独到的个性；作者及出版社文字采用印刷体，印刷体沿用了规则美术体的特点。

(3) 封面图片元素选择优秀的剪纸艺术作品。

(4) 色彩的运用要考虑内容的需要，选择红色为主色调。色彩配置上除了协调外，还要注意色彩的对比关系。封面采用了灰色、黑色渐变以及红色作色相冷暖对比等，显得生机勃勃。

3) 确定书籍开本

一般的书籍开本会依据节约纸张的前提设计为32开、16开或8开等形式，但是考虑到这是一本工艺美术丛书，选择特殊开本的设计，采用142×220cm的尺寸，并加入了前、后勒口的设计。

4) 确定封面、封底和书脊设计内容

根据要求，确定封面上的主要元素，包括作者姓名和书名、编辑、出版社名、封面的图形等，封底的版本说明、价格和相关信息等，书脊的内容等，然后再根据确定好的设计风格做准备。

4.7.3 设计制作

图 4-118 展示了某出版社《丰宁剪纸》一书书籍封面的效果图。制作这款封面需重点掌握 Photoshop 的页面设定、图片导入、字体导入、设定选区、图片变换等知识。

图 4-118 《丰宁剪纸》书籍封面设计效果图

1. 页面设定

1）设定页面

选择“文件”→“新建”命令，打开“新建”对话框，在“新建”对话框中修改名称为“丰宁剪纸”，根据书籍的大小设定页面尺寸宽度为“416 毫米”，高度为“226 毫米”（含每边 3mm 出血），分辨率为“300 像素/英寸”，颜色模式为“CMYK 颜色”，其他选项为默认即可，如图 4-119 所示。单击“确定”按钮，完成页面设置。

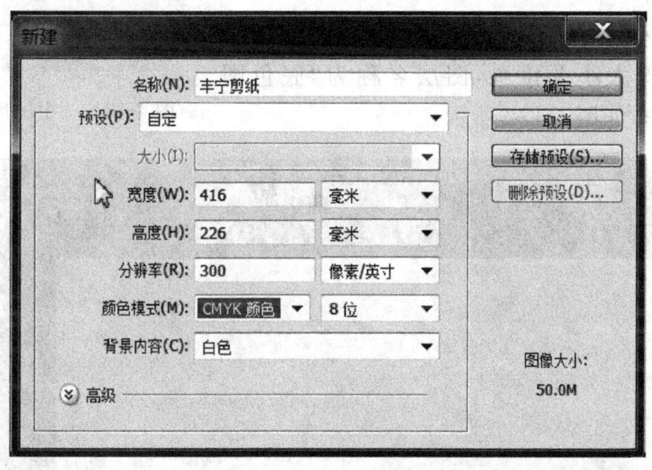

图 4-119 “新建”对话框

2）定义出血及参考线

因为每边预留 3mm 出血，所以需要使用到“标尺”辅助定义出血。在拖动辅助线之前，先设置“标尺”的单位，在“标尺”上右击，在弹出的快捷菜单中选择“毫米”命令。拖出标尺辅助线，每条辅助线距离边缘为 3mm，将出血定义准确。之后的设计必须在辅助线以内完成，不能超出辅助线。根据书籍封面、封底、书脊和勒口的大小拖动参考线，如图 4-120 所示。

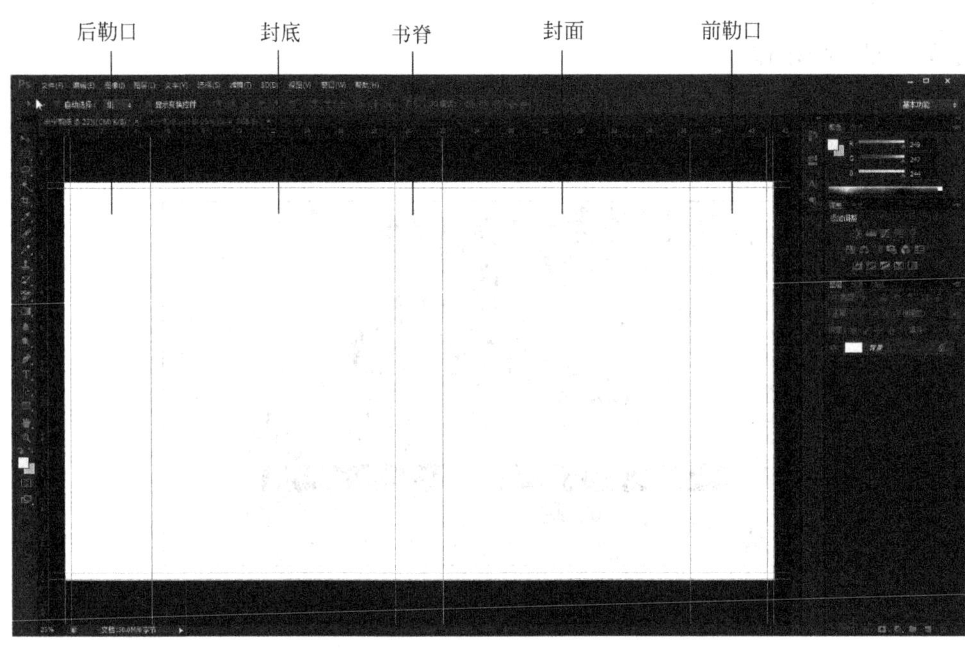

图 4-120 设定画布中版面的分布与大小

2. 制作步骤

设定完页面后，利用所准备的素材完成书籍封面的设计制作。

1）场景制作

(1) 打开“素材\第 4 章\4.7\中国风形状.jpg”文件，如图 4-121 所示。

图 4-121 “中国风形状.jpg”文件

(2) 将“中国风形状.jpg”拖动到新建文档“丰宁剪纸”中，并调整图像大小及位置，图层名称为“底色图层”，完成场景制作，如图 4-122 所示。

图 4-122 场景效果

2）设置图像

（1）打开“素材\第 4 章\4.7\剪纸 1.jpg”文件，如图 4-123 所示。

（2）使用“吸管工具”，单击图片中的白色。选择“选择”→“色彩范围”命令，打开“色彩范围”对话框，选中“反相”复选框，其他设置如图 4-124 所示。单击“确定”按钮，将红色图像设置为选区，如图 4-125 所示。

（3）将红色图像选区内容复制到“丰宁剪纸”文档中，并调整图像大小及位置，图层名称为“福字剪纸”，效果如图 4-126 所示。

图 4-123 “剪纸 1.jpg”文件

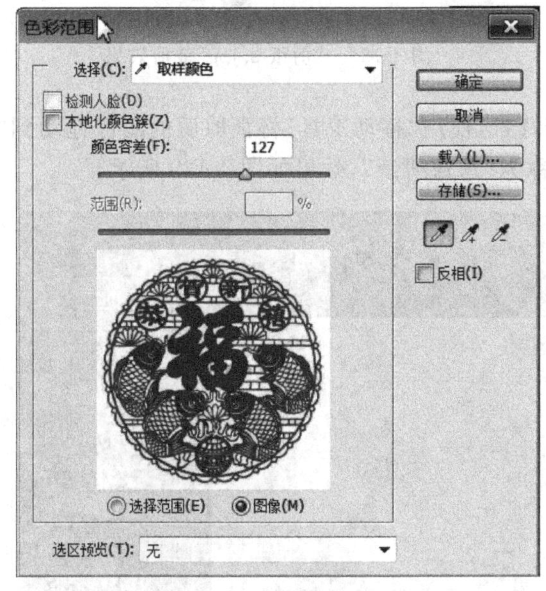

图 4-124 “色彩范围”对话框

图 4-125 红色图像选区

图 4-126 添加“福字剪纸”效果图

(4) 打开“素材\第 4 章\4.7\剪纸 2.jpg”文件,如图 4-127 所示。

(5) 选择“裁剪工具”,将图片进行裁剪,效果如图 4-128 所示。

图 4-127 “剪纸 2.jpg”文件

图 4-128 “剪纸 2.jpg”裁剪效果

(6) 使用“魔术橡皮擦工具”擦除白色背景,使用“移动工具”将裁剪后的图像拖动到“丰宁剪纸”文档中,并调整图像大小,图层名称为“鸳鸯剪纸”,效果如图 4-129 所示。

图 4-129 添加“鸳鸯剪纸”效果图

(7) 同理,将“素材\第 4 章\4.7”中的“剪纸 3.jpg”“简洁渐变红色条状.png”“条形码.jpg”和“红色条状.png”图像拖动到“丰宁剪纸”文档中,并调整图像大小及位置,效果如图 4-130 所示。

(8) 打开“素材\第 4 章\4.7\剪纸 3.jpg”文件,如图 4-131 所示。

(9) 选择“图像”→“调整”→“替换颜色”命令,打开“替换颜色”对话框,参数设置如图 4-132 所示。单击“确定”按钮将图片中的红色替换成白色,如图 4-133 所示。

(10) 在“图层”面板中,双击“背景”图层,将“背景”图层转换为普通图层。使用“魔棒工具”选取花瓶图像,选择“图层”→“新建调整图层”→“色度/饱和度”命令,弹出“新建图层”对话框,单击“确定”按钮,添加色度/饱和度调整层,参数设置如图 4-134 所示。

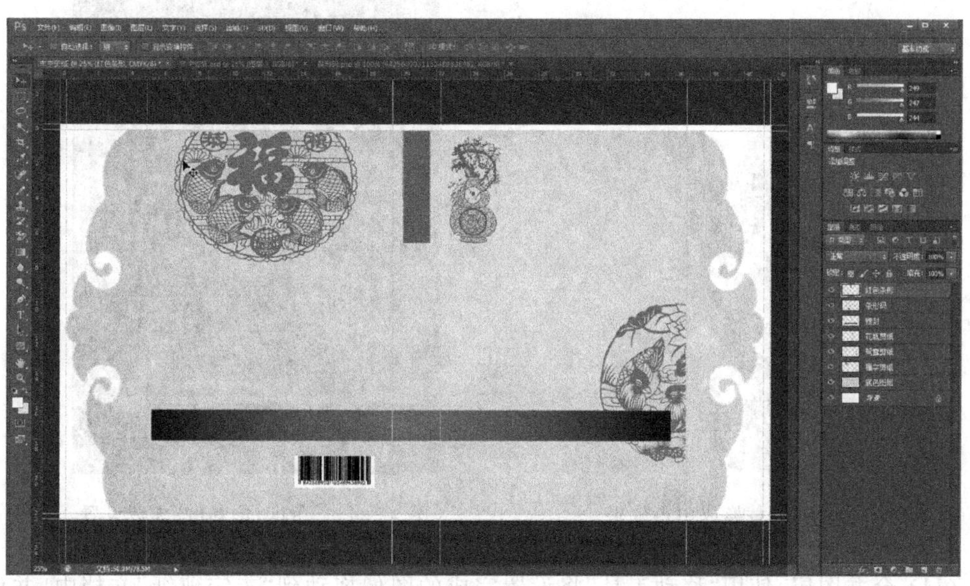

图 4-130　添加素材后效果图

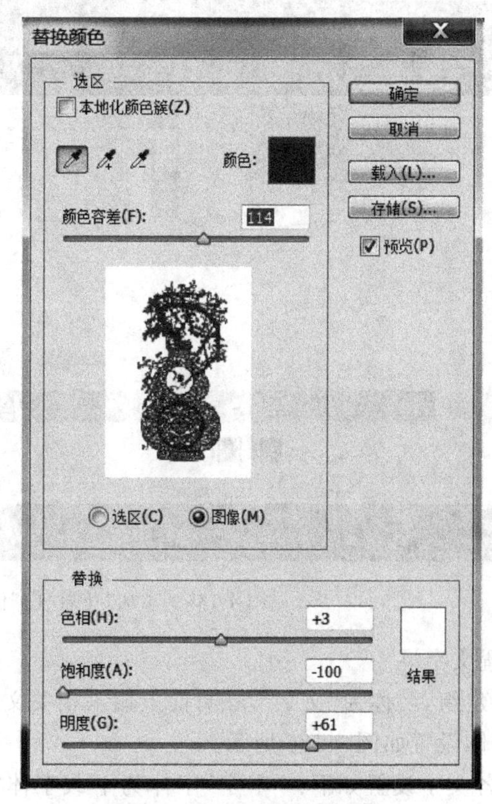

图 4-131　“剪纸 3.jpg”文件

图 4-132　“替换颜色”对话框

图 4-133　红色替换成白色效果

图 4-134　“色度/饱和度”参数设置

(11) 合并图层，使用“移动工具”将设置完成的图像拖动到“丰宁剪纸”文档中，并调整大小及位置，图层名称为“花瓶_白”，效果如图 4-135 所示。

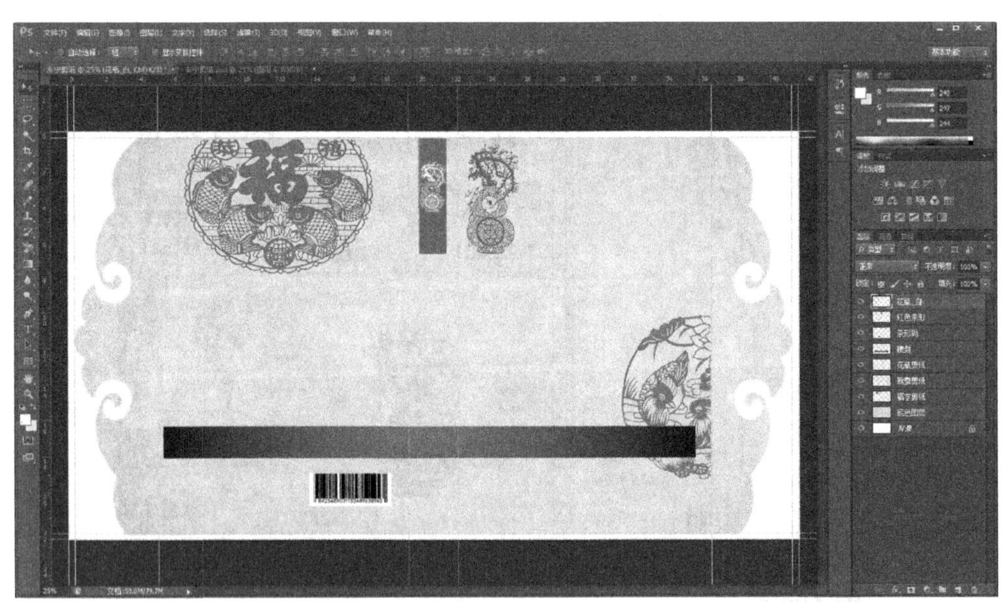

图 4-135　添加“花瓶_白”优秀效果

3) 设置文字

(1) 新建组，名称为“文字”，在封面上输入相关文字。

(2) 具体设置如图 4-136 所示。

其中，各文字设置如下：“丰宁”字体为下载字体“书体坊米芾体”，60 点，黑色。“走近民间”为下载字体“叶根友毛笔行书简体”，36 点，黑色。“中国民间艺术-丰宁剪纸”和“Chinese folk art-FengNing Paper Art”为华文行楷，24 点，白色。“美编：傅冬颖 指导老师：

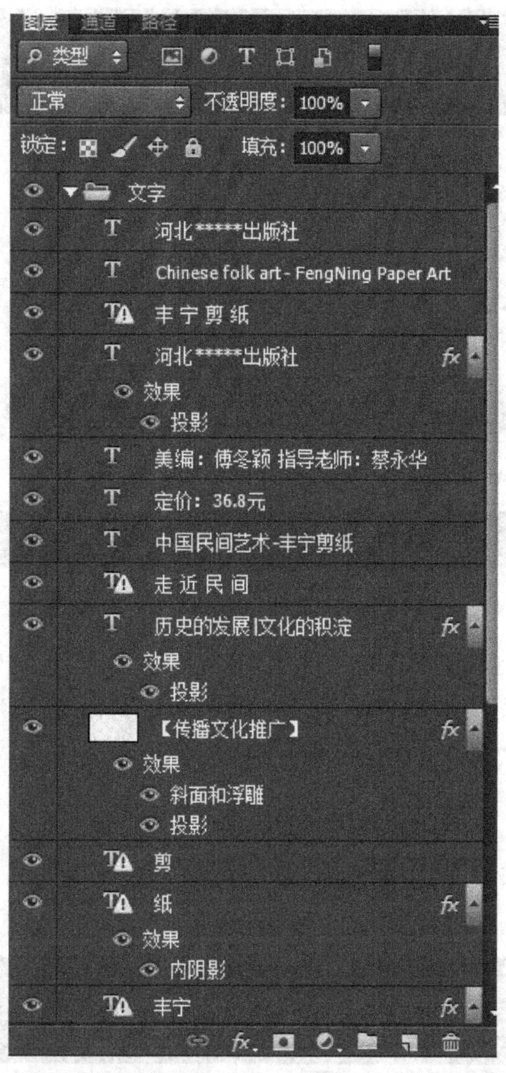

图 4-136　文字组

蔡永华”、书脊处“河北文化出版社”和“定价：36.8 元”为华文楷体，14 点，黑色。“历史的发展|文化的积淀”“【传播文化推广】”为华文仿宋，18 点，黑色。“剪”为下载字体“叶根友毛笔行书简体”，156 点，黑色。“纸”为下载字体“叶根友毛笔行书简体”，120 点，黑色。书脊处的“丰宁剪纸”为下载字体“经典繁园艺”，24 点，白色。书脊处的“河北 ***** 出版社”为华文楷体，14 点，白色。封面的“河北 **** 出版社”为华文仿宋，18 点，黑色。

(3) 添加“文字组”后的效果如图 4-137 所示。

4) 添加印章

(1) 打开“素材\第 4 章\4.7\图章水印.png”文件，如图 4-138 所示。

(2) 选择“移动工具”将“图章水印”拖动到“丰宁剪纸”文档中，并调整大小及位置，效果如图 4-139 所示。

图 4-137　添加“文字组”的效果图

5）取消参考线

选择“视图”→“标尺”命令或按 Ctrl+R 快捷键取消“标尺”显示。选择“视图”→“显示”→“参考线”命令，取消参考线显示，最终效果如图 4-118 所示。

6）文档存储

设计结束后，保存文档为“PSD 文件\第 4 章\4.7 \丰宁剪纸.psd”。

图 4-138　“图章水印.png”文件

图 4-139　加盖图章文件后效果

4.7.4 书籍封面设计参考范例

1. 书籍封面设计参考范例一

图 4-140 所示是某出版社一本科技类书籍《星空的秘密》的书籍封面设计最终效果图。使用 Photoshop 设计时，使用了径向模糊，地球用三个地球图层叠加后进行高斯模糊做出发光效果。整体设计能够反映书籍内容，色彩的运用要考虑内容的需要。

图 4-140 《星空的秘密》书籍封面设计效果图

2. 书籍封面设计参考范例二

图 4-141 所示是某出版社一本文学类书籍《纳兰容若》的书籍封面设计最终效果图。使用 Photoshop 设计时，使用了光圈模糊。整体设计能够反映书籍内容，文字的添加和色彩的运用要考虑内容的需要。

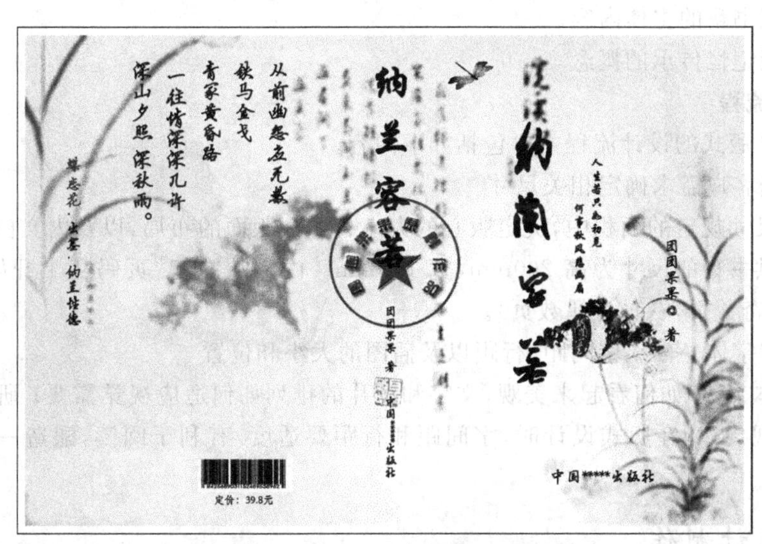

图 4-141 《纳兰容若》书籍封面设计效果图

4.8 书籍内文设计

书籍内文设计是指在书籍装帧设计中，对文字、图形进行版面模式的编排设计。不同时代、不同民族的图书版式效果体现了不同的人文精神。书籍内文设计的美感和韵律来源于数学比例，就是考虑开本、版心、边距、文字、间距、行距、图片及图形等的比例关系。书籍内文设计应把握适度原则，避免设计过度。设计者应懂得用版式语言传情达意，在处理版面时注意合理安排各级标题层次、图文编排、色彩运用、装饰线条图案以及由疏密、大小、色彩的对比带来的节奏感等版式语言，为更好地表达书籍内容而服务。版式设计要遵循规范性、规定性和有序性设计原则。以视觉的阅读规律为依据，把版式设计的功能需要放在第一位。做到版面的易读性、内容的可读性和图片的可视性。

4.8.1 项目描述

假设今收到某出版社的委托，需要为《山村记忆》的书籍设计内文版式，要求设计的页面为内文页，希望版式设计风格简洁大方，能体现内容背景，强调图文结合形成的视觉冲击力。

4.8.2 设计概要

1. 客户需求及分析

《山村记忆》这本书描摹乡村，意在留住记忆，让山村永远活在记忆里。该书中朴实的文字，真切的人、物和风情能唤醒许多人沉睡的记忆，让人们找到昔日时光所带来的那份温暖。书中想表达的那一种怀念，质朴且诚恳，简单且平和，开朗且坚忍。针对该款书籍内文的设计需求，设计的内文版式应有如下特点：

(1) 有厚重的山村气息，能体现昔日时光带来的那份温暖。

(2) 体现书籍的主体内容。

(3) 体现记忆传承的概念。

2. 设计流程

书籍内文版式的设计流程主要包括如下内容。

(1) 根据客户需求确定相关尺寸

在开本尺寸规定的面积中，决定版心的大小、位置、版面的布局，以及内文白边的面积尺寸。客户提供书籍的尺寸为高 200mm，宽 150mm。内文从左起，页码从 1 开始(在书籍制作中，左页为奇数页，右页为偶数页)。

(2) 确定字体、字号、字间距、行距以及插图的大小和位置

研究字体、字号如何看起来美观，文字和图片的排列如何适应视觉需要；研究阅读时视线流动的客观规律，在版式设计时，字间距和行距要适度，有利于阅读，酿造一个美的阅读氛围。

4.8.3 设计制作

图 4-142 展示了某出版社《山村记忆》一书书籍内文设计的效果图。这款内文设计需重

点掌握 Photoshop 的页面设定、字体设置、设定选区和笔刷应用等方面的知识。

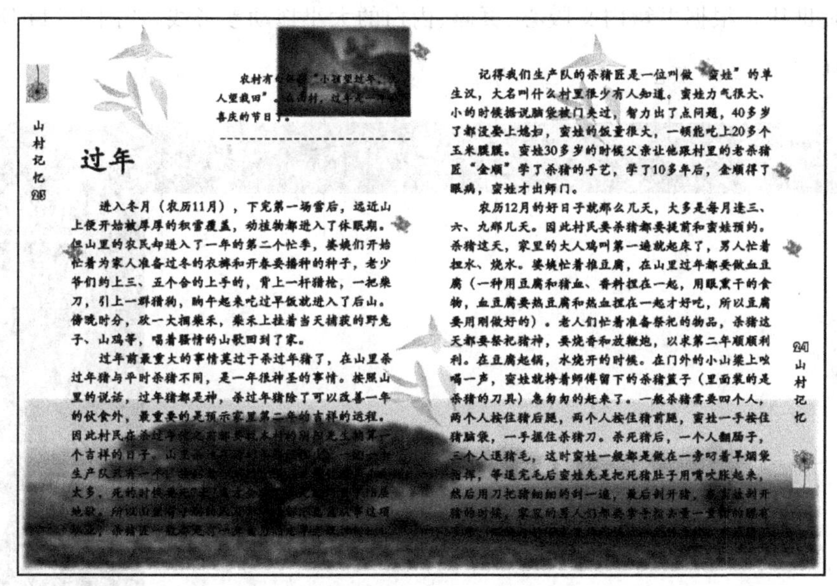

图 4-142 《山村记忆》书籍内文设计效果图

1. 页面设定

1）设定页面

选择“文件”→“新建”命令，打开“新建”对话框，在“新建”对话框中修改名称为“山村记忆”，根据书籍内文的大小设定页面尺寸宽度为“306 毫米”，高度为“206 毫米”（含每边 3mm 出血），分辨率为“300 像素/英寸”，颜色模式为“CMYK 颜色”，其他选项为默认即可，如图 4-143 所示。单击“确定”按钮，完成页面设置。

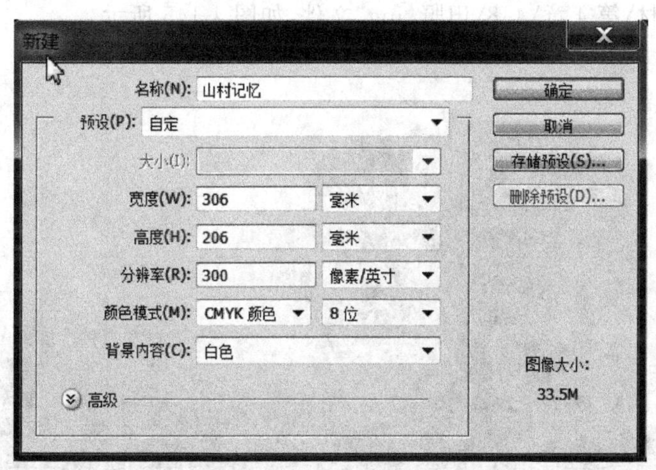

图 4-143 “新建”对话框

2）定义出血及参考线

因为每边预留 3mm 出血，所以需要使用到“标尺”辅助定义出血。在拖动辅助线之前，先设置“标尺”的单位，在“标尺”上右击，在弹出的快捷菜单中选择“毫米”命令。拖出标尺辅助线，每条辅助线距离边缘为 3mm，将出血定义准确。之后的设计必须在辅助线以内完成，不能超出辅助线。根据书籍内文版心、页码、内白的大小拖动参考线，如图 4-144 所示。

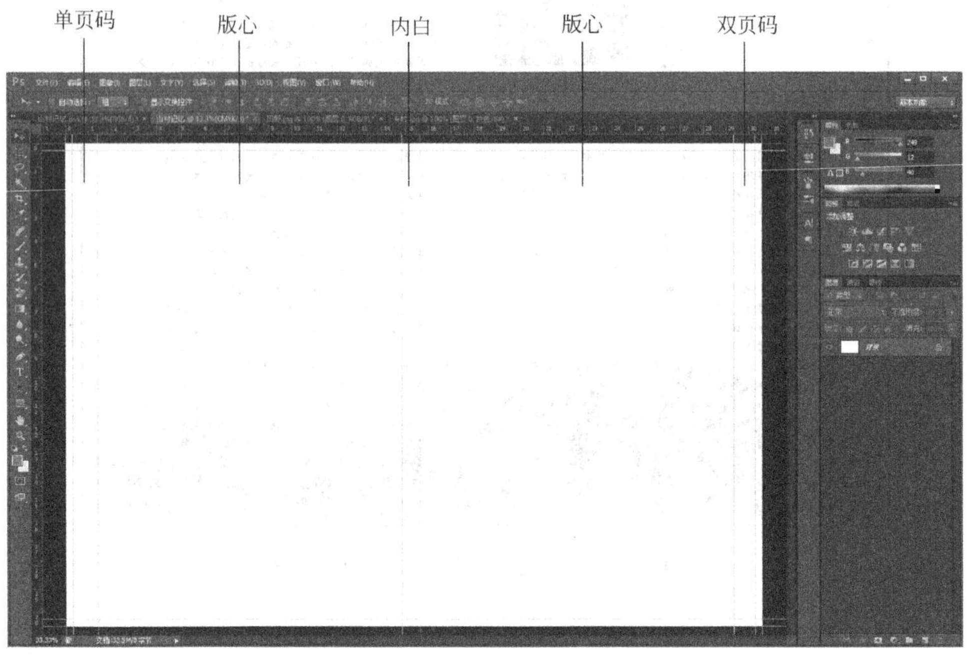

图 4-144　设定画布中版面的分布与大小

2. 制作步骤

设定完页面后，利用所准备的素材完成书籍内文的设计制作。

1）场景制作

(1) 打开"素材\第 4 章\4.8\田野.jpg"文件，如图 4-145 所示。

图 4-145　"田野.jpg"文件

（2）将“田野.jpg”拖动到新建文档“山村记忆”中，并调整图像大小、形状及位置，效果如图 4-146 所示。

图 4-146　调整“田野.jpg”图像效果

（3）选择“滤镜”→“模糊”→“高斯模糊”命令，打开“高斯模糊”对话框，设置相应参数，如图 4-147 所示。

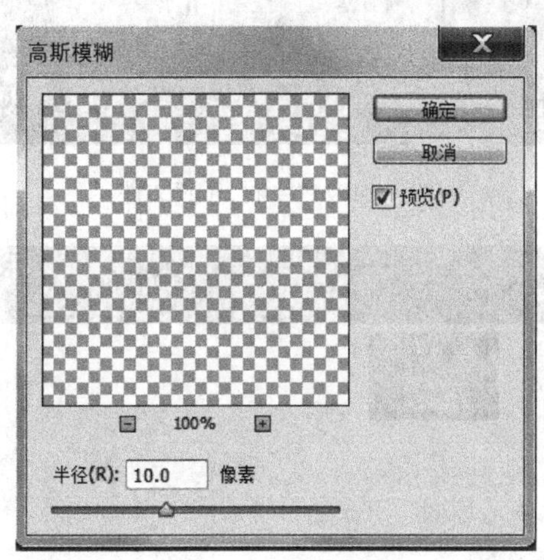

图 4-147　“高斯模糊”对话框

（4）单击“确定”按钮，效果如图 4-148 所示。

（5）打开“素材\第 4 章\4.8\乡村.jpg”文件，如图 4-149 所示。

（6）将“乡村.jpg”拖动到新建文档“山村记忆”中，并调整图像大小及位置，效果如图 4-150 所示。

（7）选择“滤镜”→“模糊”→“光圈模糊”命令，打开“光圈模糊”面板，移动光圈位置，设置相应参数，如图 4-151 所示。

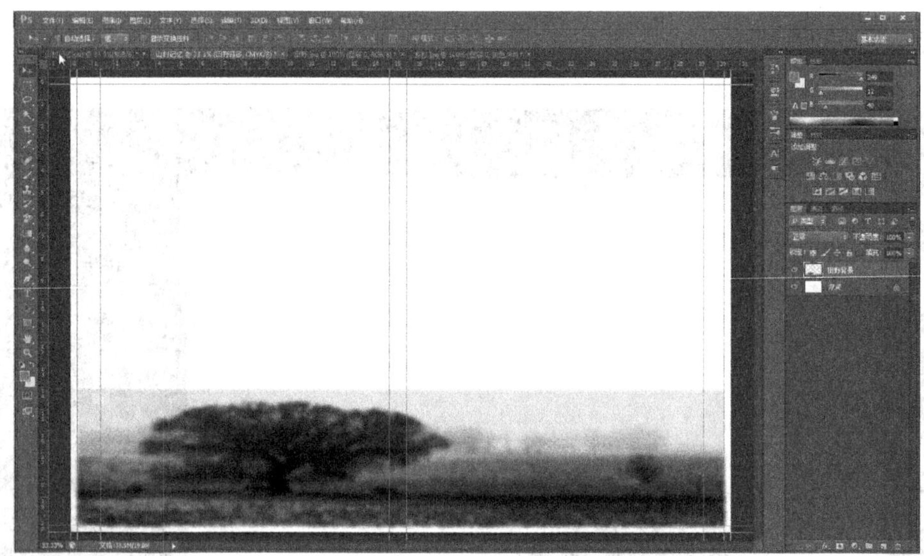

图 4-148 “高斯模糊”图像效果

图 4-149 “乡村.jpg”文件

图 4-150 调整“乡村.jpg”图像效果

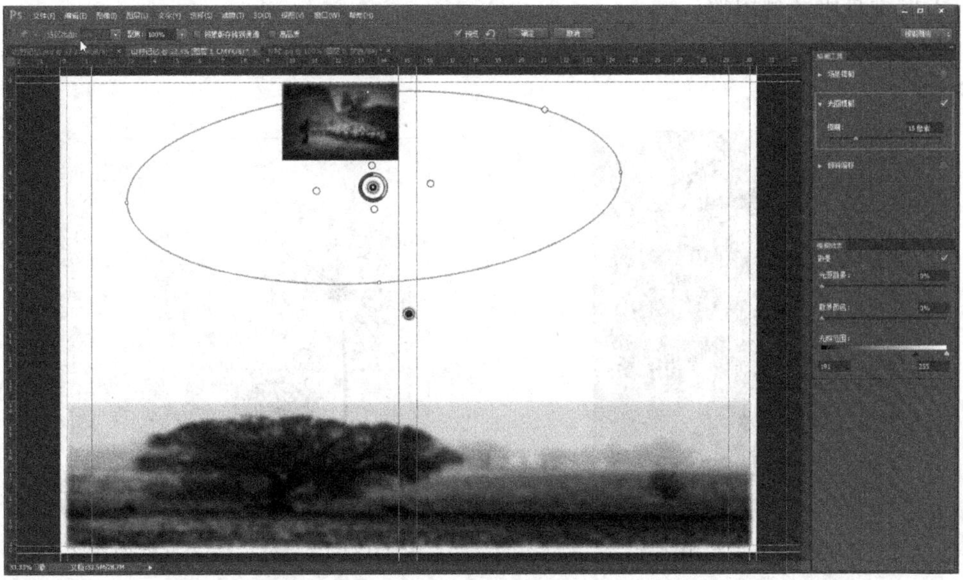

图 4-151　“光圈模糊”面板及光圈位置

(8) 单击“确定”按钮,完成场景制作,如图 4-152 所示。

图 4-152　场景效果图

2) 设置文字

(1) 新建图层组,名称为“文字”,输入相关文字。

(2) 具体设置如图 4-153 所示。其中,各文字设置如下:题记文字为华文楷体,12 点;页码文字和正文文字为华文楷体,14 点;标题“过年”为华文楷体 30 点;页码数字为华文彩云,14 点。

3）设置页码区域图像

（1）打开“素材\第 4 章\4.8\蒲公英.jpg”文件，使用“矩形选框工具”制作选区，如图 4-154 所示。

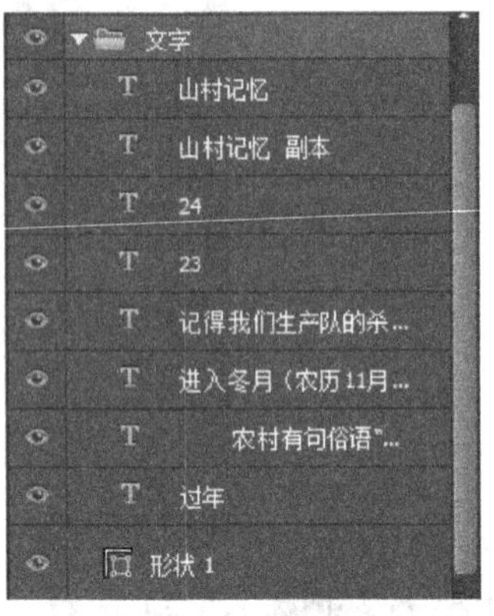

图 4-153 “文字”图层组

图 4-154 “蒲公英.jpg”文件的选区

（2）将选区内容复制到“山村记忆”文档中的“双页码”区域，图层名称设置为“蒲公英”，并调整图像大小和位置，效果如图 4-155 所示。

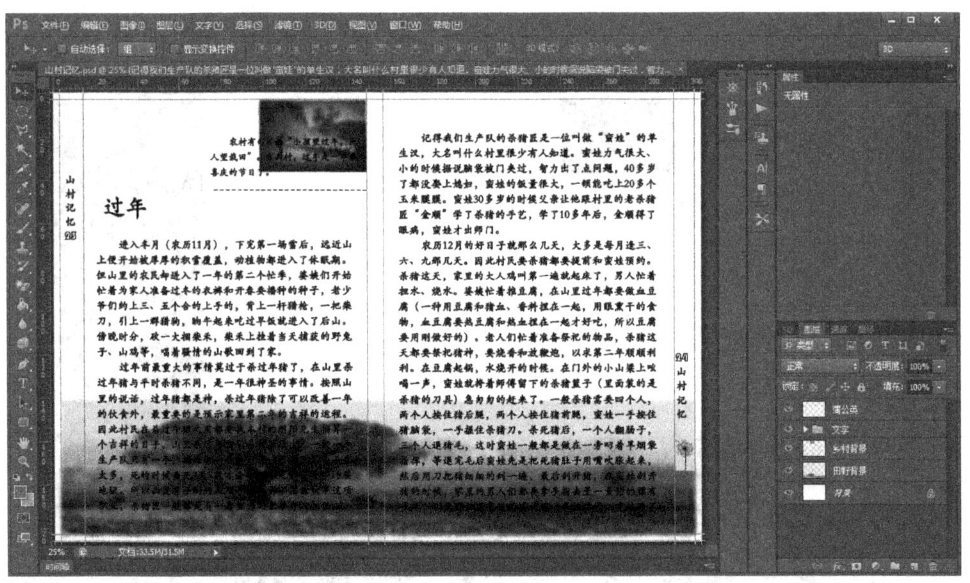

图 4-155 “双页码”图像效果

（3）选中“蒲公英”图层，按住 Alt 键，拖动“蒲公英”图像，创建一个新图层，自动命名为“蒲公英副本”，选择“编辑”→“变换”→“垂直翻转”命令，最后将该图层图像放置在“单页码”区域，效果如图 4-156 所示。

（4）选择“视图”→“标尺”命令或按 Ctrl＋R 快捷键取消标尺显示。选择“视图”→“显示”→“参考线”命令，取消参考线显示，最终效果如图 4-142 所示。

图 4-156 “单页码”图像效果

4）文档存储

设计结束后，保存文档为“PSD 文件\第 4 章\4.8 \山村记忆. psd”。

4.8.4 书籍内文设计参考范例

1. 书籍内文设计参考范例一

图 4-157 所示的是某出版社民族文化美术类书籍《丰宁剪纸》的书籍内文设计效果图。整个版式合理插入剪纸图片进行布局，几何图形单色背景的加入，使得整个版式更加生动、活泼。

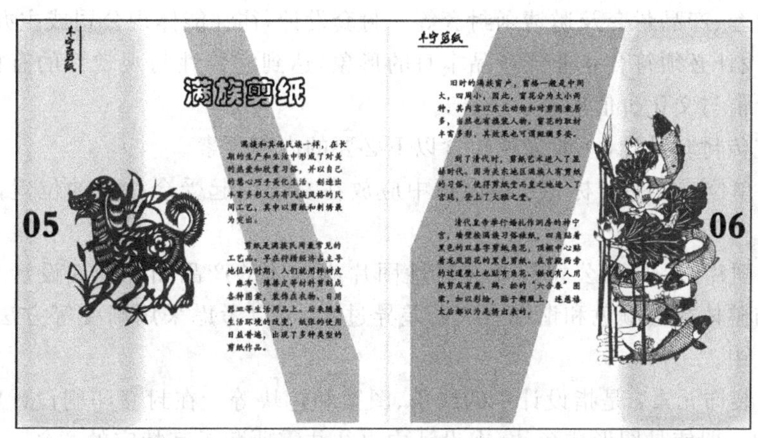

图 4-157 《丰宁剪纸》内文设计效果图

2. 书籍内文参考范例二

图 4-158 所示的是某出版社文学类书籍《纳兰容若》的书籍内文设计效果图。整个版式体现了文字内容背景，暖色鲜亮色彩的加入，使得整个版式更加温暖。

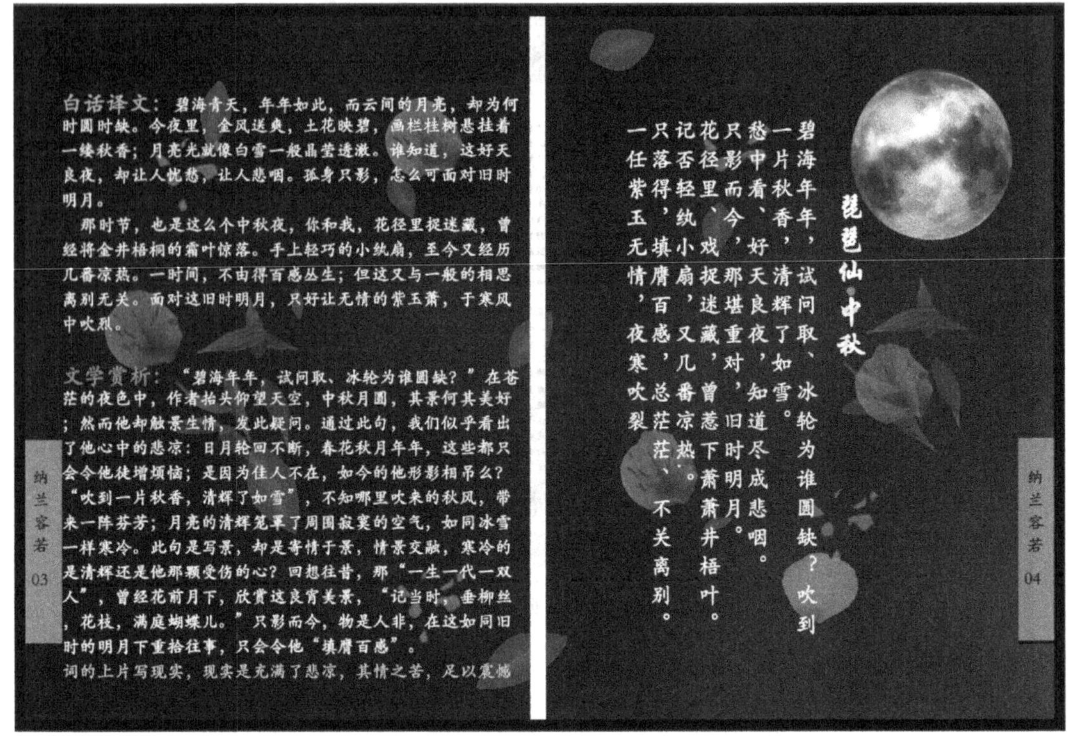

图 4-158 《纳兰容若》内文设计效果图

4.9 封套设计

封套是用来装入单页或样本的，从而形成整合的一套文件材料。封套的类型有很多种，例如有公司封套、产品封套及邀请函封套等。封套设计，往往能体现公司或主办方的审美品味，所以封套设计必须符合企业或产品本身的形象，达到宣传性与观赏性的有机统一，这也是封套实用价值与文化价值所在。

标准的宣传封套设计，一般来说包含以下必要的内容要素。

(1) 企业单位或产品的标识：在设计中应放在易于引起受众注意的位置，但不宜做得过于厚重。

(2) 主体图片：一般为公司行业关联性图片或具体的产品图片。在设计上，图片的颜色基调应该与整体封套颜色和谐统一。若差异过大，可以考虑采用渐变等方法使图片融入整体颜色设计中。

(3) 版式装饰元素：是指设计中的线条、图案和色块等。在封套印刷设计中，这一部分是不可或缺的。即使是图形或色块，在设计中也往往需要赋予其特定的意义。

(4) 文字元素：即封套的名称或标题或内容，一般需要引起受众的特别关注，字体宜选用厚重字号并且要大。放置的位置一般也要选在显著地方。

(5) 如果是公司封套设计，其联系方式是封套起到其宣传功能的必要元素。有时为了呼应整体，在信息的表现形式上，也需要进行一定的版式设计或文字形态设计。

4.9.1 项目描述

受某公司委托，需为《Green World》的 DVD 唱片设计封套，希望版式设计风格简洁大方，能体现内容背景，强调图文结合形成视觉冲击力。

4.9.2 设计概要

1. 客户需求及分析

客户要求制作一个尺寸为 125mm×125mm，搭口为 50mm 的 DVD 唱片封套。DVD 是无声的代言人，不仅要让人们从耳朵听音乐，更要让人们从视觉上感觉音乐。因此，DVD 封套应让人们从视觉上的冲击感受音乐所带来的震撼。针对该款 DVD 封套的设计需求，设计的 DVD 封套应有如下特点：

(1) 含有流行的艺术元素。

(2) 体现 DVD 的音乐内容。

(3) 能带来视觉上的享受与冲击力。

2. 设计流程

制作封套首先要拟定好草图，将辅助元素准备充分，定义好尺寸。

DVD 封套的设计流程主要包括如下内容：

(1) 根据客户需求确定相关尺寸，决定版心位置、版面布局等。

(2) 确定封面主色调。结合 DVD 唱片内容，确定封面色彩的主色调为绿色。

(3) 确定封面版式装饰元素，确定封面需包含哪些必要图文元素和色块元素。

(4) 对封套的正面、背面和刀版进行处理。

4.9.3 设计制作

图 4-159 展示了某公司《Green World》的 DVD 唱片封套设计的效果图。这款封套设计需重点掌握 Photoshop 的滤镜工具、图层样式、图形变换、图层蒙版等方面的知识。

(a) 平面展开图　　(b) 成品图

图 4-159 《Green World》的 DVD 唱片封套设计效果

1. 页面设定

1) 设定页面

封套的尺寸一般要大于所装入的材料的尺寸，如果要装入的物件较多，还应留有一定的厚度。DVD唱片的尺寸为120mm×120mm，其封套尺寸选择125mm×125mm，搭口为50mm，糊口为10mm，再留3mm出血，所以定义页面尺寸算法如下。

宽度：3mm(出血)×2+50mm(搭扣)+125mm(正面)+125mm(背面)=306mm

高度：3mm(出血)×2+10mm(糊口)×2+125mm(背面)=151mm

选择"文件"→"新建"命令，打开"新建"对话框，在"新建"对话框中修改名称为"DVD封套"，宽度为"306毫米"，高度为"151毫米"，分辨率为"300像素/英寸"，颜色模式为"CMYK颜色"，其他选项为默认即可，如图4-160所示。单击"确定"按钮，完成页面设置。

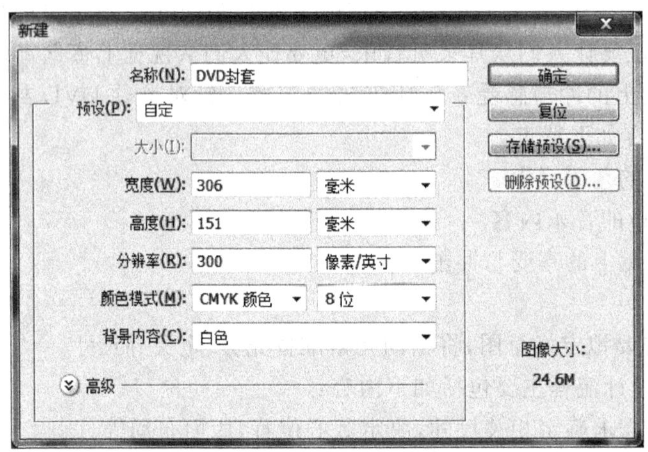

图4-160 "新建"对话框

2) 定义出血及参考线

拖出标尺辅助线，将各边出血(3mm)定义准确。根据DVD封套各部分尺寸拖动参考线，如图4-161所示。

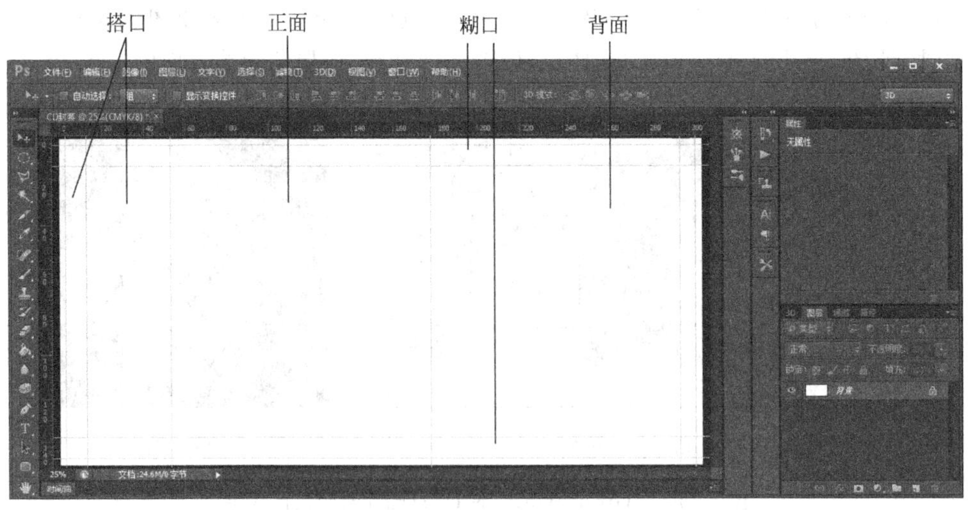

图4-161 定义出血及参考线

2. 制作步骤

设定完页面后，利用准备的素材完成DVD封套的设计制作。

1）场景制作

（1）选择正面所在选区，新建图层，图层名称为“正面”。选择“画笔工具”，设置参数如图 4-162 所示。

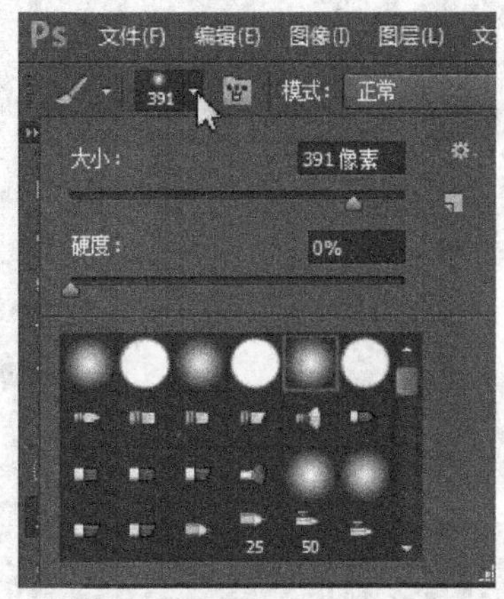

图 4-162 “画笔工具”设置

（2）设置前景色为浅黄色（R：223，G：246，B：6），设置“画笔工具”的不透明度为 79%，在正面上绘制图案，效果如图 4-163 所示。

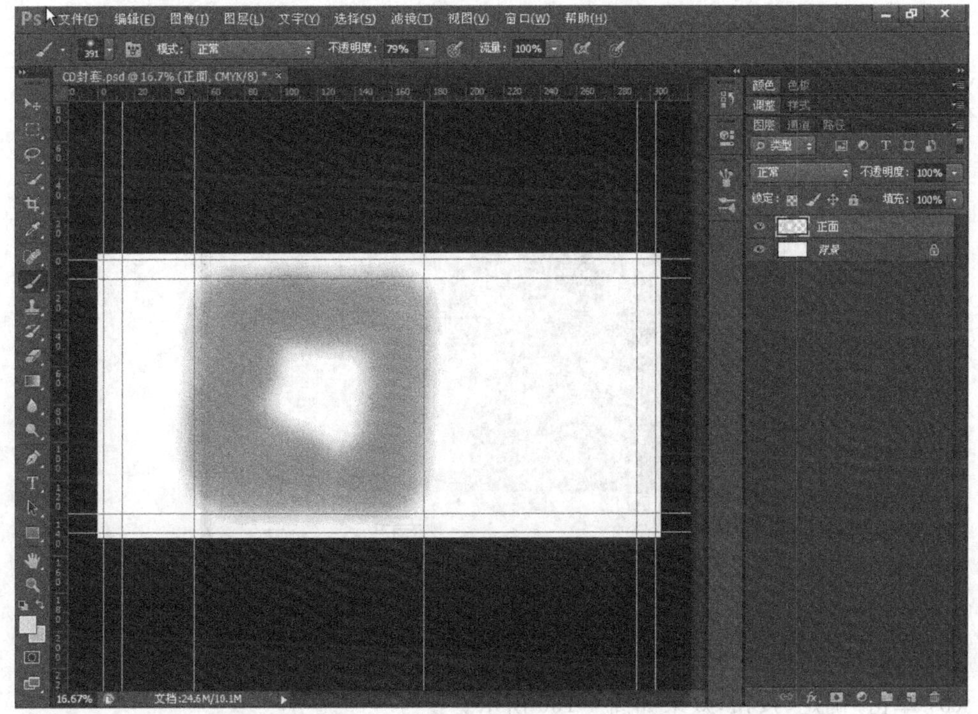

图 4-163 画笔绘制效果(1)

（3）设置前景色为深黄色（R：193，G：207，B：19），继续绘制图案，效果如图 4-164 所示。

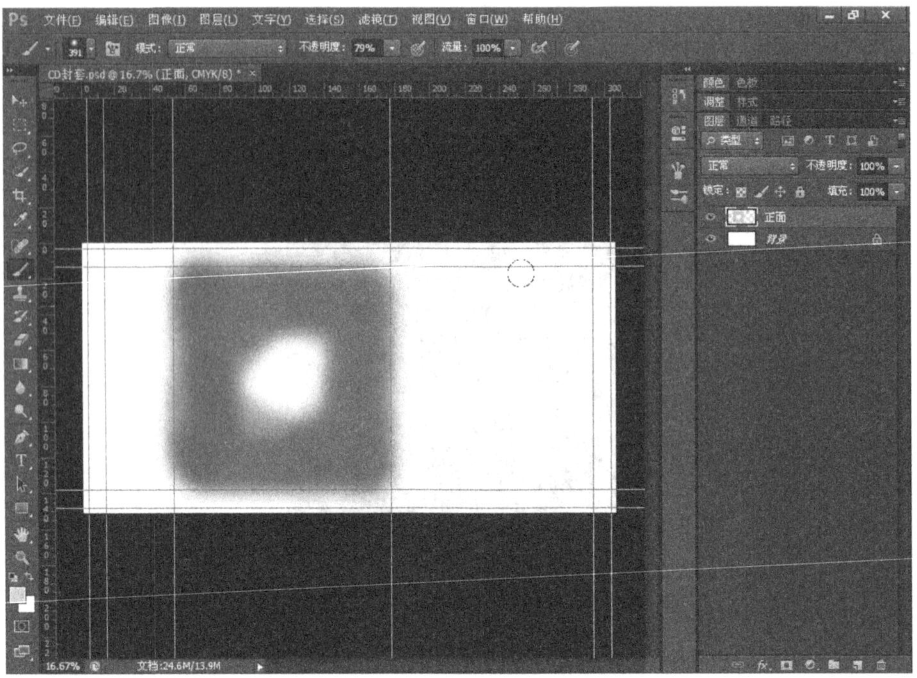
图 4-164　画笔绘制效果(2)

(4) 选择“滤镜”→“像素化”→“晶格化”命令,打开“晶格化”对话框,设置参数,如图 4-165 所示。

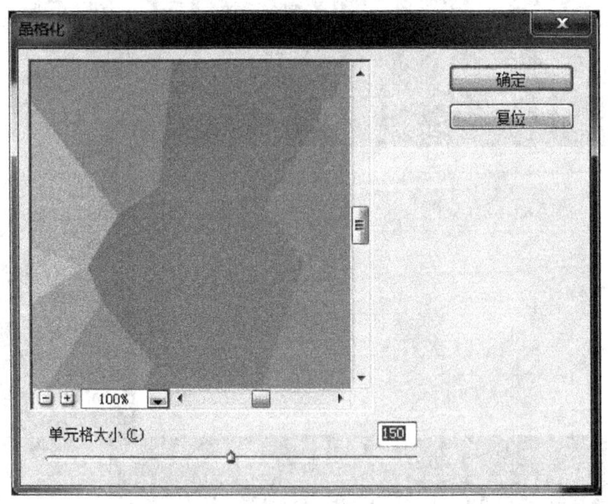

图 4-165　“晶格化”对话框

(5) 单击“确定”按钮,效果如图 4-166 所示。

(6) 选择“图像”→“调整”→“曲线”命令,打开“曲线”对话框,设置参数,如图 4-167 所示,单击“确定”按钮。

(7) 新建一图层,命名为“搭口”,在图像中“搭口”所在区域创建选区,填充前景色,并设置图层的不透明度为 86%,效果如图 4-168 所示。

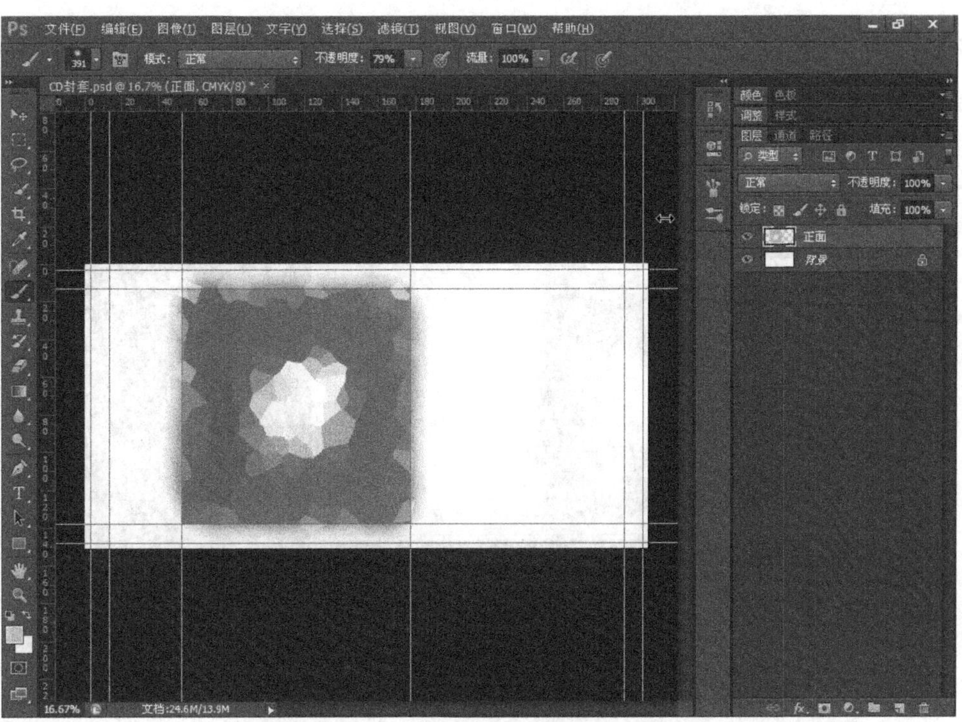

图 4-166 “晶格化”效果

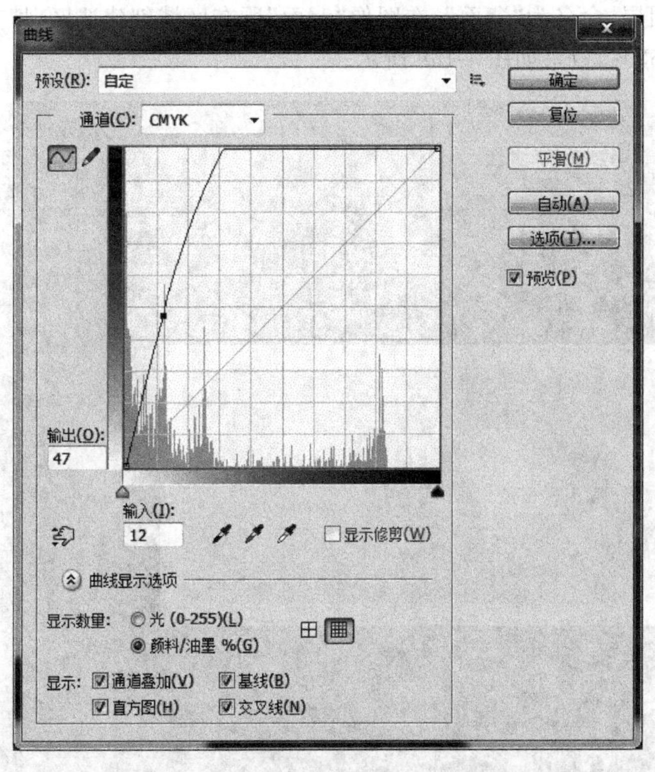

图 4-167 “曲线”对话框

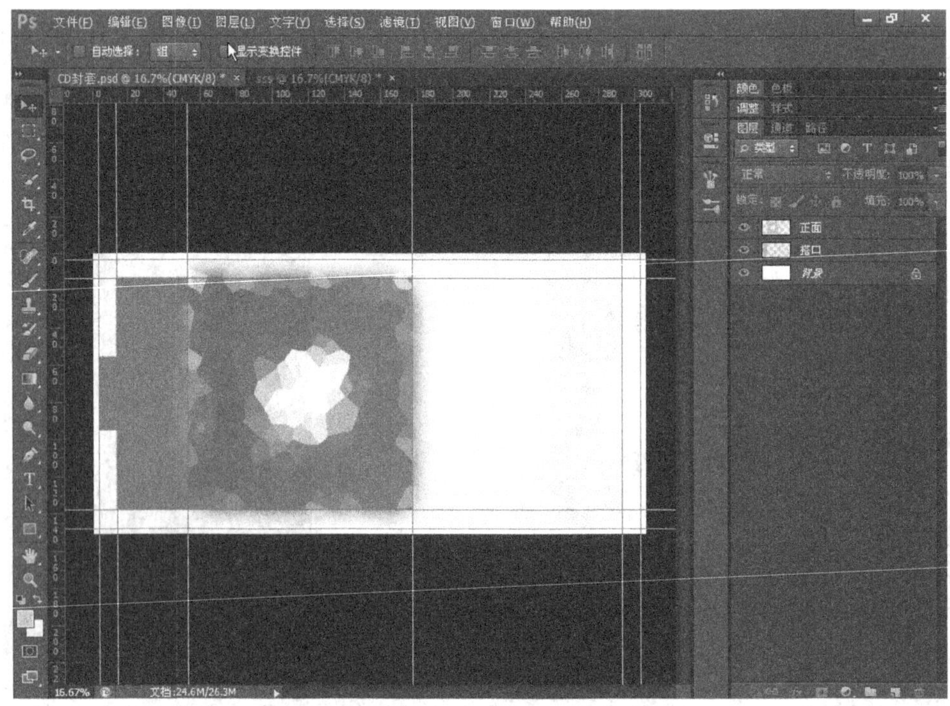

图 4-168　填充“搭口”区域

(8) 新建一图层，命名为“背面”，在图像“背面”所在区域创建选区，填充浅绿色，设置图层的不透明度为 53%，效果如图 4-169 所示。

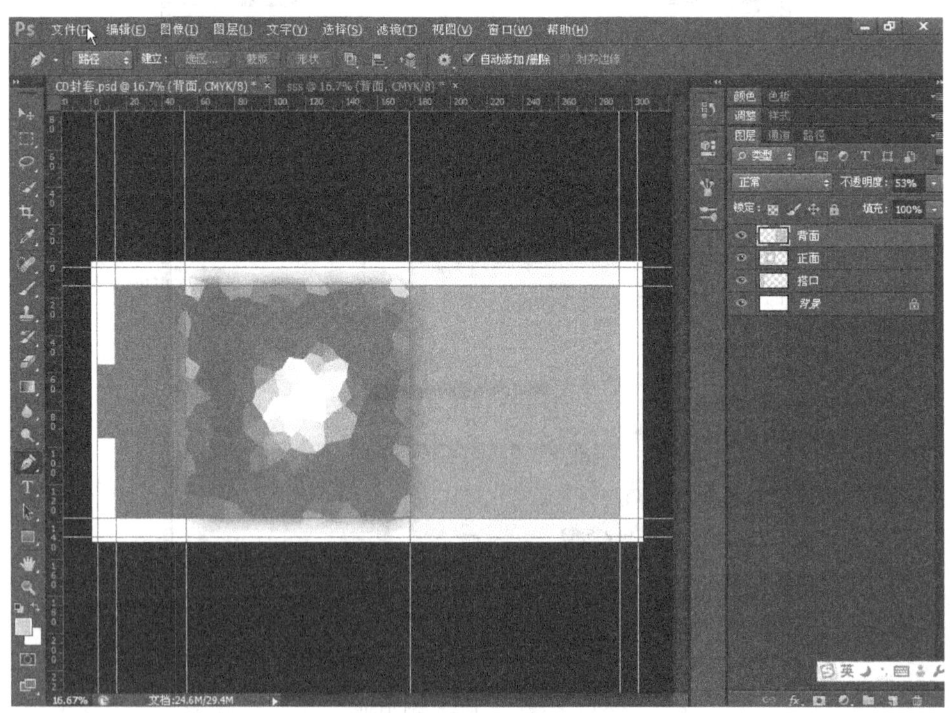

图 4-169　填充“背面”区域

(9) 新建两个图层,分别命名为“上糊口”和“下糊口”,在图像“糊口”所在区域创建选区,填充浅绿色,设置图层的不透明度为53%,效果如图4-170所示。

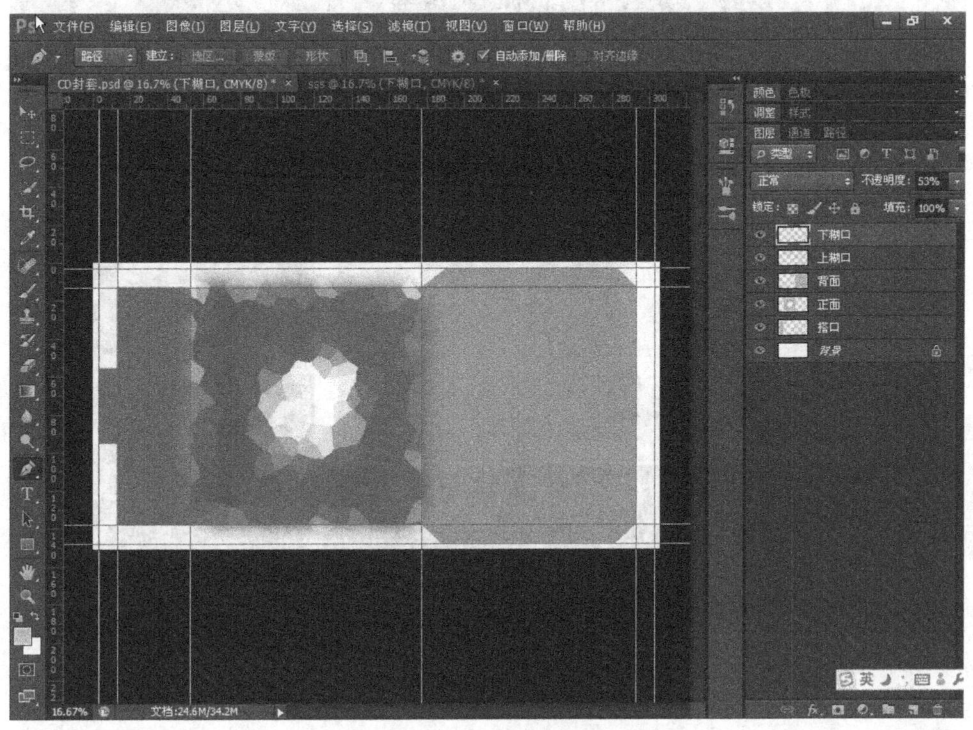

图4-170　填充“糊口”区域

2) 正面设置图像

(1) 打开“素材\第4章\4.9\美女.jpg”文件,如图4-171所示。

图4-171　“美女.jpg”文件

(2) 将其拖动到新建文档“DVD封套”中,图层命名为“美女”,并将图层的混合模式设置为“叠加”,效果如图4-172所示。

(3) 为“美女”图层添加图层蒙版。选择“画笔工具”,在图像中进行涂抹,效果如图4-173所示。

(4) 选择“图像”→“调整”→“色阶”命令,打开“色阶”对话框,设置参数(输入色阶30,1.0,220),单击“确定”按钮,如图4-174所示。

3) 正面设置其他元素

(1) 新建一图层,图层命名为“流行元素”,在图像“正面”所在区域创建选区,将前景色设置为黑色并填充前景色,如图4-175所示。

(2) 选择“滤镜”→“杂色”→“添加杂色”命令,打开“添加杂色”对话框,参数设置如图4-176所示,单击“确定”按钮。

(3) 选择“滤镜”→“像素化”→“晶格化”命令,打开“晶格化”对话框,参数设置如图4-177所示,单击“确定”按钮。

(4) 选择“图像”→“调整”→“去色”命令,效果如图4-178所示。

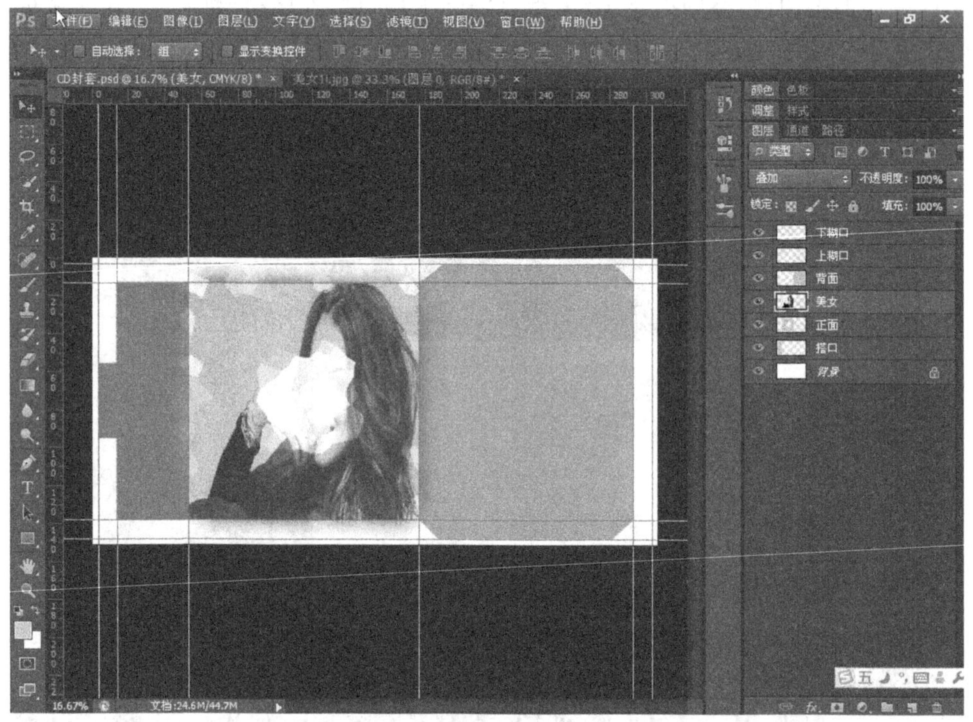

图 4-172 添加“美女”图像效果

图 4-173 添加图层蒙版效果

图 4-174　“色阶”调整后效果

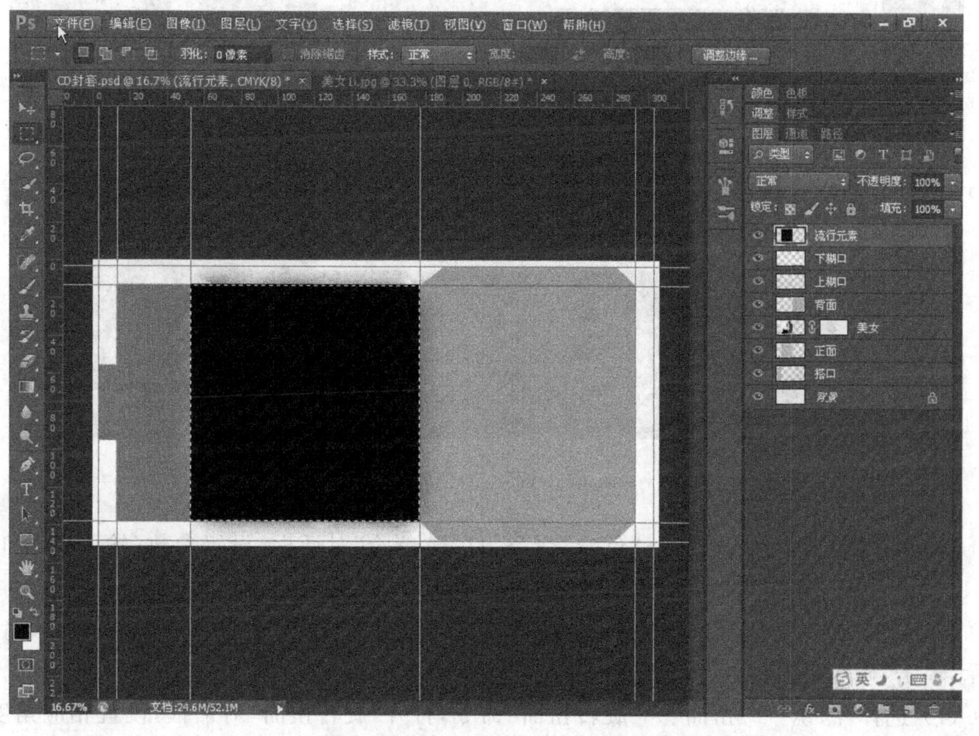

图 4-175　新建“流行元素”图层

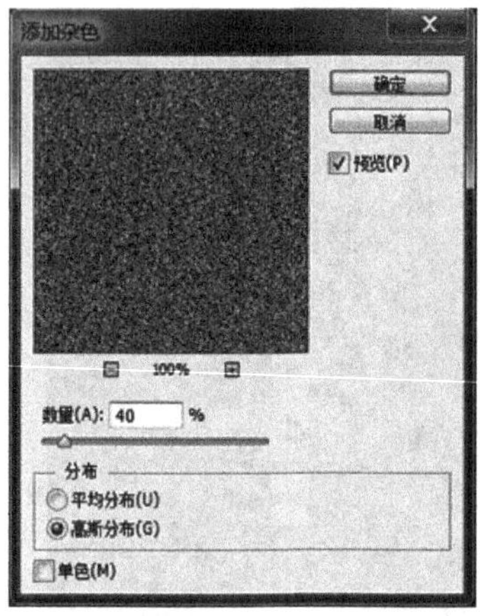

图 4-176 “添加杂色”对话框

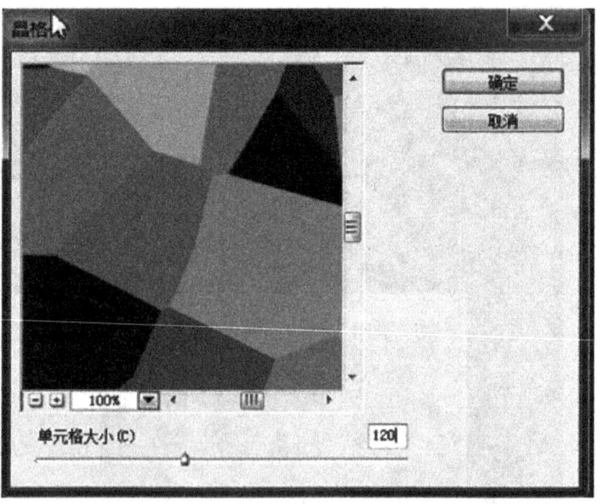

图 4-177 “晶格化”对话框

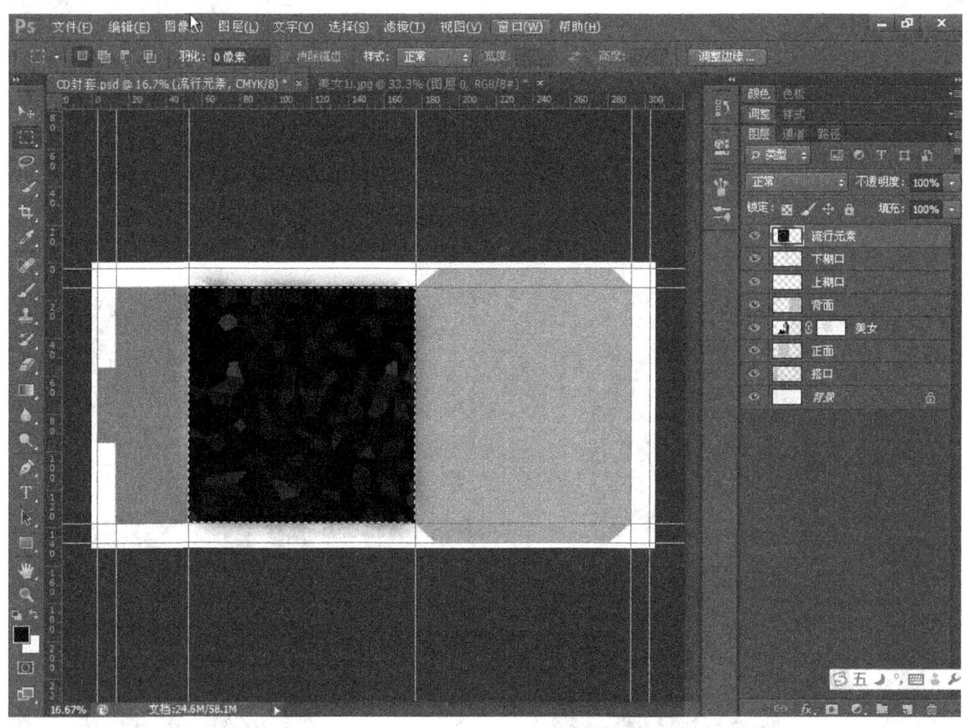
图 4-178 去色效果

(5) 选择“图像”→“调整”→“色阶”命令，打开“色阶”对话框，设置参数(输入色阶 139，0.01，161)，单击“确定”按钮，“色阶”调整效果如图 4-179 所示。

(6) 选择“滤镜”→“模糊”→“径向模糊”命令，打开“径向模糊”对话框，参数设置如图 4-180 所示，单击“确定”按钮。

(7) 选择“滤镜”→“扭曲”→“旋转扭曲”命令，打开“旋转扭曲”对话框，设置相应角度为 185 度，执行同样的“旋转扭曲”5 次，效果如图 4-181 所示。

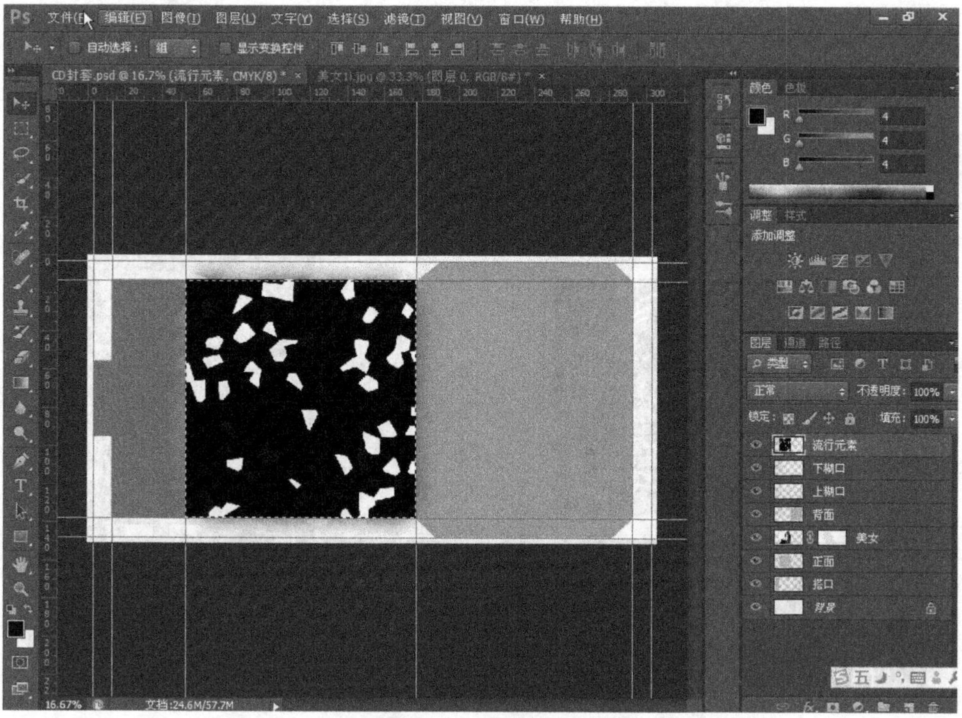

图 4-179 “色阶”调整效果

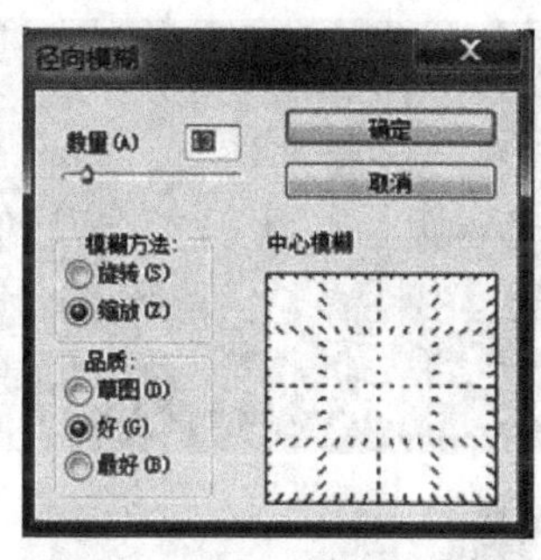

图 4-180 “径向模糊”对话框

(8) “流行元素”图层的混合模式设置为“叠加”，不透明度设置为 70%，效果如图 4-182 所示。

(9) 为“流行元素”图层添加图层蒙版。选择“画笔工具”，在图像中进行涂抹，如图 4-183 所示。

(10) 新建一图层，命名为“液化曲线”，选择工具箱中的“矩形选框工具”，在图像中绘制矩形选区，并填充浅绿色(R：110，G：249，B：8)，如图 4-184 所示。

(11) 按 Ctrl+D 快捷键取消选区，选择“滤镜”→“液化”命令，在打开的“液化”对话框中对图像进行液化，设置图层的混合模式为“正片叠底”，添加图层样式“描边”和“内阴影”，不透明度设置为 79%，效果如图 4-185 所示。

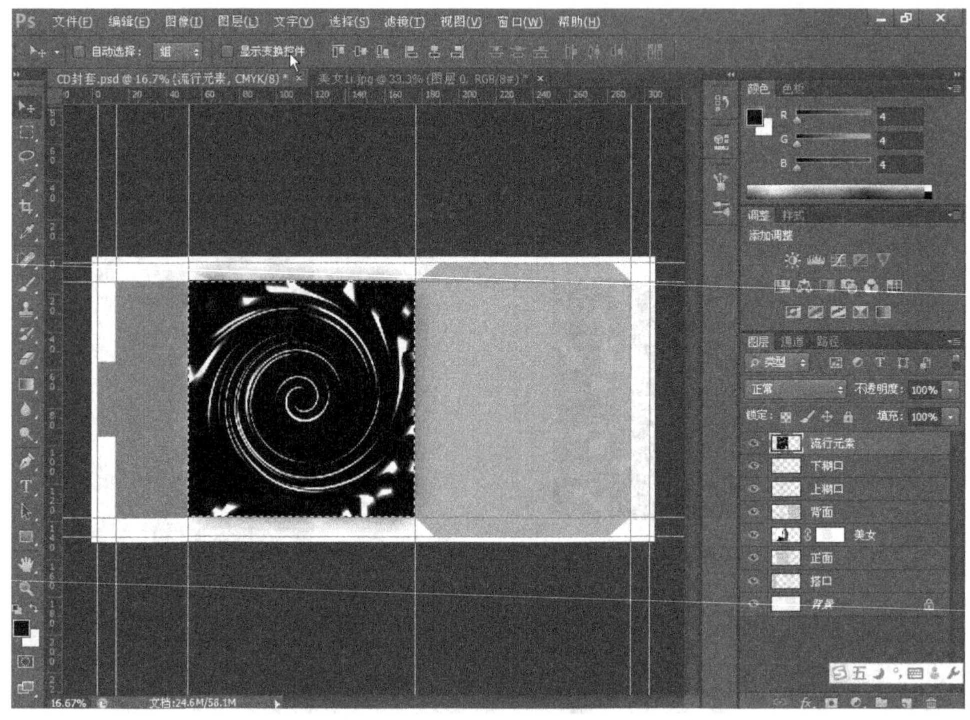

图 4-181 “旋转扭曲”效果

图 4-182 “流行元素”图层设置后效果

图 4-183 “流行元素”图层添加图层蒙版效果

图 4-184 绘制矩形选区并填充浅绿色

图 4-185　液化及添加图层样式效果

4）正面设置文字

（1）新建“正面文字组”，具体设置如图 4-186 所示。其中，各文字设置如下：Green World 为华文彩云，48 点；ella. jaza 2016 ASTE The dream shemmil make 2078 为 Brush Script Std，18 点。

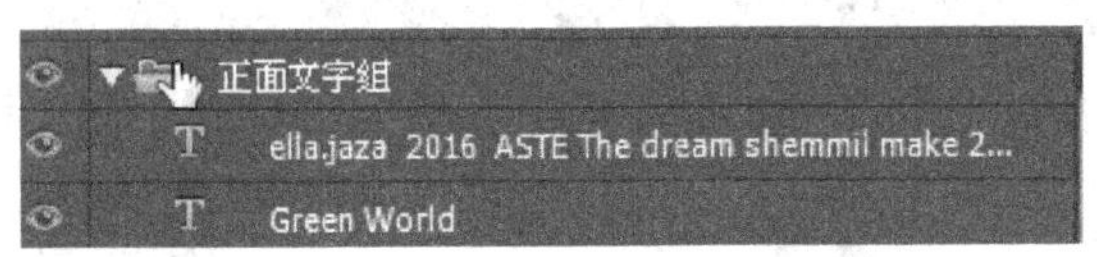

图 4-186　添加正面文字组

（2）添加正面文字组后效果如图 4-187 所示。

5）背面及搭口设置图像

（1）打开“素材\第 4 章\4. 9\猫_简笔画. jpg”文件，如图 4-188 所示。

（2）将“猫_简笔画”拖动到“DVD 封套”文档中，图层命名为“猫”，并调整位置和大小，效果如图 4-189 所示。

（3）同理，将“素材\第 4 章\4. 9”中的“猫 Logo. jpg”“条形码. jpg”图像拖动到“DVD 封套”文档中，并调整图像大小及位置，效果如图 4-190 所示。

6）背面及搭口设置其他元素

（1）选择“圆角矩形工具”及“矩形工具”，画出如图 4-191 所示矩形框及矩形块，其中矩形框描边为 3 点黑色，矩形块填充为绿色。

图 4-187　添加正面文字组效果

图 4-188　“猫_简笔画.jpg”文件

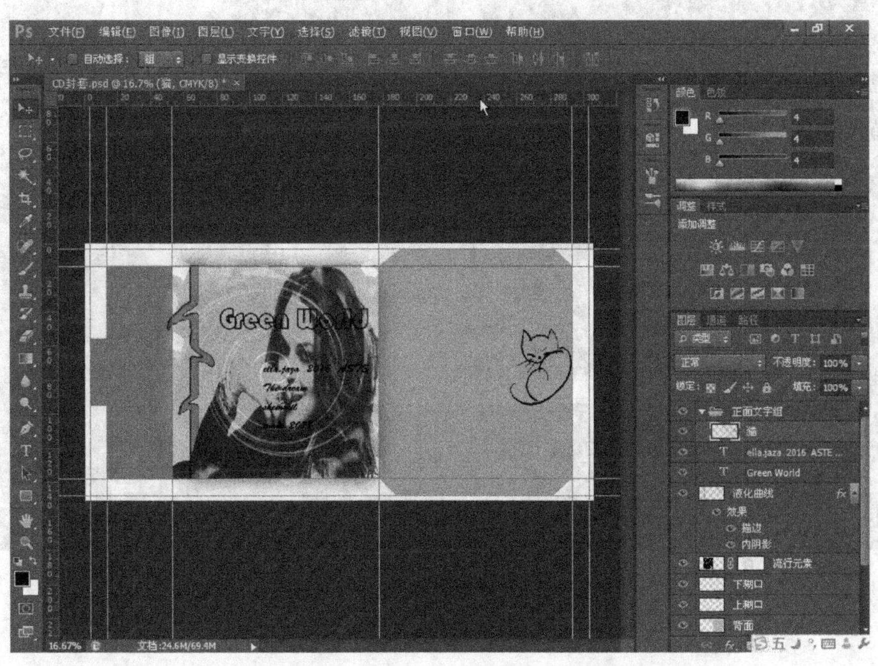

图 4-189　添加“猫_简笔画”图像效果

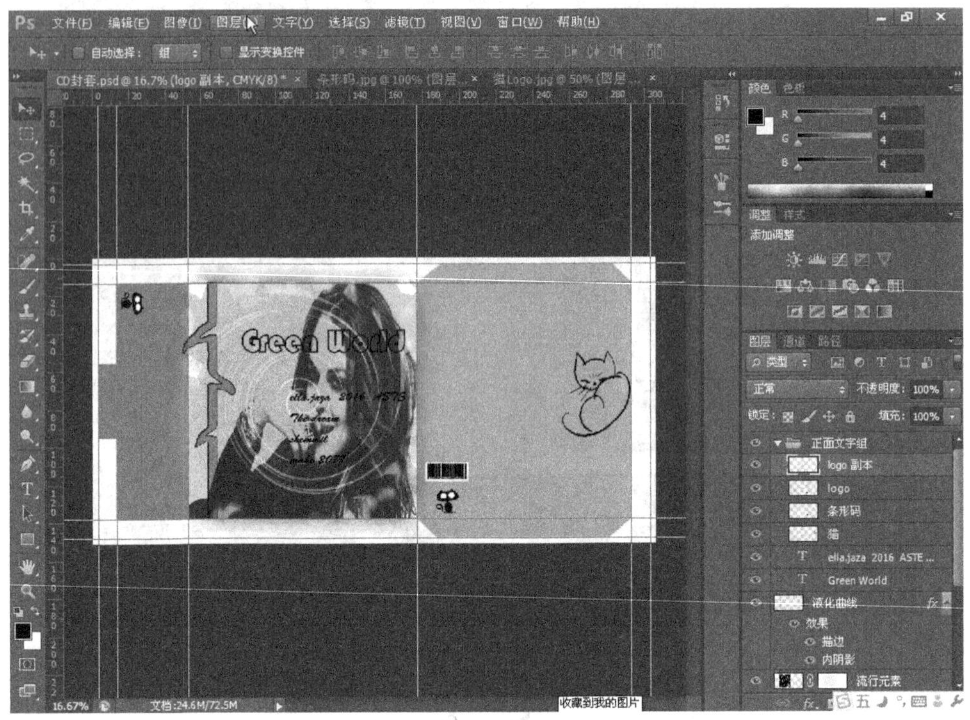

图 4-190 添加"猫 Logo"和"条形码"效果

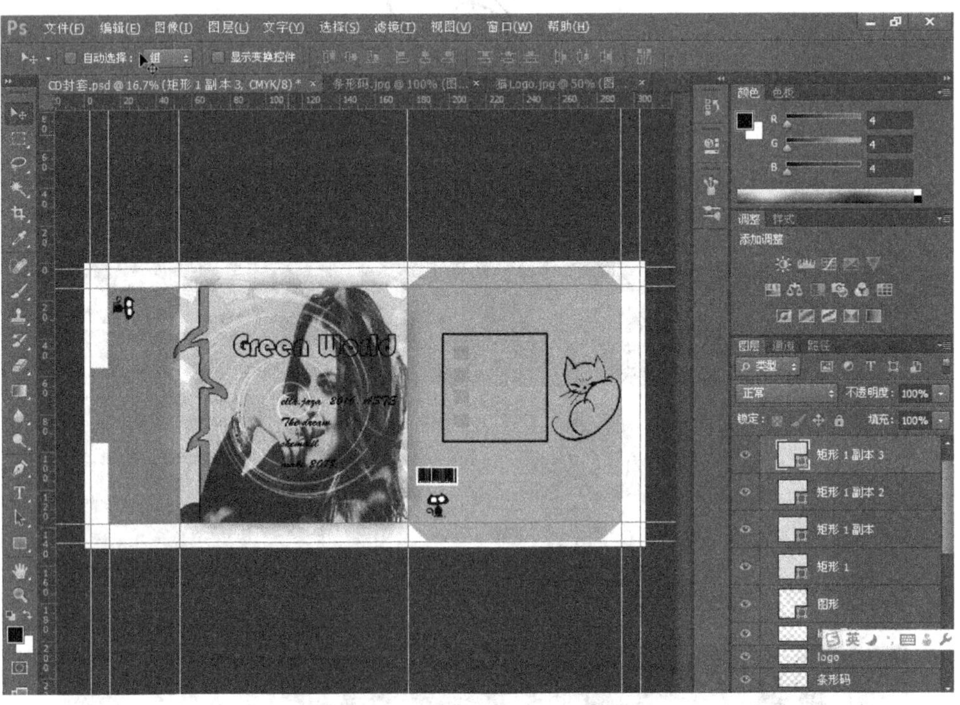

图 4-191 绘制矩形框及矩形块

(2) 新建一图层，命名为“搭口线条”，设置前景色为白色，选择“钢笔工具”，设置“画笔工具”大小为 16 像素，画出白色线条，并选择使用画笔描边路径，效果如图 4-192 所示。

图 4-192　绘制白色线条

7) 背面及搭口设置文字

(1) 新建“背面文字组”及“搭口文字组”，具体设置如图 4-193 所示。

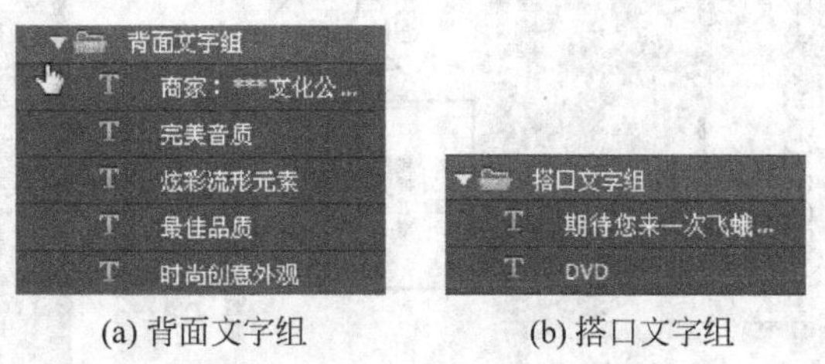

(a) 背面文字组　　(b) 搭口文字组

图 4-193　添加文字组

其中，各文字设置如下：“期待您来一次飞蛾扑火般的体验”为华文楷体，18 点；DVD 为 Adobe 黑体 Std，36 点；“商家：*** 文化公司”这段文字为华文行楷，14 点；“完美音质”“炫彩流行元素”“最佳品质”及“时尚创意外观”为华文隶书，18 点；所有文字均为黑色。

(2) 添加“文字”组后，效果如图 4-194 所示。

8) 合并组并调整位置

分别将背面、正面及搭口的各元素合并为组，并将正面组与背面组“逆时针旋转 90 度”，并调整位置。效果如图 4-195 所示。

图 4-194　添加“文字”组的效果图

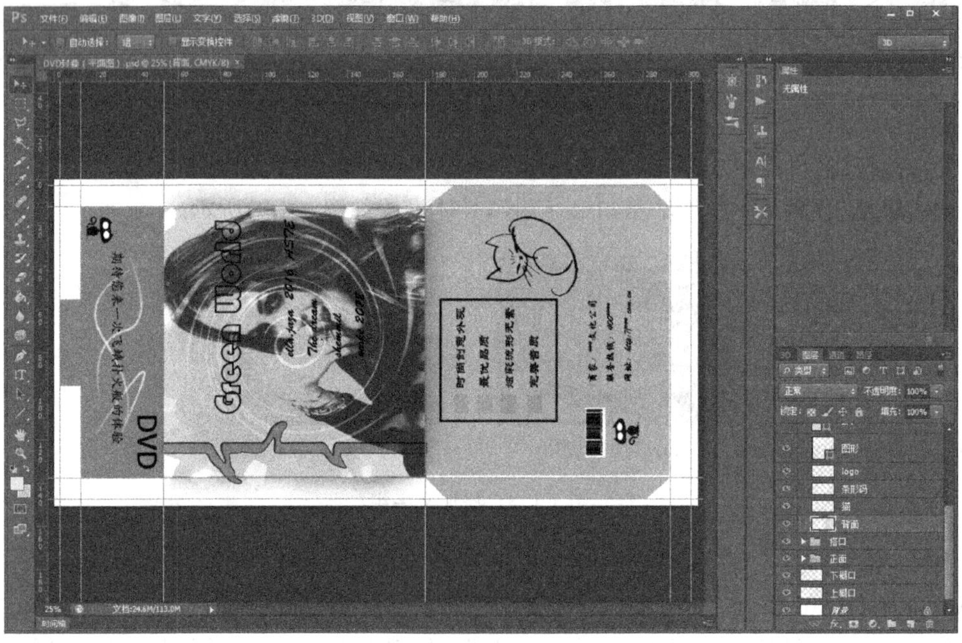

图 4-195　“DVD 封套”平面效果图

9）文档存储

至此，“DVD 封套”平面效果图制作完，将文档保存为“PSD 文件\第 4 章\4.9 \DVD 封套(平面图). psd”。

10）设计刀版

（1）新建一文档，尺寸与“DVD 封套（平面图）”完全一致。

（2）置入图像，图层命名为“DVD 封套”。从标尺栏拖出辅助线，将位置定义准确，如图 4-196 所示。

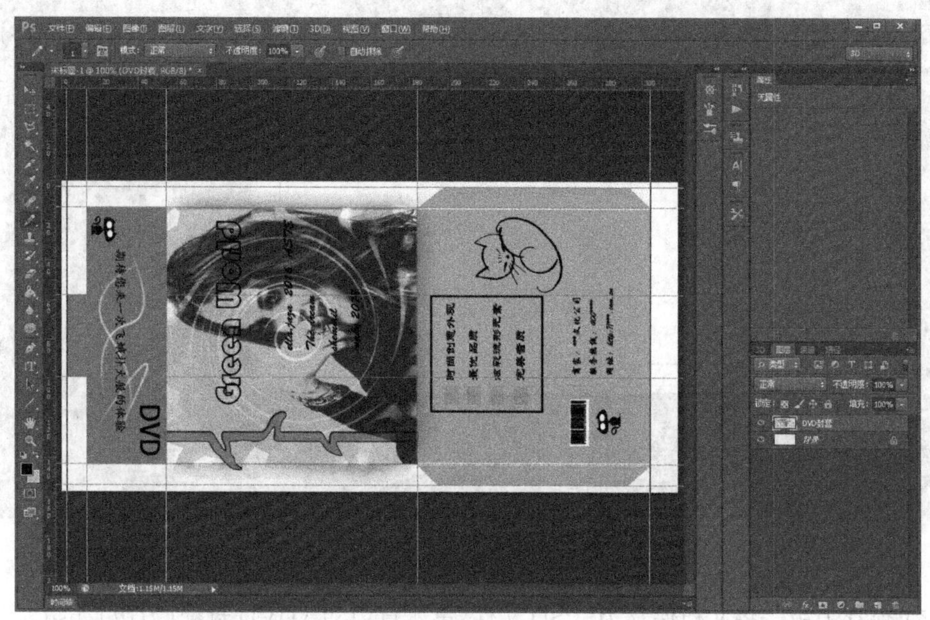

图 4-196　置入图像

（3）绘制刀版。新建一图层，命名为“刀版”，根据“DVD 封套”成品，沿着辅助线绘制裁切线（实线）和压痕线（虚线），隐藏辅助线，如图 4-197 所示。

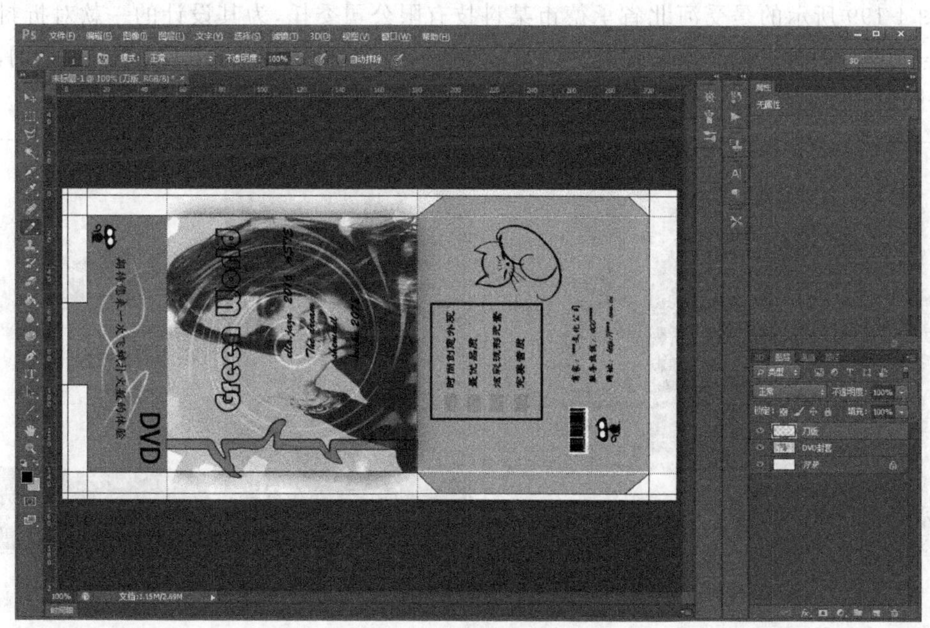

图 4-197　绘制裁切线和压痕线

（4）删除“DVD 封套”图层，得到刀版最终效果，如图 4-198 所示。

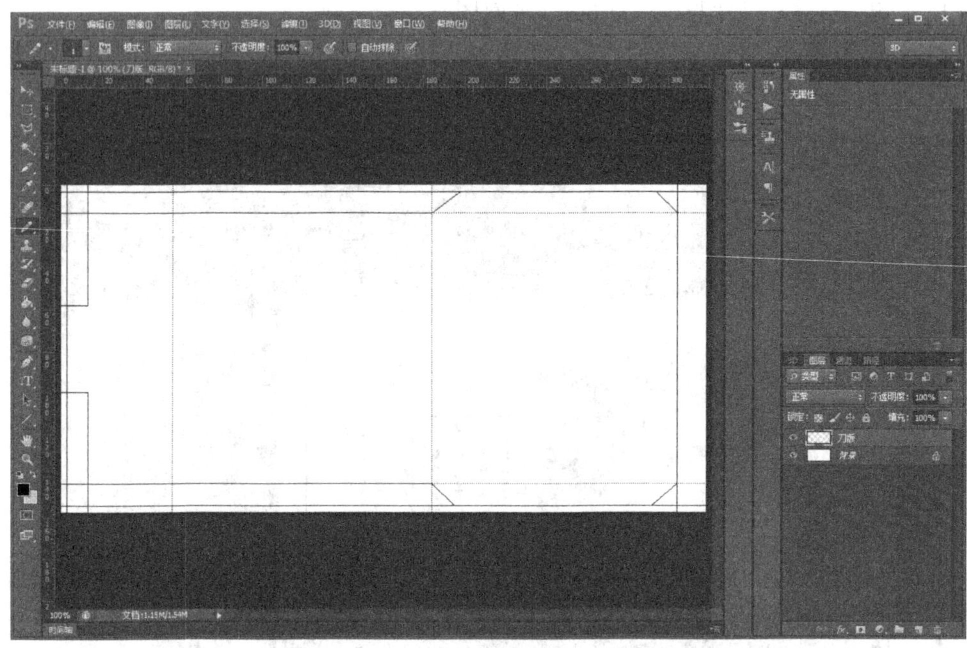

图 4-198 刀版最终效果

（5）保存刀版。将文档保存为“PSD 文件\第 4 章\4.9 \DVD 封套（刀版）. psd”。

4.9.4 封套设计参考范例

1. 封套设计参考范例一

图 4-199 所示的是受河北省承德市某科技有限公司委托，为其设计的一款对折封套的封面与内里。因为它是一家环保公司，所以 Photoshop 制作时选择了以绿色为主色调，简洁大方，恰到好处地起到宣传的作用。

(a) 封套封面

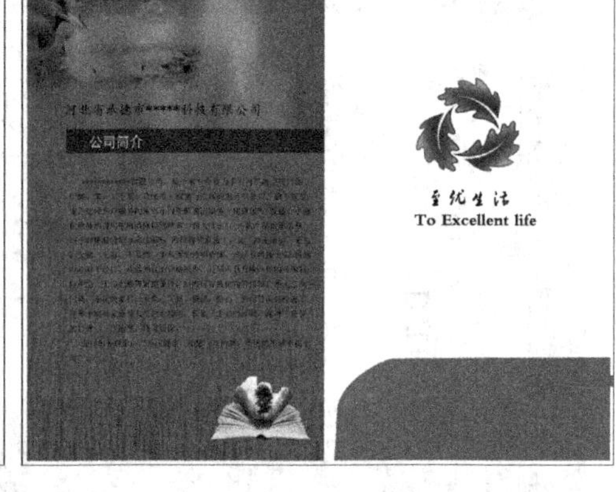

(b) 封套内里

图 4-199 环保公司封套设计效果图

2. 封套设计参考范例二

图 4-200 所示是受承德某公司委托，为其将要举行的“第 23 届古文化艺术品鉴会”设计的一款邀请函的外封套与邀请卡。根据其会议的主题，Photoshop 制作时选择以黄色与紫色为主色调，加入手绘花枝，既有诚意又显庄重。

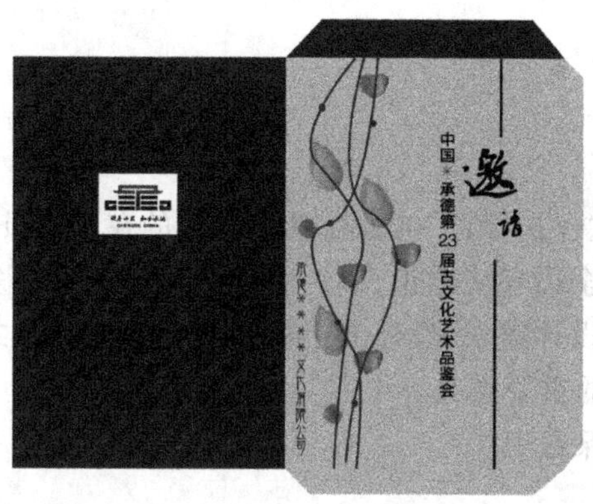

(a) 邀请函封套外

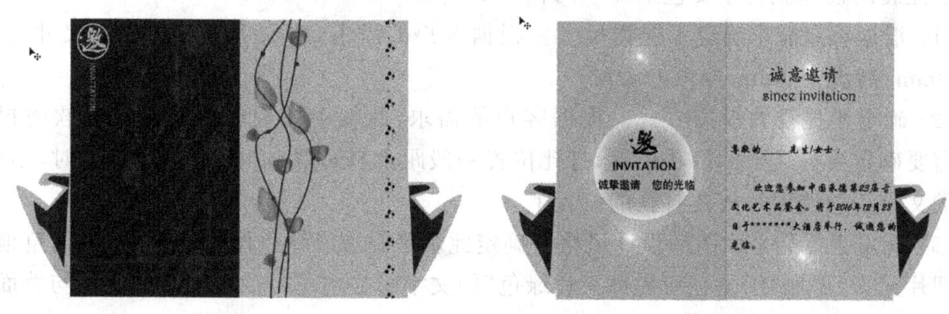

(b) 邀请卡_外　　　　(c) 邀请卡_内

图 4-200　邀请函封套设计效果图

4.10　手提袋设计

手提袋是商业广告及公益活动中比较常见的一种广告宣传方式。

手提袋设计一般要求简洁大方。手提袋设计过程中正面一般以公司 LOGO 或公司名称为主，或者加上公司的经营理念，不应设计得过于复杂，能加深消费者对公司或产品的印象，获得好的宣传效果，手提袋对扩大销售、树立名牌、确立企业形象、刺激购买欲、增强竞争力有很大的作用。

从视觉心理看，人们厌弃单调划一的形式，追求多样变化，手提袋设计应体现出公司与众不同的特点。

根据公司的特点以及不同的用途，手提袋可选择不同的材料。常见的材料有纸张、塑料、无纺布等。手提袋通常用在厂商盛放产品或送礼时盛放礼品，还有很多的年轻人愿意将手提袋当作包类产品使用，可与其他装扮相匹配，显得时尚前卫。纸张一般采用 157g、200g 或 200g 以上的铜版纸；如果内装的物品较重，可选用 300g 铜版纸。

4.10.1 项目描述

受某志愿者协会的委托，为主题为“保护绿色”的公益活动设计一款手提袋，要求给出立体的效果图。尺寸不限，要求材料为纸质，符合公益活动的形象要求，体现活动的主题，突出简约、清新的风格。

4.10.2 设计概要

1. 客户需求及分析

某志愿者协会的这次“保护绿色”的公益活动的目的在于动员全社会积极践行绿色生活方式，培养环保习惯，增强全民环境意识、节约意识、生态意识，用实际行动保护我们共有的家园。针对该款手提袋的设计需求，设计的手提袋应有如下特点：

(1) 彰显“保护绿色”的重要意义。

(2) 唤起参与者的环保意识。

2. 设计流程

手提袋的设计流程主要包括如下内容：

(1) 根据客户需求确定手提袋尺寸。根据客户的需求，此款手提袋的成品尺寸为：宽度 250mm，高度 300mm，厚度 60mm。

(2) 确定手提袋的提拉方式。根据客户的需求，此款手提袋的提拉方式为软绳提拉。这样需要确定手提袋上的打孔位置，打孔位置一般距上口边缘 30mm 左右，设计时，不要将主要的文字说明或图片放在打孔的位置上。

(3) 确定手提袋平面图的设计风格。确定此款手提袋以绿色作为主色调，加入草地、全球等图片元素，添加“用爱心呵护每一片绿色”的文字彰显主题。该手提袋的正面与背面、两个侧面内容完全相同，所以先设计正面和其中一个侧面，设计完成后，将正面和侧面的内容复制到背面及另一个侧面。

(4) 对手提袋的正面、背面、侧面和底面的刀版进行设计。

(5) 用手提袋平面图制作手提袋的立体效果图。

4.10.3 设计制作

图 4-201 展示了某志愿者协会主题为“保护绿色”的公益活动所设计的手提袋的效果。这款手提袋设计需重点掌握 Photoshop 的页面设定、字体设置、设定选区及图片变换等方面的知识。

1. 页面设定

1) 设定页面

手提袋的页面设定相对复杂，要求设计人员熟悉手提袋的结构。根据客户的需要，手提袋的成品尺寸为：宽度 250mm，高度 300mm，厚度 60mm。手提袋展开图尺寸计算大致如下。

宽度：10mm(糊口)＋250mm(正面)＋60(侧面)＋250mm(背面)＋60(侧面)＋3(出血)＝633mm；

高度：50mm(底面)＋300mm(成品高度)＋50mm(折叠区)＝400mm(50mm 的设定标准为大于手提袋厚度的一半，但小于手提袋厚度)。

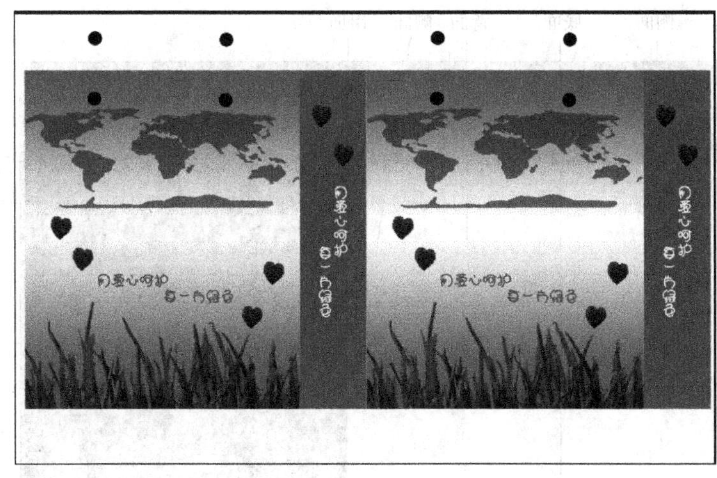

(a) 平面展开图

(b) 成品图

图 4-201　手提袋设计效果图

选择“文件”→“新建”命令，打开“新建”对话框，修改名称为“手提袋”，宽度为“633 毫米”，高度为“400 毫米”，分辨率为“300 像素/英寸”，颜色模式为“CMYK 颜色”，其他选项为默认即可，如图 4-202 所示。单击“确定”按钮，完成页面设置。

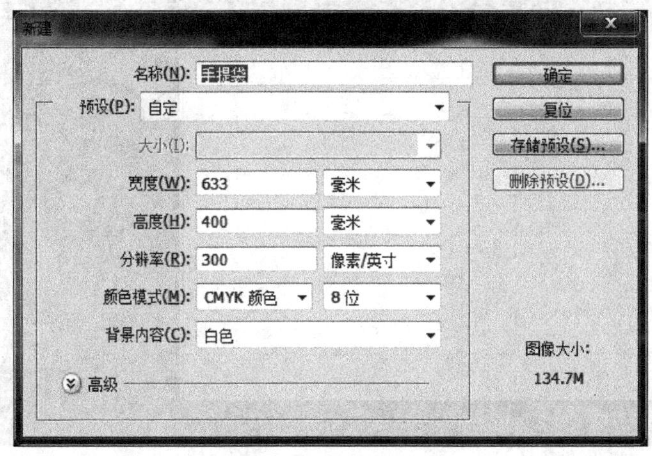

图 4-202　“新建”对话框

2）定义“辅助线”

在拖动辅助线之前，先设置“标尺”的单位，在“标尺”上右击，在弹出的快捷菜单中选择“毫米”命令。拖出标尺辅助线，之后的设计必须在辅助线以内完成，不能超出辅助线。根据手提袋的正面、背面、侧面、底面、折叠区和出血的大小拖动辅助线，如图 4-203 所示。

2. 制作步骤

1）场景制作

(1) 新建图层，命名为“正面”，选择“矩形选框工具”创建选区，如图 4-204 所示。

(2) 设置前景色为“白色”，背景色为“绿色”。

(3) 选择“渐变工具”，设置“前景色到背景色渐变”，选择“对称渐变”类型，从选区中间

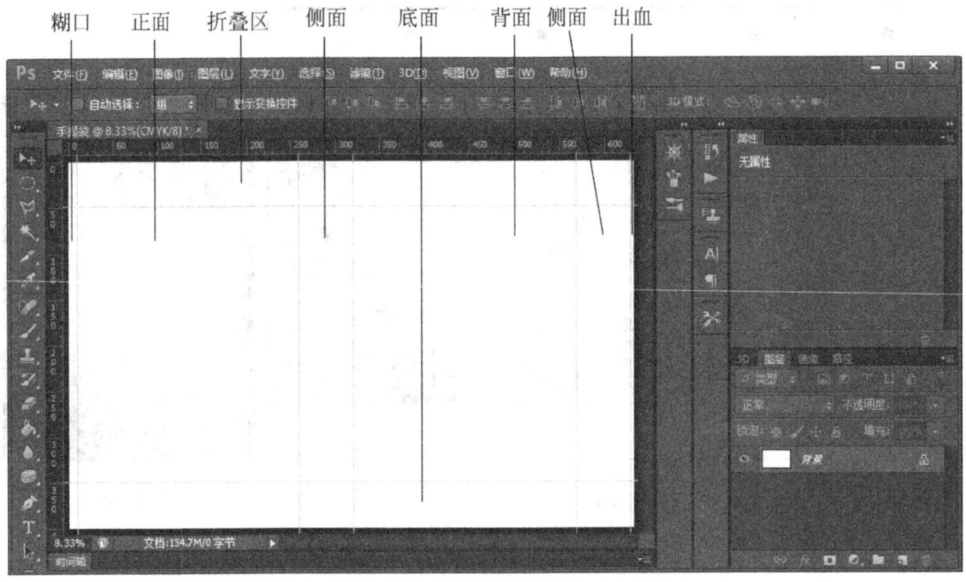

图 4-203 设定画布中版面的分布与大小

图 4-204 创建“正面”选区

部位向下拖动，进行填充，按 Ctrl+D 快捷键取消选区，如图 4-205 所示。

2）设置图像及添加文字

（1）打开“素材\第 4 章\4.10\世界地图.jpg”文件，如图 4-206 所示。

（2）去掉背景及文字，如图 4-207 所示。

（3）设置背景色为蓝色。

（4）选中地图图像，选择“图像”→“调整”→“替换颜色”命令，打开“替换颜色”对话框，如图 4-208 所示。

（5）单击“确定”按钮，进行颜色替换，按 Ctrl+X 快捷键将选区部分剪切掉，并擦除背景颜色，如图 4-209 所示。

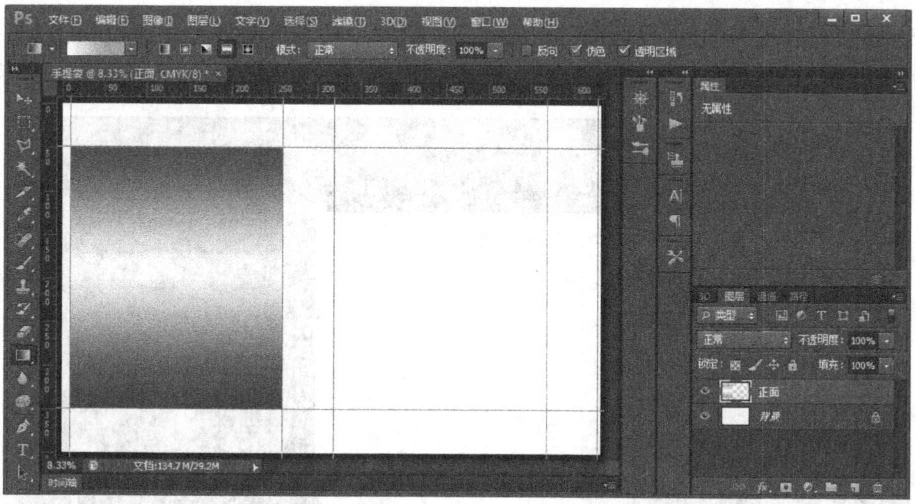

图 4-205 “正面”填充

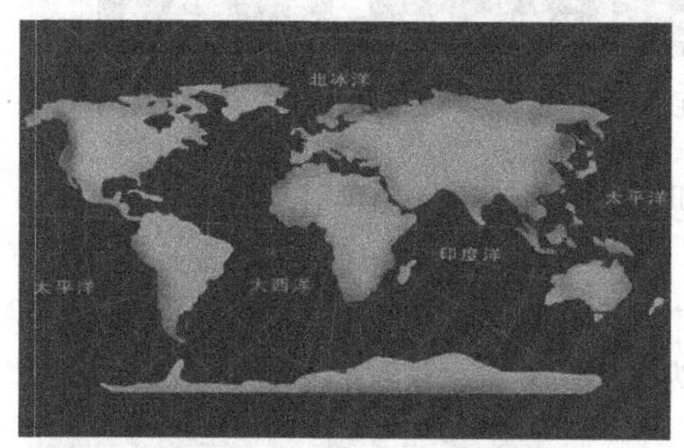

图 4-206 “世界地图.jpg”文件

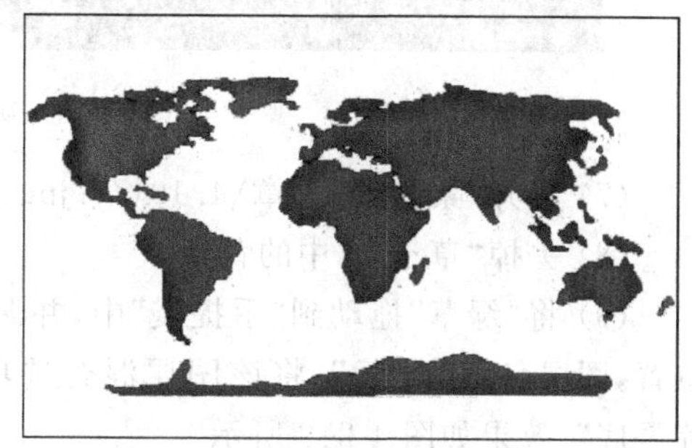

图 4-207 去掉背景和文字

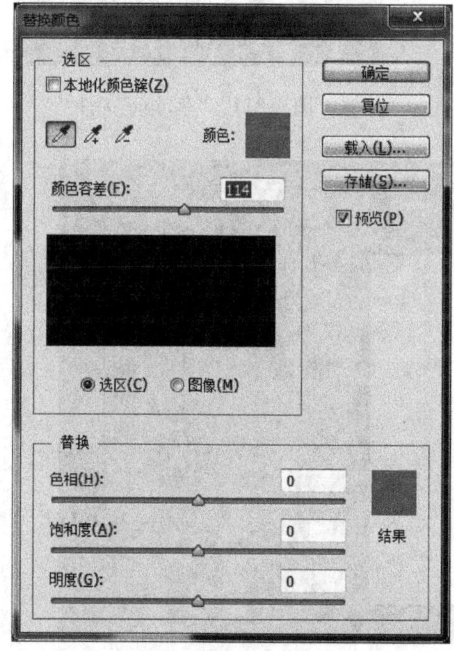

图 4-208 “替换颜色”对话框

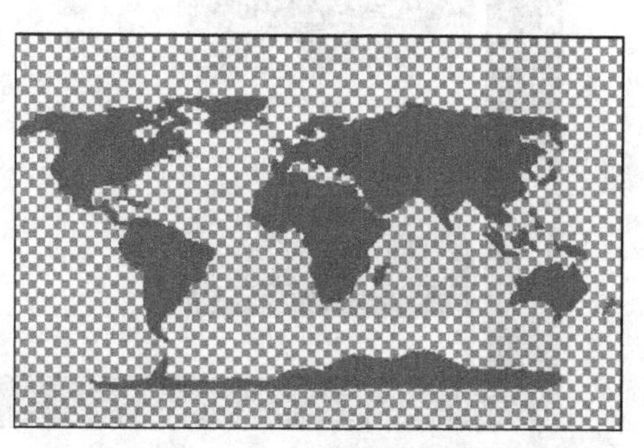

图 4-209 “世界地图.jpg”替换颜色后效果

(6) 将替换颜色后的"世界地图"拖动到新建文档"手提袋"中，调整大小及位置，该图层命名为"世界地图"，并设置"世界地图"图层"混合选项"为"正片叠底"，效果如图 4-210 所示。

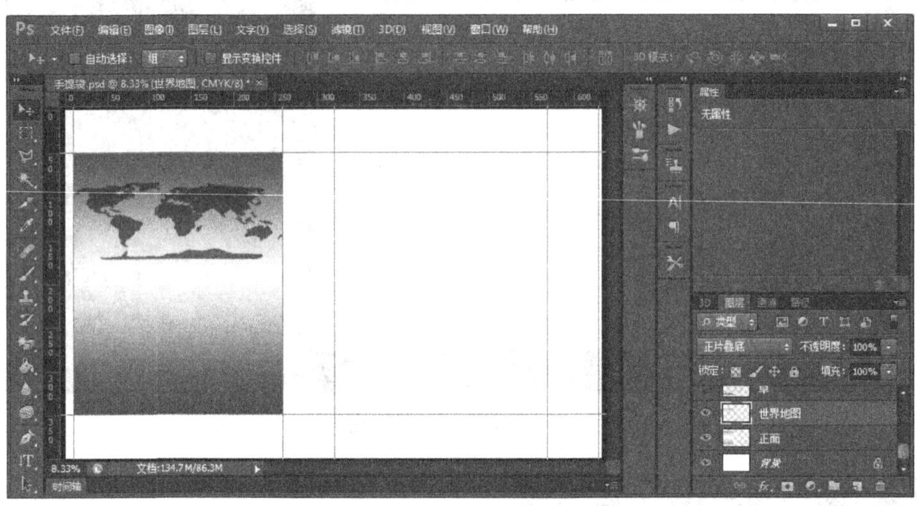

图 4-210　添加"世界地图"图像

(7) 打开"素材\第 4 章\4.10\草.jpg"文件，如图 4-211 所示。

(8) 去掉"草.jpg"中的背景。

(9) 将"绿草"拖动到"手提袋"中，并调整其大小及位置，图层名称为"草"，将该图层混合选项设置为"正片叠底"，效果如图 4-212 所示。

(10) 打开"素材\第 4 章\4.10\绿色心形.jpg"文件，去掉白色背景，如图 4-213 所示。

(11) 将"绿色心形.jpg"移动到"手提袋.psd"中，图层名称为"绿心"，并调整其大小和位置，再复制该图层三次，将其移动到相应位置，如图 4-214 所示。

图 4-211　"草.jpg"文件

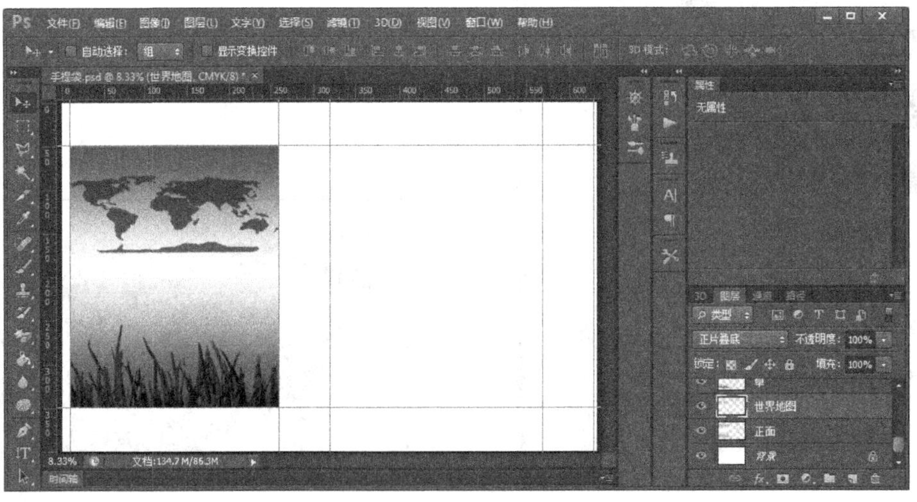

图 4-212　添加"草"图像

图 4-213 “绿色心形.jpg”文件

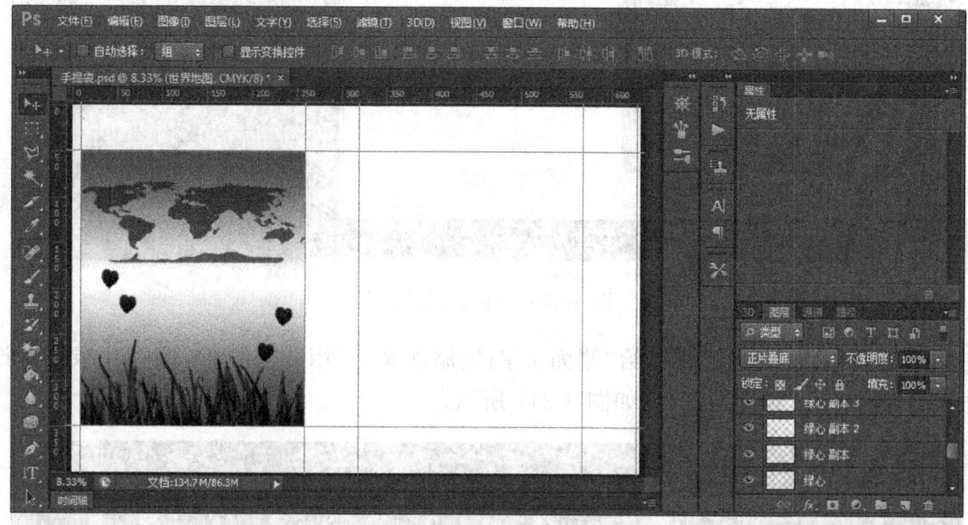

图 4-214 添加“绿心”图像

(12) 选择“横排文字工具”,给正面添加文字图层“用爱心呵护每一片绿色”,设置其位置、字体和大小,颜色为绿色,如图 4-215 所示。

图 4-215 添加文字图层

(13) 新建一图层,命名为"侧面 1",选择"矩形选框工具",选中一侧面所在区域,将其填充为绿色,如图 4-216 所示。

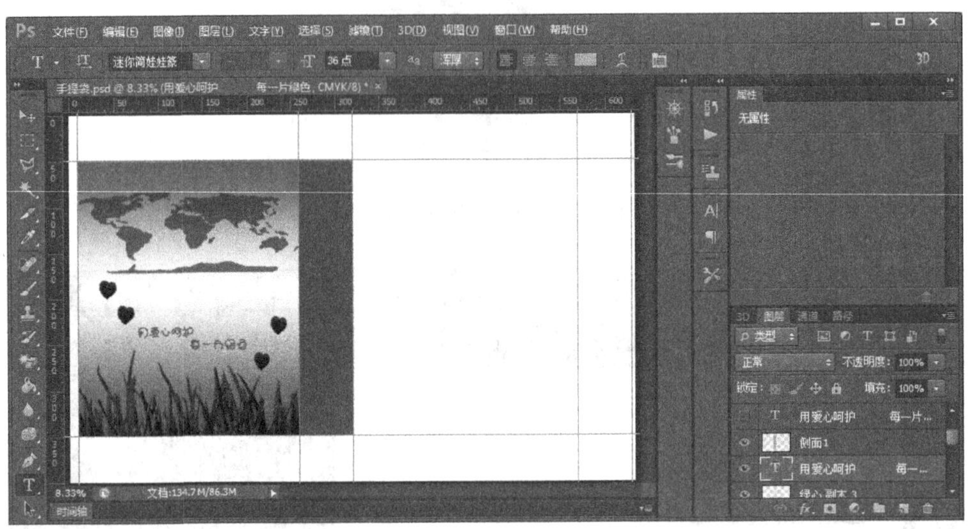

图 4-216　新建图层"左"

(14) 选择"直排文字工具",给"侧面 1"图层添加文字"用爱心呵护,每一片绿色",设置其位置、字体、大小,颜色为白色,如图 4-217 所示。

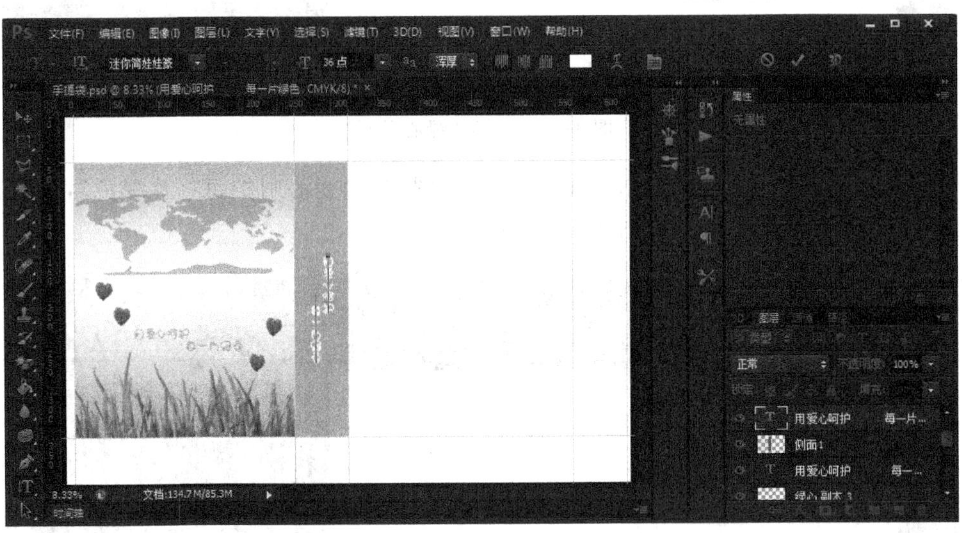

图 4-217　给"侧面 1"图层添加文字

(15) 继续复制"绿心"图层两次,将其移动到如图 4-218 所示位置。

(16) 设置打孔位置。新建一个图层,命名为"打孔"。选择"椭圆选框工具",在距上口边缘 30mm 左右处绘制如图 4-219 所示四个圆形区域,并将其填充为黑色。

(17) 将除"背景"图层外的所有图层合并,并给合并后的图层命名为"正面和侧面",复制"正面和侧面"图层,并拖动到"背面"和另一个侧面,如图 4-220 所示。至此,平面展开图设计完成。

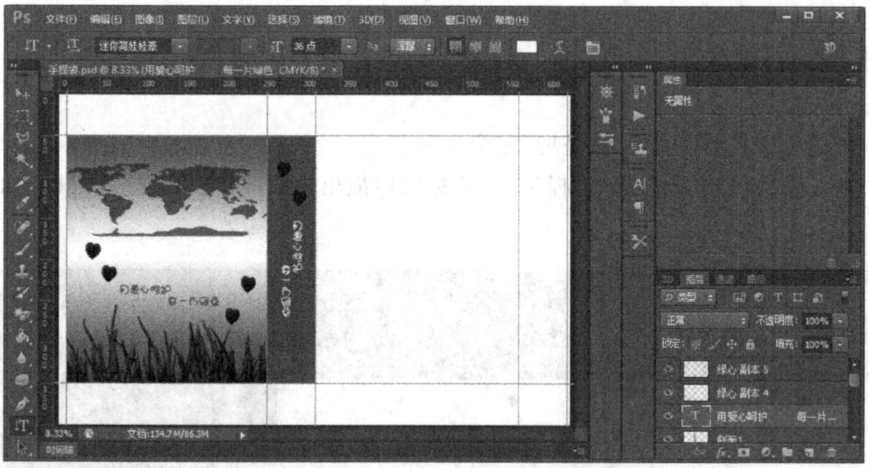

图 4-218　给“侧面 1”图层添加“绿心”

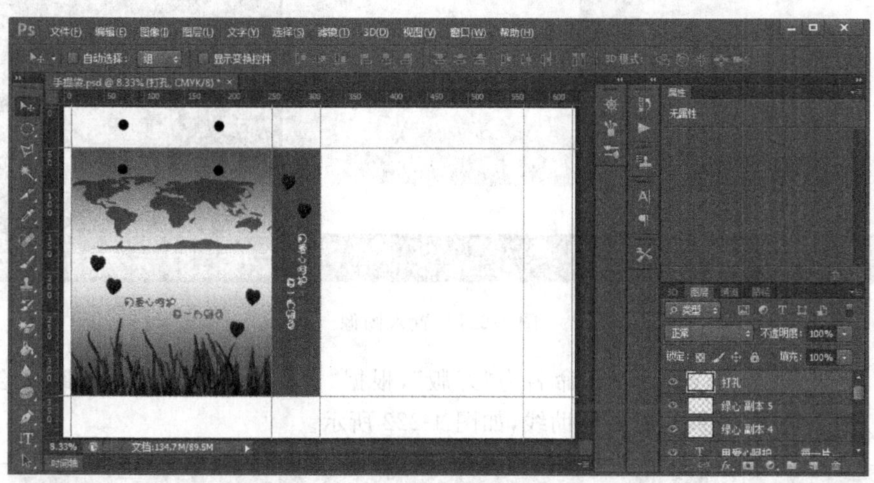

图 4-219　绘制黑色圆形区域

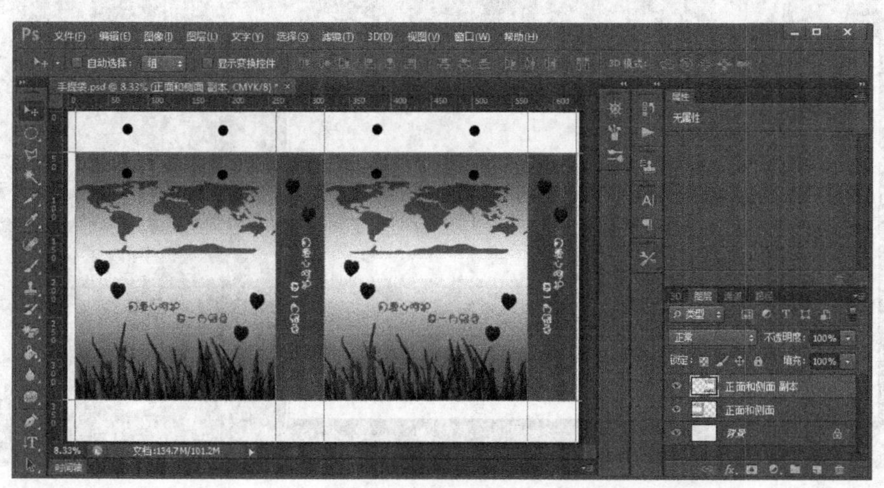

图 4-220　手提袋平面展开图

3）文档存储

设计结束后，保存文档为“PSD 文件\第 4 章\4.10\手提袋.psd”。

4）设计刀版

（1）新建一文档，尺寸与“手提袋”完全一致。

（2）置入图像，图层命名为“手提袋”。从标尺栏拖出辅助线，将位置定义准确，如图 4-221 所示。

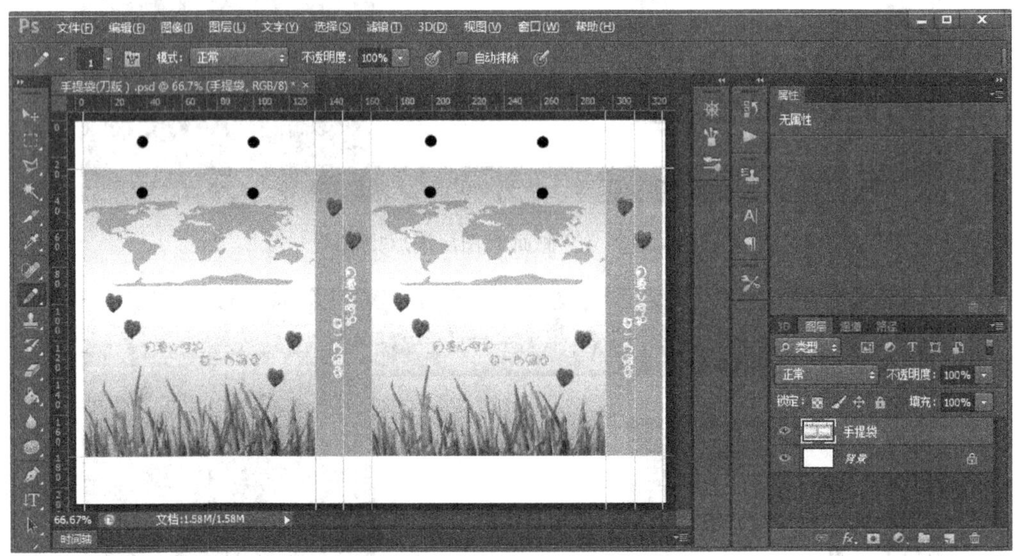

图 4-221　置入图像

（3）绘制刀版。新建一图层，命名为“刀版”，根据“手提袋”成品，沿着辅助线绘制裁切线（实线）和压痕线（虚线），隐藏辅助线，如图 4-222 所示。

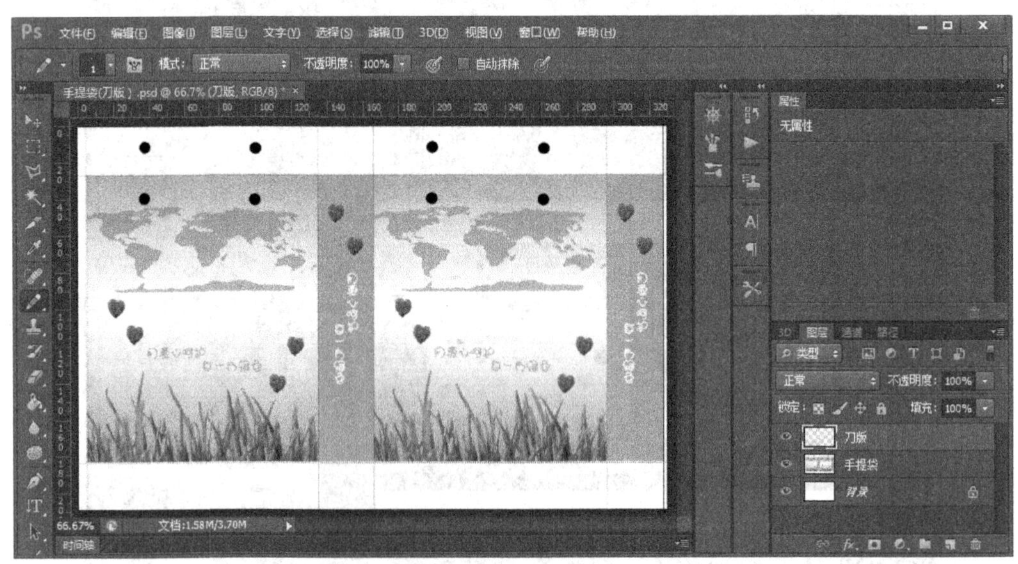

图 4-222　绘制裁切线和压痕线

(4) 删除“手提袋”图层,效果如图 4-223 所示。

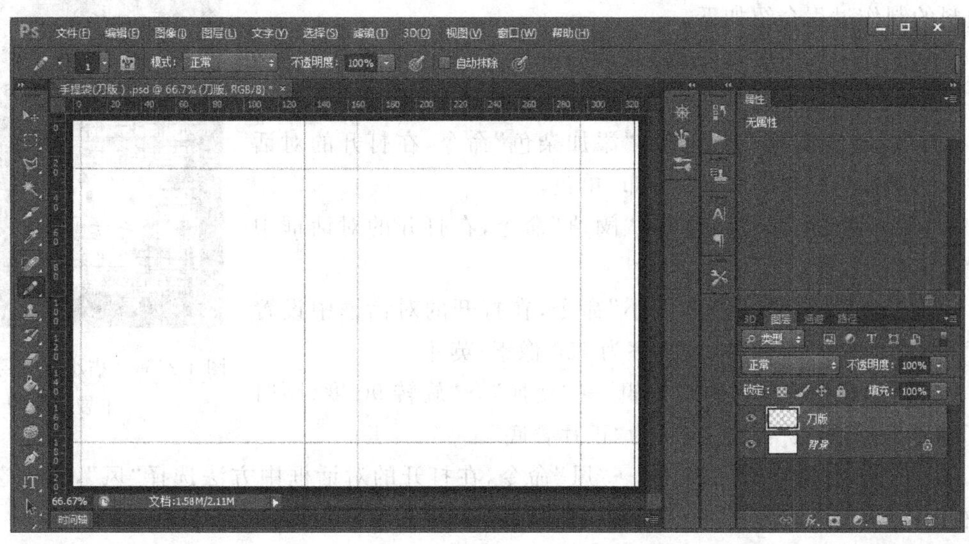

图 4-223 创建刀版效果

(5) 选择“铅笔工具”,继续将折线画出来,最终结果如图 4-224 所示。

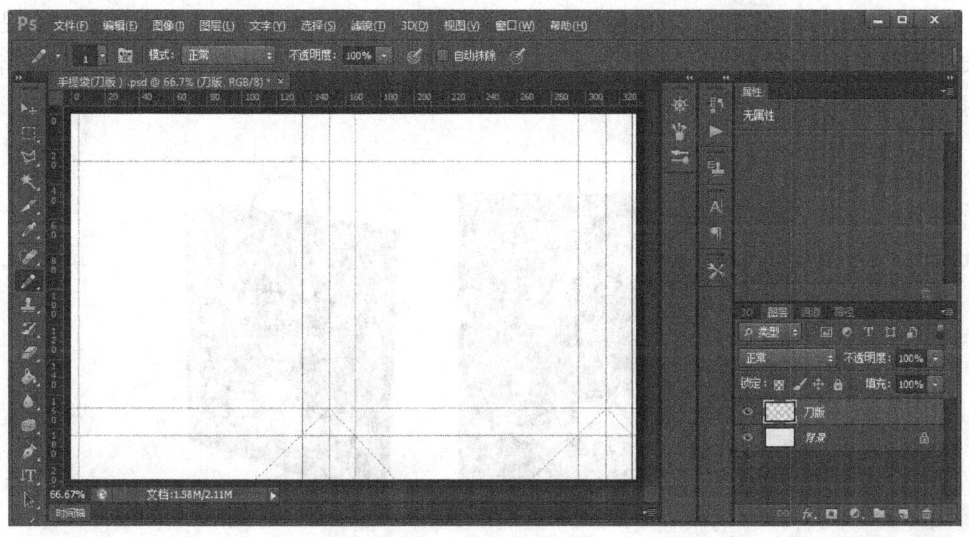

图 4-224 刀版最终效果

(6) 保存刀版。将文档保存为“PSD 文件\第 4 章\4.10 \手提袋(刀版).psd”。

4.10.4 手提袋设计参考范例

1. 手提袋设计参考范例一

图 4-225 所示的是受“猫小咪”甜品店委托,为其设计的顾客带走商品所用的手提袋,要求材质为布料,简洁大方。Photoshop 制作时选择了高雅的扎染面料,并插入甜品店的 LOGO。

提示：扎染面料的制作为此范例的难点，现将此图中所示扎染面料的制作过程介绍如下。

图 4-225 “猫小咪”手提布袋效果图

(1) 建立一个名为“扎染面料”的新文件，设置图像宽为 200 像素，高为 10 像素，分辨率为 150 像素/英寸，颜色模式为 RGB 格式。

(2) 选择“滤镜”→“杂色”→“添加杂色”命令，在打开的对话框中设置参数为数量 36、高斯分布、单色。

(3) 选择“图像”→“调整”→“阈值”命令，在打开的对话框中设置阈值色阶 200。

(4) 选择“图像”→“图像大小”命令，在打开的对话框中设置宽度和高度均为 200 像素，分辨率为 150 像素/英寸。

(5) 复制背景图层，选择“编辑”→“变换”→“旋转 90 度(顺时针)”命令，设置图层“混合选项”为“正片叠底”。

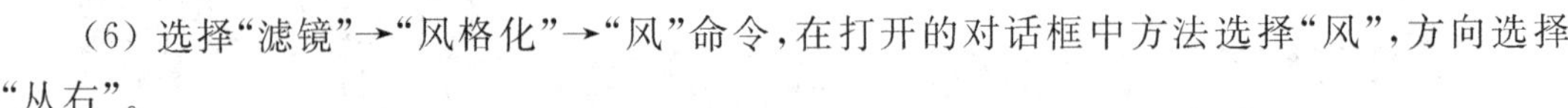

(6) 选择“滤镜”→“风格化”→“风”命令，在打开的对话框中方法选择“风”，方向选择“从右”。

(7) 选择“图像”→“调整”→“色彩平衡”命令，在打开的对话框中设置色阶为－70，＋64，－41。

2. 手提袋设计参考范例二

图 4-226 所示的是受“小城故事”布衣店委托，为其设计的顾客带走商品所需的手提袋，要求材质为牛皮纸，简洁大方。用 Photoshop 制作时插入布衣店的 LOGO 及能体现店名涵义的图片，使得手提袋温馨耐看。

(a)

(b)

图 4-226 “小城故事”手提牛皮纸袋效果图

4.11 包装盒设计

包装是企业产品进入市场过程中的必然物，因为包装可以间接地提高产品价值。包装设计一方面是产品本身的需要，它可以保护产品，美化产品；另一方面也是企业本身的需要，它可以达到宣传产品的作用。然而包装的重点在于包装盒的设计，包装的成功与否也在于包装盒的设计。包装盒种类繁多，所设计的材质也多种多样，主要有木质、塑料、纸、玻璃和绸缎等，包装盒的形状也千变万化。按所装物品不同，包装盒又分为食品类、茶类、酒类、盒类和月饼类等。本节介绍纸质包装盒的设计。

4.11.1 项目描述

受某酒厂的委托，为婚宴喜酒设计一款包装盒。要求立体包装盒成品尺寸为 120mm（长）×105mm（宽）×264mm（高），符合喜酒形象要求，烘托喜庆气氛，能达到促销目的，并给出包装盒立体效果图。

4.11.2 设计概要

1. 客户需求及分析

中国传统喜文化几千年，上至唐朝年间，有天赐喜、天佑喜之说；后又有金榜题名、久旱逢甘露、洞房花烛夜……中国白酒与喜事的联姻也最悠久。喜酒往往是婚礼的代名词，置办喜酒即办婚事，去喝喜酒，也就是去参加婚礼。因此针对该款喜酒的包装盒设计需求，设计的包装盒应有如下特点：

（1）有非常清晰的“喜酒”辨识度。

（2）能体现中国传统的喜文化。

（3）对酒业公司能起到宣传的作用。

2. 设计流程

包装盒的设计流程主要包括如下内容：

（1）确定包装盒尺寸与盒型。根据客户的需求，此款包装盒的尺寸为 120mm（长）×105mm（宽）×264mm（高），包装盒的盒型为管型。

（2）确定包装盒平面图的设计风格。确定此款包装盒以红色作为主色调，加入与婚庆相关的图片元素，侧面加入与酒业公司相关的文字。

（3）对包装盒的展开图的刀版进行设计。

4.11.3 设计制作

图 4-227 展示了为某酒业公司一款喜酒所设计的包装盒的最终效果。这款包装盒设计需重点掌握 Photoshop 的页面设定、字体设置、设定选区、图片变换等方面的知识。

1. 页面设定

1）设定页面

因为要留 3mm 出血，所以定义页面尺寸算法如下。

宽度：3mm（出血）×2＋120mm（长）×2＋105mm（宽）×2＋25mm（糊口）＝481mm；

高度：3mm（出血）×2＋130mm（顶部搭口最大长度）＋264mm（高）＋68（底部搭口最大长度）＝468mm。

选择“文件”→“新建”命令，打开“新建”对话框，在“新建”对话框中修改名称为“喜酒包装盒”，根据包装盒展开图的大小设定页面尺寸，宽度为“481 毫米”，高度为“468 毫米”，分辨率为“300 像素/英寸”，颜色模式为“CMYK 颜色”，其他选项为默认即可，如图 4-228 所示。单击“确定”按钮，完成页面设置。

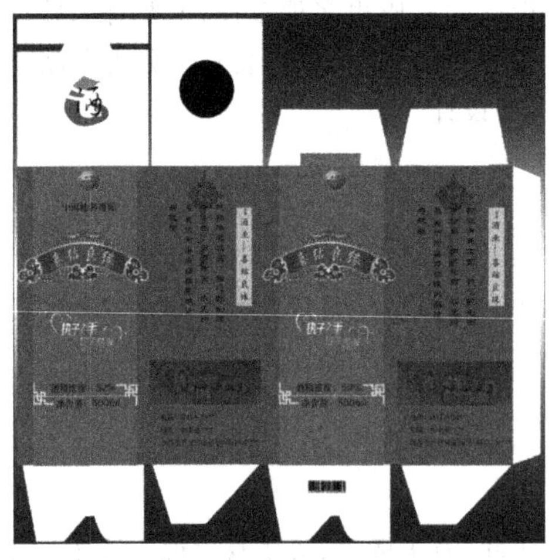

(a) 包装盒展开图

(b) 包装盒成品图

图 4-227 “喜酒包装盒”效果图

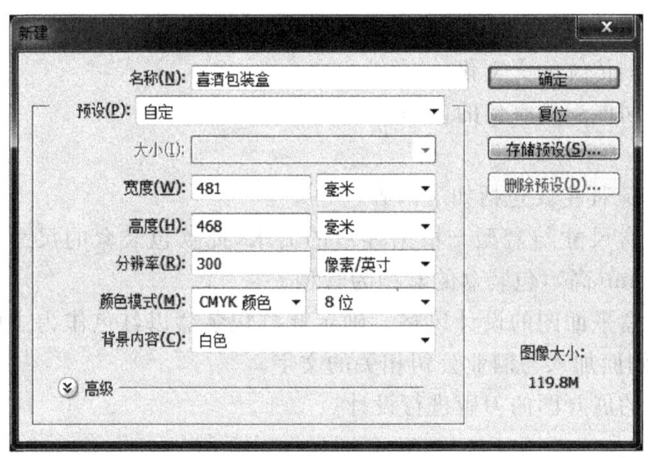

图 4-228 “新建”对话框

2) 定义参考线

首先定义出血，每条辅助线距离边缘为 3mm，将出血定义准确，之后的设计必须在辅助线以内完成。根据包装盒的正面、顶部卡托、背面、上盖搭口、底部搭口和侧面拖动参考线，如图 4-229 所示。

2. 制作步骤

1) 场景制作

(1) 设置前景色为白色，背景色为黑色。选择“渐变工具”，设置“前景色到背景色渐变”，选中“反向”复选框，在背景图层自中向下进行对称渐变，效果如图 4-230 所示。

(2) 新建图层，命名为“正面”。选择“矩形选框工具”，创建矩形选区，填充红色，效果如图 4-231 所示。

(3) 同理，新建图层“右侧面”“背面”和“左侧面”，并分别填充红色，如图 4-232 所示。

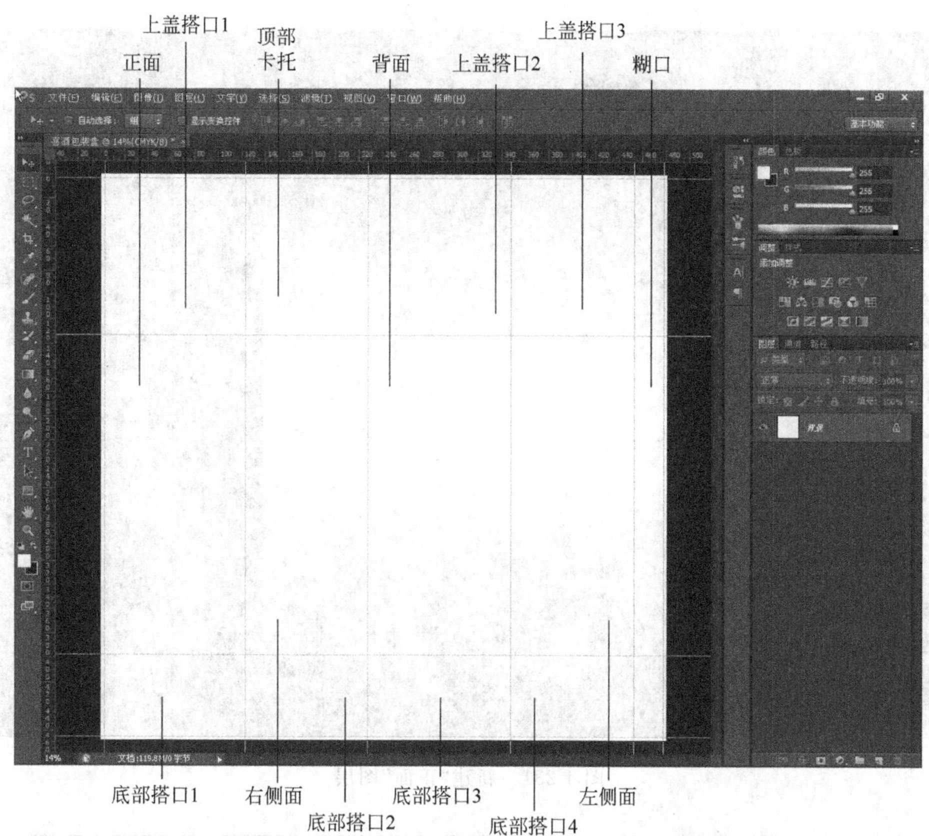

图 4-229　定义参考线

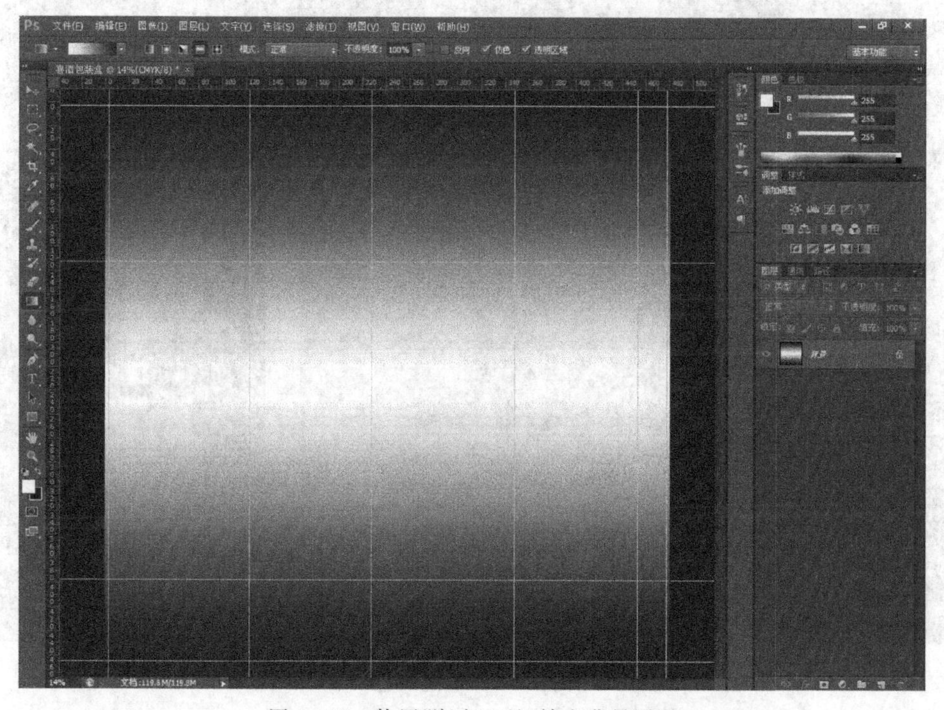

图 4-230　使用“渐变工具”填充背景图层

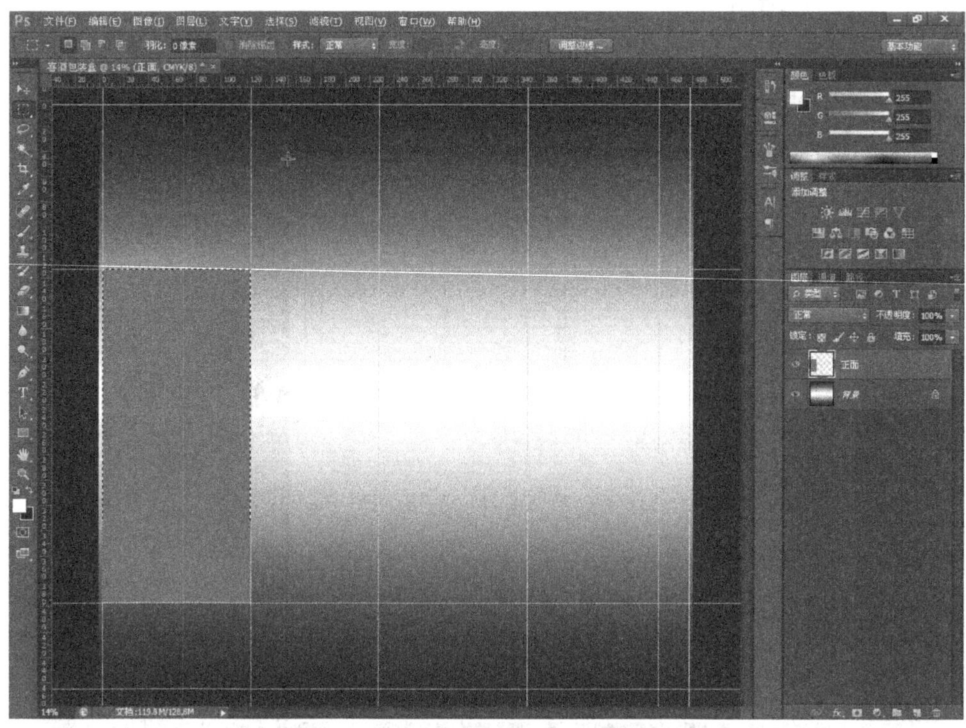

图 4-231　新建“正面”图层

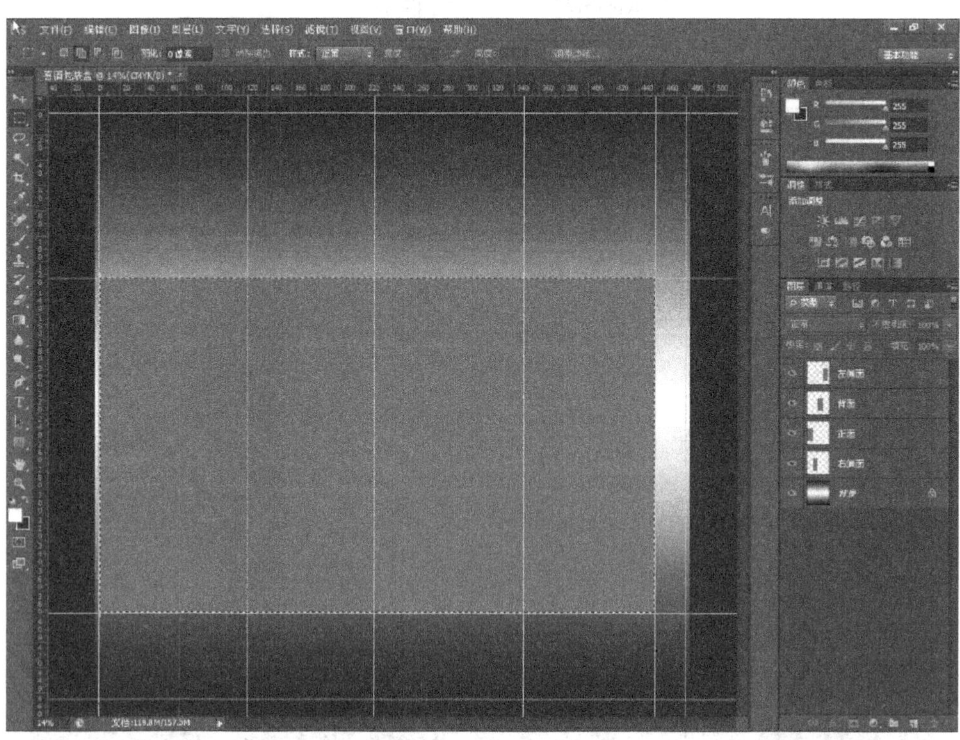

图 4-232　填充红色

(4) 添加参考线。在垂直方向 25mm 处，水平方向 45.5mm、88mm 处分别添加参考线。

(5) 绘制“上盖搭口 1”。新建图层“上盖搭口 1”，选择“铅笔工具”，绘制路径，并转化为选区，填充为白色，如图 4-233 所示。

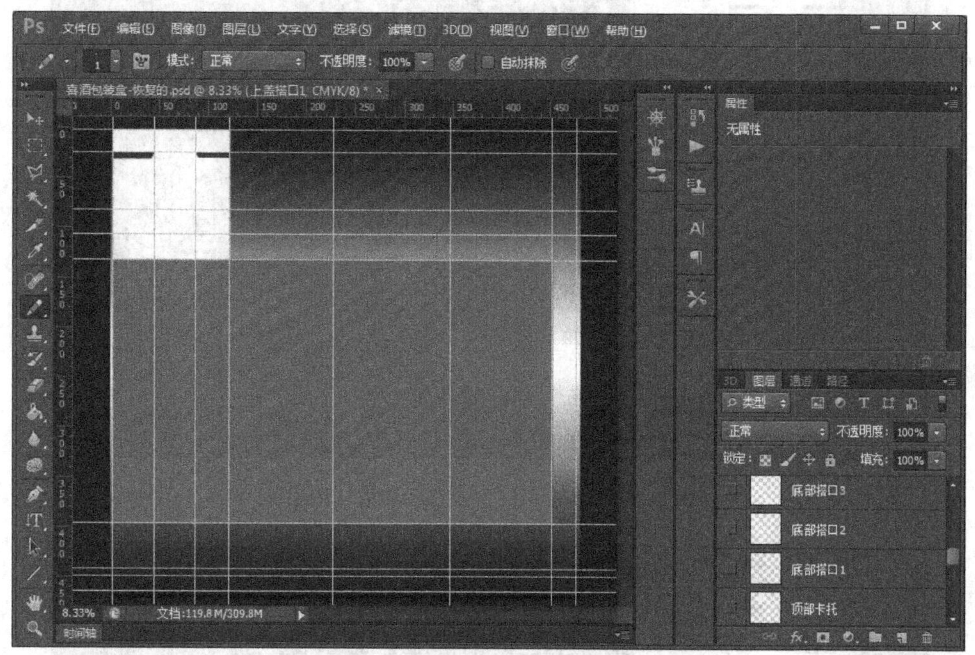

图 4-233　新建图层“上盖搭口 1”

(6) 同理，绘制“上盖搭口 2”“上盖搭口 3”“顶层卡托”“底部搭口 1”“底部搭口 2”“底部搭口 3”和“底部搭口 4”。

上盖搭口 2：借助水平方向 231.9mm、245.6mm、261.8mm、316.6mm、332.8mm、344mm 处参考线和垂直方向 83.3mm、121.8mm 处的参考线。

上盖搭口 3：借助水平方向 350.9mm、361.3mm、438.9mm、448.6mm 处参考线和垂直方向 83.3mm 处的参考线。

顶部卡托：借助水平方向 127.4mm 处参考线和垂直方向 3mm 处的参考线。

底部搭口 1：借助水平方向 7.5 mm、19.5mm、45.5mm、65.5mm、73.5mm、88mm、118.5mm 处，垂直方向 443mm 处的参考线。

底部搭口 2：借助水平方向 126mm、143mm、176mm、225mm 处，垂直方向 450mm 处的参考线。

“底部搭口 3”与“底部搭口 4”分别与“底部搭口 1”和“底部搭口 2”相同，因此，复制图层“底部搭口 1”和“底部搭口 2”，将其移动到相应位置，并重命名图层，效果如图 4-234 所示。

(7) 新建图层“糊口”，移除部分参考线，选择“钢笔工具”，在“糊口”区域绘制路径，并转化为选区，填充为白色，如图 4-235 所示。

至此，场景制作完毕。

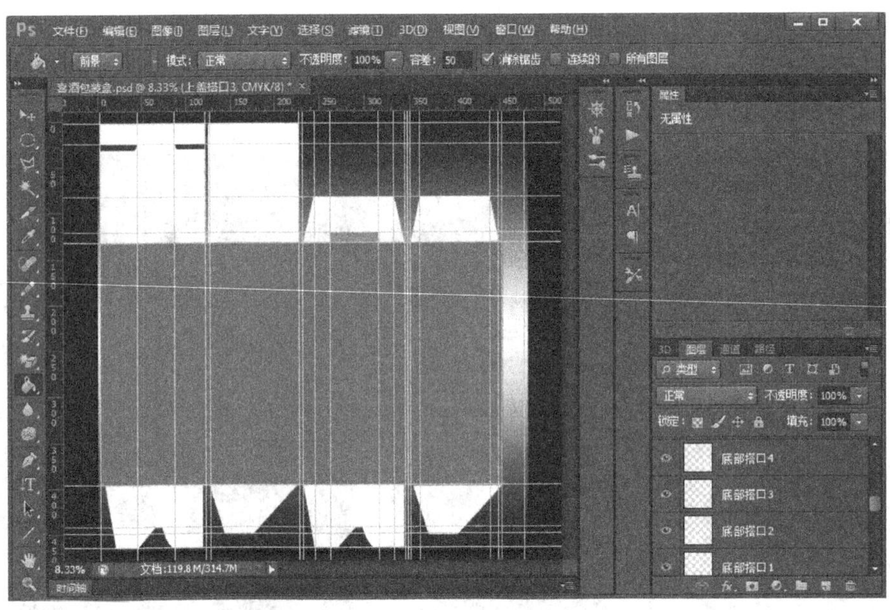

图 4-234 新建图层上盖与底部搭口图层

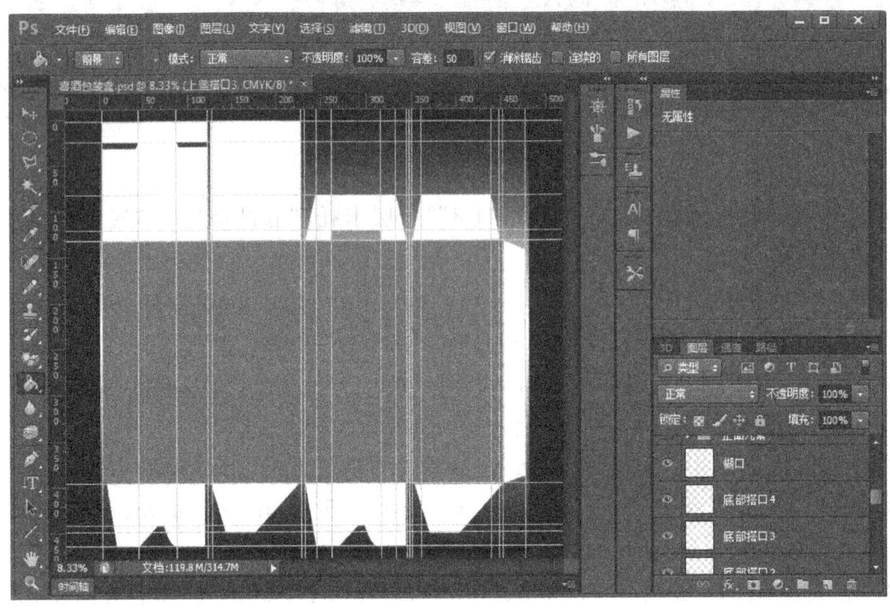

图 4-235 新建“糊口”图层

2）设置图像

（1）打开“素材\第 4 章\4.11\红色条状.png”文件，创建如图 4-236 所示选区。

图 4-236 “红色条状.png”文件

（2）将“红色选区”内容复制到新建文档“喜酒包装盒”中，图层命名为“红色条状”，调整其位置和大小，如图 4-237 所示。

（3）打开“素材\第 4 章\4.11\中国驰名商标.gif”文件，如

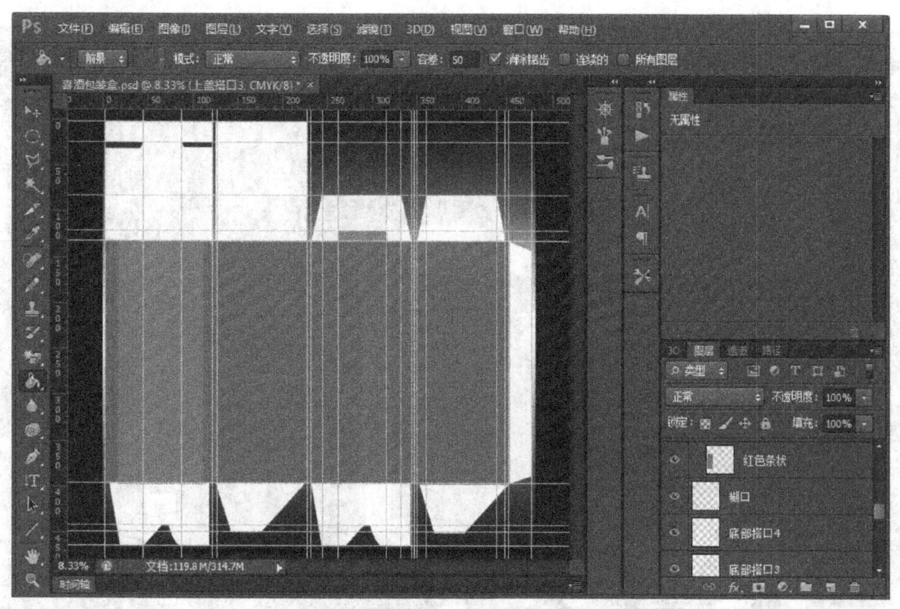
图 4-237　添加“红色条状”效果

图 4-238 所示。

(4) 将“中国驰名商标.gif”拖动到新建文档“喜酒包装盒”中，图层命名为“商标”，调整其大小和位置，如图 4-239 所示。

图 4-238　“中国驰名商标.gif”文件

(5) 同理，将“素材\第 4 章\4.11”中“喜结良缘.jpg”“同心结.jpg”和“执偕.jpg”图像经处理后拖动到“喜酒包装盒”文档中，并调整图像大小及位置，重命名图层。其中“执偕”图层混合选项设置为“颜色减淡”，“同心结.jpg”混合选项设置为“正片叠底”，效果如图 4-240 所示。

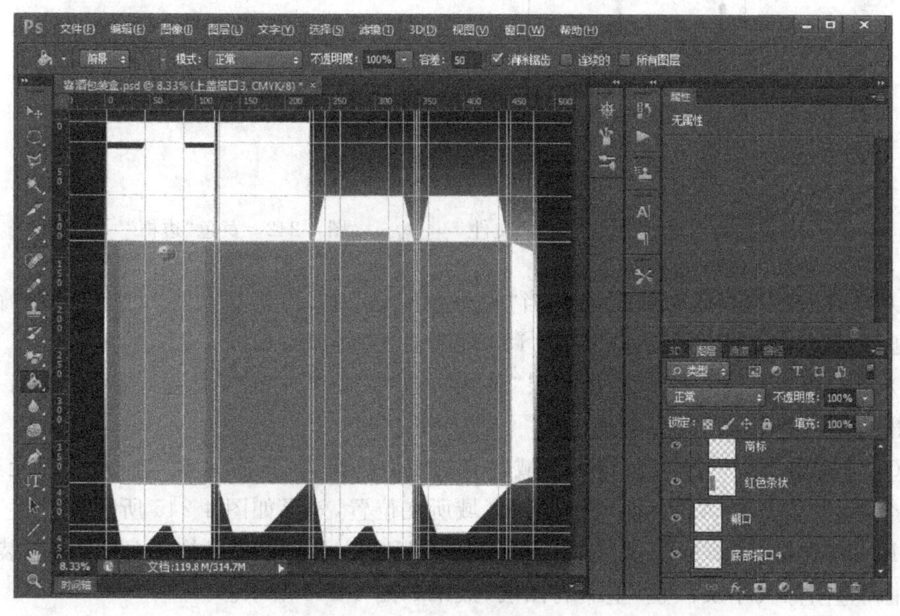
图 4-239　添加“商标”效果

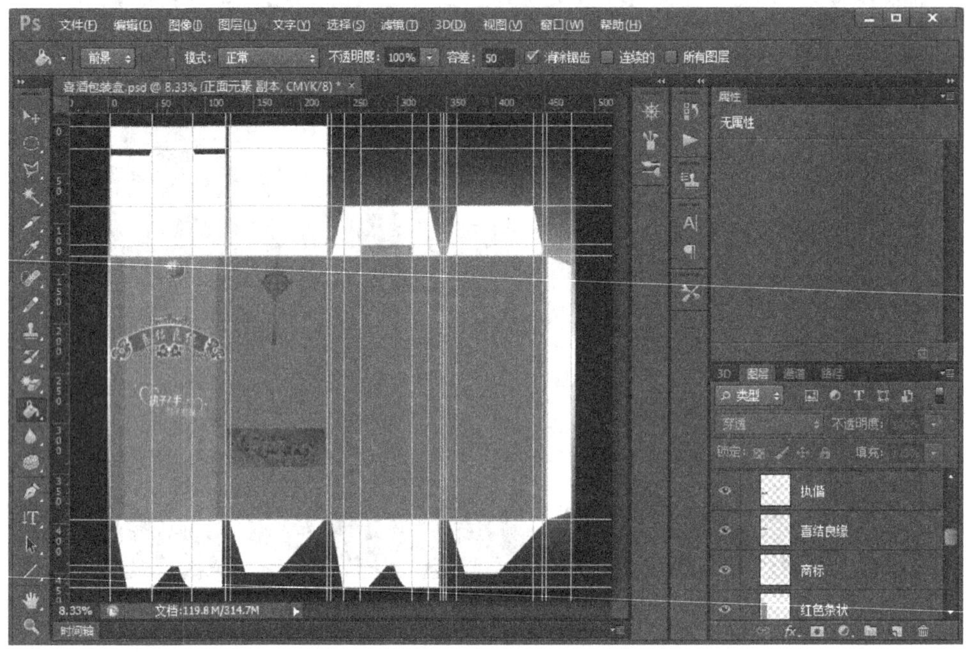

图 4-240　添加图像后效果

(6) 打开“素材\第 4 章\4.11\边框中国风.jpg”文件，如图 4-241 所示。

(7) 将第二行、第二列的图像换成黄色，如图 4-242 所示。

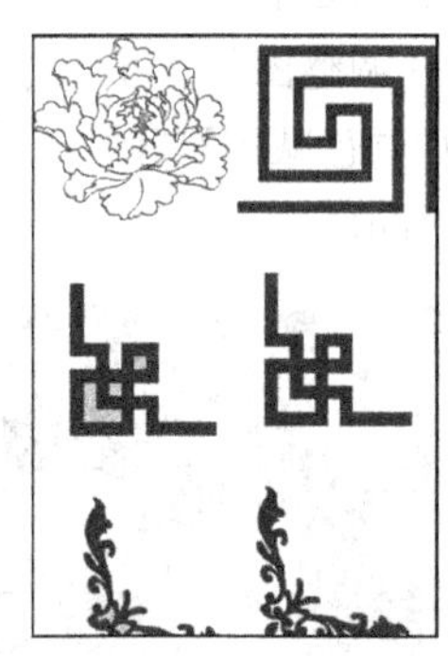

图 4-241　“边框中国风.jpg”文件

图 4-242　黄色“边框”

(8) 将黄色“边框”拖动到新建文档“喜酒包装盒”中，调整其大小和位置，图层命名为“黄边框”，复制“黄边框”图层，并“旋转 180 度”，设置好位置，如图 4-243 所示。

(9) 设置前景色为黄色。新建图层“黄线”，选择“画笔工具”，设置好参数，绘制一条直线，如图 4-244 所示。

(10) 分别将正面区域与左侧面区域含有的图层编组为“正面元素”组与“侧面元素”组。复制两个组，并将其移动到背面与右侧面区域所在位置，效果如图 4-245 所示。

(11) 将“素材\第 4 章\4.11”中“条形码.jpg”和“logo.gif”图像拖动到“喜酒包装盒”文档中，并调整图像大小及位置，重命名图层，效果如图 4-246 所示。

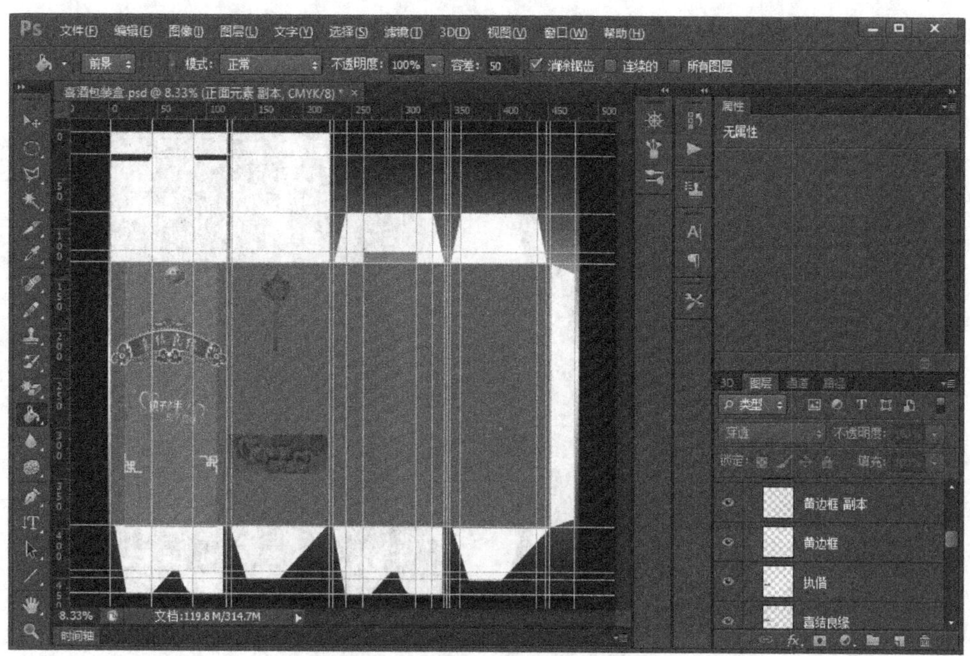

图 4-243 添加边框元素后效果图

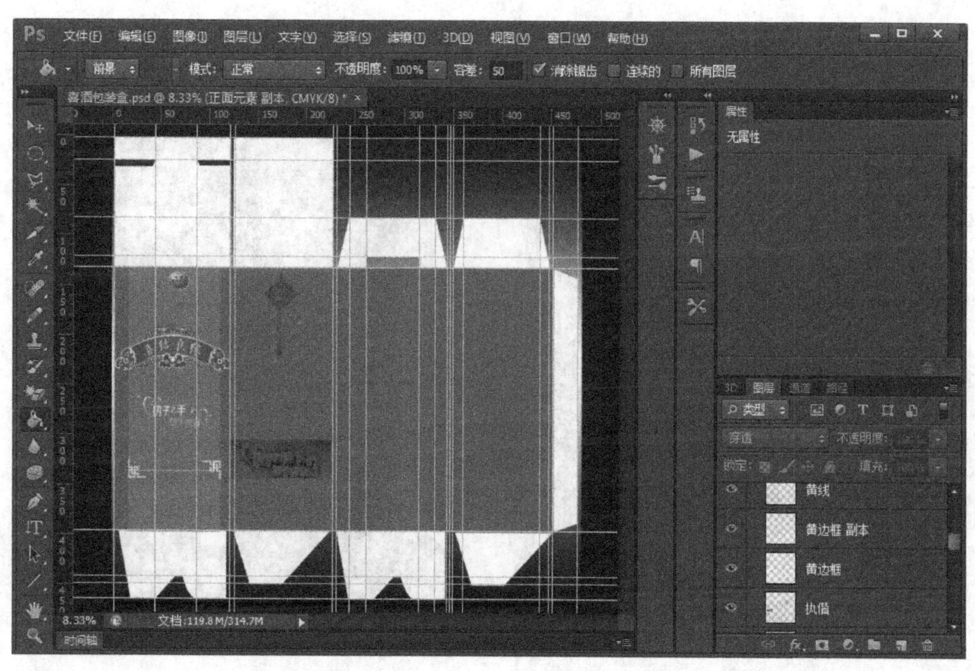

图 4-244 绘制直线

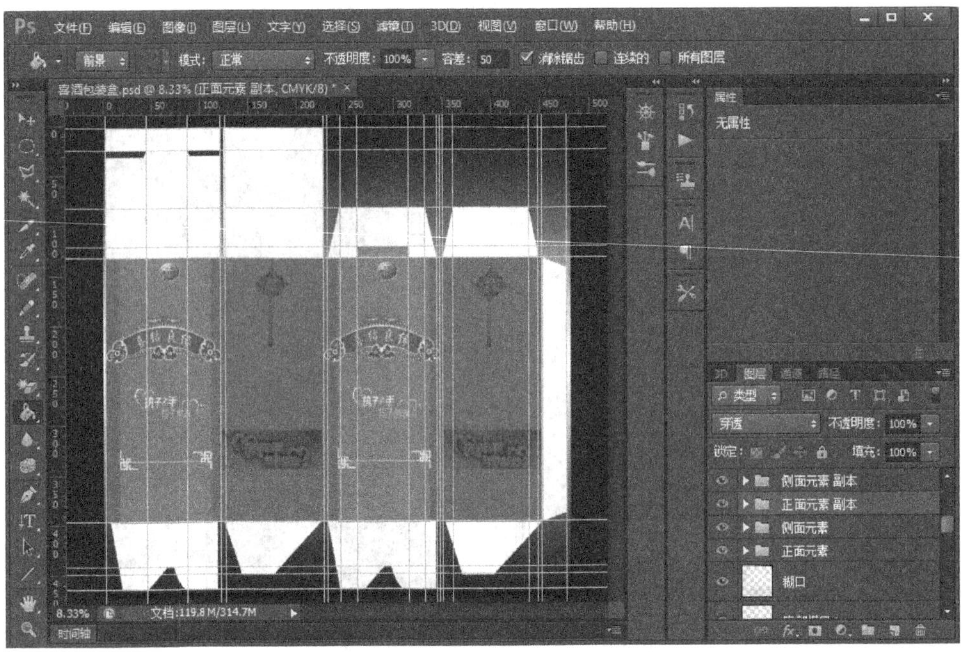

图 4-245　元素分组

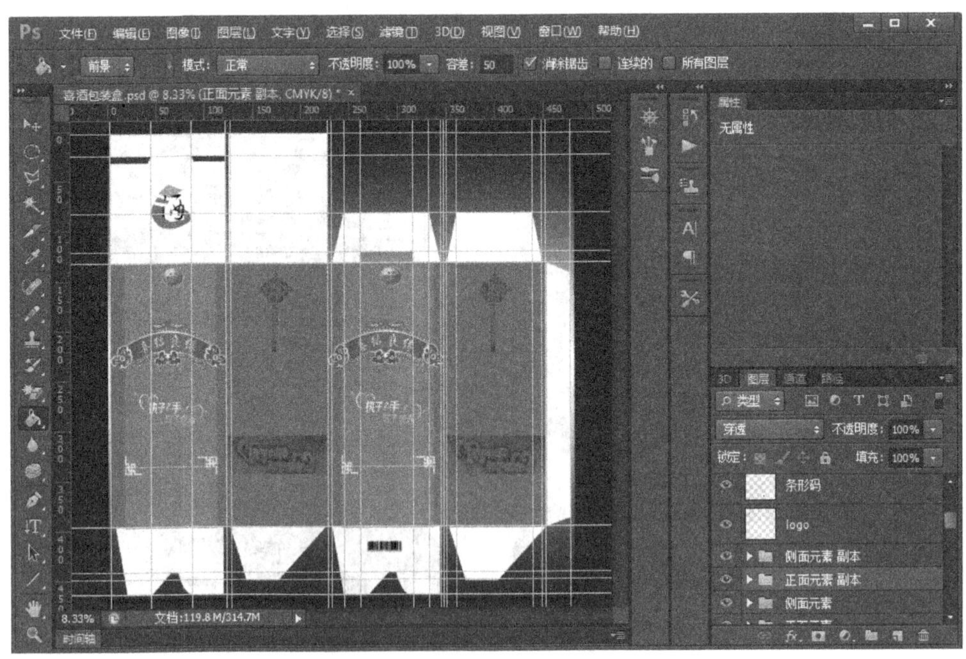

图 4-246　添加图片元素后效果图

(12) 新建图层,命名为“黄条”,绘制“黄条”。复制该图层,将其移动到相应位置,效果如图 4-247 所示。

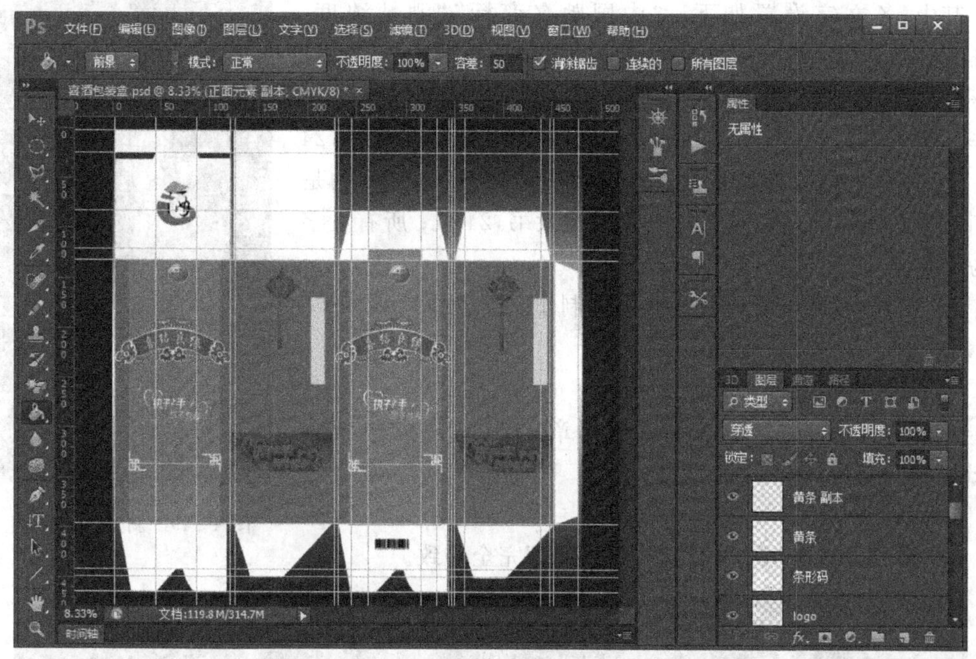

图 4-247 绘制“黄条”效果

(13) 新建图层,命名为“卡口”,利用“椭圆选框工具”,创建一个圆形选区,并将其填充为黑色,效果如图 4-248 所示。

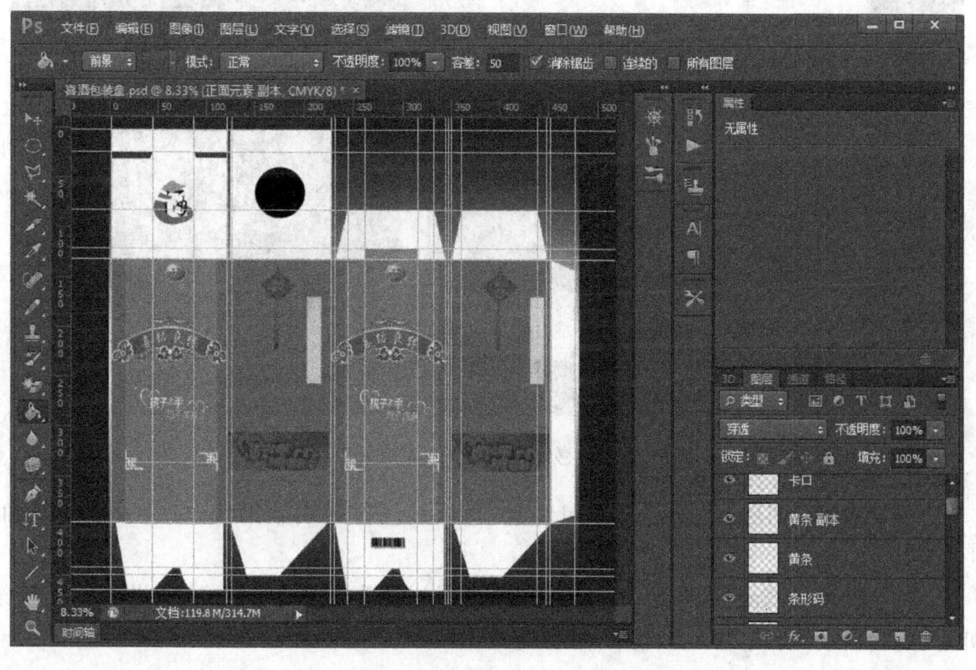

图 4-248 新建“卡口”图层

3）设置文字

新建“文字”组，具体设置如图 4-249 所示。

其中，各文字设置如下：“中国驰名商标”“酒精浓度：52%”与“净含量：500ml”为华文中宋，24 点；“电话：0314-54 *** 地址：河北省 **** 食品生产许可证编号：SC113 **** ”为华文中宋，24 点；“ ** 酒业----喜结良缘”为华文楷体，24 点；“挖掘传统工艺，精心配制酒中珍品。岁月轮回，不变的是我们对美好姻缘的期待与祝福。”为华文隶书，24 点；所有文字均为黑色。

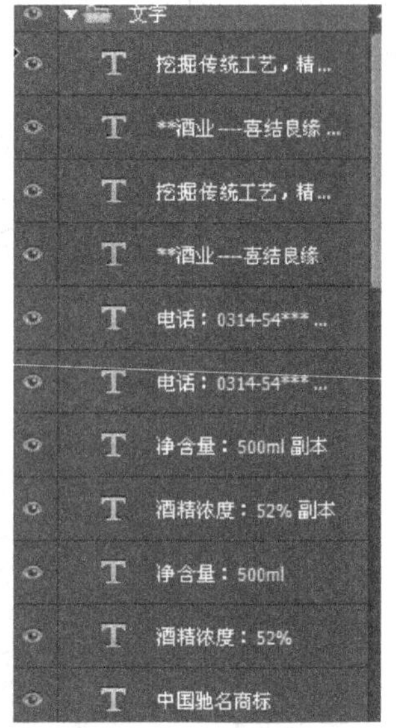

图 4-249　新建“文字”组

4）至此，“喜酒包装盒”平面展开图制作完成，效果如图 4-250 所示。

5）保存文档

将文档保存为“PSD 文件\第 4 章\4. 11\喜酒包装盒 . psd”。

6）设计刀版

（1）新建一文档，尺寸与“喜酒包装盒”完全一致。

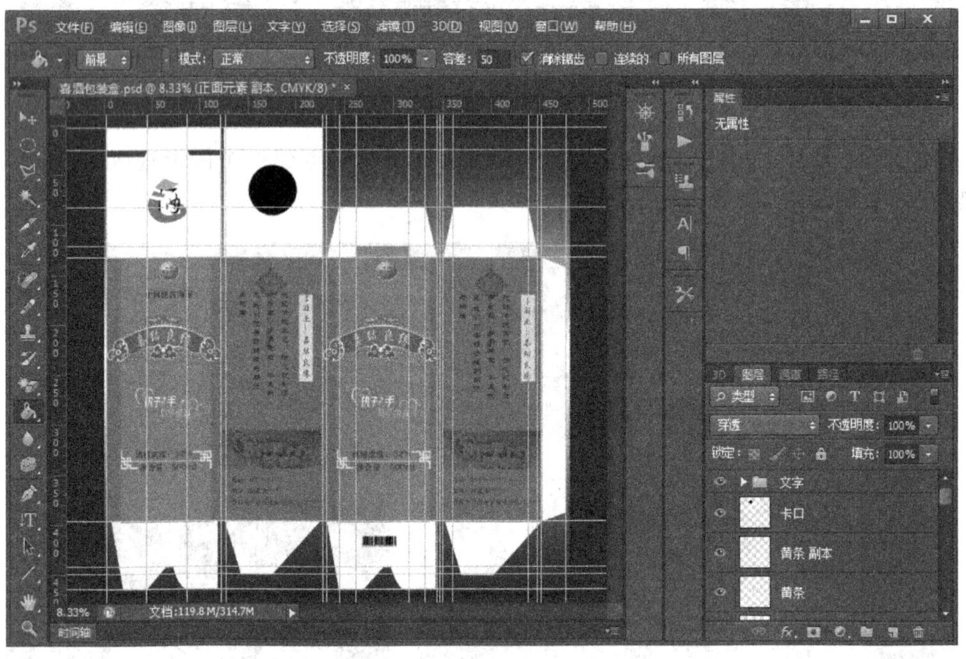

图 4-250　“喜酒包装盒”平面展开效果图

（2）置入图像，图层命名为“喜酒包装盒”。从标尺栏拖出辅助线，将位置定义准确，如图 4-251 所示。

（3）绘制刀版。新建一图层，命名为“刀版”，根据“喜酒包装盒”成品，沿着辅助线绘制裁切线（实线）和压痕线（虚线），隐藏辅助线，如图 4-252 所示。

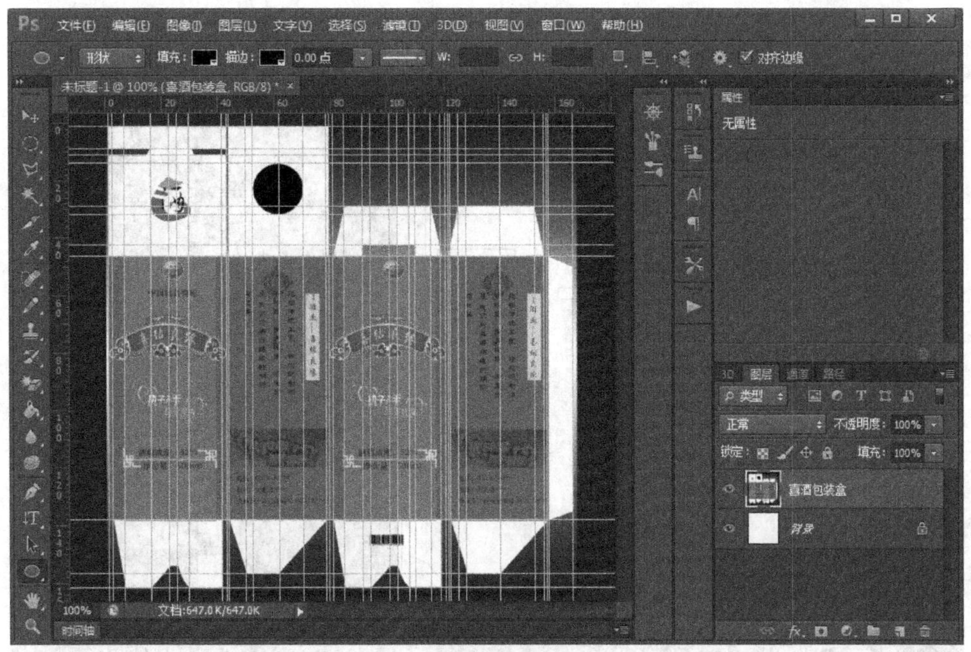

图 4-251　置入图像

图 4-252　绘制裁切线和压痕线

(4) 删除“喜酒包装盒”图层，效果如图 4-253 所示。

(5) 进一步完善“刀版”，切除多余切线和压痕线最终效果如图 4-254 所示。

(6) 保存刀版。将文档保存为“PSD 文件\第 4 章\4.11\喜酒包装盒(刀版).psd”。

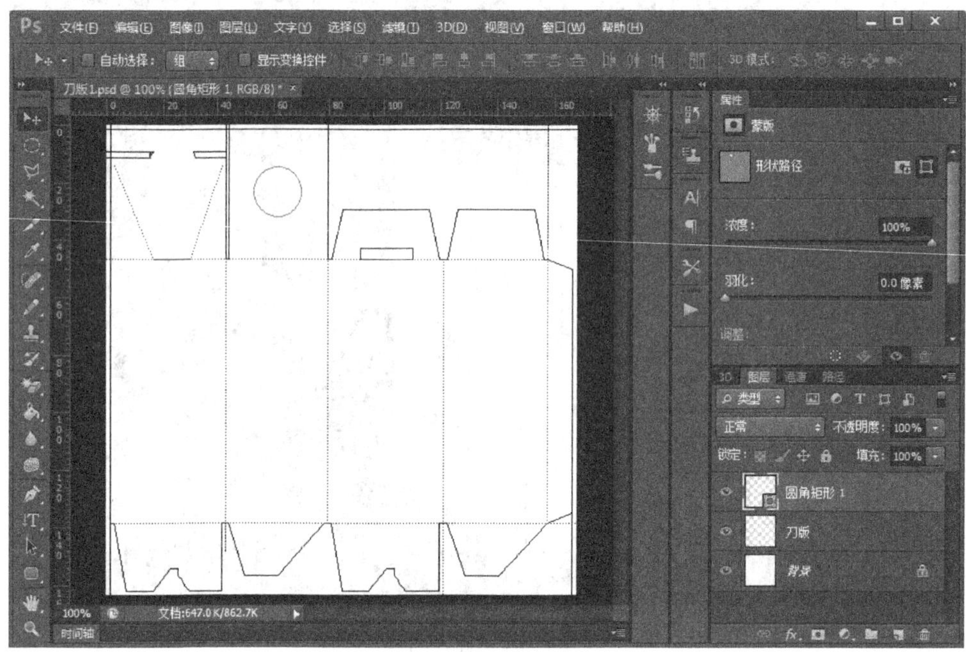

图 4-253　创建刀版效果

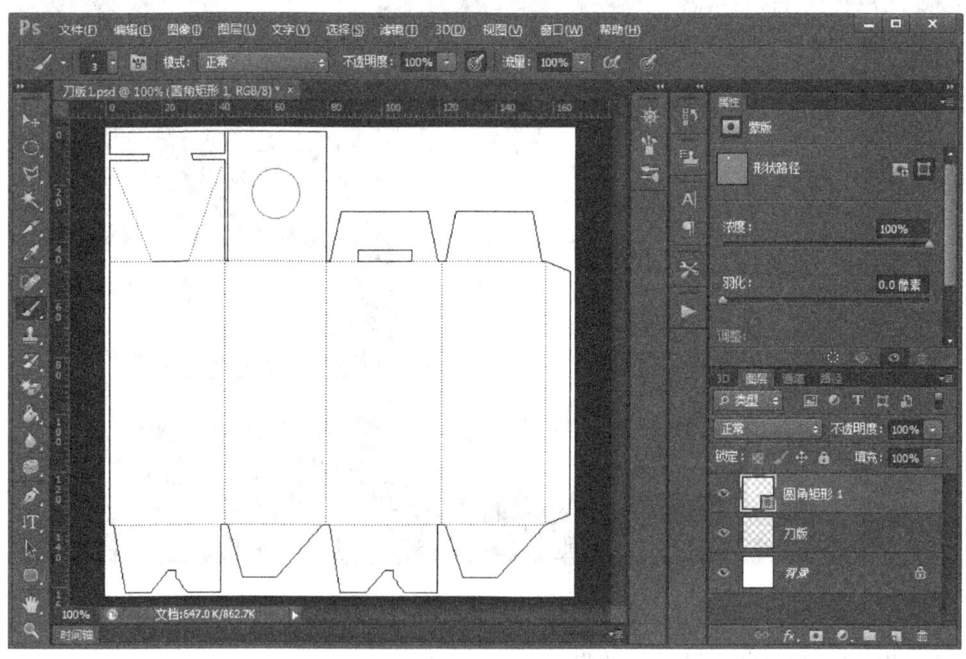

图 4-254　刀版最终效果

4.11.4 包装盒设计参考范例

1. 包装盒设计参考范例一

图 4-255 所示的是受果果茶品店委托，为其设计茶品所需包装盒的立体图。用 Photoshop 制作时选择暗黄的主色调。

2. 包装盒设计参考范例二

图 4-256 所示的是受某软件公司委托，为其设计的一款会计软件包装盒的最终效果图。用 Photoshop 制作时选择绿色作为主色调，添加的文字明确地给出会计软件的系统功能，清新大方，对软件公司起到了一定的宣传作用。

图 4-255 “果果茶品”包装盒效果图

图 4-256 “果聪会计软件”包装盒效果图

第5章 拓展项目实训

Photoshop 除了可以设计制作比较复杂的位图图像，还可以绘制一些简单的卡通图像。本章主要介绍鼠标绘制卡通图像和将真实照片转换成卡通图像的制作方法。

5.1 鼠标绘制卡通图像

用鼠标绘制卡通图像，不如用手写板绘制那样灵活，Photoshop 中对于绘制图像最重要的两个工具分别为钢笔工具和形状工具。钢笔工具主要用于绘制各种路径、图像图形，及对图像进行各种形状的调整。形状工具中包含了各种自定义的形状，能够帮助用户创建各种基础形状，为图像创作提供了便捷的方法。

5.1.1 项目描述

假设收到某位客户的委托，需设计一幅有关人物的卡通图像，画面色彩不宜过分艳丽，整体画面要有轻松感。

5.1.2 设计概要

1. 客户需求及分析

根据客户的需求，对设计内容进行充分分析，主要内容如下。

(1) 人物选择：选择文静的女孩形象。

(2) 色彩：选择浅色系列，例如浅蓝色。

2. 设计流程

鼠标绘制卡通图像的设计，主要包括如下流程。

1) 确定卡通图像类别

卡通图像是绘画的一个分类，可进行人物、动物或风景等类别的绘画。

2) 确定卡通图像的构图

在绘制时，主要使用“钢笔工具”绘制人物，再使用“自定义形状工具”绘制树、鸟、草等图形。绘制人物时，先勾画出路径框架，再对“画笔”设置后，对路径进行描边，“填充颜色”设置之后，对路径框架进行填充。

5.1.3 设计制作

图 5-1 展示了鼠标绘制人物卡通图像的最终效果。鼠标绘制人物卡通图像需重点掌握页面设定、画笔设定、绘制路径和自定形状工具等知识的运用。

1. 页面设定

选择“文件”→“新建”命令，打开“新建”对话框，修改文档的名称为“鼠标绘制卡通图像”，设置文档的宽度为“768 像素”，高度为“1024 像素”，分辨率为“72 像素/英寸”，其他选项默认即可，如图 5-2 所示。完成设置后，单击“确定”按钮，完成页面设定。

图 5-1　鼠标绘制人物卡通图像的最终效果

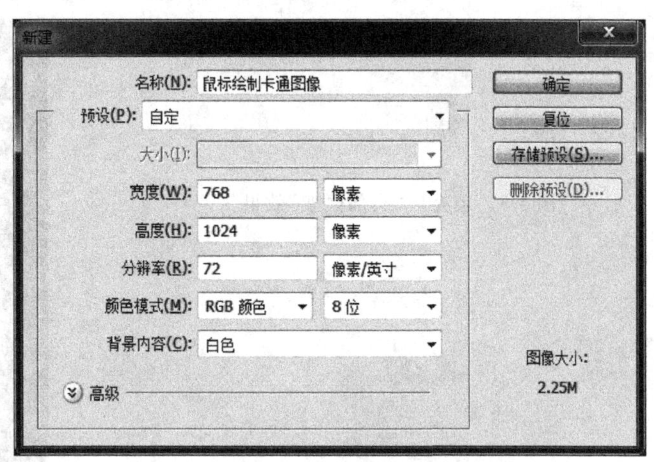

图 5-2　“新建”对话框

2. 制作步骤

1) 头的绘制

(1) 新建一图层，命名为“头”。使用“椭圆选框工具”绘制出一个椭圆选区作为头部构架，如图 5-3 所示。

(2) 设置前景色，色号为“#f3eac8”。

(3) 选择“编辑”→“填充”命令，打开“填充”对话框，设置“使用”为前景色，其他选项默认，如图 5-4 所示，单击“确定”按钮，按 Ctrl+D 快捷键取消选区，效果如图 5-5 所示。

图 5-3　头部构架

图 5-4　“填充”对话框

2) 头发的绘制

(1) 新建一个名为“头发”的图层。使用“钢笔工具”绘制头发的路径，如图 5-6 所示，打开“路径”面板，对该路径重命名为“头发”。

（2）设置前景色，色号为“#9b9c9d”。

（3）选择“画笔工具”，按 F5 快捷键，打开“画笔”面板，设置画笔属性，如图 5-7 所示。在“头发”路径上右击，在弹出的快捷菜单选择“描边路径”命令，打开“描边路径”对话框，设置“工具”为“画笔”，如图 5-8 所示，单击“确定”按钮。

图 5-5　填充后“头部框架”效果

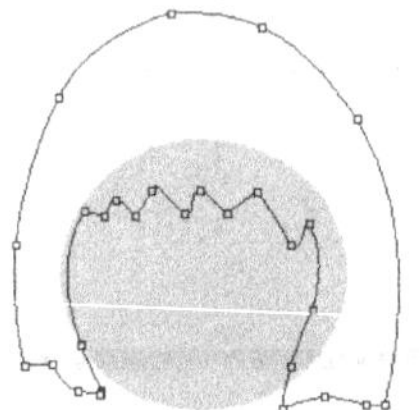

图 5-6　头发路径

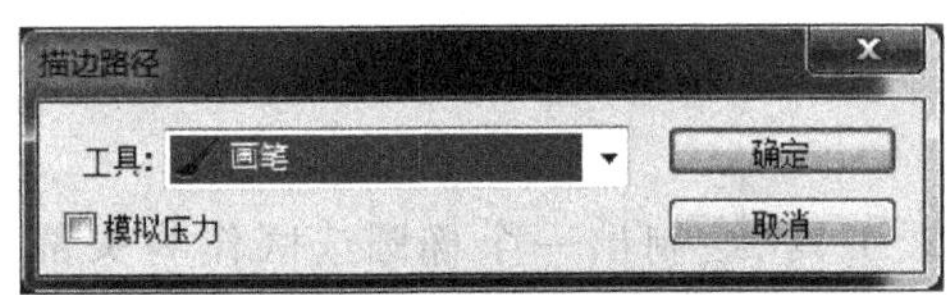

图 5-8　“描边路径”对话框

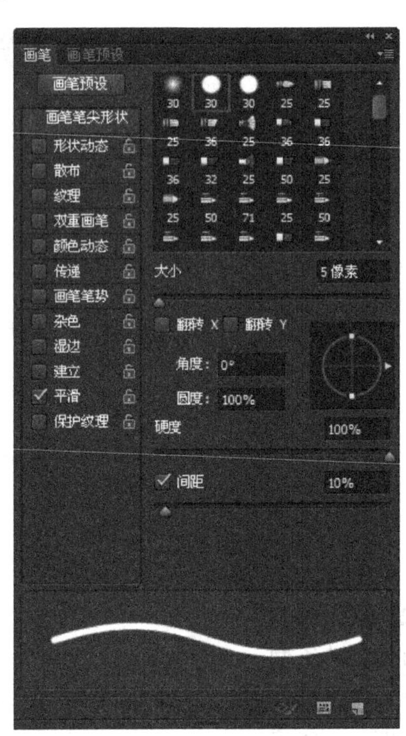

图 5-7　“画笔”面板

（4）设置前景色，色号为“#702e3e”，在“头发”路径上右击，在弹出的快捷菜单中选择“填充路径”命令，打开“填充路径”对话框，设置“使用”为“前景色”，“羽化半径”为 1 像素，其他选项默认，如图 5-9 所示。单击“确定”按钮，头发的绘制效果如图 5-10 所示。

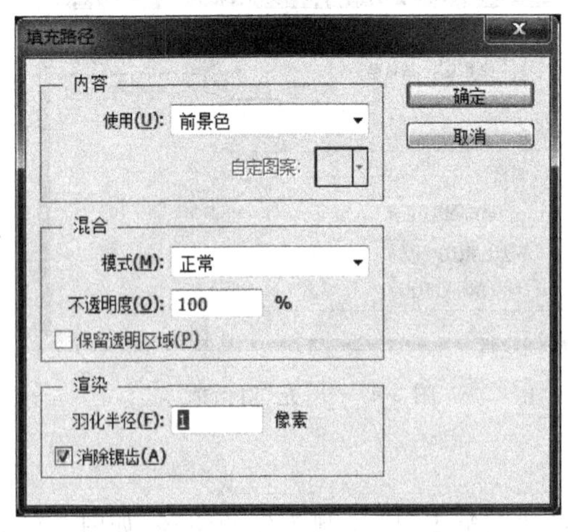

图 5-9　“填充路径”对话框

图 5-10　头发的绘制效果

3）头发丝的绘制

（1）新建一个名为“头发丝”的图层。

（2）使用“钢笔工具”绘制头发丝的路径，如图 5-11 所示，并将该路径保存为“头发丝”。

（3）设置前景色为黑色。

（4）选择“画笔工具”，按 F5 快捷键，打开“画笔”面板，设置间距为 1%、硬度为“80%”、钢笔压力的“最小直径”为“50%”，并分别用笔尖大小为 5 像素、3 像素和 1 像素，对不同的“头发丝”路径进行描边，效果如图 5-12 所示。

图 5-11　头发丝的路径

图 5-12　头发丝的效果

4）眼睛的绘制

（1）新建一个名为“右眼”的图层。

（2）设置前景色为黑色。

（3）使用“椭圆选框工具”创建一个 0.85cm×0.78cm 的椭圆选区作为眼睛，使用“油漆桶工具”进行选区填充。

（4）复制“右眼”图层，命名为“左眼”，效果如图 5-13 所示。

5）瞳孔的绘制

（1）新建一个名为“右瞳孔”的图层。

（2）设置前景色为白色。

（3）使用“椭圆选框工具”画一个 0.28cm×0.28cm 的选区作为瞳孔，使用“油漆桶工具”进行选区填充。

（4）复制“右瞳孔”图层，命名为“左瞳孔”，效果如图 5-14 所示。

图 5-13　眼睛的效果

图 5-14　瞳孔的效果

6）眼眉的绘制

（1）新建一个名为“眼眉”的图层。

（2）使用“钢笔工具”绘制眼眉的路径，如图 5-15 所示，并将该路径保存为“眼眉”。

（3）设置前景色为黑色。

（4）选择“画笔工具”，按 F5 快捷键，打开“画笔”面板，设置“间距”为 1%、“硬度”为“100%”、“钢笔压力”的“最小直径”为“50%”、笔尖“大小”为 3 像素，对“眼眉”路径进行描边一到二次。效果如图 5-16 所示。

图 5-15　眼眉的路径

图 5-16　眼眉的效果

7）嘴的绘制

（1）新建一个名为“嘴”的图层。

（2）使用“钢笔工具”绘制嘴的路径，如图 5-17 所示，并将该路径保存为“嘴”。

（3）设置前景色，色号为“＃c50f3c”，对“嘴”路径进行描边 5～7 次，效果如图 5-18 所示。

图 5-17　嘴的路径

图 5-18　嘴的效果

8）上衣的绘制

（1）新建一个名为“上衣”的图层，并将其移到“头”图层的下面。

（2）使用“钢笔工具”绘制上衣的路径，如图 5-19 所示，并将该路径保存为“上衣”。

（3）设置前景色，色号为“＃f4c7a8”。对“上衣”路径进行填充。

（4）再次设置前景色，色号为“＃9b9c9d”。

（5）选择“画笔工具”，按 F5 快捷键，打开“画笔”面板，设置“间距”为 10%、笔尖“大小”为 3 像素，取消选中“形状动态”复选框，对“上衣”路径进行描边，效果如图 5-20 所示。

图 5-19　上衣的路径

图 5-20　上衣的效果

9）上衣修饰的绘制

（1）新建一个名为“上衣修饰”的图层。

（2）使用“钢笔工具”绘制上衣修饰的路径，如图 5-21 所示，并将该路径保存为“上衣修饰”。

（3）设置前景色，色号为“＃97dbeb”，对上衣上的蝴蝶形状的路径进行填充。

（4）再次设置前景色，色号为“＃e79e6d”，对上衣上的线条形状的路径进行描边，效果如图 5-22 所示。

图 5-21　上衣修饰的路径

图 5-22　上衣修饰的效果

10）脖子的绘制

（1）在“上衣”图层的上面，新建一个名为“脖子”的图层。

（2）使用“钢笔工具”绘制脖子的路径，如图 5-23 所示，并将该路径保存为“脖子”。

（3）设置前景色，色号为“＃f3eac8”，对“脖子”路径进行填充，效果如图 5-24 所示。

图 5-23　脖子的路径

图 5-24　脖子的效果

11）手的绘制

（1）在“上衣”图层的下面新建一个名为“手”的图层。

（2）使用“钢笔工具”绘制手的路径，如图 5-25 所示，并将该路径保存为“手”。

（3）设置前景色，色号为“＃f3eac8”，对“手”路径进行填充。

（4）再次设置“前景色”，色号为“＃a5a4a3”，对“手”路径进行描边，效果如图 5-26 所示。

图 5-25　手的路径

图 5-26　手的效果

12）腿的绘制

（1）在“上衣”图层的下面新建一个名为“腿”的图层。

（2）使用“钢笔工具”绘制腿的路径，如图 5-27 所示，并将该路径保存为“腿”。

（3）设置前景色，色号为“＃f3eac8”，对“腿”路径进行填充。

（4）再次设置前景色，色号为“＃a5a4a3”，对“腿”路径进行描边，效果如图 5-28 所示。

图 5-27　腿的路径

图 5-28　腿的效果

13）鞋子的绘制

（1）在“腿”图层的上面新建一个名为“鞋子”的图层。

（2）使用“钢笔工具”绘制鞋子的路径，如图 5-29 所示，并将该路径保存为“鞋子”。

（3）设置前景色，色号为“＃97dbeb”，对“鞋子”路径进行填充。

（4）再次设置前景色，色号为“＃a5a4a3”，对“鞋子”路径进行描边，效果如图 5-30 所示。

14）背景的绘制

（1）在“背景”图层的上面新建一个图层，命名为“背景图案”。

（2）设置前景色，色号为“＃c1e9f2”，“背景色”为白色。

（3）选择“渐变工具”，设置“前景色到背景色渐变”，选择“线性渐变”类型，从上向下进行填充，创建渐变效果如图 5-31 所示。

图 5-29　鞋子的路径

图 5-30　鞋子的效果

图 5-31　渐变效果

15）其他图形的绘制

（1）选择“自定形状工具”，对其工具栏上的“形状”添加全部自定义形状，如图 5-32 所示。

（2）设置前景色为白色，新建一个名为“云彩”的图层，绘制“云彩”。

（3）设置前景色为黑色，新建一个名为“鸟”的图层，绘制“鸟”。

（4）设置前景色，色号为“＃638c1c”，新建一个名为“树和草”的图层，绘制“草”和“树”。

（5）分别选中上述图层，按 Ctrl＋T 快捷键对各图形调整大小、方向和摆放位置，效果如图 5-33 所示。

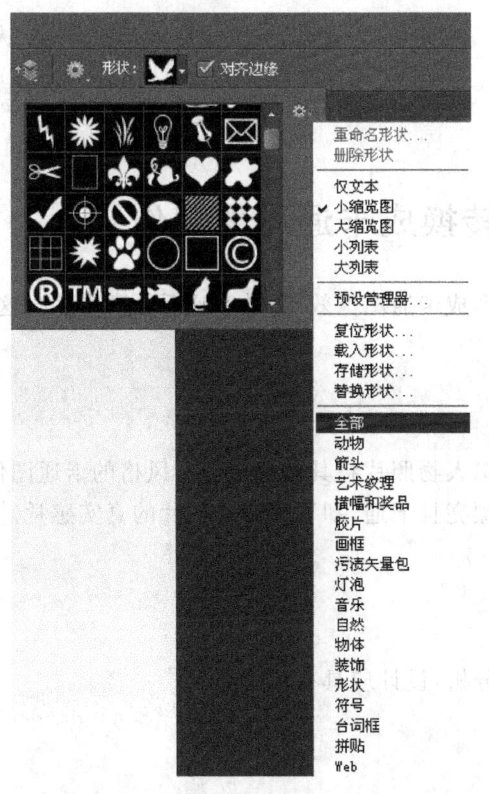

图 5-32　添加全部自定义形状

图 5-33　绘制其他图形

16）文档存储

绘制完成后，保存文档为“PSD文件\第5章\5.1\鼠标绘制卡通图像.psd”。

5.1.4 鼠标绘制卡通图像参考范例

1. 鼠标绘制卡通图像参考范例一

图5-34所示的是鼠标绘制动物卡通图像。该图像主要用于儿童影片宣传和儿童图书制作中，在用Photoshop制作时，需要注意合理安排设计版面位置和尺寸，避免产生不协调或混乱的效果。一般以淡色为主，重点突出海水的颜色和鱼的颜色。

2. 鼠标绘制卡通图像参考范例二

图5-35所示的是鼠标绘制植物卡通图像。该图像主要用于儿童图书制作或环境保护宣传广告中，在用Photoshop制作时，注意颜色色调搭配和上下尺寸协调。

图5-34 鼠标绘制动物卡通图像

图5-35 鼠标绘制植物卡通图像

5.2 将真实照片转换成卡通图像制作

在真实照片原有基础上加以修饰，转变形成卡通图像效果，效率比手绘高得多。这种方法备受没有手绘功底的人们的青睐。

5.2.1 项目描述

假设收到某客户的委托，根据提供的一幅人物照片将其制作成经典风格的卡通图像，画面色彩选择对比较强的颜色，把人物变的更漂亮且卡通，却不失原来图片的真实感觉。

5.2.2 设计概要

1. 客户需求及分析

根据客户的需求，对设计内容进行充分分析，设计应具有如下特点：

(1) 轮廓为提供照片的轮廓。

(2) 色彩对比度较强。

2. 设计流程

将真实照片转换成卡通图像制作的设计,主要包括如下流程。

1) 导入真实照片,勾出人物轮廓

勾出人物轮廓,可以使用"钢笔工具"画出路径或使用"套索工具"勾出选区再转换为路径。

2) 对各部分填色

对各部分填充颜色时,可以使用"油漆桶工具"或选择"填充路径"命令进行填充。颜色搭配上尽量选择对比程度较强的颜色。其中对脸部、脖子、耳朵的图层增加自己制作小圆点的图案样式。

5.2.3 设计制作

图 5-37 所示的卡通图像是根据如图 5-36 所示的孩子照片制作的最终效果图。制作过程中需重点掌握 Photoshop 的页面设定、图片导入、绘制路径、路径的描边及填充等方面的知识。

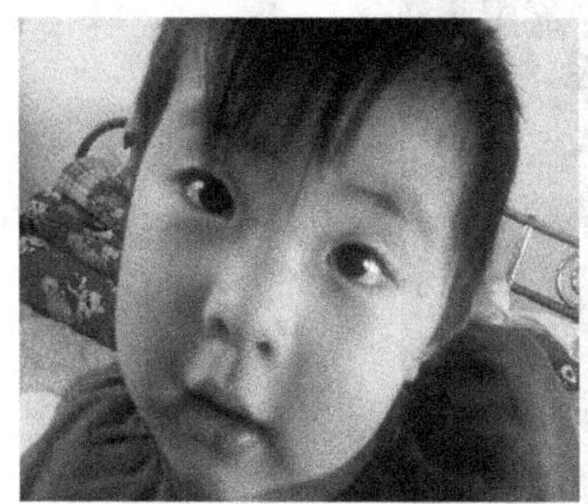

图 5-36 "孩子.jpg"文件

图 5-37 卡通图像效果图

1. 页面设定

选择"文件"→"新建"命令,打开"新建"对话框,在"新建"对话框中修改文档的名称为"将真实照片转换成卡通图像制作",设置文档的宽度为"11 英寸",高度为"9 英寸",分辨率为"150 像素/英寸",其他选项默认即可,如图 5-38 所示。完成设置后,单击"确定"按钮,完成页面设定。

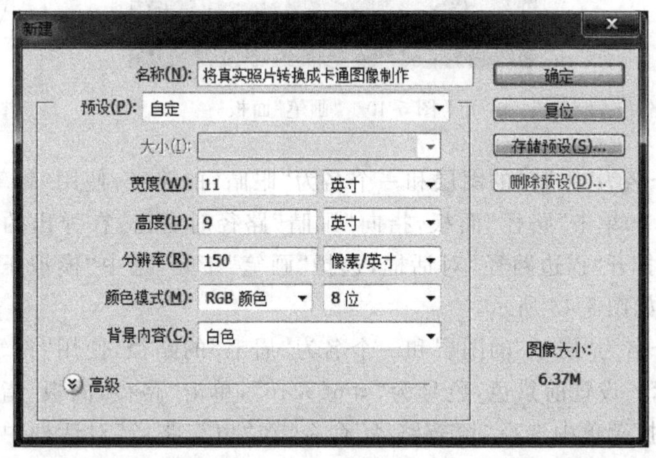

图 5-38 "新建"对话框

2. 制作步骤

1) 素材导入

选择“文件”→“置入”命令,打开“置入”对话框,选择“素材\第 5 章\5.2\孩子.jpg”文件。调整图像使其和画布大小一样,如图 5-36 所示。

2) 勾画各部分轮廓

(1) 新建一个名为“脸”的图层,使用“钢笔工具”勾出脸的轮廓路径,如图 5-39 所示,并将该路径存储为“脸”。

(2) 选择“画笔工具”,按 F5 快捷键,打开“画笔”面板,设置画笔属性,如图 5-40 所示。

(3) 单击“路径”面板,指向“脸”路径时右击,在弹出的快捷菜单中选择“描边路径”命令,打开“描边路径”对话框,选择“画笔”工具,单击“确定”按钮,显示出脸的效果如图 5-41 所示。

图 5-39　脸的轮廓路径

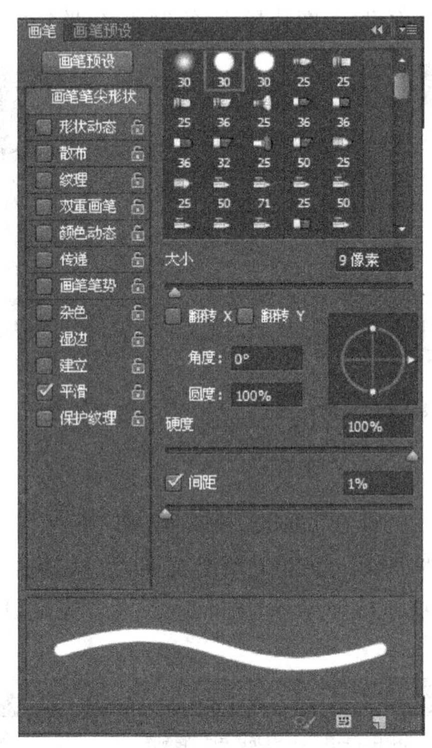

图 5-40　“画笔”面板

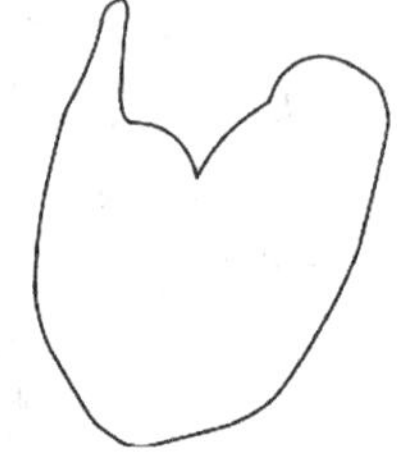

图 5-41　脸的轮廓

(4) 新建一个名为“眼睛”的图层和一个名为“眼睛”的路径,使用“钢笔工具”勾画出眼睛,如图 5-42 所示。单击“路径”面板,指向“眼睛”路径时右击,在弹出的快捷菜单中选择“描边路径”命令,打开“描边路径”对话框,选择“画笔”工具,选中“模拟压力”复选框,单击“确定”按钮,效果如图 5-43 所示。

(5) 新建一个名为“眉毛”的图层和一个名为“眉毛”的路径,使用“钢笔工具”勾画出眉毛,如图 5-44 所示。设置前景色,色号为“＃645246”,单击“路径”面板,指向“眉毛”路径时右击,在弹出的快捷菜单中选择“填充路径”命令,在“填充路径”对话框中设置“内容”框的“使用”为“前景色”,单击“确定”按钮,显示出眉毛的效果如图 5-45 所示。

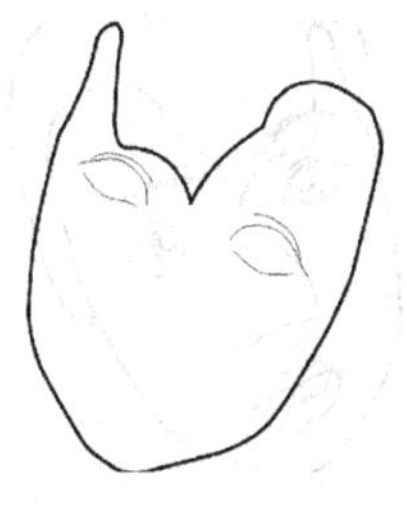
图 5-42 眼睛的路径

图 5-43 眼睛的轮廓

图 5-44 眉毛的路径

(6) 新建一个名为“鼻子”的图层和一个名为“鼻子”的路径，使用“钢笔工具”勾画出鼻子，如图 5-46 所示。再把前景色设置为黑色，单击“路径”面板，指向“鼻子”路径时右击，在弹出的快捷菜单中选择“描边路径”命令，打开“描边路径”对话框，选择“画笔”工具，选中“模拟压力”复选框，效果如图 5-47 所示。

图 5-45 眉毛的效果

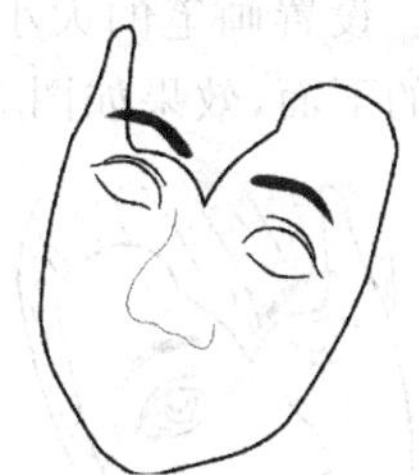
图 5-46 鼻子的路径

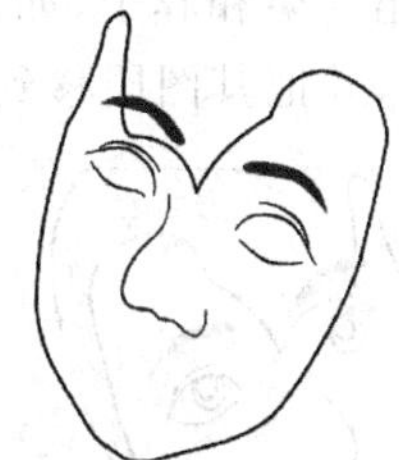
图 5-47 鼻子的效果

(7) 新建一个名为“嘴”的图层和一个名为“嘴”的路径，使用“钢笔工具”勾出嘴，如图 5-48 所示。单击“路径”面板，指向“嘴”路径时右击，在弹出的快捷菜单中选择“描边路径”命令，打开“描边路径”对话框，选择“画笔”工具，选中“模拟压力”复选框，效果如图 5-49 所示。

(8) 新建一个名为“眼球”的图层和一个名为“眼球”的路径，使用“钢笔工具”勾出眼球，如图 5-50 所示。选择两个外边的路径进行描边，再设置画笔的大小为 15 像素，选择两个里边的路径进行描边，效果如图 5-51 所示。

图 5-48 嘴的路径

图 5-49 嘴的效果

图 5-50 眼球的路径

(9) 新建一个名为“头”的图层和一个名为“头”的路径，使用“钢笔工具”勾出头的框架，如图 5-52 所示。设置画笔的大小为 9 像素，对“头”的路径进行描边，效果如图 5-53 所示。

图 5-51　眼球的效果

图 5-52　头的路径

图 5-53　头的效果

(10) 新建一个名为“头发丝”的图层和一个名为“头发丝”的路径,使用“钢笔工具”勾出头发丝,如图 5-54 所示。设置画笔的大小分别为 7、4、2 像素,对“头发丝”的路径用不同的画笔进行描边,效果如图 5-55 所示。

(11) 新建一个名为“耳朵、脖子”的图层和一个名为“耳朵、脖子”的路径,使用“钢笔工具”勾出耳朵和脖子,如图 5-56 所示。设置画笔的大小为 9 像素,对“耳朵、脖子”的路径进行描边,并把其图层移到“头”的图层的下面,效果如图 5-57 所示。

图 5-54　头发丝的路径

图 5-55　头发丝的效果

图 5-56　耳朵和脖子的路径

(12) 新建一个名为“衣服”的图层和一个名为“衣服”的路径,使用“钢笔工具”勾出衣服,如图 5-58 所示。对“衣服”的路径进行描边,并把其图层移到“耳朵、脖子”的图层的下面,效果如图 5-59 所示。

图 5-57　耳朵和脖子的效果

图 5-58　衣服的路径

图 5-59　衣服的效果

3) 对各部分填色

(1) 选中“脸”的图层,单击“路径”面板,指向“脸”路径时右击,在弹出的快捷菜单中选择“填充路径”命令,打开“填充路径”对话框,设置“内容”框的“使用”为“颜色”,颜色设置为“#f9b88c”,设置“混合”框的“不透明度”为“60%”,单击“确定”按钮,效果如图 5-60 所示。

(2) 新建一个文档,设置尺寸为 100×100 像素。使用“椭圆工具”在白色背景中心绘制一个正圆,设置前景色,色号为“#ff0000”,使用“油漆桶工具”填充其圆,如图 5-61 所示。选择“编辑”→“定义图案”命令，打开“图案名称”对话框，然后在“名称”文本框输入“Tuan”，如图 5-62 所示，单击“确定”按钮。

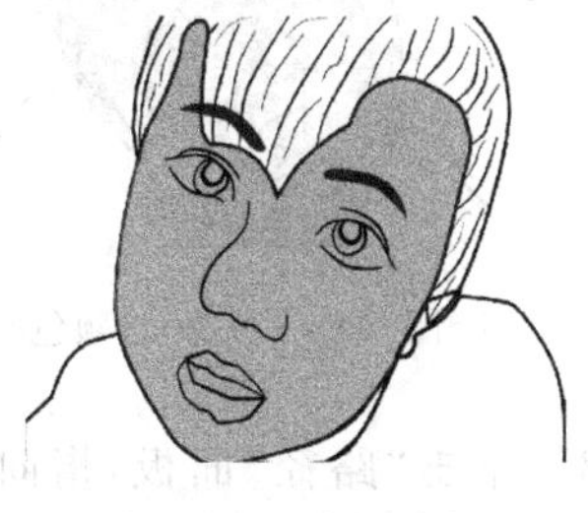

图 5-60　脸的肤色

图 5-61　圆

图 5-62　“图案名称”对话框

(3) 选中“脸”的图层，选择“图层”→“复制图层”命令，打开“复制图层”对话框，单击“确定”按钮。指向“脸副本”图层时右击，在弹出的快捷菜单中选择“混合选项”命令，打开“图层样式”对话框，选中“图案叠加”复选框，选择“不透明度”为“25%”，“图案”为刚设置的“Tuan”红点图案，“缩放”大小为“15%”，效果如图 5-63 所示。

(4) 选中“耳朵、脖子”的图层，单击“路径”面板，指向“耳朵、脖子”路径时右击，在弹出的快捷菜单中选择“填充路径”命令，打开“填充路径”对话框，设置“内容”框的“使用”为“颜色”，颜色设置为“＃f9b88c”，设置“混合”框的“不透明度”为“60%”，单击“确定”按钮，效果如图 5-64 所示。

图 5-63　脸的红点肤色

图 5-64　耳朵和脖子的肤色

(5) 选中“耳朵、脖子”的图层，选择“图层”→“复制图层”命令，打开“复制图层”对话框，单击“确定”按钮。指向“耳朵、脖子 副本”图层时右击，在弹出的快捷菜单中选择“混合选项”命令，打开“图层样式”对话框，选中“图案叠加”复选框，选择“不透明度”为“25%”，“图案”为刚设置的“Tuan”红点图案，“缩放”大小为“15%”，效果如图 5-65 所示。

(6) 选中“头”的图层，设置前景色为“＃223fd2”，单击“路径”面板，指向“头”路径时右击，在弹出的快捷菜单中选择“填充路径”命令，打开“填充路径”对话框，设置“内容”框的“使用”为“前景色”，“混合”框的“不透明度”为“100%”，单击“确定”按钮，效果如图 5-66 所示。

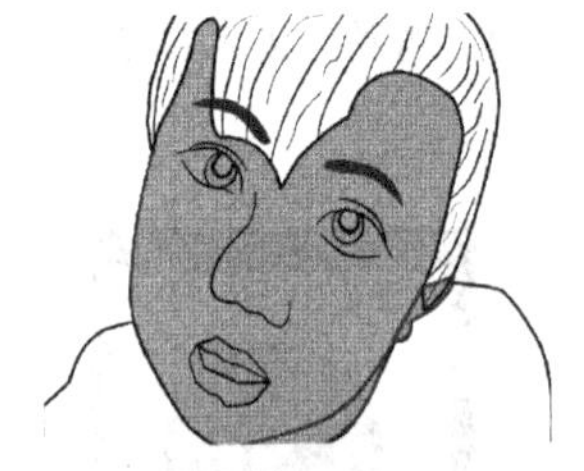

图 5-65 耳朵和脖子的红点肤色

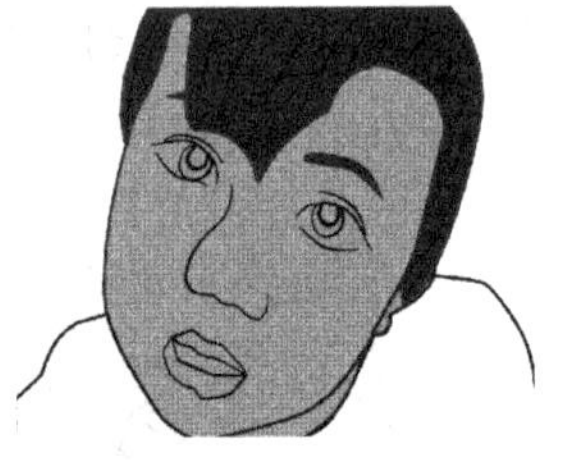

图 5-66 头发的颜色

(7) 选中"衣服"的图层,设置前景色为"＃e0ae28",单击"路径"面板,指向"衣服"路径右击打开快捷菜单,选择"填充路径"命令,在"填充路径"对话框,设置"内容"框的"使用"为"前景色","混合"框的"不透明度"为"100％",单击"确定"按钮,效果如图 5-67 所示。

(8) 在"眼睛"的图层下面新建一个名为"眼白"的图层和一个名为"眼白"的路径,使用"钢笔工具"勾出眼白,隐藏"眼睛"图层,如图 5-68 所示,设置前景色为白色,对"瞳孔"的路径进行填充,显示"眼睛"图层,效果如图 5-69 所示。

图 5-67 衣服的颜色

图 5-68 眼白的路径

(9) 将图像放大,选中"嘴"的图层,设置前景色为红色,使用"油漆桶工具"填充。再设置前景色为白色,使用"油漆桶工具"填充,效果如图 5-70 所示。

图 5-69 眼白的效果

图 5-70 嘴的颜色

4) 背景图案的制作

在"背景"的图层上面新建一个名为"图案"的图层,设置前景色为"＃f7cdd4",背景色为白色,选择"渐变工具",打开"渐变编辑器"对话框,"名称"选择"前景色到背景色渐变",选择"线性渐变"类型,然后从左下角向右上角拖曳,效果如图 5-71 所示。

5) 高光效果

在"图层"面板的最上层新建一个名为"高光"的图层,设置前景色为白色,选择"渐变工具",打开"渐变编辑器"对话框,"名称"选择"前景色到透明渐变",选择"径向渐变"类型,然后从右眉毛向左上面拖曳增加高光,效果如图 5-72 所示。

图 5-71　背景

图 5-72　高光效果

6）文档存储

设计结束后，保存文档为“PSD 文件\第 5 章\5.2\将真实照片转换成卡通图像制作.psd”。

5.2.4　将真实照片转换成卡通图像制作参考范例

1. 将真实照片转换成卡通图像制作参考范例一

根据图 5-73 的猫图像制作的最终效果图如图 5-74 所示。使用 Photoshop 设计时，使用“套索工具”勾出轮廓选区，再将选区转换成路径，减少绘制的工作量。

图 5-73　猫的原始图片

图 5-74　猫的最终效果

2. 将真实照片转换成卡通图像制作参考范例二

根据图 5-75 的树图片制作的最终效果图如图 5-76 所示。设计时在树的颜色的选择上使用了几种亮色系的绿色，并且使其树人物化。该图像适合用于儿童影片宣传和儿童图书制作中。

图 5-75　树的原始图片

图 5-76　树的最终效果

参考文献

[1] 常利，梁锐城. 电脑印前图文设计完全自学手册[M]. 北京：北京工业出版社，2007.

[2] 洪光，赵倬. Photoshop CS4 实用案例教程[M]. 3 版. 大连：大连理工大学出版社，2009.

[3] 张凡. Photoshop CS4 中文版应用教程[M]. 2 版. 北京：中国铁道出版社，2010.

[4] 龙马工作室. Photoshop CS5 实战从入门到精通[M]. 北京：人民邮电出版社，2014.

图书资源支持

感谢您一直以来对清华版图书的支持和爱护。为了配合本书的使用，本书提供配套的素材，有需求的用户请到清华大学出版社主页(http://www.tup.com.cn)上查询和下载，也可以拨打电话或发送电子邮件咨询。

如果您在使用本书的过程中遇到了什么问题，或者有相关图书出版计划，也请您发邮件告诉我们，以便我们更好地为您服务。

我们的联系方式：

地　　址：北京海淀区双清路学研大厦A座707

邮　　编：100084

电　　话：010-62770175-4604

资源下载：http://www.tup.com.cn

电子邮件：weijj@tup.tsinghua.edu.cn

QQ：883604(请写明您的单位和姓名)

扫一扫

资源下载、样书申请

新书推荐、技术交流

用微信扫一扫右边的二维码，即可关注清华大学出版社公众号“书圈”。